U0382952

管道完整性管理技术丛书
管道完整性技术指定教材

管道完整性管理系统平台技术

《管道完整性管理技术丛书》编委会　组织编写

本书主编　董绍华

副 主 编　田中山　吴志平　刘　剑　季寿宏　余东亮

中国石化出版社

内 容 提 要

本书基于物联网、云计算、大数据等信息技术的发展，全面阐述了国内外数字化管道、智能管网的实施进展，分析了智能管网发展的特点、难点以及存在的问题，介绍了管道全生命周期数据标准及构建管道全生命周期数据库；提出了全生命周期完整性管理系统的设计架构和基于 GIS 的智能化管理平台方案，搭建了集管道建设与运维为一体的完整性管理平台，实现建设期施工数据采集、数字化数据库移交、施工质量可视化管理、数字孪生体构建，实现管道腐蚀防护电位控制、在线完整性评估、高后果区、地区等级升级地区的风险评估以及无人机巡线等完整性管理循环；实现管网的决策支持，如应急决策支持、焊缝大数据风险识别、基于物联网的灾害监测预警、管道泄漏实时监测、远程设备维护培训等。智能管道的推广应用，有利于管道运营管理水平的提升，保障管道企业安全、高效运营。本书适用于长输油气管道、油气田集输管网、城镇燃气管网以及各类工业管道。

本书可作为各级管道管理与技术人员研究与学习用书，也可作为油气管道管理、运行、维护人员的培训教材，还可作为高等院校油气储运等专业本科生、研究生教学用书和广大石油科技工作者的参考书。

图书在版编目（CIP）数据

管道完整性管理系统平台技术／《管道完整性管理技术丛书》编委会组织编写；董绍华主编．—北京：中国石化出版社，2019.10

（管道完整性管理技术丛书）

ISBN 978-7-5114-5391-4

Ⅰ．①管… Ⅱ．①管… ②董… Ⅲ．①石油管道-管道工程-完整性 Ⅳ．①TE973

中国版本图书馆 CIP 数据核字（2019）第 183187 号

中国石化出版社出版发行

地址：北京市东城区安定门外大街 58 号

邮编：100011 电话：(010)57512500

发行部电话：(010)57512575

http://www.sinopec-press.com

E-mail:press@sinopec.com

北京科信印刷有限公司印刷

全国各地新华书店经销

*

787×1092 毫米 16 开本 19 印张 439 千字

2020 年 1 月第 1 版 2020 年 1 月第 1 次印刷

定价：125.00 元

《管道完整性管理技术丛书》编审指导委员会

《管道完整性管理技术丛书》
编写委员会

序
PREFACE

油气管道是国家能源的“命脉”，我国油气管道当前总里程已达到13.6万公里。油气管道输送介质具有易燃易爆的特点，随着管线运行时间的增加，由于管道材质问题或施工期间造成的损伤，以及管道运行期间第三方破坏、腐蚀损伤或穿孔、自然灾害、误操作等因素造成的管道泄漏、穿孔、爆炸等事故时有发生，直接威胁人身安全，破坏生态环境，并给管道工业造成巨大的经济损失。半个世纪以来，世界各国都在探索如何避免管道事故，2001年美国国会批准了关于增进管道安全性的法案，核心内容是在高后果区实施完整性管理，管道完整性管理逐渐成为全球管道行业预防事故发生、实现事前预控的重要手段，是以管道安全为目标并持续改进的系统管理体系，其内容涉及管道设计、施工、运行、监控、维修、更换、质量控制和通信系统等管理全过程，并贯穿管道整个全生命周期内。

自2001年以来，我国管道行业始终保持与美国管道完整性管理的发展同步。在管材方面，X80等管线钢、低温钢的研发与应用，标志着工业化技术水平又上一个新台阶；在装备方面，燃气轮机、发动机、电驱压缩机组的国产化工业化应用，以及重大装备如阀门、泵、高精度流量计等国产化；在完整性管理方面，逐步引领国际，2012年开始牵头制定国际标准化组织标准ISO 19345《陆上/海上全生命周期管道完整性管理规范》，2015年发布了国家标准GB 32167—2015《油气输送管道完整性管理规范》，2016年10月15日国家发改委、能源局、国资委、质检总局、安监总局联合发文，要求管道企业依据国家标准GB 32167—2015的要求，全面推进管道完整性管理，广大企业扎实推进管道完整性管理技术和方法，形成了管道安全管理工作的新局面。近年来随着大数据、物联网、云计算、人工智能新技术方法的出现，信息化、工业化两化融合加速，我国管道目前已经由数字化进入了智能化阶段，完整性技术方法得到提升，完整性管理被赋予了新的内涵。以上种种，标志着我国管道管理具备规范性、科学性以及安全性的全部特点。

虽然我国管道完整性管理领域取得了一些成绩，但伴随着我国管道建设的高速发展，近年来发生了多起重特大事故，事故教训极为深刻，油气输送管道面临的技术问题逐步显现，表明我国完整性管理工作仍然存在盲区和不足。一方面，我国早期建设的油气输送管道，受建设时期技术的局限性，存在一定程度的制造质量问题，再加上接近服役后期，各类制造缺陷、腐蚀缺陷的发展使管道处于接近失效的临界状态，进入“浴盆曲线”末端的事故多发期；另一方面，新建管道普遍采用高钢级、高压力、大口径，建设相对比较集中，失效模式、机理等存在认知不足，高钢级焊缝力学行为引起的失效未得到有效控制，缺乏高钢级完整性核心技术，管道环向漏磁及裂纹检测、高钢级完整性评价、灾害监测预警特别是当今社会对人的生命安全、环境保护越来越重视，油气输送管道所面临的形势依然严峻。

《管道完整性管理技术丛书》针对我国企业管道完整性管理的需求，按照GB 32167—2015《油气输送管道完整性管理规范》的要求编写而成，旨在解决管道完整性管理过程的关键性难题。本套丛书由中国石油大学(北京)牵头组织，联合国家能源局、中国石油和化学工业联合会、中国石油学会、NACE国际完整性技术委员会以及相关油气企业共同编写。丛书共计10个分册，包括《管道完整性管理体系建设》《管道建设期完整性管理》《管道风险评价技术》《管道地质灾害风险管理技术》《管道检测与监测诊断技术》《管道完整性与适用性评价技术》《管道修复技术》《管道完整性管理系统平台技术》《管道完整性效能评价技术》《管道完整性安全保障技术与应用》。本套丛书全面、系统地总结了油气管道完整性管理技术的发展，既体现基础知识和理论，又重视技术和方法的应用，同时书中的案例来源于生产实践，理论与实践结合紧密。

本套丛书反映了油气管道行业的需求，总结了油气管道行业发展以及在实践中的新理论、新技术和新方法，分析了管道完整性领域面临的新技术、新情况、新问题，并在此基础上进行了完善提升，具有很强的实践性、实用性和较高的理论性、思想性。这套丛书的出版，对推动油气管道完整性技术进步和行业发展意义重大。

“九层之台，始于垒土”，管道完整性管理重在基础，中国石油大学(北京)领衔之团队历经二十余载，专注管道安全与人才培养，感受之深，诚邀作序，难以推却，以序共勉。

中国工程院院士 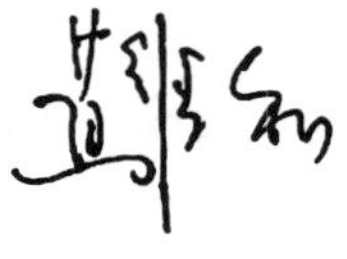

前　言

FOREWORD

截至2018年年底，我国油气管道总里程已达到13.6万公里，管道运输对国民经济发展起着非常重要的作用，被誉为国民经济的能源动脉。国家能源局《中长期油气管网规划》中明确，到2020年中国油气管网规模将达16.9万公里，到2025年全国油气管网规模将达24万公里，基本实现全国骨干线及支线联网。

油气介质的易燃、易爆等性质决定了其固有危险性，油气储运的工艺特殊性也决定了油气管道行业是高风险的产业。近年来国内外发生多起油气管道重特大事故，造成重大人员伤亡、财产损失和环境破坏，社会影响巨大，公共安全受到严重威胁，管道的安全问题已经是社会公众、政府和企业关注的焦点，因此对管道的运营者来说，管道运行管理的核心是"安全和经济"。

《管道完整性管理技术丛书》主要面向油气管道完整性，以油气管道危害因素识别、数据管理、高后果区识别、风险识别、完整性评价、高精度检测、地质灾害防控、腐蚀与控制等技术为主要研究对象，综合运用完整性技术和管理科学等知识，辨识和预测存在的风险因素，采取完整性评价及风险减缓措施，防止油气管道事故发生或最大限度地减少事故损失。本套丛书共计10个分册，由中国石油大学(北京)牵头组织，联合国家能源局、中国石油和化学工业联合会、中国石油学会、NACE国际完整性技术委员会、中石油管道有限公司、中国石油管道公司、中国石油西部管道公司、中国石化销售有限公司华南分公司、中国石化销售有限公司华东分公司、中国石油西南管道公司、中国石油西气东输管道公司、中石油北京天然气管道公司、中油国际管道有限公司、广东大鹏液化天然气有限公司、广东省天然气管网有限公司等单位共同编写而成。

《管道完整性管理技术丛书》以满足管道企业完整性技术与管理的实际需求为目标，兼顾油气管道技术人员培训和自我学习的需求，是国家能源局、中国石油和化学工业联合会、中国石油学会培训指定教材，也是高校学科建设指定教材，主要内容包括管道完整性管理体系建设、管道建设期完整性管理、管道风险评价、管道地质灾害风险管理、管道检测与监测诊断、管道完整性与适用性评价、管道修复、管道完整性管理系统平台、管道完整性效能评价、管道完整性安全保障技术与应用，力求覆盖整个全生命周期管道完整性领域的数据、风险、检测、评价、审核等各个环节。本套丛书亦面向国家油气管网公司及所属管道企业，主要目标是通过夯实管道完整性管理基础，提高国家管网油气资源配置效率和安全管控水平，保障油气安全稳定供应。

《管道完整性管理系统平台技术》基于物联网、云计算、大数据等信息技术的发展，全面阐述了国内外数字化管道、智能管网的实施进展，分析认为智慧管道已逐渐成为管道行业发展的必然趋势，可解决当前系统繁多以及数据采集与数据应用脱节的问题，实现油气管道安全、高效可持续发展。基于智慧管道发展的特点、难点以及存在的问题，建立了管道全生命周期数据标准及构建管道全生命周期数据库；提出了全生命周期智能管网的设计架构，包括管道全生命周期资产设施管控、运行管理控制、决策支持三个方面。

《管道完整性管理系统平台技术》针对管道完整性管理数据种类繁多、覆盖整个全生命周期、企业完整性数据管理缺乏方法等现状，提出了基于大数据的智能管网解决方案，包含数据融合、数据集成、数据对齐、数据管理、数据库等，阐述了一种基于时空结合的数据整合、数据恢复、数据入库的方法，建立了统一的基础数据库，数据库集成多种管道完整性数据。提出了基于 GIS 的完整性管理平台方案，搭建了管道建设与运维一体化智能管理平台，实现建设期施工数据采集、数字化数据库移交、施工质量可视化管理、数字孪生体构建，实现运营期腐蚀防护电位控制、在线完整性评估、高后果区、地区等级升级地区的风险评估以及无人机巡线等完整性管理循环，实现管网决策支持，包括大数据建模分析、应急决策支持、焊缝大数据风险识别、基于物联网的灾害监测预警等。

《管道完整性管理系统平台技术》由董绍华主编，田中山、吴志平、刘剑、季寿宏、余东亮为副主编，可作为各级管道管理与技术人员研究与学习用书，也可作为油气管道管理、运行、维护人员的培训教材，还可作为高等院校油气储运等专业本科生、研究生教学用书和广大石油科技工作者的参考书。

由于作者水平有限，错误和不足之处在所难免，恳请广大读者批评指正。

目　录

CONTENTS

第1章　概　　述

1.1　国内管道信息化研究进展

1.1.1　中石油管道信息化进展

在中国石油天然气集团公司信息化规划框架中，未来将构建以数据标准为基础，以信息化管控体系及信息安全体系为保障，以ERP应用集成及各专业应用系统为支撑的信息化总体架构，全面支持天然气与管道业务发展。中国石油“十三五”信息技术总体规划如图1-1所示。

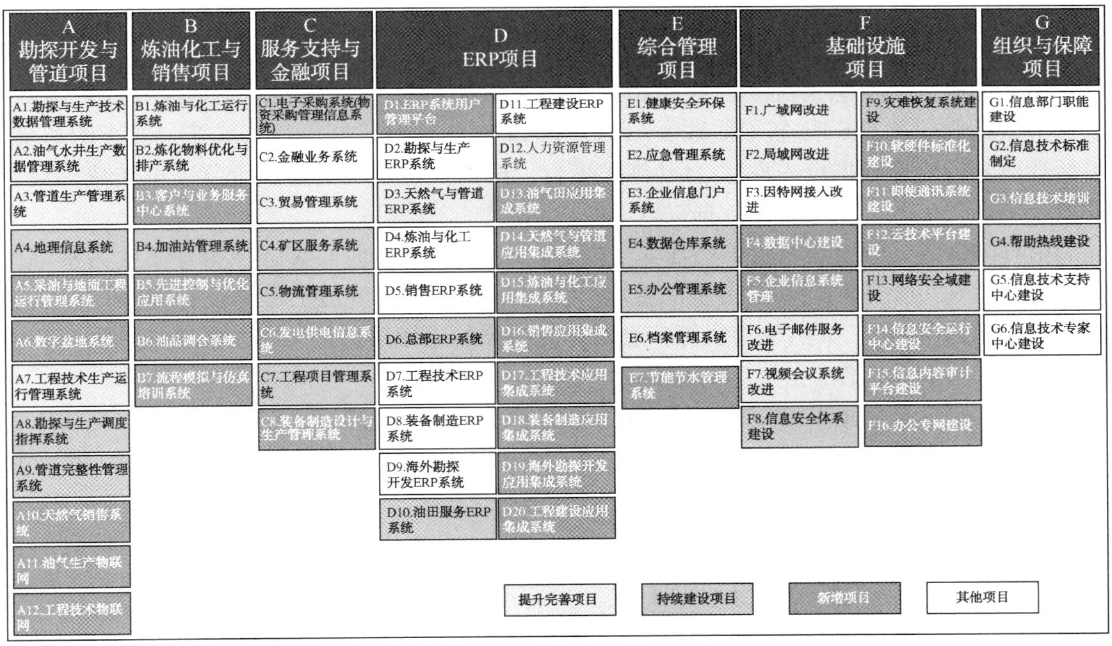

A 勘探开发与管道项目
A1.勘探与生产技术数据管理系统
A2.油气水井生产数据管理系统
A3.管道生产管理系统
A4.地理信息系统
A5.采油与地面工程运行管理系统
A6.数字盆地系统
A7.工程技术生产运行管理系统
A8.勘探与生产调度指挥系统
A9.管道完整性管理系统
A10.天然气销售系统
A11.油气生产物联网
A12.工程技术物联网
B 炼油化工与销售项目
B1.炼油与化工运行系统
B2.炼化物料优化与排产系统
B3.客户与业务服务中心系统
B4.加油站管理系统
B5.先进控制与优化应用系统
B6.油品调合系统
B7.流程模拟与仿真培训系统
C 服务支持与金融项目
C1.电子采购系统(物资采购管理信息系统)
C2.金融业务系统
C3.贸易管理系统
C4.矿区服务系统
C5.物流管理系统
C6.发电供电信息系统
C7.工程项目管理系统
C8.装备制造设计与生产管理系统
D ERP项目
D1.ERP系统用户管理平台
D2.勘探与生产ERP系统
D3.天然气与管道ERP系统
D4.炼油与化工ERP系统
D5.销售ERP系统
D6.总部ERP系统
D7.工程技术ERP系统
D8.装备制造ERP系统
D9.海外勘探开发ERP系统
D10.油田服务ERP系统
D11.工程建设ERP系统
D12.人力资源管理系统
D13.油气田应用集成系统
D14.天然气与管道应用集成系统
D15.炼油与化工应用集成系统
D16.销售应用集成系统
D17.工程技术应用集成系统
D18.装备制造应用集成系统
D19.海外勘探开发应用集成系统
D20.工程建设应用集成系统
E 综合管理项目
E1.健康安全环保系统
E2.应急管理系统
E3.企业信息门户系统
E4.数据仓库系统
E5.办公管理系统
E6.档案管理系统
E7.节能节水管理系统
F 基础设施项目
F1.广域网改进
F2.局域网改进
F3.因特网接入改进
F4.数据中心建设
F5.企业信息系统管理
F6.电子邮件服务改进
F7.视频会议系统改进
F8.信息安全体系建设
F9.灾难恢复系统建设
F10.软硬件标准化建设
F11.即使通讯系统建设
F12.云技术平台建设
F13.网络安全域建设
F14.信息安全运行中心建设
F15.信息内容审计平台建设
F16.办公专网建设
G 组织与保障项目
G1.信息部门职能建设
G2.信息技术标准制定
G3.信息技术培训
G4.帮助热线建设
G5.信息技术支持中心建设
G6.信息技术专家中心建设
提升完善项目
持续建设项目
新增项目
其他项目

图1-1　中国石油“十三五”信息技术总体规划图

中国石油的管道业务主要由天然气与管道分公司负责经营，包含四大主营业务：工程建设、储运设施管理、油气调运与天然气销售。下设11个业务处室，2家直属单位（管道建设项目经理部、北京油气调控中心），10家地区公司［5家管道地区公司（管道公司、西气东输、西部管道、西南管道、北京天然气），1家销售公司（华北销售），1家天然气利用公司（昆仑燃气），3家LNG公司（唐山LNG、大连LNG、江苏LNG）］。

中国石油最早在国内油气管道行业的勘察设计和施工阶段使用数字化技术，特别是在西气东输二线、中缅油气管道等最新的管道建设工程中，利用卫星遥感技术、全球定位技术、GIS 成图技术在勘察设计和施工阶段帮助优化路由，利用实时数据采集技术和管网运行监控等实现集中监控和运行调度，缩小了与欧美发达国家的管道数字化应用差距。

2004 年，中油集团将数字管道建设确定为公司新技术发展的重点，对已建或拟建工程中互联网技术、GIS、GPS 的应用进行统一规划部署，并与 SCADA 等自动化管理技术有机结合，开发了 PIS 完整性管理系统、GIS 地理信息系统，为中石油油气田和管道的在线检漏、优化运行、完整性管理提供数据平台。

中石油管道企业从 2001 年开始引进完整性管理理念，建立完整性管理体系，2007 年开始推广应用，2009 年建设 PIS 完整性管理系统，完整性覆盖率达到 48%，2012 年覆盖全部长输管道。管道事故率由 2006 年的 1.67 次/千公里降低到 2009 年的 0.48 次/千公里，管道完整性管理水平从 2007 年的 4 级提高到 2009 年的 6~7 级，打孔发案率下降了 35%。

中石油北京管道公司在管道智能化方面，搭建了管道建设期、运行期数据一体化平台，建立了管道全生命周期数据库，建设了首个基于全生命命周期的 GIS 应急决策支持系统，实现了管道安全评价、风险评估及完整性评价，生产运行过程和设备状态进行了数字化、可视化的动态安全监测和管理，建立了立体化的应急联动指挥体系，编制了预案，配置了先进的检测和通信设备，建立了应急指挥辅助信息化平台，包括应急资源管理、灾害推演及周边环境信息。紧急情况下，应急指挥中心对各类信息一览无余，便于及时处置事故，减少事故影响。其 GIS 应急决策支持平台目前也是国内运行较好、与实践结合紧密的系统，包括管道基础地理数据全入库 ，自动维护平台、地理信息系统平台、应急决策支持一键式输出，实现桩加载的全部管道数据提取。

中石油天然气管道板块目前已建立了以 SCADA、气象与地质灾害预警等平台为基础保障，以天然气与管道 ERP、管道生产管理(生产管理系统)、管道工程建设管理(PCM)、管道完整性管理(PIS)、天然气销售等信息系统为支撑的总体信息化架构，全面支持资产和物流两条主线的业务工作。

(1) 天然气与管道 ERP 系统　覆盖并优化了设备维护与管理、产品采购、调拨和库存管理、销售管理、财务管理、项目管理等核心业务流程，加强了管控力度，实现了企业物流、资金流及信息流的统一。

(2) 管道生产管理系统　有效支持了管道运营和天然气销售业务，实现了对信息的自动采集和集中管理，初步实现了原油、天然气和成品油管道集中调控管理，使得相关的业务运作和管理水平得到提升。

(3) 管道工程建设管理系统　实现了对工程建设项目的过程控制、技术数据和竣工资料管理以及可视化展示，规范了项目管理，降低了实施风险。

(4) 管道完整性管理系统　实现了覆盖数据采集、高后果区识别、风险评价、完整性评价、维修维护、效能评价的完整性闭环管理，提高了管道运行安全水平，降低了管道风险及运行、维护成本。

(5) 天然气销售系统　通过系统应用，统一了燃气收费管理流程和用户界面，整合了 23 个单机版收费系统以及普表收费业务，提高了信息的及时性和准确性，加强了燃气收费及客户服务工作的规范管理和高效运营。

结合资产和物流两条主线的管理提升需求，重点开展了以下6项工作：

(1) 数据标准建设 通过板块主数据的统一管理，切实提高各系统数据的统一准确性，并根据不同管道工程实际情况有序开展数据恢复工作。

(2) 管道工程全生命周期数据库建设 以设计数字化为源头，围绕工程项目实物本体和项目管理，重点提升工程建设阶段的系统功能，实现工程项目建设全阶段信息的集成共享与递延传承。

(3) 客户关系管理系统建设 配合集团B3系统在板块的统一建设，提供客户管理、市场营销管理、销售管理、服务管理、智能分析等系统功能，实现以客户为中心的营销管理。

(4) 管道生产管理系统建设 完善数据自动采集能力，加强自控与信息化的融合，实现上游、下游数据有效传递，实现在线计量交接。

(5) 物联网平台实施 管道高风险段和高后果区的视频监控、重要物资(如钢管)的物流跟踪与监控、能耗数据采集与分析。

(6) 天然气与管道应用集成建设 通过集成平台打通天然气与管道整体业务流程，实现各类数据有效传递共享，完善和扩展ERP系统功能，优化ERP系统性能，并构建天然气与管道决策支持平台和用户访问平台。

在中石油天然气与管道分公司信息化建设现状与未来“十三五”规划中，提出了在“十三五”末总体信息化水平达到国际先进水平。将基于集团公司发展战略，围绕资产和物流两条业务主线，实现信息化对天然气与管道业务的全面覆盖与有效支撑，统一数据标准，夯实数据基础，提升现有信息系统功能，建成工程项目全生命周期数据库和客户管理系统，实现信息化应用集成，全面提升天然气与管道业务管控能力。

1.1.2 中海油管道信息化进展

中海石油气电集团有限责任公司是中国海洋石油总公司经营与管理天然气及天然气发电等板块业务的全资子公司，在“数字海油”“智慧海油”的基础上分别提出建设“数字气电”“智慧气电”的规划，初期从三维应急响应、管道数字化技术研究与推广应用起步，开展了生产数据采集、智慧视频监控、安全生产运营管理与移动应用、节能管理智能化等一系列智能系统研究、开发及落地建设，为企业搭建了先进的、智能化的信息管理平台，推动了企业生产方式和管控模式变革，提高了安全环保、节能减排和绿色低碳水平，促进了劳动效率和生产效益提升。

在“中海石油2013~2017年信息化滚动规划”中，基于气电集团生产及运营管理实际需求与海油总公司关于信息化建设的总体要求，结合企业信息化建设的一般特点，勾勒气电集团信息化发展的总体蓝图，提出了“智慧气电”的发展愿景，如图1-2所示。

1. 数字海油取得进展

中海石油气电集团自1998年提出“数字地球”的概念以来，引发了全球“数字城市”“数字工厂”“数字管道”等领域的数字化运动。2008年IBM总裁提出了“智慧地球”的概念，又

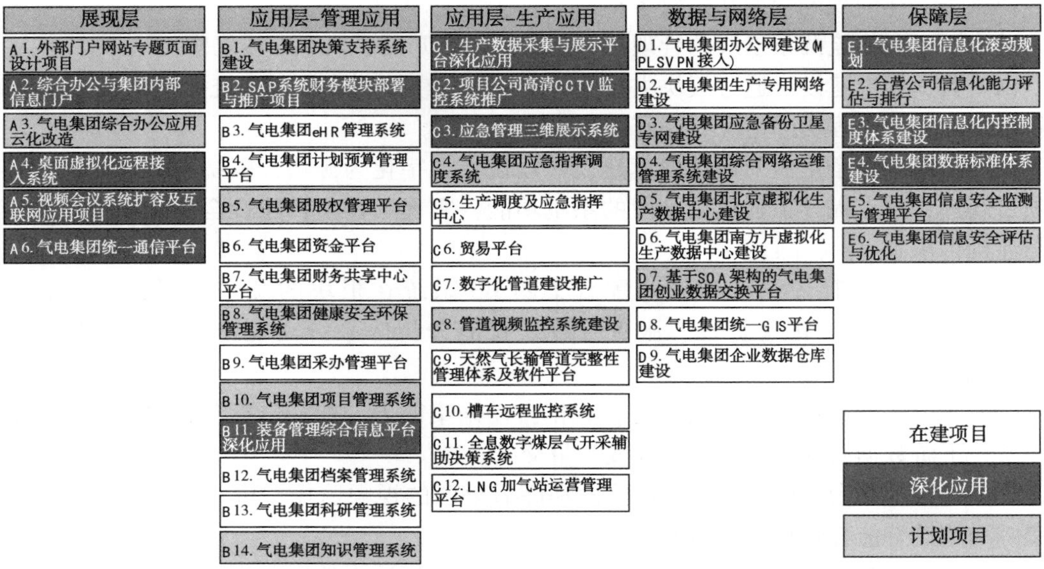

图 1-2 中海石油 2013~2017 年信息化滚动规划图

再次引发各个领域效仿，纷纷提出建设“智慧城市”等运动。中国海油也不例外，其“十二五”信息化规划中提出，将继续推进“数字海油”的建设，并在生产信息化中努力实现促进生产方式转变，通过物联网等新技术的应用，增强业务的全方位感知能力，通过建设一体化的集成运营中心等朝着“智慧海油”的更高目标迈进。

随着计算机和网络技术的发展，以及物联网技术的迅猛发展，信息化在安全生产管理和应急管理领域的作用也越发明显，管理者对被管理对象的触角也在时空距离上得到拓展，管理者可以在电脑屏幕上查看、管理甚至是地球另一端的设备、工厂的生产操作等，拉近了被管理对象到管理者的距离。

中海油气电集团构建完成了生产调度及应急指挥中心、贸易平台、LNG 汽车加气运营管理平台、资金平台、槽车远程监控系统、应急指挥系统等系统及其深化应用，构成了信息化的主体框架。形成气电集团级生产运营系统的全息化“基础平台”，同时生产数据采集与展示平台融合各项目公司的 GIS 数据、数字化管道数据、DCS/SCADA 等生产经营数据，建设气电集团统一的“数据仓库”。建设完成综合办公信息系统、视频会议系统扩容及互联网应用项目、手机移动平台功能扩展项目、外网门户网站、内部门户网站、Sap 财务系统与用友财务系统双线融合、装备管理综合信息平台等。中海油目前正在构建智慧气电，建设全面覆盖、高度集成的先进信息网，以利于快速、全面、正确地获取、理解、判断集团全产业链业务运营状态，并作出智能化决策。

2. 数字化管道和场站方面

数字工厂分为广义和狭义的数字工厂，以企业管理为中心的数字化工厂，其本质是信息、信息流和工作流的数字化。通过对数字化信息流、工作流的有效管理和利用，控制、管理、利用物流和资金流，实现数字工厂的管理要素之间网络化协同协作。

2008 年中国海洋石油总公司在“十二五”信息化规划中明确提出分三个阶段推进实现

“数字海油”的建设愿景：第一阶段深化 ERP 应用，启动“数字油田”“数字工厂”的试点工作；第二阶段拓展并深化应用，全面建设中国海油商业智能和集成协同平台，同时在试点“数字工厂”的基础上开始“数字管网”“数字金融”等的建设；第三阶段要基本实现“数字海油”的建设愿景。

中国海油陆上天然气管道基本上全归气电集团管理，为响应总公司建设“数字工厂”“数字管网”的规划设想，气电集团则同步规划并开展了天然气管网信息监控系统的整体规划、设计、建设工作，以“数字工厂”“数字管网”应用技术研究为起点，开展天然气管道、液化天然气场站数字化试点工作。试点完成后，拓展并深化应用，全面开展站、点、线、运各环节的数字化工作，包括液化天然气发电厂、液化厂、加气加注站点等领域的数字化建设。

1）数字化管道技术研究与建设

“数字气电”从研究数字化管道技术开始，气电集团自 2007 年起开展了“液化天然气管网及接收场站的数字化技术研究与应用”项目，主要研究了数字站线建设原则与实施策略、数字站线的总体框架、功能需求与数据需求、应用系统建设、数据采集与质量控制等。其中数据采集内容包括基础地理信息数据、管道专业数据和管道周边环境数据，数据采集涵盖天然气管道从设计、施工、运营维护到停役的全生命周期。应用系统的建设包括管道数据库管理系统、管道地理信息系统、巡线与线路管理系统、第三方施工管理系统、隐患管理系统、阴保与腐蚀监测系统、地质灾害管理系统、缺陷管理系统、维修维护管理系统、应急信息管理系统、接口集成等。其数字化管道数据中心架构如图 1-3 所示。

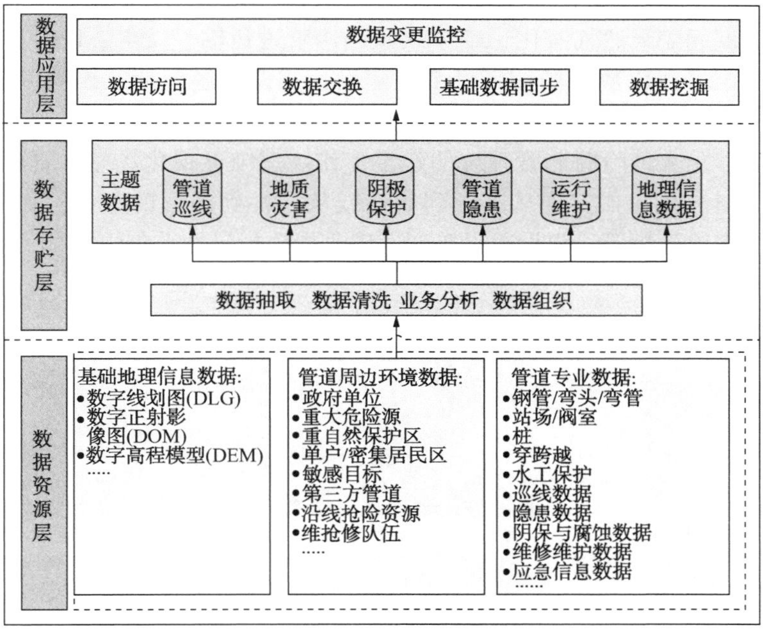

图 1-3 管道数据中心架构图

截至 2016 年，气电集团已经在其重要的 11 家参控股单位近 3000km 天然气管道进行了数字化建设，可以进行有关数据查询与管理。基于 GIS 的数字化管道系统已经在基础研究和初步探索实践的基础上有了质的飞跃。气电集团东南沿海部分天然气管网分布如图 1-4 所示。

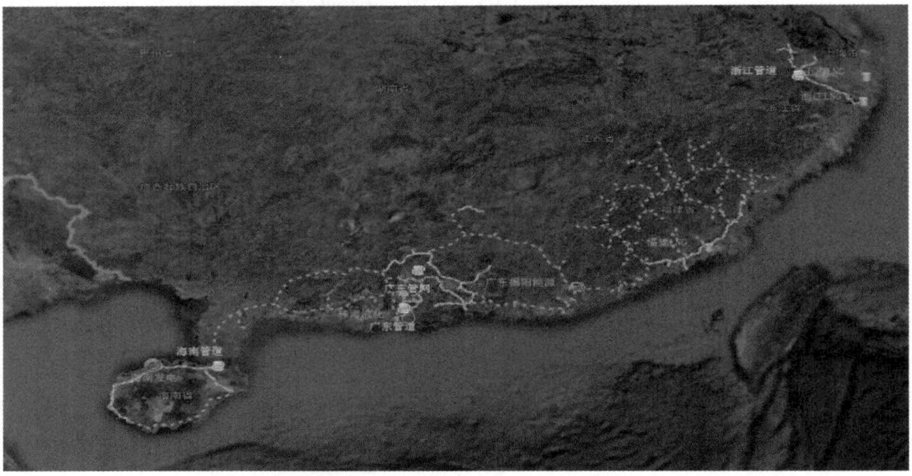

图 1-4　气电集团东南沿海部分天然气管网分布图

2）数字化管网、场站可视化管理

管线大多位于地下，被地面与建构筑物所覆盖，二维图形无法表现管线之间的空间关系。数字化管网、场站的可视化系统是采用基础地理信息系统软件与可视化开发语言进行的集成式二次开发，合理建立有效的三维管线数据库是可视化系统高效、稳定运行的保障。

从 2008 年起，在总公司大力推动中下游企业三维应急信息展示平台的建设要求下，气电集团开展了二期涵盖天然气液化、LNG 接收站、管道运输、发电、LNG 液态分销、加气加注几个板块三维可视化数字场站信息系统建设，建设内容包括三维数字场站信息平台、气象预报系统、无线视频监控系统、生产人员动态管理系统、槽车动态监控系统、LNG 船舶动态监控系统、重大危险源监管系统的建设工作。三维可视化场站、管道系统可以实现管线管理的查询与分析，如实现从图形到属性或从属性到图形的查询，如纵横断面分析、安全间距分析、爆管分析等，建设成果提高了应急指挥指导性。气电集团三维可视化场站、管网如图 1-5 所示。

图 1-5　气电集团三维可视化场站、管网图

3. 生产数据采集与展示平台建设

生产数据采集与展示平台项目是“十二五”期间贯彻总公司“数字海油”和气电集团“数字气电”的生产信息化规划的落地项目之一。

生产数据采集与展示平台项目从 2011 年开始建设，至今已完成两期建设。该平台是在完善 LNG 接收站、天然气管道、加气加注等生产场站三维建模的基础上，优化、扩大三维模型建模范围，采集其生产过程控制系统（如 DCS、SCADA、MIS、SIS、PLC、GMS 等）的实时生产数据，通过开发应用功能，实现了生产数据整合监控、数字化管道整合查询与展示、生产报表管理、天然气调度辅助分析、3G/4G 移动应用等应用功能，在死板的三维模型、二三维 GIS 上叠加实时动态生产数据进行综合展示与分析应用，提高集团对各项目公司建设、生产、运营管理、决策等信息支持能力。生产数据监控展示如图 1-6 所示。

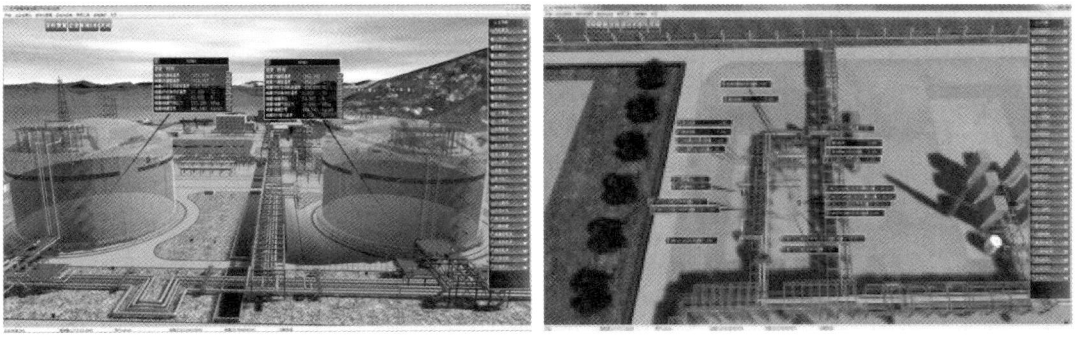

图 1-6 气电集团实时动态生产数据监控展示图

4. 智慧气电与生产信息化落地建设

数字工厂建设驱动企业管理模式的转变，气电集团产业链上各板块业务快速增长，集团对项目公司的管控需求日益迫切、加深，规划需要落地，需要生产信息化服务于集团机关监管与生产协调、指挥、决策支持，在数字气电的基础上实现“智慧气电”的目标。企业经营管理模式的转变主要体现在以下几个方面：

（1）生产管控向主动、精细转变。“一切用数据说话”，这是精细化管理的主要原则之一。在传统生产调度的基础上，生产调度系统融合多源业务数据，实现调度指挥信息全面可视化，帮助调度指挥人员充分、实时、有效地掌握全厂动态营运信息，促进调度指令闭环管理，提高调度预警、异常分析与响应执行能力，从而实现企业生产管控的精细化。同时借助操作管理系统内外管理模块的高效协同和操作智能化，降低了操作的复杂性，提高了操作人员的操作水平，消除了事故隐患，保障了工厂安全平稳运行。

（2）资源利用向整体优化、效益最大化转变。如何让企业经济效益最大、最优无疑是所有企业经营生产的目标，数字工厂将计划-调度-执行高效衔接和协同，帮助企业提高全局生产优化水平，强化卡边操作能力，实现企业效益最大化、最优化。

（3）能源管理向说得准、管得好、省得多转变。加强能源管理是企业提高竞争优势的重要途径，有效的能源管理给企业带来的实际获益不容小觑，对能源产、供、转、输、耗的数据实时监测和优化，不但能够清晰掌握能源全过程信息，更能够合理配置能源结构，实现对能源生产、运行、调度各关键业务环节准确优化，挖掘潜能，降低成本，达到能效最大化。能源管理从能源生产、能源储存、能源转换、能源输送、能源消耗、停工消耗、能源计量、碳排放、能源损失、能源结构十大方面入手，以模型化、图形化、实时化的信息手段，提升企业全介质、全口径的能源的规范与精细管理。

(4) 事故处置向主动识别、联动协同转变。在企业管控过程中，及时发现苗头或倾向性隐患问题，实现关口前移是重中之重。通过建立作业、人员、环境三位一体现场施工作业闭环模式，有效保障企业现场安全作业，提高风险防控水平。

(5) 营运决策向数据、量化决策转变。数字工厂基于大数据分析手段，化海量生产运营历史数据和领域专家经验为宝贵知识资产，辅助快速发现和定位运行问题，让决策者做到眼中有数、心里有谱、决策有准。

(6) IT 管控向高效共享、智能调配转变。数字工厂建设使企业 IT 管控模式实现了大的变革，使企业 IT 管控与业务更加深化，实现了企业各专业信息的高度共享，促进了企业业务的高度融合。

与“数字气电”相比，“智慧气电”将通过物联网等新技术的应用，增强业务的全方位感知能力，通过建设一体化的集成运营中心和协同环境，打破专业边界，增强全面的数据知识共享，通过知识库和专家系统的应用，实现高效的分析优化和完备的预测预警能力，提高风险预测和科学决策水平，全面提高气电集团整体敏捷运营能力。

1.1.3 中石化管道信息化建设

中国石化集团公司“十二五”信息化建设与应用发展规划的总体目标中，提出了要完善提升经营管理、生产营运、信息基础设施与运维三个平台，大力推进 ERP 大集中建设，全面实现企业层面以及总部和企业之间的信息集成，到 2015 年，建立起统一、集成、安全、高效的信息系统，整体信息化能力达到国际先进水平，为把中国石化发展成为具有较强国际竞争力的跨国能源化工公司提供有效支撑。中国石化“十三五”信息化建设与应用发展规划如图 1-7 所示。

中石化天然气分公司榆林-济南管线是中石化第一条在施工阶段同步进行数据采集的管道工程，2007~2008 年开展的数字化管道建设，以二维 GIS 系统为基础平台，具有管线走向、埋深图，采集了较多的施工数据，叠加了影像图，其运营期的系统建设按照总部智能化管线系统的标准整理基础数据。

中石化川气东送管道逐步建立了数字化管道，管道投产后建设了 3 维管道 GIS 系统，补充了施工数据，实现了大口径、高压力、长距离天然气输气管道全程全景真三维、地下地表地上一体化、站线一体化、二三维一体化的管道专业地理信息系统。数据覆盖全线 2200 多公里管道本体及附属设施，34 个站场、101 个阀室。全线航飞并处理植入了 0.4m 高精度影像约 5000km^2，站场、阀室三维建模 3 万多个。整合设计、施工图档 8 万余份，照片 11 万多张；植入业务数据 540 多万条，管线周边 6 省 2 直辖市、21 个地级市、59 个县、265 个乡镇的单户居民、村庄、敏感目标、应急救援力量、主要应急道路等应急资源数据 4 万余条。

目前为止，中国石化一直在倾力打造其信息化发展的十年目标：

(1) 建成以 ERP、数据仓库及辅助决策支持、知识管理等为核心的集中集成、覆盖所

图 1-7 中国石化“十三五”信息化建设与应用发展规划框架图

有主业的经营管理平台，支撑总部及企业经营管理和辅助决策。

（2）建成集成协同的勘探、开发、生产和石油工程服务等上游专业系统；建成综合集成的生产营运指挥系统，主要企业建成智慧油田或智慧炼化工厂。

（3）建成面向全球、支持多种应用及支付手段的加油卡系统和零售管理系统；建成现代化的物流体系和全生命周期的质量管理体系，进一步提升客户服务水平。

（4）建成集中的绿色数据灾备中心、安全可靠覆盖全球业务的网络系统；建立完善的运维支持、有效的信息安全和统一的信息化标准体系。

（5）健全可持续发展的信息化组织、管控流程、人才队伍和激励机制；形成一体化的 IT 资源管理体制和机制。

2014 年 8 月中国石化总部正式启动了“中国石化智能化管线管理系统”项目，截至目前已完成了 7 家试点管线的实施，中国石化智能化管线系统在试点企业已经正式上线运行，并形成了阶段性的成果：

（1）一套可运行的系统版本　完成了项目顶层设计和管线数字化管理、管道完整性管理、管线运行、应急响应管理、综合管理五大类功能的研发。

（2）一套可推广的标准规范　充分借鉴 ERP 大集中经验，重视数据标准化和业务流程模板化，发挥企业业务专家和关键用户作用，形成 5 类 21 项标准规范。

（3）试点企业管线实施　完成了 7 家试点企业 39 条 1939km 管线系统的实施和 27 座站场的数字化、可视化管理；涉及影像数据 600GB、管线专题数据 1GB 和图片文档数据超过 10GB。

随着建设的深入，中国石化智能化管线系统将建设集中集成的数据中心和共享服务平台，建立上下贯通的6大应用模块(管线数字化管理、管道完整性管理、管线运行管理、应急辅助管理、隐患治理管理和综合管理)和1套标准规范、安全可靠的支持环境，满足总部、事业部、专业公司和企业对管线安全运行管理的要求。

2014年中国石化启动了“中国石化智能化管线管理系统”项目，完成了7家试点管线的实施，完成了项目顶层设计和管线数字化管理、管道完整性管理、管线运行、应急响应管理、综合管理五大类功能的研发。重视数据标准化和业务流程模板化，形成了5类21项标准规范。完成了7家试点企业39条1939km管线系统的实施和27座站场的数字化、可视化管理。

中国石化智能化管线目标是建设集中集成的数据中心和共享服务平台，建设上下贯通的6大应用模块(管线数字化管理、管道完整性管理、管线运行管理、应急辅助管理、隐患治理管理和综合管理)，形成1个安全可靠的工作平台，满足管线安全运行管理要求。

1.2 国外管道信息化研究进展

国外管线的建设运行逐渐向智能管网建设的方向发展，已经在该领域取得重要成果，已与信息技术的发展保持同步，管道建设和运行的各个阶段已应用了云计算移动存储、物联网数据精准采集、大数据决策分析。

美国休斯敦的控制中心控制着全美近1/2的天然气业务，石油管道则由设在Tulsa的控制中心进行监控管理，实现实时模拟(RTM)、预测(前瞻性)模拟(PM)、压缩机站优化(CSO)、压缩机性能自动优化(RTCT)、气体负荷预测(LF)、历史数据存储。美国建立了统一的地理信息系统(GIS)，将管道物理数据和地理数据整合，覆盖4万英里天然气管道，管道物理数据和地理数据整合，与其他信息系统(如风险管理系统、设备管理系统、管网模型系统)相接，实现对管道的动、静态数据的统一管理。

挪威Statoil公司开发了管道完整性管理系统，该系统集成了SAP、Maximo、STAR、Intergraph、Inspection等管理系统的数据，使得管理者可以在同一界面内查看到管道的完整信息，如管道设计、运行情况、维护历史等，极大地降低了管理难度，提高了管理效率。

美国雪佛龙公司开发了VMACS(Volumetric Management and Customer Service)，其通过对相关管道数据进行采集、分析和共享，实现降低成本、优化资源并最大限度地利用管道生产能力。

美国BP公司利用物联网技术提高管道资产与人员安全性，通过先进的无线智能终端应用，实现设备、仪表的位置标记与识别，资产周期、历史数据与关联性查询，包括现场操作工人操作规程指引，现场工单提示与任务分配，以及现场工作状态、进展、规程与位置跟踪；通过使用带有高清晰度摄像头及热力传感器等的无人机(UAV)技术，对复杂自然环境中的管道进行泄漏检测与安全监控。

英国石油公司(BP)华盛顿州切里波因特(Cherry Point)炼油厂开发了基于大数据分析的物联网腐蚀管理系统，将腐蚀无线传感器安装在重点管线部位，形成物联网组网监测，获得大量实时数据并上传至系统。某些恶劣环境会影响电气系统对腐蚀传感器数据的读取，形成错误数据，但数据生成的数量弥补了跳动影响，可随时监测到管道重点部位的承压，使炼油厂管理人员实时了解某些种类的原油比其他品类更具有腐蚀性。

加拿大 Enbridge 公司利用物联网技术，通过智能移动终端，可实时收集、汇总、传输仪表与资产数据，站队现场维修维护数据与工单处理，管道巡线数据处理与传输，环境、健康、火灾、安全等 HSE 检查，以及合规性检查等。

美国 CDP 管道公司，提出了物联网技术在智能管道领域的全面应用方案，建立了智能人员生命安全装备系统(ALSS)，Wifi 环境下持续监测有害气体、追踪人员位置状态，通过地质灾害监测管线变形和泄漏等异常情况，通过移动终端进行站队现场维修维护数据与工单处理及视频通话，实现无人机管道路由监测与预警。

基于上述分析，国外当前也正在开展数字化管道向智能化管道的转型，并初见成效。数字化管道在 20 世纪 90 年代由美国率先提出，目前，该技术较为成熟的是美国、加拿大和意大利。智能化管道在国外的应用特征主要体现在以下几个特色领域。

1. 工程项目管理信息化

国际上优秀的管道工程项目管理都采用项目管理软件进行辅助，并且与整套先进的项目管理理念相结合，参与各方分工明确、职责清晰，信息平台、管理理念、组织机构三者相辅相成，已逐步实现"全面详细计划、严格按计划实施、及时反馈更新、严密跟踪对比"的模式。

管道建设方使用工程项目管理软件主要用于工程计划进度、资源、成本、质量、风险控制，能够通过各种视图、表格和其他分析、展示工具辅助项目管理人员有效地控制大型复杂的管道工程项目，基于各种资源平衡技术，可模拟实际资源消耗曲线，并且能够与其他系列产品进行结合，支持数据采集、数据存储和风险分析。项目管理者根据跟踪提供的信息，对比原计划(或既定目标)，找出偏差、分析原因、研究纠偏对策、实施纠偏措施。软件不但考虑时间问题，还根据资源和费用进行分析，求得一个时间段资源消耗少且费用低的计划方案，并通过软件进行网络计划优化，也就是利用时差不断改善网络计划的最初方案使之获得最佳工期、最低费用和对资源的最有效利用。

但是有一点值得注意的是：国外的工程项目管理软件一旦计划确定后，任何人都不能擅自改变，都必须围绕着既定的目标来工作，所以一般优秀的国外工程项目管理软件很难直接拿到中国的企业来实施，都必须做一定量的二次开发，有些甚至由于二次开发成本过大而只能放弃。

2. 管道完整性管理成为智慧管道的重要内容

随着布什总统 2002 年签署了管道完整性管理法规，以 CFR 192、195 联邦法规和 API 1160、ASME B31. 8S 标准为核心的完整性管理法规体系初步形成，逐渐成为世界各大管道公司普遍采用的管道管理新模式。经过几十年的发展和应用，目前许多国家也已经逐步建立起管道安全评价与完整性管理体系和各种有效的评价方法，有效降低了管道的事故率和经济损失。

加拿大 TransCanada 公司是北美地区拥有 50 多年历史的能源大公司，在完整性管理方面，TransCanada 每年进行一次风险评价，对不同等级地区要进行不同的评价，对 3 级以上地区进行定量风险评价(QRA)，并将风险评价报告反馈给风险识别人员，以帮助评价人员关注识别出的风险。

美国 Williams Gas 公司每年组织一次对全公司风险报告的综合审核，对每一段管道都列出各种风险因素，给出每种风险因素的控制方式。公司的管理理念：首要的是保证安全，安全包括两个方面，一是人员安全，二是管道安全，公司主要使用内检测等科学方法确保管道安全；完整性管理部门负责管道本体的完整性，完整性管理工作主要是腐蚀管理，大约有 60 多个执行程序，在完整性管理程序中明确资质、标准要求和如何做，所有的雇员都需要学习。

英国 National Grid Gas 公司运营管理英国 27 万公里管道(含燃气管道)，建立了完整性管理的组织机构。由管道腐蚀控制中心负责管道完整性管理工作，主要工作内容包括：腐蚀控制和内外检测、腐蚀数据控制和解读。该中心成功完成了英国多条管道从设计系数 0.72 到 0.8 的设计压力升压运行，建立了完善的完整性管理体系(由企业标准、程序文件、作业文件组成)，严格执行英国天然气安全法规。

3. 物联网逐步普及

英国 BP 公司利用物联网技术提高管道资产与人员安全性，实现了以下典型应用：通过先进的无线智能终端应用，实现设备、仪表的位置标记与识别，资产周期、历史数据与关联性查询，现场操作工人操作规程指引，现场工单提示与任务分配，现场工作状态、进展、规程与位置跟踪；通过全面应用带有高清晰度摄像头及热力传感器等的无人机(UAV)技术，用于复杂自然环境中的管道泄漏检测与安全监控；在炼厂使用 RFID 技术实现对工人位置的实时监控。

加拿大 Enbridge 公司利用物联网技术使得现场人员每天减少 1h 的数据录入与路程时间，优化资产审计、腐蚀检测，提升数据质量与合规性，实现了以下典型应用：通过智能移动终端，实时收集、汇总与传输仪表与资产数据，站队现场维修维护数据与工单处理，管道巡线数据处理与传输，环境、健康、火灾、安全等 HSE 检查，以及合规性检查等。

美国 CDP 管道公司与 GE/埃森哲合作，开发与实施了物联网技术在智能管道领域的全面应用方案，提升管龄至少 20 年以上管道资产的安全性及决策的科学性，典型应用包括：基于智能人员生命安全装备解决方案(ALSS)与 Wifi 环境下持续监测有害气体、追踪人员位置状态；基于移动终端及谷歌安全眼镜，获取关键信息并显示；通过激光扫描工具查验管线泄漏异常情况；通过移动终端进行站队现场维修维护数据与工单处理及视频通话；通过无人机进行管道路由监测与预警。

4. 云计算

荷兰壳牌公司部署私有及公有云企业服务平台，建立统一、整体的云架构。英国 BP 公司采用了 Amazon 的 EC2 云计算服务，在成功把面向客户的网站迁移到云上之后，把 SAP 开发测试环境也部署到了云上。

美国 Entergy 公司运用 OS/DB 云计算迁移技术，实现系统上线，完成生产规模数据库和基础设施的切换，最大化迁移期间的生产能力。埃克森美孚公司基于云的基础设施服务，把地理影像随时随地交付给勘探团队。

5. 大数据分析

荷兰壳牌公司使用大数据分析助力风险管控和合规管理。采用了交易分析解决方案，在风险管控和合规中找到问题，然后通过数据分析监控交易。

英国 BP 公司建立了商业计算中心支持勘探数据分析，极大地减少了分析大规模地震数据所需的时间。

匈牙利油气公司用数据洞察一切，管理者得以获取最新信息，事先作出商业决策，以适应瞬息万变的市场。

1.3　智能管网的特点与难点

1.3.1　智能管网系统的特点

智能化管网系统是一个庞大的应用工程系统，它将众多相对独立的数字化、集成化和产品化整合为一个以海量数据库为基础的系统，实现数据共享，具有智能化、数字化、可视化、标准化、自动化和一体化特征，并具有专业性、兼容性、共享性、开放性和安全性的特点，最大限度地消除信息孤岛。智能化，即实现管线运行优化、管线安全风险的预测预警、应急抢险的交互联动响应；数字化，通过文档资料及图片资料的结构化、索引化，加强知识共享，更为设备更新改造提供便捷；可视化，实现管线相关数据的图形、图像、视频、图表分析信息的多维度查询及可视化展示；标准化，生命周期的业务标准、技术标准、数据标准及设计、建设期成果的数字化移交标准；自动化，完善管线的自控仪器仪表、检测设备及监控系统，实现管线运行状态的自动检测；一体化，将生产运行的实时数据和管理应用的业务数据进行全面整合，大数据建模分析决策支持。

1.3.2　智能管网建设的难点

实施智能管网建设的难点和制约因素在于数据的准确性、数据的统一性、数据的应用建模、平台运行速度和自维护以及体系建设等诸多方面。具体包括以下几方面：

（1）数据准确的难点　智能管网平台是确保建设期数据与运行期数据一体化的平台，涵盖管道全生命周期的各个阶段，数据的准确性直接影响管道智能化水平，因此具有较高的难度。

（2）数据统一的难点　建设期与运行期要遵循采用同样的数据框架、数据字典，系统建设才能落地，数据才能自由调用。

（3）智能化应用的难点　体现在如何建模并与实际运行相吻合，重点在于决策支持分析，如何为管道企业决策支持服务。

（4）系统运行速度和自维护的难点　系统的运行速度直接决定建设成败，需采用 GIS 调用和存储的新技术，使数据变成活数据，增加更新速度，提高自维护性能。

（5）体系建设与平台同步的难点　体系建设必须与平台同步，否则未来应用和运维等均得不到落实。

1.4　发 展 方 向

从国内外管道管理的发展历程来看，伴随着信息技术的发展及完整性管理技术的进步发展，建设数字化管道已经成为国内外管道管理者的主要目标，目前管道企业均建立了GIS系统和完整性管理系统，并取得重要成果。但近年来随着大数据、物联网、云计算、人工智能的发展，管道运营管理模式发生转变，数字化管道逐步向智能化管道发展，以大数据分析、数据挖掘、决策支持、移动应用等方式进行管道管理，补充传统管理方式的不足。

智能管网系统是实现智能管网管理的手段和载体，其未来将集成管线和站场的所有信息，采取大数据建模的分析理念，提供成熟可靠的智能管网一体化解决方案，包括通过物联网平台实现对生产安全风险点的全面监控，实现所有管理环节所需信息的全面共享，通过大数据建模分析，实现设备设施数据的实时分析处理，保障生产活动安全有序。智能管网进一步突出管网经济高效的目标，全面自动采集数据，贯通上下管理环节，可实现管网运行事前优化预测、事中实时监测、事后全面分析的闭环管理，降低油气管网运营成本。

本书剖析了国内外数字化管道、智能管网的技术进展，给出了智能管网发展的特点和难点，研究建立管道全生命周期数据标准、构建管道全生命周期数据库，开展智能化管道体系建设，研究提出了智能管网的设计，包括管道全生命周期资产管控、运行控制、决策支持三个方面，构建了基于GIS的智能化管理平台方案，实现建设施工期管理，运行维护管理和大数据决策支持，整合全生命周期管道各类数据，开展生产运行控制和决策支持，实现应急决策支持、焊缝大数据风险分析、基于物联网的灾害监测预警、管道泄漏实时监测、远程设备维护培训、远程故障隐患可视化巡检、移动应用等功能。通过大数据的决策支持，进一步提升管道管理水平。

第 2 章　全生命周期完整性管理系统需求分析

2.1　系统建设目标与原则

以管控一体化体系建设为核心，建立覆盖油气管网工程全生命周期的完整性数据库；实现可研、勘察、设计、施工和运营的数字化管理，基于可视化平台，全面、直观、形象地展示设计规划、施工进展、设备运行等情况，提高工程项目管理的效率和水平，实现生产经营管理的数字化、调度指挥的科学化、应急管理与风险监测的科学化管理，为管道建设者和运营者提供具有决策支撑能力的管理信息系统，为实现管网工程数字化建设、数字化运营、精细化管理、科学化决策提供信息支撑。

全生命周期完整性管理系统建设，包含综合管理子系统、工程项目管理子系统、全生命周期完整性数据库子系统、可视化 GIS 平台子系统、管道生产运营管理子系统、安全与完整性管理子系统、综合决策子系统、移动办公应用子系统的建设以及配套软硬件资源采购。所有数据采集模板都要按照数据采集标准设计，按照采集标准进行采集，并按照数据模型及数据编码体系统一存储于全生命周期数据中心。

为实现全生命周期完整性管理系统的建设目标，系统建设遵循统筹规划、分步实施、先进适用的原则，具体如下所述。

2.1.1　实用性原则

采用国际先进的软件技术，结合国内外最佳实践，开发符合支线管道全生命周期业务需求的数字化系统平台，解决其管道全生命周期的业务问题，并且保证系统的稳定性和易用性。

2.1.2　可扩展性原则

系统应具有很强的可扩展性，随着新管道工程的建设，系统数据库能够随之扩展；同时随着业务需求的增加、技术的进步，系统能够增加新的功能子系统、功能模块，从而满足业务的需求。能适应公司业务的拓展和综合管理信息系统建设的规划和要求。

2.1.3　合理性原则

系统设计与开发必须采用先进、成熟的思想、概念、方法、技术和平台，在理解用户的各项需求后，进行科学的建模、功能结构设计及数据库设计以指导系统开发建设；同时在系统建设上要具有前瞻性，以适应未来技术、业务发展的需要，保证系统今后在技术、应用方面的可持续发展。

2.1.4 先进性的原则

在保证可靠、实用的前提下，选用成熟先进的成果和技术，通过技术改造与更新，保证系统5~10年内的先进性。

2.1.5 完整性原则

系统建设采用的软件平台、数据标准、开发技术应符合公认的工业标准，符合国家、地方和行业的有关标准与规范，系统分析、设计与实现采取开放路线，遵循国际软件工程的标准、规范，并尽可能采用主流产品，以确保系统集成的可行性、良好的可扩充性。

2.1.6 成熟性原则

在系统设计、开发和应用时，应从系统结构、技术措施、软硬件平台、技术服务和维护响应能力等方面综合考虑，确保系统具有较高的性能，如对网站的多用户并发操作要具有较高的稳定性和响应速度，另外还要综合考虑确保系统应用中最低的故障率。

2.1.7 可靠性原则

采用成熟、可靠的经过实际验证的技术和方案，从而保证数据采集的精度，保证系统能够从异常情况中自我修复，保证响应及时。

2.1.8 安全性原则

采用全方位的系统安全保障，从系统单点一体化集成、单点登录、主机保护、访问用户身份识别、多级授权、病毒防护和入侵攻击检测等多方面保证数字化系统的安全。

2.1.9 系统现状及应用环境

1. 管道工程管理和数据资源建设国内外现状

伴随着互联网和IT信息技术的发展，以及知识经济时代的到来，管道工程管理的信息化已成必然趋势。知识经济时代的管道工程管理是通过知识共享、运用集体智慧来提高应变能力和创新能力。目前西方发达国家的一些管道工程管理公司已经在管道工程管理中大量运用了计算机网络技术，开始实现了管道工程管理网络化、虚拟化。另外，许多管道工程管理公司也开始大量使用管道工程管理软件进行工程管理，同时还从事管道工程管理软件的开发研究工作。种种迹象表明，目前的管道工程管理将更多地依靠电脑技术和网络技术，信息化管理必将成为工程管理的发展趋势。

参考国外同类软件的发展历程可以得到启示：数据通信、多项目管理、多用户环境、多系统兼容和与Web技术集成、增强用户自定义功能，这些代表了管道工程管理软件的新发展方向——数字化管道。

简单地讲，数字化管道就是信息化的管道，它包括全部管道以及周边地区资料的数字化、网络化、智能化和可视化的过程在内。数字化管道，是通俗易懂的名称，它是面向社会的一种号召，是一个追求理念，是一个综合战略，或者可以看作一个政策目标。

数字化管道的建设是以数据为基础，把管道从勘察、设计到施工、运营等各个阶段的数据，包括管道空间信息、决策信息、勘察设计数据、施工管理数据、管网运行数据、瞬时生产数据等海量数据全部收集到中心数据库中，构成一个既可提供生产管理动态信息网上发布，又可提供静态信息资料查询等服务，具有系统性、实用性、兼容性的准确、可靠、便捷安全的数据资源平台。

2. 天然气管网工程软硬件现状

现有天然气管网信息系统，包括协同办公系统、人力资源管理系统、企业经营管理系统等，并不能完全覆盖整个管道建设、生产运营管理任务。

以早期建设的某天然气生产管理系统为例，其系统效果如图 2-1 所示。由图可见，系统仅在各自公司范围内实现了相关业务的信息化管理，而缺少对天然气管道全生命周期的业务全面支持功能，相关实施范围也无法适应业务需求。

图 2-1　某天然气公司信息管理系统

2.2　体系结构需求

在管网全生命周期管理系统建设的解决方案中，软件架构采用 B/S 技术架构，同时采用智能移动端技术进行系统的设计和部署。

数据录入移动端可以在在线或离线方式下录入现场数据，在网络连通时批量上传数据，能够大幅增加系统数据的录入效率。

系统体系结构应包括标准规章规范、安全保障体系、基础设施层、数据层、应用支撑层、应用层以及交互层七个部分。以下简单介绍后五个部分。

1. 基础设施层

该层是系统建设和运行分析的基础，包括软硬件系统、网络、通讯、自动控制系统等。

2. 数据层

该层指明了系统的数据标准、规范，包括数据的来源、组织方式和存储机制。整个项目的数据都存储在 Oracle 数据库中，主要包含咨询设计、施工数据、设备信息、生产运营、基础地理及其他系统接口数据等。

3. 应用支撑层

抽象了前端应用系统的逻辑规则，封装了数据和应用接口；应用支撑层主要提供核心业务服务，充当前端应用系统的应用服务器，提供安全认证、数据查询分析等服务，此外对基础平台进行封装，开发满足其他系统应用需求的接口。

4. 应用层

主要是针对专业应用系统，包含综合信息管理子系统、完整性数据库管理子系统、工程项目管理子系统、可视化展示子系统、生产运营管理子系统、安全与完整性管理子系统、综合决策支持平台、移动办公应用子系统。

5. 交互层

交互层是各应用子系统的访问入口，使用 Portal 技术将其统一集成到终端展示桌面平台中，并通过用户个性化定制展现出来。为各类用户提供一个统一的、跨客户端的信息服务入口。系统桌面还可以提供用户交互、Web 内容等方面的定制工具，快速完成后台应用构件基于规划的展现，同时为个性化服务打下基础。

2.3 业务需求

2.3.1 工程管理系统业务需求

密切结合工程项目建设的“三控、三管、一协调”的管理目标，“三控、三管、一协调”即投资控制、进度控制、质量控制、职业健康安全与环境管理、合同管理、信息管理和组织协调，基于项目群、多参建单位网络共享管理工程项目的建设管理信息，结合办公自动化、日程、资料管理，设计移动互联网等先进的信息管理工具，实现工程项目信息管理的完整性和痕迹管理，较大幅度地提高项目管理水平，降低项目管理成本，同时降低对项目管理人员的素质要求。

主要功能需求包括：建立工程项目管理系统平台，要求为公司各部门提供掌握工程项目的具体情况，能够有效地控制各自的管理目标，对施工监理、施工/检测等分包商进行有效监管，及时发现建设过程中的问题，并查找问题原因，提出解决方案和措施，并为公司实现工程项目的进度控制、质量控制、投资控制和 HSE 控制提供管理。将计划进度控制与投资成本控制的动态管理过程有机结合并贯穿于项目管理的全过程，通过目标制定、下发、执行实施、控制、预警和反馈，实现对各开发项目从前期策划、招标采购、供应商评估到合同及成本管理的动态、实时控制。所有的信息资料均能沉淀、归集汇总，并根据权限设置提供历史数据、资料的查询、借鉴、利用，构建企业知识交流与共享平台，通过知识管理的应用，优化和提升文档管理，提高管理和业务经验的共享性，为企业快速发展提供保障和支撑。实现项目信息与人员的痕迹跟踪管理。

2.3.2 数据资源建设业务需求

数据资源是信息化建设的重要内容和基础支撑，也是维系各类信息系统有效运行不可或缺的“血液”。数据资源建设关系企业整个信息化建设的质量，其作用是融合外部信息、消灭信息孤岛、实现信息增值、提高信息的利用率，以及后期进行综合汇总、分析、挖掘，形成更高层次的应用，对整个企业的科学决策更加具有指导意义。

按照全生命周期数据采集标准收集可视化平台所需数据，建立可视化展示平台，基于可视化平台，全面、直观、形象地展示计划规划、施工计划、设备运行等情况。

依据管道全生命周期数据模型标准和数据编码体系建立管道完整性数据库，存储所有工程建设管理及后期系统运维管理所需数据。为工程建设管理系统及运营期信息系统提供其所需的数据，为不同类型的数据资源提供相关的数据报送方式和接口，对各类数据进行整合，建立完整性数据库，提供高效便捷的数据报送和查询服务。

2.3.3 可视化展示平台业务需求

按照管网整体规划，可视化平台将基于支持二三维一体化的地理信息平台建设。可视化展示是基于地理信息平台，利用先进的多媒体展示技术，将天然气管线及周边环境进行矢量化展示，形成集管线属性信息和空间信息于一体的空间数据库，通过空间查询、检索、定位和分析，与天然气管网工程信息化管理系统连接，形成可视化的业务处理平台。

系统将建设一个管理与管道相关的地理数据、业务数据，基于三维地理信息，通过空间查询、定位、分析、制图和报表等功能，实现管道建设与运营可视化的技术平台，同时能够提供与其他系统的接口。

输气管道的线路较长，沿线穿过地形复杂的丘陵、山区以及人口密集的平原地区，管道很多区段落差大、穿越工程复杂，仅靠传统的地理信息系统难以对穿跨越等重点目标进行查询或展现，需要依靠先进的三维地理信息与虚拟仿真技术完美融合，把重点管段的地形地貌、设施情况等全部信息在一套完整的可视化环境中进行管理和展现；特别是在应急处置情况下，需要对关注管段周边详尽的地形、人口分布情况、抢修道路等快速查询了解，对现场事故点管道所埋设位置进行地面剖切，查看详尽的设计、施工、监测等信息。可视化展示平台应通过地理信息数据、管道设计数据、施工数据等多种数据的采集、整合、植入，实现地理信息图形下的管道完整性数据综合管理，为后续开展管道的高后果区识别、风险评估、完整性评价等工作提供及时有效的数据支持，也为应急管理和管道运行可视化管理提供一体化信息平台。

2.3.4 生产运营业务需求

为了满足天然气管网运营业务的集中调度管理需求，随着公司管网的形成，通过建设管网生产运营管理系统，满足资源优化调配和调度运行的需要，减少管理层次，明确各部门的职责，确保管输安全，提高管道的运行效率、降低运行成本。

系统定位如下：

（1）生产调度系统是支持管网管道生产运营管理业务的核心专业应用系统；

（2）生产调度系统为管网生产运营管理提供统一集成的信息平台；

（3）为管网其他信息系统提供管道生产运营数据；

（4）确定生产运营管理数据的唯一来源，实现数据的集中管理，保证数据及时、准确、完整、统一。

1. 生产调度管理业务需求

生产调度管理是实现管道安全、平稳、有序运行的关键，能够实现日常运行计划的编制；根据管输计划、调度令等信息进行调度操作并记录调度日志；管理维护管输能力；提供运行控制参数管理、管存管理、站场作业管理、线路作业管理、设备动态管理等功能；结合生产监控模块(生产调度 SCADA 系统等)完成对管道的运行和监控管理，并根据其数据自动生成各类调度报表，从而为建立以“集中调控”为目标的管道指挥系统奠定基础，满足管网运营业务的集中管理需求。

功能说明：

(1) 管网分布图展示　各管线、场站、RTU 阀室生产运行中各主要参数的实时在线显示。

(2) 各场站、阀室实时生产数据采集显示　包括实际生产流程情况、未用流程情况，并能通过表格显示实时压力、温度、流量等参数。

(3) 调度指令　发布调度指令以及调度指令的记录、查询(调度指令是指倒换流程、启停设备、事故抢修、应急预案启动、清管作业、智能清管器内检测、站场动火作业、站场非动火作业、站场带电作业、管线动火作业、管线动土等指令)。

(4) 运行参数管理、查询　工艺设备运行参数按照各场站、指令类别、时间等进行统计和分析。

(5) 生产监控管理　结合生产监控模块(生产调度系统等)完成对管道的运行和监控管理，自动生成各类调度报表。

(6) 值班调度管理　进行值班监控、值班记录和值班安排的管理。

(7) 计量管理　对进、销气量进行准确计量，实现计量交接和各种计量数据的采集。

(8) 输气计划管理　进行年、季、月、周、日输气计划的编制、审核、执行情况的管理。

(9) 日指定管理　日指定相关业务、流程及制度标准化、规范化，为日指定制定的供运销平衡提供信息化支持。

(10) 数据采集　按照管道运营需要，及时准确地将 SCADA 采集到的数据传送给管道生产调度系统。

(11) 作业管理　分类管理各个站场的作业计划，包括作业计划的提交、作业计划的审批、作业计划的发布查询以及作业的执行情况跟踪反馈。

(12) 报表管理　包括收集各站的日报、周报、月报、运营例会报告等。

(13) 生产动态信息发布　站场作业公布、突发事件公布、警戒警告等，各站通过终端接收并作回复。

2. 设备资产管理业务需求

设备资产管理定位以设备档案为基础，以设备、管道及其维护管理为核心，支持现场录入报表参数，通过站场和调度信息的填报，反映所管辖管线关键设备的运行动态，给管道调控指挥提供依据。

设备资产管理对公司各种设备进行全面管理，从设备属性到使用属性，从采购、使用到维护，进行统一标准的跟踪和控制，建立标准、统一、完备的设备信息数据库，实现提高资产设备的使用寿命及使用效率，降低管道输送管理和维护成本。

主要包括以下管理内容：

（1）设备档案维护　设备档案信息体现设备的常规特性、使用情况特性、资产特性、内在特性以及其他特性，需要设备的当前状态信息和设备周转信息，为管理者随时掌握企业当前的设备状态、设备分布、设备完好率、设备待修率、设备事故率以及了解设备的档案、使用、维修、调拨等情况提供帮助。

（2）设备台账信息　设备台账按“一主五辅”进行组织，“一主”指设备资产台账；“五辅”指计量设备台账、起重设备台账、压力容器设备台账、特种设备安全附件台账、设备主系统台账。六份台账用于关注设备信息的不同侧重点，存在交叉，原则上也必须分开独立建账，系统要能按不同的侧重点对台账进行查询，而且要避免重复填报数据。

（3）设备运行管理　该模块主要为管道、站场设备的日常保养和检修提供管理信息支持，包括设备保养计划管理、设备保养管理、设备检修计划管理、设备检修工作管理等业务。

（4）备品备件管理

① 备品备件分类：对备品备件的分类方式、分类类型进行配置管理。

② 备品备件目录：维护所有设备的备品、备件信息，包括名称、厂家、安装位置等信息。

③ 设备-备品关系管理：维护设备与备品备件之间的所有关系，可以检索一个设备有哪些备件，也可以反向查询一个备件可以被哪些设备所用。

④ 入库管理：对到货的备品备件进行入库登记。

⑤ 出库管理：对出库的备品备件进行出库登记。

⑥ 仓库管理：包括库存管理、盘点管理等。

（5）设备资料管理　设备资料管理模块中提供涵盖设备生命周期内的基础资料的管理功能，包括维护计划管理、运维简报管理、维护规程管理、规章制度管理、技术档案管理、合同信息管理、验收信息管理等功能，实现基础管理档案电子化。设备资料管理项目齐全，界面直观、明了，操作简易、方便。

3. 能耗管理业务需求

能耗管理实现生产运营水、电、气等能耗数据上报和以统计的形式对能源消耗进行计划和监督，进一步与模拟仿真系统结合，优化管道和设备运行，直接降低能源消耗。通过本模块可全面掌握管道高耗能设备的状态，加强对企业能源计量的监管，指导调度人员制定合理的运行方案，提高能源的有效利用，促进节能减排，提高社会、经济、环境效益。

能耗管理主要包括：基础信息维护、能耗数据处理功能、能耗分析功能、能耗水平评价功能。在此基础上完成基础数据查询、能耗分析结果以及能耗水平评价的WEB发布功能。

（1）基础信息维护　包括管网模型、设备管道、能源类型、运行参数管理、能耗指标管理、系统参数设置等。对于与其他模块共用的数据，要求能自动获取，避免重复维护。

（2）能耗数据处理功能　包括数据提取、数据处理、能耗历史记录导入、数据纠错处理、报表生成、数据导出 Excel 文件等功能。

① 数据采集：包括对主要能耗数据(如压缩机组能耗、泵机组能耗、加热系统能耗)和辅助能耗数据(如生活和生产辅助系统的能耗、管道施工及维抢修过程中的天然气放空量)的采集。

② 能耗历史记录导入：将历史数据导入系统，为构建能耗水平评价模型提供数据基础。

③ 数据纠错处理：对错误的数据进行纠错处理。

④ 报表生成：包括主要输气管道月能耗数据报表、电资源消耗情况表、水资源消耗情况表等。

⑤ 数据导出 Excel 文件：提供对能耗基础数据、分析图表、数据以多种格式，如 Excel、Word 格式等进行导出功能。

(3) 能耗分析功能　包括能耗指标预警、能耗指标计算、能耗水平分析等。

① 能耗指标预警：以生产单耗、电单耗、气单耗、单耗、耗气输量比、耗油输量比、耗能输量比构成的基本参数体系为基础，应用精细计算公式客观地计算各种参数，并设计、增加更有利于能效分析的新指标，例如更能直观体现管道(网)能耗的能源效率、能源转化率等指标。

② 能耗指标计算：包括主要能耗设备能效计算、站内能耗计算、管道能耗计算、管道系统能耗计算等。

③ 能耗水平分析：包括管道能耗分类分析、年度能耗同期比较分析、季度能耗同期比较分析、管道能耗月度同期比较、月度能耗趋势分析、每周日能耗趋势分析、管线站场能耗分析、站场同类能耗对比分析。

(4) 能耗水平评价功能　包括能耗评价、能耗预测、能耗决策支持。

① 能耗评价：包括对主要能耗设备评价、站场能耗评价、管道能耗评价、管道系统能耗评价。

② 能耗预测：通过对历史数据的分析，利用统计回归分析数据方法，对能耗进行预测。

③ 能耗决策支持：通过能耗分析、能耗水平预测，辅助能耗决策支持工作。

4. 生产调度系统数据采集需求

天然气的各项指标是由现有的生产调度系统采集记录在特有的数据库中的，数据采集系统负责采集管网生产运行所需的生产调度系统的数据，从而为天然气生产调度系统的生产监控、计划制定、计量交接和生成报表等环节使用。

(1) 系统数据来源　生产调度系统的历史数据库和生产调度系统的实时数据库。

(2) 系统数据采集要求

① 系统接口高效、稳定，对生产调度系统影响最小。

② 采集的数据包含历史数据和实时数据，为应用系统提供数据分析支持。

③ 采集的数据准确一致；具备数据暂存功能，以保证在服务器故障或网络不稳定时不至于丢失新产生的数据。

④ 用户可根据需要灵活配置采集数据的指标内容和表现方式，以及获取频率。

⑤ 以国际标准和行业标准建立统一的数据模型和转换规则。

(3) 系统接口主要获取的数据(包含但不限于)

① 生产过程的工艺变量和设备运行状况；

② 安全报警数据；

③ 压力、温度、流量数据；

④ 调度命令动态执行监控数据；

⑤ 管线、动态和管输能力数据。

5. 报表及查询、统计与分析业务需求

生产运行管理过程中需要应用到大量报表，因此需要具有报表可定制功能。

具体业务需求包括：

(1) 能够快速完成报表的自动生成、查看和打印，减轻手工劳动，提高工作效率。

(2) 报表的展现方式灵活、多样，提供图形化、图表化、趋势化展示，方便领导查看，辅助领导决策。

(3) 能够提供数据比较、分析功能，辅助决策。

(4) 报表能够易于扩展，以适应组织管理及业务市场的变化。

主要数据报表、查询、统计内容如下：

(1) 生产数据查询

① 管线日运行查询；

② 管段日运行查询；

③ 气源日生产查询；

④ 管道放空统计查询；

⑤ 用户日生产查询；

⑥ 自用气统计查询；

⑦ 管段小时数据查询；

⑧ 用户小时数据查询；

⑨ CNG 加气母站日生产查询(加气柱、增压机)；

⑩ 阴保小时数据查询；

⑪ 值班记录；

⑫ 站场运行记录；

⑬ 阴保小时数据记录；

⑭ 阴保日运行记录；

⑮ 场站日用电量记录查询；

⑯ 场站日用水量记录查询等。

(2)月生产计划查询

① 用户月生产计划查询；

② 气源月生产计划查询；

③ 管段月生产计划查询；

④ 管线月生产计划查询等。

(3) 年生产计划查询
① 用户年生产计划查询；
② 气源年生产计划查询；
③ 管段年生产计划查询；
④ 管线年生产计划查询等。
(4) 气源数据统计
① 气源基本情况及气源生产数据历史趋势；
② 气源签认数据历史趋势；
③ 气源生产与计划数据对比；
④ 气源签认与计划数据对比；
⑤ 气源比例趋势统计；
⑥ 气源初始与实际计划对比等。
(5) 用户数据统计
① 用户基本情况及用气分类统计；
② 用户生产数据历史趋势；
③ 用户签认数据历史趋势；
④ 用户生产与计划数据对比；
⑤ 用户签认与计划数据对比；
⑥ 用户初始与实际计划对比等。
(6) 进销数据查询对比
① 日进销气量数据查询；
② 日进销气量对比分析；
③ 以签认日数据对比；
④ 以瞬时数据对比等。
(7) 管段数据系统查询
① 管线管存量统计；
② 管段管存量统计；
③ 管线输气效率；
④ 管段输气效率；
⑤ 管线计划完成率；
⑥ 管段计划完成率等。
(8) 综合输差统计
① 管网综合输差；
② 管线日综合输差；
③ 管段日综合输差；
④ 管线小时综合输差；
⑤ 管段小时综合输差；
⑥ 放空量统计；

⑦ 自用气量统计；

⑧ 虚拟管线综合输差；

⑨ 虚拟管线小时综合输差等。

（9）输气生产报表

① 生产日报表；

② 生产日报；

③ 日、周、月运行报表；

④ 交接凭证；

⑤ 交接凭证；

⑥ 日、周、月运行报表；

⑦ 半月统计表；

⑧ 月度统计表；

⑨ 对外报表录入等。

（10）区站运行日报

① 区站运行日报，即各支线每日 1～24h 运行参数查询，主要有小时压力、小时温度、小时流量、累计流量等；

② 用户数据；

③ 管段日数据；

④ 阴保运行日报等。

6. 标准化场站管理业务要求

标准化场站管理是按照 HSE 要求，本着优化管道运行管理的原则，达到运行科学化、管理精细化的目的，最大限度地发挥站场的功能，从而提高公司的管理水平，提升公司形象，最终实现建设一流天然气公司的目标。

标准化站场管理的主要内容：建立规范的相关规章管理制度，生产上按规程进行操作，减少失误；加强巡回检查，及时处理隐患和事故；加强人员培训，培养更多优秀的专业管理人才；规范管理并建立各项生产、工作、生活资料，与公司本部接轨。具体内容包括以下几方面。

1）场站功能介绍

全面介绍场站功能、人员情况；以地图的方式展示站场构建物、区域建设、工艺管网及其他辅助系统、主要设备等位置和属性信息，结合工艺流程图及设备运行状态图示、平面布置图、安装及敷设图，提供全面、准确掌握站场信息的可视化工具，辅助站场管理及员工操作培训。

2）场站规章管理

场站规章管理主要包括：

（1）站场组织机构设置；

（2）站场规章制度、操作规程；

（3）站场标记管理等。

3）场站运行操作管理

场站运行操作管理主要包括操作票、运行日志等的录入管理。

(1) 操作票管理　包括操作票、工作票、维修工作票、动火作业许可证、高处作业许可证、进入受限空间作业许可证、破土作业许可证、气质分析报告等。

(2) 运行日志管理　包括生产运行日报表、巡检记录表、安全活动记录、生产运行值班记录、会议记录、专业设备运行记录、周检查记录、月检查记录、电表抄见台账等。

4) 场站资料管理

场站资料管理作为生产调度系统的一个辅助功能，为实现各输气站场各项生产、办公、生活资料的统筹管理及标准化管理提供依据，主要包括以下内容：

(1) 生产运行方面　专业技术培训考核、收发传真、收发文、操作票、调度令管理、生产日报/周报/月报、能源消耗分析报表、专业设备设施档案等、设备故障报修申请、设备维检修通知单、设备维修反馈单、主要设备日常运行记录、零星生产物资采购、零星生产物资台账、出入库台账管理等。

(2) 安全环保方面　HSE 体系文件、作业文件、特种作业人员档案、职业健康档案、安全周/月检查记录(QHSE 检查记录)、外来施工单位进站施工作业方案、三级安全安全教育、事故应急预案及培训演练记录、输气站安委会会议记录、消防器材登记及维护检查记录、特种设备管理登记、站场环境因素清单、环境因素排查记录、环境因素评价记录、重要环境因素及 QHSE 管理方案、站场危害因素清单、危害因素排查记录、危害因素评价记录、重大危害因素 QHSE 管理方案等。

(3) 管道保护方面　所辖管道线路三桩及阀室资料、管道线路巡检记录(含阀室进出人员记录)、管道线路违章占压记录、管道线路第三方施工记录、农民巡线工档案、管道线路阴保测试记录、管道水工保护记录、管道自然电位测试记录、恒电位仪日常运行记录等。

(4) 信息网络方面　站场办公网络系统(包括网络设备台账、运行状况、维护记录等)、站场网络办公运行月维护、办公网络物资台账管理等。

(5) 人力资源方面　考勤表、正常轮休申请单、站场员工人事资料管理及员工动态等。

(6) 后勤服务方面　合同管理、备用金管理、办公生活物资出入库台账等。

2.3.5　安全应急与完整性业务需求

1. GPS 巡线管理业务需求

GPS 巡线管理业务主要工作流程是：巡线人员配备手机巡线终端，接收 GPS 卫星信号并根据 GPS 的定位原理完成对终端的自动定位；同时终端的通信模块将定位信息通过 GPRS 网络以及互联网传输到监控中心(Web 服务器)；在监控中心通过数据收发软件实现巡线终端数据的接收(入库)，同时接收监控端对终端的指令转发；公司管理人员通过服务器上的监控端，采用基于地理信息技术(GIS)技术，把监控目标显示在可视化的数字地图上，并通过系统功能实现对巡线人员的计划管理、工作监督、事件处理、绩效考核等各种管理需求。

满足管道及附属设施生产运行检查、设备及物资安全巡查、巡线车辆日常管理等业务，通过该系统可实现巡线记录的规范化、过程的可视化、数据分析的直观化、人员考评的定量化，从而为提升巡线工作效率与管理水平、及时发现管道事件及隐患、动态监控管道运行状况、确保管道及设备安全运行提供有力的工具支持。

2. 安全应急管理业务需求

管道运营安全是管道运营的关键和核心，应急救援是提高应对重大、特大事故能力，减少事故损失的有效手段。充分利用现有的应急资源，建设具有快速反应能力的专业化救援队伍，提高救援装备水平，建立管道事故应急救援机制与应急抢险指挥系统，增强管道安全事故的抢险救援能力，把事故损失控制在最低程度。加强区域性安全应急救援基地建设。切实加强对重大危险源的监控，进行普查登记，指导应急救援预案，提高对重大危险源的管理效率和应急反应能力。

安全应急管理业务应实现但不局限于以下内容：应急资源管理、应急指挥管理、应急预案、事故信息、安全知识管理。

（1）应急资源管理　通过结构化管理应急资源数据，提供查询、维护、统计、展示管道基础数据、内部资源、外部资源、应急专家库、重大危险源等应急资源的功能。

（2）应急指挥管理　应急指挥管理模块主要包括事故申报确认、应急资源查询、应急预案查询、应急反应流程启动、调度通知、抢修方案选择、事故信息修改、事故管段基础数据查询、事故原因分析和事故过程记录。

（3）应急预案管理　集中管理管道事故的各级预案和各类事故的抢修方案，实现对事故分类及应急预案分级、应急组织机构及职责、应急反应程序、内部应急资源保障、外部应急救援支持、生产恢复、预案后评估及更新、应急预案的培训和演练等内容的维护。

（4）事故信息管理　事故信息管理应提供一个对事故相关信息进行记录、查询和修改的平台。

（5）安全知识管理　安全知识管理提供将与应急管理相关的资料集中管理、分级共享的功能。

3. 管道完整性管理业务需求

根据管道行业完整性管理体系，通过风险辨识与评价、完整性检测与评价、控制对策与维修等方法与手段，不断防范和改善不利因素，达到风险可控、避免事故、长期安全的运行管理目标。

管网完整性管理业务需要对数据采集、高后果区分析、风险评价、完整性评价、管道修复、效能评价等完整性管理的各个环节进行信息化处理与管控，以信息化手段保障管道安全平稳运行。同时利用信息系统将管道完整性管理流程落实到管道的日常管理业务中，做到有效集成、融合、固化，全面在管道各级组织运用，为管道完整性管理提供有效手段。

依据管道完整性管理体系及标准规范，建设业务活动管理、高后果区管理、风险隐患管理三大模块，实现对管道完整性保护管理业务和数据的统一管理，并进行智能化分析决策。

1）业务活动管理

对与管道完整性保护管理相关的日常业务活动进行统一管理，具体又分为线路完整性管理和站场完整性管理等。

（1）线路完整性管理

线路完整性管理是指站外管道设备设施的完整性管理业务，该业务可包含多业务项：

① 管道线路风险识别与评价：站外管道高后果区及影响管道线路完整性的风险因素的识别、评价，识别高风险因素和高风险点，制定有针对性的风险控制措施的业务管理活动。

② 管道线路检测与评价：站外管道内、外检测及完整性评价相关的业务管理活动。

③ 管道线路腐蚀防护：管道阴极保护系统的运行、检查、维护，保护参数、自然电位等参数的测试记录，以及管道防腐层检漏、补漏等相关业务管理活动。

④ 管道线路防汛与地质灾害管理：站外管道防汛工作及地质灾害巡检监测、地质灾害治理等相关业务管理活动。

⑤ 管道线路保护管理：站外管道日常巡护、反打孔盗油气、第三方施工管理、清理与预防管道占压管理、管道保护宣传等相关业务管理活动。

⑥ 管道线路保卫管理：站外管道重点防护段反恐保卫业务管理活动。

⑦ 管道线路更新改造大修理：站外管道的日常维修维护，大修理、更新改造工程项目的计划、进度、变更、验收等相关业务管理活动。不包含新建管道的工程项目管理活动。

⑧ 管道线路维抢修管理：站外管道的应急抢修业务及维抢修人员、设备、物资、演练培训等日常管理相关的业务管理活动。

⑨ 管道线路事件管理：站外管道线路失效事件记录/报告、统计分析，制定和实施纠正与预防措施等相关业务管理活动。

⑩管道线路基础数据管理：站外管道线路本体及沿线周边环境数据的收集整理、检查更新等相关业务管理活动。

（2）站场完整性管理

站场完整性管理是指站内设备设施的完整性管理业务，该业务可包含多业务项：

① 站内设备设施风险识别与评价：站内设备设施风险因素的识别、评价及制定相关风险控制措施等业务管理活动，评价对象应包括静态承压设备、旋转设备、工艺系统、安全仪表系统。

② 站内设备设施日常管理：站内设备设施巡检、设备台账、工艺参数管理等相关业务管理活动。

③ 站内设备设施监测、检测与评价：站场内设备设施的检定、检测和评价及缺陷管理等相关业务，评价对象应包括压缩机组、工艺阀门、特种设备、站内管线、电气设备等。

④ 站内设备设施更新改造大修理：站内设备设施的日常维修维护，大修理、更新改造工程项目的计划、进度、变更、验收等相关业务管理活动。

⑤ 站内设备设施维抢修管理：站内设备设施的应急抢修及备品备件等业务管理活动。

⑥ 站内设备设施事件管理：站内设备设施失效事件的管理，包括对失效事件的记录/报告、统计分析，制定和实施纠正与预防措施。

⑦ 站内设备设施数据管理：站内设备设施基本数据、设计安装数据的收集整理、检查更新等相关业务管理活动。

2.4 功能性需求

系统功能建设，主要包括综合信息管理子系统、工程项目管理子系统、完整性数据库管理子系统、可视化展示子系统、生产运营管理子系统、安全与完整性管理子系统、综合决策支持平台、移动应用子系统。

非功能性需求主要包括基础平台技术需求、管理系统技术需求、数据资源建设需求、可视化平台需求、质量标准及要求等。

1. 基础平台技术需求

（1）要考虑工程建设管理系统需求，为工程建设管理系统提供相关数据接口。

（2）采用SOA技术架构，提供数据服务、显示服务、计算服务，满足后期二次开发进行应用扩展的需求。

（3）文档管理平台应能对各业务应用提供统一的服务接口，通过各业务系统实现文档的收集（含上传、更新等）、审查、储存、检索、浏览、下载等操作，并重复考虑权限控制机制。

（4）基础服务包括统一工作界面服务、组织用户服务、工作流服务、智能表单服务、统一消息服务、智能搜索服务、文档管理服务、项目群管理服务和统一集成服务，可根据技术发展进行扩充和完善，并可将相关服务集成为基础平台。

（5）统一工作平台应能为各个业务系统提供统一系统入口、单点登录和权限控制机制。实现用户系统操作的一站式服务。系统内的工作待办和提醒功能应引用本部分提供的服务。

（6）组织用户服务引擎应能提供组织机构管理、用户管理、用户权限管理和身份认证服务。

（7）统一工作流服务为系统提供工作流引擎，具备工作流定义、流转、监控和后台管理服务，配备免代码和可视化的流程配置功能。

（8）智能表单服务为系统提供表单数据、表单模型和表单界面管理服务，支持表单的在线可视化配置和发布，支持流程绑定配置，集成图表分析功能，提供表单的配置化展示功能。

（9）统一消息服务对各类待办消息提供统一的监听、接收、提醒、展示和反馈等接口服务，支持邮件、短信、即时消息、在线消息等多种提醒机制。系统内的工作待办和提醒功能应引用本部分提供的服务。

（10）智能搜索引擎应能提供基于权限控制的全文检索服务。系统内的消息、文档、数据搜索功能应引用本部分提供的服务。

（11）项目群管理服务为工程建设期各业务应用提供项目配置、项目层次和项目权限等基本服务，通过标准化的项目配置模板实现企业统一的项目群管理基本结构。系统内的项目管理相关操作应引用本部分提供的服务。

（12）统一集成服务提供各应用系统的集成以及数据统一展现服务，支持SOA架构，提供界面统一、流程整合、用户组织同步等公共服务。

2. 管理系统技术需求

（1）所有功能都需要模块化建设，各个模块可单独使用，自由拼接，并可以进行二次开发。

（2）符合J2EE规范，采用基于Internet/Intranet通信基础的以B/S架构为主、C/S架构为辅的模式。用户通过Internet浏览器就能以网页的形式进行各种功能应用。

（3）系统服务器赢家平台应建立在较高性能的 PC 服务器或服务器集群上。

（4）系统架构中各层应采用成熟的、符合技术标准服务器、中间件产品。

（5）系统应保证 Windows 7 客户端的正常使用，浏览器支持 IE 7.0 及以上版本。

（6）系统应提供基于 XML 的数据交换接口，支持与第三方软件的应用集成。

（7）系统应提供符合用户使用习惯的人性化操作界面。

（8）日志管理：系统提供操作日志记录功能，以便及时掌握系统安全状态。

（9）数据管理：所有数据都按照统一标准管理，存储于统一的数据库。

（10）过程管理要求：应针对各阶段的应用系统，完成围绕系统投用所需的数据采集、管理、调试，以及对应用系统建设所需的培训、技术支持等一系列活动，满足业主保质保量达到数字化管道建设目标的过程管理工作要求。

（11）接口需求：提供充分的数据调用接口、服务调用接口以及显示调用接口，支持开发或接入新的系统。

3. 数据资源建设需求

（1）建立数据采集标准：按照行业内管道全生命周期数据管理规范，对管道建设期数据综合分析，确定数字化建设需要采集的数据内容、数据源头、采集方式等内容，建立切实可行的数据采集方法，以现有管道行业数据采集规范标准进行标准的完善。

（2）建立数据模型标准：数据模型应采用全生命周期管道业务数据模型的业务-业务活动-业务数据对应分析-数据模型的分析方法进行建设，按照业务范围进行业务活动的划分，并用 6W 模式对业务活动进行描述，将业务活动与数据进行对应，并形成管道数据模型。

（3）建立数据编码体系：对数据库涉及的每一业务对象进行规则编码，以此编码作为该对象在数据中心内的唯一身份识别，从而为统一业务对象关联查询、数据挖掘、数据统计分析提供编码依据。

（4）建立完整性数据库：依据数据模型标准，数据编码体系监理管道数据库，存储所有工程建设管理系统级可视化展示系统所需的数据。同时充分考虑该数据库与管网数据中心的集成性和兼容性。

（5）数据库安全：充分考虑数据库备份方式，保证数据是可靠的、正确的，尽可能地实现 7×24h 的高可用性。在计算机系统出现故障后，数据库有时也可能遭到破坏，应尽快通过数据备份恢复；数据库应支持 C2 或以上级安全标准、多级安全控制。支持数据库存储加密、数据传输通道加密及相应冗余控制；充分考虑数据保密性，考虑数据加密及远程登录时数据的安全性。

4. 可视化平台需求

1）显示效果及方式需求

（1）显示效果：不但支持现实方式显示，同时支持超现实的方式显示（透明、隐藏、透视等），以便突出关注的信息，如地下管线与穿跨越等隐蔽工程。

（2）显示方式：三维场景支持单视口、多视口方式显示；支持鹰眼效果；能够显示缩略图，并可进行导航。

（3）应支持二、三维一体化的显示，保证二维和三维地理信息的无缝融合，共用一套数据和实时共享。

2）技术需求

（1）与管网基于数据中心的管道 GIS 平台统一地理信息中间件产品，保证上下级互联互通，支持天然气全产业链一体化管理。

（2）采用单一中间件产品实现大场景展现二、三维的一体化管理，空间显示与业务功能实现一体化，以减少平台系统的集成复杂度，提高平台系统的稳定性。

（3）采用内容综合、形式统一的空间地理信息数据库，统一存储和管理二、三维地理信息及精细三维模型。支持二、三维无缝切换，视域联动。

（4）出于安全、升级响应快捷、功能定制等方面的考虑，采用国内完全自主产权的地理信息中间件产品。

（5）符合 J2EE 规范，采用基于 Internet/Intranet 通信基础的以 B/S 架构为主、C/S 架构为辅的模式。用户通过 Internet 浏览器就能以网页的形式进行各种功能应用。

（6）应采用与管网统一架构的 GIS 平台，在此平台基础上进行可视化展示开发。

（7）系统应保证 Windows XP Professional 及 Windows 7 客户端的正常使用，浏览器支持 IE 7.0 及以上版本。

（8）系统应提供基于 XML 的数据交换接口，支持与第三方软件的应用集成。

（9）系统应提供符合用户使用习惯的人性化操作界面。

（10）日志管理：系统提供操作日志记录功能，以便及时掌握系统安全状态。

（11）数据管理：所有数据都按照统一标准管理，存储于统一的数据库。

（12）接口需求：提供充分的数据调用接口、服务调用接口以及显示调用接口，支持开发或接入新的系统。

（13）采取限制登录等措施，防止数据封包造成阻塞。

5. 质量标准及要求

符合国家相关行业技术规范以及设计提出的技术要求，创建国家优质工程。

2.5 性能需求

全生命周期完整性管理系统的性能需求如下：

（1）全生命周期管理底层平台要能保证 200 人同时上线使用。

（2）客户端通过浏览器运用各种组合查询语句查询数据时，在数据记录小于 100 万条时，系统数据返回时间应小于或等于 5s。

（3）实用性：采用国际先进的软件技术，开发适合管网的数字化系统平台，保证稳定性，并使其操作简单，维护容易。

（4）可靠性：采用成熟、可靠的技术和设备从而保证系统的可靠性。

（5）先进性：在保证可靠、实用的前提下，选用成熟、先进的成果和技术。

（6）开放性：采用开放的通信协议从而保证系统的开放性，这样既有利于系统的扩展，也方便了与其他专业应用系统的链接。

（7）安全性：采用全方位的系统安全保障，从系统主机保护、访问用户身份识别、网络传输加密、病毒防护和入侵攻击检测等多方面保证数字化系统的安全。

（8）关系型数据检索平均响应时间：简单条件检索时延≤1s，复杂条件检索时延≤10s。

针对系统的高性能要求，系统平台应实现以下机制：

（1）充分利用缓存机制，有效降低数据库的性能瓶颈。

（2）前后端有效隔离，减少1/3数据交互量。

（3）功能模块交互有效隔离，真正支持组装式应用。

（4）统一处理文件的上传、下载、存取机制，以及与云存储的有效对接。

（5）借助数据库的预编译技术，有效提升SQL语句的执行效率。

（6）优化大数据量的批量查询、批量修改和批量删除处理机制。

2.5.1 数据量估算

存储空间估算，主要是估算整个系统在一定时间内存储数据的数据量，用以确定整个系统所需要的数据传输需求和存储总量。

估算的主要方法是参考"行业类似"项目典型数据所需的存储空间，统计所实现的系统中存储的数据量，并根据数据的大概录入间隔，估算出所需的存储空间。根据需求报告，系统需要存储5年的数据，根据对数据量的分析，可以估算得到5年后的数据存储总量。

以下为某单项100km管道工程建设与运维期所需全生命周期数据。

数据记录(数据库)存储量：100万(条)× 0.5KB≈ 0.5GB；

文件记录(管理、施工、安装检查)存储量：2万(个)× 2MB≈ 40GB；

设计(初步设计、施工图设计)文件存储量：1千(个)× 200MB≈ 200GB；

视频、图片文件存储量：1万(个)× 10MB≈ 500GB。

目前管网规划全线里程约为3000km，按未来5年内建成，系统总容量≈(0.5GB+40GB+200GB+500GB)×3000/100≈22.2TB。

由于涉及系统备份、应用备份以及大量的数据备份存储的需要，每个部分都有它的重要性和复杂性，要保证每个部分的安全性、可靠性，必须考虑数据存储备份和恢复问题。

首先要保证系统和应用的可靠性。目前各服务器都采用多块内置硬盘作RAID1或RAID10的方式，以保证系统和应用的可靠性。另外，应用服务器和数据库服务器都采用应用集群的方式，采用了负载均衡架构NLB(Network Load Balance)，数据库采用了HA(High Availability)的负载均衡模式。

对于数据库服务器，一方面采用内置磁盘的RAID方式保证系统和数据库应用的可靠性，另一方面配置共享的磁盘阵列以及高可用性的集群软件，数据存储在共享的磁盘阵列上，磁盘阵列也使用RAID方式，从而可以保证数据的完整性、可靠性和方便良好的扩展能力。

基于以上各方面的综合分析和测算，油气管道全生命周期管理数据库需要的有效存储空间约为50TB。

2.5.1 用户数估算

全生命周期数据库是管网核心应用系统，伴随工程建设与生产运营管理业务的持续扩充和增长，从可预见的数据量和用户数方面估算，系统用户数如表2-1所示。

表 2-1　系统用户数

企业类型	应用单位	每项工程/用户数	估算数
工程建设期	业主单位	10	30
	设计单位	5	100
	监理单位	10	200
	施工单位	20	400
	检测单位	6	120
管道运营期	机关用户		150
	站队用户		500
合计			1500

2.6　数据需求

数据的整理是系统实施过程中一项非常重要同时又是非常繁琐的工作。针对业主单位的数据整理工作而言，涉及面广、信息量大、情况复杂。所以，需要制定严密科学的工作方法和工作计划，避免工作走弯路，确保实效。

数据整理的原则：

(1) 完整性原则　数据必须完整，避免遗漏；

(2) 真实性原则　数据必须是真实的，杜绝造假，一经发现须追究有关当事人的责任；

(3) 规范性原则　各单位、各部门采用统一的数据收集整理模版、策略和标准；

(4) 及时性原则　数据产生或变更后应根据一定的时效性要求及时采集或更新；

(5) 保质保量原则　数据整理要力求高质量，应准确、清晰、简明；

(6) 安全性原则　数据整理过程中要注意涉密数据的保密，利用多种手段杜绝各环节的泄密可能；

(7) 合理利用现有资源原则　充分利用原有系统数据，同时应注意历史数据也存在许多错误和误差，需加强核实与检查，尽可能减少重复劳动。

数据的分类及特点：

(1) 不断更新的数据　数据的特点是动态的、不断变化的，可通过建立规范的业务流程，将整理工作与数据的日常更新维护结合起来开展。

(2) 固定的基础数据　这类数据具有唯一和不可变的特点，对于关键的数据，必须经过审核原始资料逐一予以严格认定。

(3) 专人维护的数据　一般集中由相关业务人员维护，具有数据齐全、准确率高、收集方便的特点。

(4) 同步采集的数据　数据是伴随工程建设过程不断产生的，很多技术数据如不在工程建设过程中及时采集，事后就无法采集到或需要付出更大的成本和代价，隐蔽工程类的数据尤为明显。

总之，数据整理是一项复杂、艰巨、长期性的工作，也是一项系统工程。需要各工程参建单位制定详细的数据整理工作计划，明确分工和责任，做到主管领导要亲自挂帅，抽调一批责任心强、工作细致、业务熟悉的骨干，对工程建设过程中产生的数据信息进行采集并及时报送到系统中，为数据的准确和完整提供保障。同时，通过数据整理工作，逐步建立起基础数据资料的数据管理体系。

2.7 系统接口与扩展集成需求

要考虑为统建信息化项目如 OA 系统、档案系统、人力资源系统、经营管联系统等提供相关数据接口。系统应提供基于 XML 的数据交换接口，支持与第三方软件的应用集成。所有功能都需模块化建设，各个模块可单独使用，自由拼接，并可以进行二次开发。形成标准的接口定义及规范，提供充分的数据输入接口、服务调用接口及输出调用接口，可定制开发新接入系统接口。提供充分的数据调用接口、服务调用接口以及显示调用接口，支持开发或接入新的应用系统。

第 3 章　技术架构设计

3.1　总 体 架 构

面向服务的体系结构(Service-Oriented Architecture，SOA)是一个组件模型，它将应用程序的不同功能单元(称为服务)通过这些服务之间定义良好的接口和契约联系起来。接口是采用中立的方式进行定义的，它应该独立于实现服务的硬件平台、操作系统和编程语言。这使得构建在各种这样的系统中的服务可以以一种统一和通用的方式进行交互。

云存储是指通过集群应用、网格技术或分布式文件系统等功能，将网络中大量各种不同类型的存储设备通过应用软件集合起来协同工作，共同对外提供数据存储和业务访问功能的一个系统。

目前业内对企业信息化的解决方案中主流架构模式选择的是 B/S 方式，结合管网工程的管理特点和技术要求，在选择软件系统体系结构时，采用 B/S+移动端 C/S 的双重模式，两种模式都实现全部业务，以满足在不同环境、不同应用场景的使用。

管网工程全生命周期管理系统整体采用 SOA 技术架构，提供数据服务、显示服务和计算服务。另外考虑到数据资源建设的海量数据和数据处理的方便性等因素，在数据存储方面使用了云存储技术。

通过对系统进行整体、系统的分析，结合招标文件的技术要求分析，可确立整个系统的设计思路，提出一个完整解决方案，将系统分为四个层次，即基础设施层、数据层、核心服务层和应用层。

(1) 基础设施层　该层是系统建设和运行分析的基础，包括软硬件系统、网络、通讯、自动控制系统等。

(2) 数据层　数据层是数据资源建设的核心成果，该层使用云存储的技术思想和设计，保证大数据存储、读取、检索、分析的高效性和安全性。整个项目的数据都存储在 Oracle 数据库，主要包含咨询设计、施工数据、设备信息、生产运营、基础地理及其他系统接口数据等。

(3) 核心服务层　抽象了前端应用系统的逻辑规则，并封装了数据和应用接口；核心服务层主要提供核心业务服务、基础系统平台；核心业务层则一方面封装了前端应用系统的业务逻辑，充当前端应用系统的应用服务器，提供安全认证、数据查询分析、地理信息处理等服务，另一方面对基础平台进行封装，开发满足其他标段应用需求的接口，如工程计划、进度展示数据接口。

(4) 应用层　主要是针对专业应用系统，如可视化平台、工程管理系统、数据资源建设采集系统、门户网站等。

3.2 系统拓扑结构

根据项目需求分析，系统用户既包括公司、项目部，也包括设计单位、施工单位、检测单位、监理单位和物资单位等参建单位，这些单位在空间上分布得比较分散，采用的网络接入方式也具有一定的多样性，在可接入内网的情况下，总部和业主单位可以通过内网访问。为了保障系统的安全性，参建单位和业主方出差的用户采用 VPN 的接入方式，项目部用户采用内网的接入方式。系统网络拓扑结构如图 3-1 所示。

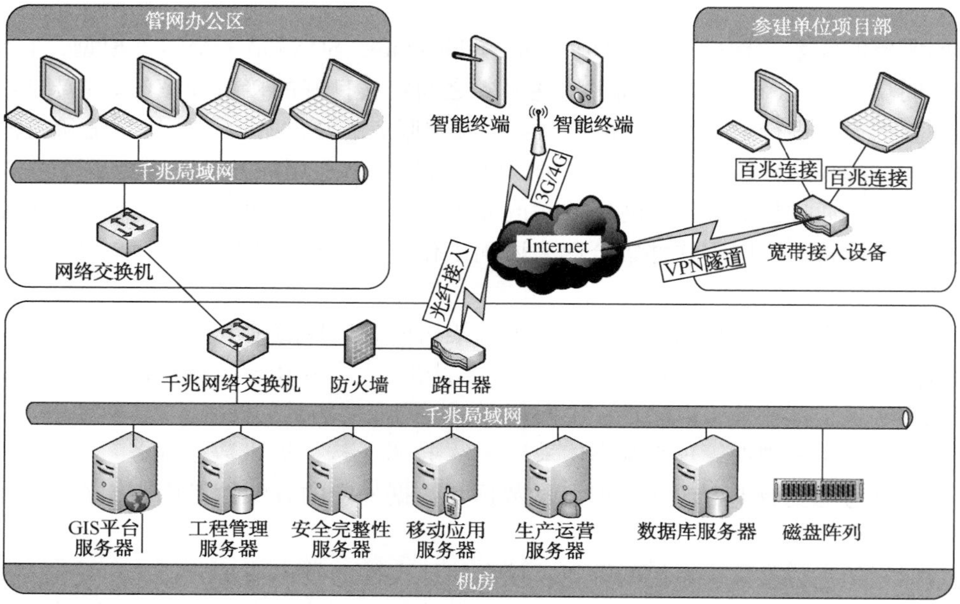

图 3-1 系统网络拓扑结构图

3.3 系统集成技术设计

3.3.1 移动平台技术

工程建设期的系统用户往往很少一直坐在办公室中，很多工作和数据都要到施工现场才能获取和办理；用户在出差途中，常常也会遇上移动办公的问题。移动服务引擎支持目前主流的移动终端操作系统，主要有包括以下几个操作系统。

1. Android

Android 是一种基于 Linux 的自由及开放源代码的操作系统，主要使用于移动设备，如智能手机和平板电脑，由 Google 公司和开放手机联盟领导及开发。

2. IOS

IOS 是由苹果公司开发的移动操作系统。苹果公司最早于 2007 年 1 月 9 日的 Macworld

大会上公布了这个系统，最初是设计给 iPhone 使用的，后来陆续套用到 iPod touch、iPad 以及 Apple TV 等产品上。IOS 与苹果的 Mac OS X 操作系统一样，它也是以 Darwin 为基础的，因此同样属于类 Unix 的商业操作系统。

3. Windows Phone

Windows Phone 是微软发布的一款手机操作系统，它将微软旗下的 Xbox Live 游戏、Xbox Music 音乐与独特的视频体验整合至手机中。2010 年 10 月 11 日微软公司正式发布了智能手机操作系统 Windows Phone，同时将谷歌的 Android 和苹果的 IOS 列为主要竞争对手。

考虑到移动端应用主要用户为施工单位，因此选取 Android 系统为移动端平台。

3.3.2 智能表单技术

智能表单平台提供业务单据的免代码开发，支持在线可视化配置表单，在线发布，即时生效。表单的界面风格、界面元素、操作按钮、相关信息、动态提示等，一切皆可配置。智能表单开发步骤如图 3-2 所示。

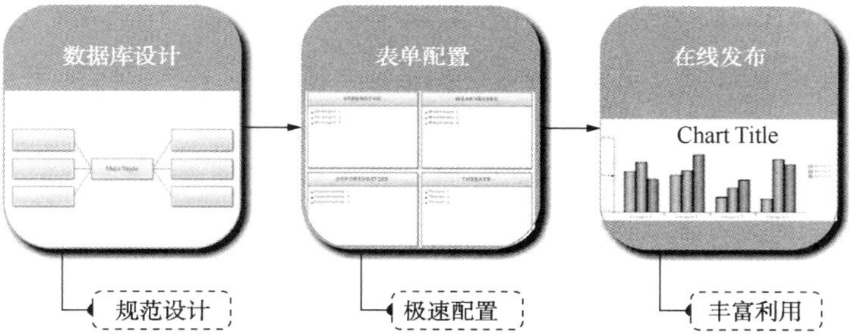

图 3-2 智能表单开发步骤

3.3.3 海量数据的存储与处理技术

海量数据用来形容巨大的、空前浩瀚的数据。如今，随着数据库技术和数据采集技术的不断发展，人类每天获得的数据量剧增。同时，随着信息化程度的提高，数据的形式也多样化，它包含各种空间数据（如影像数据和矢量数据等）、统计报表数据、文本、超文本以及多媒体等。如何有效地组织管理和充分利用这些海量数据，将是人类不断探索与研究的一个新课题。在天然气管道设计、建设、运营管理过程中所产生的数据，具有数据量大、结构复杂、存储介质多样、格式多样等特点，对这些数据的存储和处理必须采用海量数据的传输、存储和处理技术。

在数据的海量存储的时候，应该关注如下几个方面：

（1）Clustering　高可用性、高性能、可升级的容错、冗余服务器与驱动器；

（2）Data Protection　数据保护以技术来保护数据遗失，包括磁盘的冗余、RAID 级、文件备份、远程 clustering、文件镜像、日志、复制文件系统等；

（3）Data Vaulting　海量存储准备上线的数据或离线的数据，储存在一个较不昂贵的存储媒体；

（4）Data Interchange　共享数据从存放在同一个存储系统的数据移动到另外或外界之间的系统上；

（5）Shared Storage　共享存储应用在 SAN 网域或 NAS 网域存储系统。

3.3.4　统一工作平台技术

目前的企业应用环境中，往往有很多的应用系统，如办公自动化(OA)系统、财务管理系统、档案管理系统、信息查询系统等。这些应用系统服务于企业的信息化建设，为企业带来了很好的效益。但是，用户在使用这些应用系统时往往并不方便。

用户每次使用系统时，都必须输入用户名称和用户密码，进行身份验证；而且应用系统不同，用户账号就不同，用户必须同时牢记多套用户名称和用户密码。特别是对于应用系统数目较多、用户数目也很多的企业，这个问题尤为突出。

问题的原因并不是系统开发出现失误，而是缺少整体规划，缺乏统一的用户登录平台。而统一工作平台提供用户单点登录、底层数据集成、业务流程整合、企业门户集成等功能，可以解决以上这些问题。统一工作平台架构如图 3-3 所示。

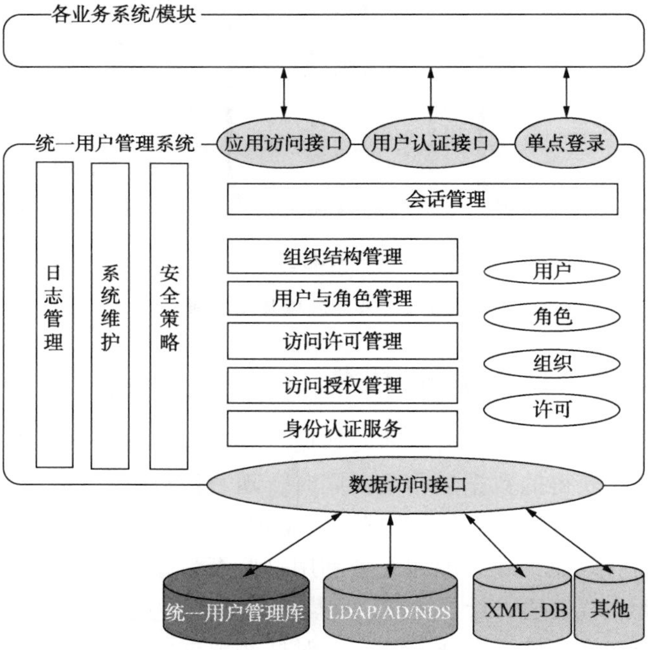

图 3-3　统一工作平台架构图

3.3.5　多样化展示技术

通过形式多样、色彩丰富的专题地图可以非常直观地表现系统查询分析统计的结果。系统提供直方图、饼图、等级、点密度、独立值等多种形式的专题地图。例如某储罐 2011 年 6 月至 2011 年 11 月的施工进度趋势如图 3-4 所示。

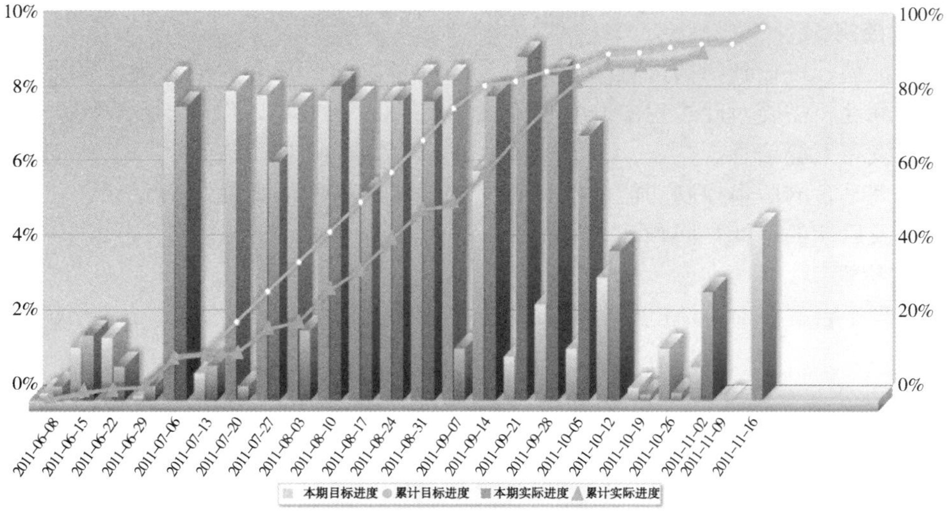

图 3-4　施工进度趋势图

3.3.6　智能身份认证技术

组织用户服务引擎支持多样化的身份认证方式，除最简单的基于用户名、密码的 Web 界面登录认证外，同时还支持：

(1) LDAP 协议，提供对主流 LDAP 服务器的认证，如 Microsoft Active Directory、Lotus Domino Server 和 IBM Tivoli Directory Server 等。

(2) 第三方的代理(Proxy)认证。

(3) CA 认证，支持 USB KEY、动态令牌和短信网关等认证方式。

3.3.7　内容管理技术

文档管理平台基于内容管理技术，在资料的存储、组织、安全、协同、检索、浏览、集成等方面，为企业用户提供了全面、可靠的文档管理解决方案。

1. 分布式存储

分布式网络存储系统，采用可扩展的系统结构，利用多台存储服务器分担存储负荷，利用位置服务器定位存储信息，在提高系统的可靠性、可用性和存取效率的同时，更易于扩展。

2. 安全控制

文档管理平台在数据安全性控制上提供三重保障：

(1) 存储加密　文件采用加密存储，防止文件扩散，全面保证企业级数据的安全性和可靠性。

(2) 权限控制　提供权限控制机制，可针对用户、部门及岗位进行细粒度的权限管理，控制用户的管理、浏览、编辑、下载等操作权限，实现文档的安全共享。

（3）数据备份　每天对结构化和非结构化的数据进行定时备份，并保存冗余副本。定期对备份数据进行恢复测试，避免因为突发故障导致数据的损坏或丢失。

3. 版本控制

文档从拟稿、审核到归档过程中，往往会经过多次的修订和变更，为了保证数据的完整性和可追溯性，需要对此过程中的各个阶段性成果保存数据快照，记录各个版本的内容、发布时间、发布人等信息。

文档管理平台的版本控制功能能够保存文档形成过程中的所有历史记录，供中期的查阅、对比以及后期的审计、回顾。

4. 全文检索

文档管理平台提供对主流电子版文档的全文检索功能，如 doc、xls、pdf、txt 等文本性电子文档。

5. 协同办公

通过文档管理平台，可以在系统中创建 Office 模板文件，授权给用户使用。用户在新建文档时，可调用授权的模板，使内容格式得到规范化的约束。系统自动统一规则命名文档，实现文件名标准化管理。

对于保密级别高的文档，在协同使用时可配置流程约束，对变更、借阅、归档、删除等工作指派审批流程，提升规范性和安全性。

6. 在线浏览

支持主流电子文档的在线浏览，可以直接在系统中在线浏览：

（1）图片　支持 gif、jpg、png、bmp、tif 等格式；

（2）视频　支持 flv、mpg、avi 、wmv、mp4 等格式；

（3）音频　支持 mp3、wav、wma 等格式；

（4）文档　支持 doc、xls、pdf、txt 等格式。

7. 集成应用

文档管理平台在提供了对文档的存储、检索、浏览等功能的基础上，为了挖掘电子版文档的应用价值，并方便用户使用，提供了以下两种集成应用功能：

（1）与 Office 集成　系统操作与本地操作无异，无需改变任何习惯，即可快速上手熟练使用系统，可对 Office 文档进行在线编辑、修订、打印，并支持电子签章。

（2）与电子邮件集成　将文档本身作为附件直接通过电子邮件发送，无需用户多次手动上传，方便快捷。

3.3.8 消息服务技术

消息服务引擎为信息化系统提供了一个向系统用户推送提醒的平台，主要是针对工作流引擎在运行过程中，为代办任务向系统用户发送提醒消息。支持的消息类型主要有以下几种。

1. 在线消息

在线消息是信息化系统本身的内部消息，处于登录状态的用户在有新消息时，在工作台上会有通知提醒。

2. 电子邮件

消息服务引擎具备邮件服务接口，在系统用户维护了个人邮箱信息的前提下，可以将消息以电子邮件的形式发送到用户邮箱内。

3. 即时消息

主要是针对即时通信软件，如RTX。在即时通信软件提供开放性数据服务接口的前提下，可以通过发送即时消息的方式通知用户。

4. 短信提醒

在服务器配备了短信收发设备(如短信猫)，并且系统用户维护了个人手机号码的前提下，消息服务引擎可以将消息以短信的形式发送到用户的手机上。

3.3.9　地理信息技术

GIS(Geographic Information System)即地理信息系统，在我国又称为资源与环境信息系统。在国际上虽然许多学者对GIS有不同的表述，但其基本概念是大体相同的。地理信息系统是利用计算机存储、处理地理信息的一种技术与工具，是一种在计算机软、硬件支持下，把各种资源信息和环境参数按空间分布或地理坐标，以一定格式和分类编码输入、处理、存储及输出，以满足应用需要的人-机交互信息系统。它通过对多要素数据的操作和综合分析，方便快速地把所需要的信息以图形、图像、数字等多种形式输出，满足各应用领域或研究工作的需要。地理信息系统在国民经济建设中得到了广泛运用，特别是在地域开发、环境保护、资源利用、城市管理、灾情预测、人口控制和交通运输等方面发挥着积极的作用。GIS技术的发展，基本反映了IT技术的总体发展过程。自20世纪70年代以来，GIS技术发展大致经历了三个主要阶段：一是以大型机与UNIX为平台的专业式Professional GIS；二是以PC机为平台的桌面式Desktop GIS；三是以网络(Internet/Intranet)和Client/Server为技术平台的网络GIS、移动式或无线通信式GIS。随着网络及通信技术的不断发展，网络GIS、移动式或无线通信式GIS技术已成为空间信息整合技术的主导方向。地理信息系统主要由以下8个部分构成：

(1) 空间数据库和信息(属性)数据库，构成GIS的核心；

(2) 图形显示系统，即用数据库中所选元素形成图形基础，这是基础部分之一；

(3) 地图数字化系统，实现所有图形的数字化，这是基础部分之二；

(4) 数据库管理系统，为GIS的逻辑部分，用来分析信息数据；

(5) 地理分析系统，分析数据空间的位置关系；

(6) 图像处理系统，这是遥感信息和统计分析部分；

(7) 空间统计分析系统，也即是传统统计和空间数据统计分析；

(8) 决策支持系统，这是GIS最重要的高级系统，包括决策、管理和跟踪，是人工智能的基础。

近30多年来，地理信息系统取得了惊人的发展，并广泛地应用于资源调查、环境评估、区域发展规划、公共设施管理、交通安全等领域，成为一个跨学科、多方面的研究领域。

地理信息系统软件平台一般具有空间数据、属性数据输入、查询、空间分析、属性分析等功能。

1. 基于细节层次技术的三维场景表达

细节层次技术(LOD)是将原始的多面体建立面片模型，并根据视景远近不同，对原始的面片几何模型按不同的逼近程度进行简化，以减少面片结构中的拓扑边和结构面的数量，从而达到在不影响视觉效果的情况下降低数据复杂程度和IO吞吐量的目的，从而提高多面体数据的访问和渲染效率。

在三维虚拟仿真(VR)系统中采用LOD技术，可以在现有网络环境和硬件条件下，在能够保障高精度三维模型的仿真程度和VR体验感受的基础上，大幅度地提高三维场景及场景模型的绘制效率，从而实现基于海量数据的大区域三维虚拟场景的构建以及大区域场景的高速浏览，为实现站场、基地、小区、城市的数字化仿真打下基础。三维展示效果如图3-5所示。

2. 基于动态分段技术的线路设备管理

动态分段(Dynamic Segmentation)技术是由美国威斯康星州交通厅戴维·复莱特于1987年首先提出的。该技术解决了处理线性特征信息时所遇到的问题，是一种新的线性特征的动态分析、显示和绘图技术。它是利用线性参考系统和相应算法，在需要分析、显示、查询及输出时，动态计算出属性数据的空间位置，即动态地完成各种属性数据集的分析、显示及绘图的一种方法，如图3-6所示。

图3-5 三维展示效果图

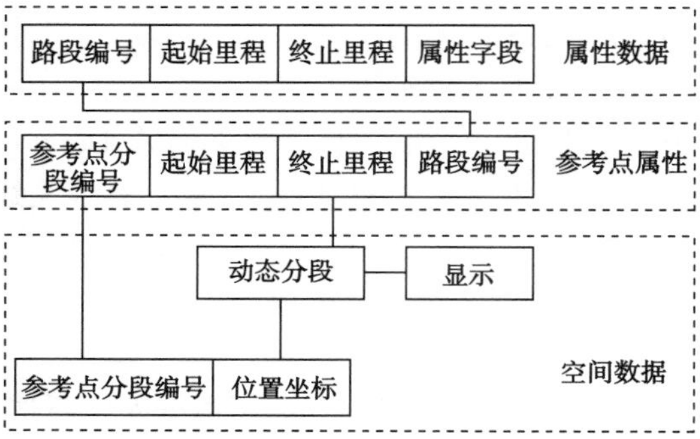

图3-6 动态分段技术数据组织图

动态分段具有以下特点：

(1) 无需重复数字化就可进行多个属性集的动态显示和分析，减少了数据冗余；

(2) 并没有按属性数据集对线路进行真正的分段，只是在需要分析、查询时，动态地完成各种属性数据集的分段显示；

(3) 所有属性数据集都建立在同一线路位置描述的基础上，即属性数据组织独立于线路位置描述，独立于线路路基础底图，因此易于数据的更新和维护；

(4) 可进行多个属性数据集的综合查询和分析。

线状要素通常以弧段-结点模型表示和存储在地理信息系统中，不能完整有效地描述真实世界。动态分段则不同，它将线状要素作为一个整体进行描述，以事件表描述各种现象沿着线状要素的动态变化，是一种更复杂、更灵活的数据模型。以动态分段模型为基础，针对道路网络，提出了将弧段形式的线状要素组织为路径系统的方法，并分析各个完整线状实体在网络结构中的相对重要性。以完整线状实体为单元，着眼于网络结构进行制图综合，从而更好地保持网络的总体结构。

动态分段是一种对网络线状要素进行建模和分析的方法，其数据结构基础为路径系统和时间。利用动态分段的方法，可以存储、显示、查询和分析与网络有关的信息而无需触及底层的路网数据的空间坐标。动态分段功能将地图网络中的连线根据其属性将特征相近的连线分段。分段是动态进行的，因为它与当前连线的属性相对应，如果属性改变了，属性对应的几何数据也会发生变化。

3. 遥感技术

遥感(RS)技术是指各种非接触的、远距离的探测技术。主要是指从远距离、高空以至外层空间的平台上，利用可见光、红外、微波等探测仪器，通过摄影或扫描、信息感应、传输和处理，从而识别地面物质的性质和运动状态的现代化技术。

遥感根据所用技术的特点不同分为两大类：

(1) 图像类型　其中属主动方式的有微波雷达和激光雷达；属被动方式的有光学摄影(用宽谱段摄影、多光谱摄影和高光谱摄影)、光电摄像(用各种摄像管的电视摄像机系统)和光学机械扫描(用多光谱、高光谱扫描仪)；

(2) 非图像类型　包括雷达高度计、激光雷达、电磁场、重力场、辐射场、温度场和气体分析等。

遥感的信息获取方式也有两大类：

(1) 摄影方式　包括紫外摄影、普通全色摄影、红外摄影、热红外摄影、彩色摄影、假彩色摄影和多波段摄影等；

(2) 非摄影方式　包括热红外扫描、多谱段和高光谱扫描及空中侧视雷达等。

概括地说，遥感是运用物理手段、数字方法和地学规律的现代化综合性探测技术，它为经济建设、资源勘测、环境监测、军事侦察提供了现代化的技术手段，反映了一个国家太空科学技术的进展、计算机技术的水平、地学科学的理论储备以及对资源、环境科学管理与预测、预报的能力。同时，也是高技术开发和信息时代的新兴行业。

本系统主要是将遥感技术与地理信息系统相结合，进行与管道相关的遥感影像的处理、存储和再现，以满足管道运行维护管理的业务需求。

4. 全球定位技术

全球定位系统(GPS)是美国国防部为适应军事需要而建立的全球定位导航系统。它是利用工作卫星的信号，准确测定待定点的位置。它可以用于舰船、飞机、车辆等一切需要知道自身位置的目标定位和导航，同时，它又可以用于大地测量、工程测量等一切工程的精密定位。GPS 的出现给全球导航的精密定位引入崭新技术，同时带来了巨大的经济效益和社会效益。

GPS 由三大部分组成，即空间卫星部分、地面支撑部分和用户设备部分。

GPS 卫星定位系统具有全天候、覆盖范围广(全球覆盖)、三维高精度定位、功能多样的特点。

本系统主要采用 GPS 技术进行管线坐标数据和周边环境数据的测量和定位检查。

5. 多分辨率的数据融合技术

图形信息处理过程总要依赖于一定的比例尺。但长输油气管道信息是以固定的基本比例尺存储于数据库中的，为每一种所需比例尺的数据都建立数据库显然是不现实的。因此，有必要在数字管道系统中开发多分辨率数据融合功能以支持多比例尺操作，即利用基础数据库本身来生成各种所需比例尺或分辨率的数据。这不仅可以节省大量人力、物力，全面降低数据采集、存储、维护、更新的费用，而且可以提高现有数据库的价值和整个数字管道的效率。

3.3.10 虚拟化技术

虚拟化技术可以扩大硬件的容量，简化软件的重新配置过程。CPU 的虚拟化技术可以单 CPU 模拟多 CPU 并行，允许一个平台同时运行多个操作系统，并且应用程序都可以在相互独立的空间内运行而互不影响，从而显著提高计算机的工作效率。

服务器的虚拟化就是将服务器物理资源抽象成逻辑资源，让一台服务器变成几台甚至上百台相互隔离的虚拟服务器，可以不再受限于物理上的界限，而是让 CPU、内存、磁盘、I/O 等硬件变成可以动态管理的“资源池”，从而提高资源的利用率，简化系统管理，实现服务器整合。

1. 整合服务器

通过将物理服务器变成虚拟服务器从而减少物理服务器的数量，可以极大地减少电力和冷却成本。此外，还可以减少数据中心 UPS 和网络设备费用、所占用的空间等。

2. 避免过多部署

在实施服务器虚拟化之前，管理员通常需要部署额外的服务器来满足不时之需。利用服务器虚拟化技术可以避免这种额外部署工作，而且它支持虚拟机的完美分割。

3. 事半功倍

在经济不景气的情况下，IT 部门和管理员更需要有事半功倍的理想方式来工作。服务器虚拟化可以帮助管理员更灵活、更高效地实现 IT 管理工作。

4. 节省开支

通过服务器虚拟化，公司不仅能享受到物理服务器、电源和散热系统带来的成本节约，而且还可以大幅减少管理物理服务器的宝贵时间。终端用户也会因高效稳定运行而更具有忠诚度。

5. 迁移虚拟机

服务器虚拟化的一大功能是支持将运行中的虚拟机从一个主机迁移到另一个主机上，而且这个过程中不会出现宕机事件，像分布式资源调度（DRS）和分布式电源管理（DPM）一样去实现。

6. 更加安全

通过将操作系统和应用从服务器硬件设备隔离开，病毒与其他安全威胁无法感染其他应用。

3.3.11　元数据技术

元数据是关于实际数据的地址、来源、内容、格式等说明的信息。它是一种数据结构标准，它提供了一种框架体系和方法来描述、表征数字化信息的基本特征，并通过一套通用的编码规则，将来源各异的数字化资源归纳到一个标准的体系中。它是实现数据交换、数据集成、数据共享的核心内容之一，也是企业走向应用集成的关键技术之一。

3.3.12　数据挖掘技术

企业在其运营过程中会生成大量的历史数据，商业智能技术(BI)可以将这些数据进行整合并将其转化为企业决策所需的信息。商业智能技术采用数据仓库构建汇总数据的基础，进而支持数据发掘、多维数据分析等先进功能以及传统的查询及报表功能。

根据客户的不同需求，利用多种展现工具，可以将存放在数据仓库中的历史数据进行展现和挖掘，生成报表、图表，进行分类和聚类，进行多维度检索等。无论是企业的高层管理者，还是普通的业务人员，都可以根据展现出来的数据或者挖掘出来的关联信息，辅助自己作出下一步的生产营销决策。

3.3.13　SOA 架构设计技术

管网全生命周期数字化管理系统架构采用 SOA 理念进行设计。SOA 是一种架构模型，它可以根据需求通过网络对松散耦合的粗粒度应用组件进行分布式部署、组合和使用。服务层是 SOA 的基础，可以直接被应用调用，从而有效控制系统中与软件代理交互的人为依赖性。

SOA 具有以下优点：

(1) 编码灵活性　可基于模块化的低层服务、采用不同组合方式创建高层服务，从而实现重用，这些都体现了编码的灵活性。此外，由于服务使用者不直接访问服务提供者，这种服务实现方式本身也可以灵活使用。

(2) 支持多种客户类型　借助精确定义的服务接口和对 XML、Web 服务标准的支持，可以支持多种客户类型，包括 PDA、手机等新型访问渠道。

(3) 更易维护　服务提供者和服务使用者的松散耦合关系及对开放标准的采用，确保了该特性的实现。

(4) 更好的伸缩性　依靠服务设计、开发和部署所采用的架构模型实现伸缩性。服务提供者可以彼此独立调整，以满足服务需求。

(5) 更高的可用性　该特性在服务提供者和服务使用者的松散耦合关系上得以体现。使用者无需了解提供者的实现细节，这样服务提供者就可以在部署环境中灵活部署，使用者可以被转接到可用的例程上。

3.3.14　Web Service 技术

1. 技术原理

Web Service 是一种新的 Web 应用程序分支，它们是自包含、自描述、模块化的应用，可以发布、定位、通过 Web 调用。Web Service 可以执行从简单的请求到复杂商务处理的任何功能。一旦部署以后，其他 Web Service 应用程序可以发现并调用它部署的服务。

Web Service 运用了 Web 网络技术和基于组件开发的精华成分。可以使用标准的互联网协议，如超文本传输协议(HTTP)和 XML，将功能纲领性地体现在互联网和企业内部网上。Web Service 扩展了像 DCOM、RMI、IIOP 等基于组件的对象模型，使之可以和简单对象访问协议(Simple Object Access Protocol，SOAP)以及 XML 通信，以根除特定对象模型协议带来的障碍。

2. 框架优势

对于 Web Service 的具体实现有多种框架和方式，管网项目采用 Axis2，其优势如下：

(1) 速度　Axis2 使用自己的对象模型和 stax(串流 API 的 XML)来解析，比较早版本的 Apache AXIS2 具有更快的速度；

(2) 低内存　Axis2 设计保持了低内存；

(3) AXIOM　Axis2 信息处理有自己的轻量对象模型 AXIOM，具有可扩展性、高性能及开发方便的优点；

(4) 热部署　Axis2 能够在已建立和运转时有能力部署 Web 服务，换言之，新的服务可以添加到系统而无需关闭服务器，可直接把所需的 WebService 的档案放入服务目录，版本和部署模型将自动部署服务以供使用；

(5) 异步 Web 服务　Axis2 可支持异步 Web 服务和异步 Web 服务调用，并使用非阻塞的客户端；

(6) MEP 支持　Axis2 可简便与灵活地支持消息交换模式(MEP)，内置支持 WSDL 2.0 定义的基本 MEP；

(7) 灵活性　Axis2 使开发人员可以完全自由地将扩展插入引擎，以进行自定义标头处理、系统管理以及任何你可以想象的东西；

(8) 面向组件的部署　Axis2 可以很容易地界定重用网络处理器，以实现应用程序的常见处理模式；

(9) WSDL 的支持　axis2 支持 Web Service 描述语言(版本 1.1 和版本 2.0)，可轻松地建立 STUB 来访问远程服务，并自动向其他机器说明你的服务部署；

(10) 新增　Web Services 的多个技术已被纳入，包括 WSS4J 的保安技术(Apache Rampart)，Sandesha 的可靠讯息服务，Kandula 一个 Web 服务的协调集成，Web 服务自动传送。

3.3.15 工作流技术

1. 技术原理

工作流(Workflow)是对工作流程及其各操作步骤之间业务规则的抽象、概括、描述。工作流建模，即将工作流程中把工作前后组织在一起的逻辑和规则在计算机中以恰当的模型进行表示并对其实施计算。工作流要解决的主要问题是：为实现某个业务目标，在多个参与者之间利用计算机按某种预定规则自动传递文档、信息或者任务。

工作流管理系统（Workflow Management System，WfMS）的主要功能是通过计算机技术的支持去定义、执行和管理工作流，协调工作流执行过程中工作之间以及群体成员之间的信息交互。

通用的工作流管理系统，主要包含以下几个模块：

（1）工作流建模工具（工作流设计器）　主要是用于图形化的流程抽象表示，用不同的元素符号代表活动或参与者以及其他相关因素，用有向线来表示控制流；

（2）工作流引擎　用于维护和解析流程的运行；

（3）工作流执行服务器　为工作流引擎的正确运行提供辅助性服务；

（4）工作列表（Worklist）处理器　对外提供接口，外部应用通过工作列表处理器来获取和管理工作项（Workitem）。

工作流管理系统的通用结构如图 3-7 所示。

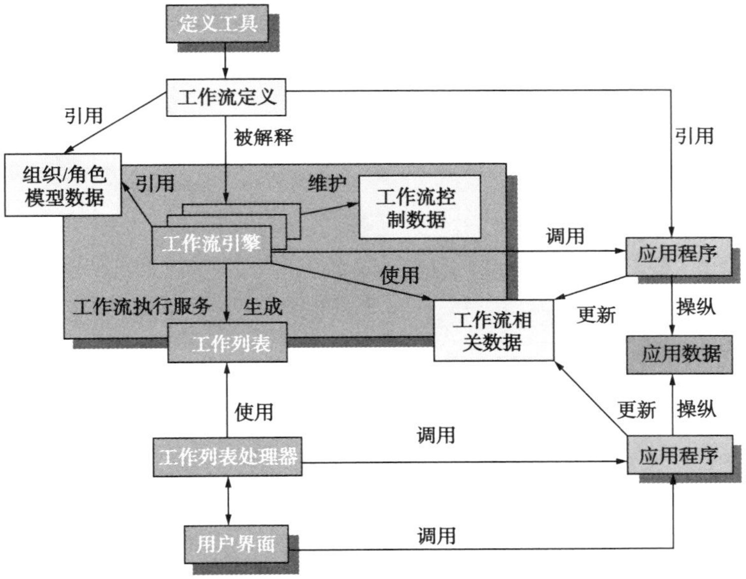

图 3-7　工作流管理系统通用结构图

2. 框架优势

管网项目工作流部分使用集成台进行开发。平台提供了自己的工作流引擎，基于该工作流，使用者能方便地在界面上进行流程的配置及绘制、任务执行人员的分配、流程运行的监控等，工作流部分也提供了一系列接口，让使用者能方便地进行扩展。

工作流引擎功能强大，可任意定义或设置流程节点，且其流程名称及流程控制可任意定制，适合普通办公人员使用，其操作方式为图形化拖拉方式，操作界面为 Web 图形化界面，非常方便，如图 3-8 所示。

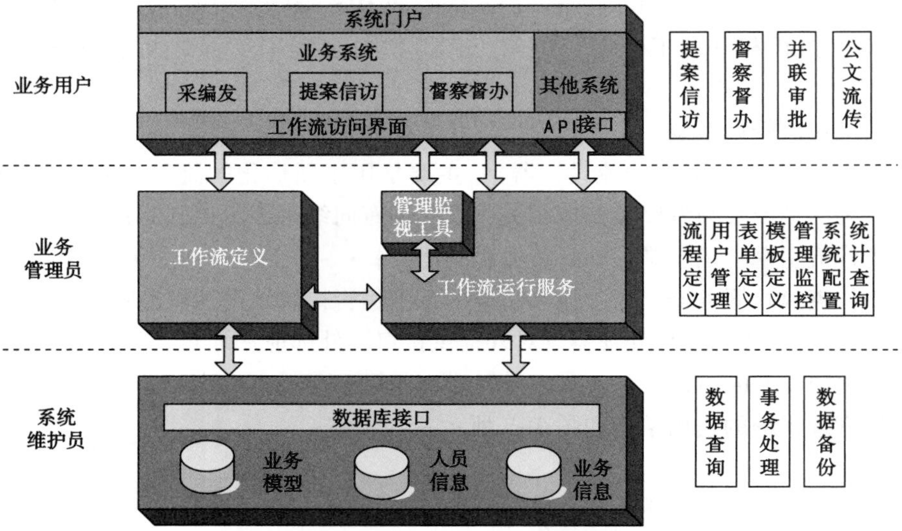
系统门户
业务系统
采编发
提案信访
督察督办
其他系统
工作流访问界面
API接口
业务用户
提案信访
督察督办
并联审批
公文流传
业务
管理员
管理监视工具
工作流定义
工作流运行服务
流程定义
用户管理
表单定义
模板定义
管理监控
系统配置
统计查询
系统
维护员
数据库接口
业务模型
人员信息
业务信息
数据查询
事务处理
数据备份

图 3-8　工作流配置图

第 4 章　系统安全设计

4.1　物理层安全设计

物理安全是保护计算机网络设备、设施以及其他媒体免遭地震、水灾、火灾等环境事故以及人为操作失误或错误及各种计算机犯罪行为导致的破坏过程。

物理安全主要包括三个方面：

(1) 环境安全　对系统所在环境的安全保护，如区域保护和灾难保护；

(2) 设备安全　主要包括设备的防盗、防毁、防电磁信息辐射泄漏、防止线路截获、抗电磁干扰及电源保护等；

(3) 媒体安全　包括媒体数据的安全及媒体本身的安全，对于重要的数据要进行备份，制定严格的机房和设备管理制度。

4.2　网络层安全设计

网络层的安全主要是在各安全域间建立有效的安全控制措施，使网间的访问具有可控性。

可以配备网络安全分析、入侵监测及网络监控系统，以监视网络上的通信数据流，捕捉可疑的网络活动，进行实时响应和报警，并实现与专用网络安全设备(如防火墙)的联动，提供详尽的网络安全审计分析报告。

4.2.1　网络边界安全

网络层安全的设计和建设采用硬件保护与软件保护、静态防护与动态防护相结合，由外向内多级防护的总体策略。实现内部网(Intranet)与公用网(Internet)互联的可靠隔离。

1. 网络基础设施的可用性

对于数据中心局域网、业务用户访问网的网络基础设施如局域网主干交换机、广域网路由器、广域网线路、网络边界安全设备(如防火墙)等考虑采用冗余设计，以保证业务信息的可靠传输。网络基础设施部分已在网络系统设计中进行了考虑。

2. VPN

管网工程全生命周期管理系统是工程项目信息化管理的重要内容，涉及工程施工的很多方面，很多建设实施内容必须由授权用户每天去做(如指定的审批、进度参数上报等)，这些操作要求必须在公司的广域网内进行。如果用户不在公司的广域网就不能完成上述操作，为了解决这个问题，可采用合适的 VPN 解决方案，或者端口地址映射 NAT+DMZ 解决方案。

VPN是指在非面向连接的公用IP网络上建立一个逻辑的、点对点的连接，称之为建立一个隧道，利用加密技术对经过隧道传输的数据进行加密，以保证数据仅被指定的发送者和接收者了解，从而保证了数据的私有性和安全性。它能够保证通过公用网络平台传输数据的专用性和安全性。

3. NAT和DMZ

端口地址映射NAT可以将局域网中的内部地址节点翻译成合法的IP地址在Internet上使用(即把IP包内的地址域用合法的IP地址来替换)，或者把一个IP地址转换成某个局域网节点的地址，从而可以帮助网络超越地址的限制，合理地安排网络中公有Internet地址和私有IP地址的使用。通常，NAT功能会被集成到路由器、防火墙、ISDN路由器或者单独的NAT设备中。

DMZ技术是为了解决安装防火墙后外部网络不能访问内部网络服务器的问题，而设立的一个非安全系统与安全系统之间的缓冲区，这个缓冲区位于企业内部网络和外部网络之间的小网络区域内，在这个小网络区域内可以放置一些必须公开的服务器设施。通过这样一个DMZ区域，更加有效地保护了内部网络，因为这种网络部署，比起一般的防火墙方案，对攻击者来说又多了一道关卡。

通过采用NAT+DMZ的解决方案，用户可以在公网连接进入公司广域网进行相关操作。用户只需要在系统内配置用户名和密码，就可以访问系统，简便了网络的系统实施和日常操作的过程。

4.2.2 防火墙

防火墙是基本的安全保障措施，它对所有进出企业网络或其他受保护网段的数据流进行访问控制。根据使用局域网及广域网中关于防火墙的策略和要求，对防火墙的选择策略主要有以下几个方面：

(1) 如果接入Internet互联网的目的是为了方便内部用户浏览、收发E-MAIL以及发布主页，在选购防火墙时，要注意考虑保护内部敏感数据的安全性，对服务协议的多样性以及速度等可以不作特殊要求。建议选用代理型防火墙，具有HTTP、MAIL等代理功能即可。

(2) 如果每天都有大量的工程施工信息通过防火墙，需要在外部网络发布(将服务器置于外部)，同时需要保护数据库或者应用服务器(置于防火墙以内)，这就要求所采用的防火墙具有传送SQL数据的功能，而且必须具有较快的传送速度。建议采用高效的包过滤型防火墙，并将其配置为只允许外部服务器和内部传送SQL数据使用。

(3) 选购防火墙时必须注意同时连接的数目。若PC机和笔记本的数量在250~500台，则中型企业专用防火墙设备可以满足需求，建议选用能够同时支持10000个连接的防火墙。

根据系统的访问模式和需求，设计防火墙时需要满足如下要求：

(1) 支持负载均衡和热备份；

(2) 支持至少3个100/1000M以太网端口；

(3) 支持GUI的网管方式，支持以命令行的方式在线修改端口参数及配置；

(4) 支持远程管理；

(5) 支持NAT端口地址映射；

（6）支持所有软件的在线升级；

（7）支持基于端口的过滤限制；

（8）支持基于协议和端口的流量过滤功能；

（9）支持用户验证；

（10）支持系统日志功能和事件日志功能。

中型企业专用防火墙设备可以满足以上需求，能够同时支持 10000 个连接的防火墙。防火墙性能指标如表 4-1 所示。

表 4-1 防火墙性能指标

功　能	性　能
NAT 功能	有
并发访问数	10000 以上并满足需要
负载均衡功能	有
VPN	有
VPN 本地数据库	有
VPN 用户认证	有
QoS	有
日志功能	有

1. 入侵监测系统

入侵监测系统基于网络和系统的实时安全监控，运行于敏感数据需要保护的网络上，对来自内部和外部的非法入侵行为做到及时响应、告警和记录日志，可弥补防火墙的不足。

2. 漏洞扫描系统

漏洞扫描是一种系统安全评估技术，可以测试和评价系统的安全性，并及时发现安全漏洞。具体包括网络模拟攻击、漏洞检测、报告服务进程、评测风险、提供安全建议和改进措施等功能。

在数据中心局域网配置网络安全漏洞扫描软件，定期或不定期对一些关键设备和系统（网络、操作系统、主干交换机、路由器、重要服务器、防火墙和应用程序）进行漏洞扫描，对这些设备的安全情况进行评估，发现并报告系统存在的弱点和漏洞，评估安全风险，建议补救措施。

3. 防病毒系统

为了防止病毒在内部网络传播，防止病毒对内部的重要信息和网络造成破坏，并定位感染的来源与类型，可在网络中部署病毒防护系统，采用网络集中防病毒和分散防病毒两种方式。具体配置为：在网络中的服务器中安装文件及应用服务器防病毒组件，在邮件服务器上安装群件系统防病毒组件，在代理服务器上安装 Internet 网关防病毒组件，在网络中的所有桌面客户机上安装桌面防病毒组件，安装扫描引擎和病毒特征库更新服务器，负责全网防病毒系统的扫描引擎和病毒特征库的及时升级更新，安装防病毒管理控制中心，负责对防病毒系统进行统一管理。对于单机用户或移动终端用户，辅以单机防病毒软件。

4.3 系统及应用层安全设计

4.3.1 操作系统安全设计

系统的主机选择安全可靠的操作系统。

注意用“最小适用性原则”配置系统以提高系统安全性，并及时安装各种系统安全补丁程序。

严格制定操作系统的管理制度，定期检查系统配置。

利用系统漏洞扫描软件对关键业务服务器系统进行定期的安全扫描分析，及时提供网络系统安全状况评估分析报告，并根据分析结果合理制定或调整系统安全策略，以保证这些设备的安全隐患降至最低。

在系统中建立基于用户的访问控制机制，监视与记录每个用户操作(如通过登录过程)。用户需独立标识，监视的数据应予以保护，防止越权访问。

4.3.2 应用系统安全设计

应用层安全是建立在网络层安全基础之上的，主要是对资源的有效性进行控制。其安全性策略包括用户和服务器间的双向身份认证、信息和服务资源的访问控制和访问资源的加密，并通过审计和记录机制，确保服务请求和资源访问的防抵赖。对于数据传输，必须保证其合法访问及通信保密性。

可以以 PKI 和 PMI 为基础，采用公钥证书(PKC)和属性证书(AC)等方式建立应用层的身份认证、业务授权、数据加密，保证数据的保密性和完整性。

4.3.3 防病毒系统安全设计

系统运行环境复杂，网上用户数多，为防止系统平台受到来自多方面的病毒威胁，在业务专网上需要建立多层次的病毒防卫体系，配置病毒扫描引擎和病毒特征库数据的自动更新方式，实现对网络病毒的预防、侦测、消毒和预警，以防止病毒对系统和关键文档数据的破坏。

4.3.4 日志管理

日志分为系统日志和功能日志，日志有效记录了应用系统中的各种操作功能，包括操作人、操作时间、操作机器等。对所有操作日志进行分析定位，能帮助系统管理员或安全审计员快速找到系统出错的原因。

日志管理的目的是通过记录用户在系统上的操作过程，实现对系统以及系统用户的监控，规范用户的操作过程。

1. 系统日志

系统日志主要记录系统的运行状况，即系统运行中抛出的一些信息，这些信息可分为错误、警告、信息、调试四个大类。通过查看些日志文件可以看到系统的运行是否正常，如是否在用户的操作中出现未知错误，或是系统运行中出现的一些警告信息。

2. 应用日志

应用日志主要记录用户在应用系统上的操作过程，即用户每一操作留下的痕迹，如删除一条信息将被记录下来(张三 2013-12-16 12：00 删除信息信息 . htm 关于…)。

3. 日志查询分析

日志查询和分析功能主要是将系统纪录日志中的用户、单位、时间等内容作为分析条件，对系统进行查询和分析，包括操作的时间、操作人、变更情况等，给管理员提供决策支持，实现操作日志审计功能。

系统使用 Apache 的 Log4j 实现应用系统日志功能。系统提供一个日志服务工具类 System Logger 包装 Log4j，日志的输出目标是可配置的，服务器端作日志时直接调用 System Logger 的对应 API 即可。

4.3.5　用户权限管理

用户权限控制访问系统的用户只能在其被授权的范围内应用系统，包括系统功能权限控制和系统数据权限控制两个层次。用户权限管理模型如图 4-1 所示。

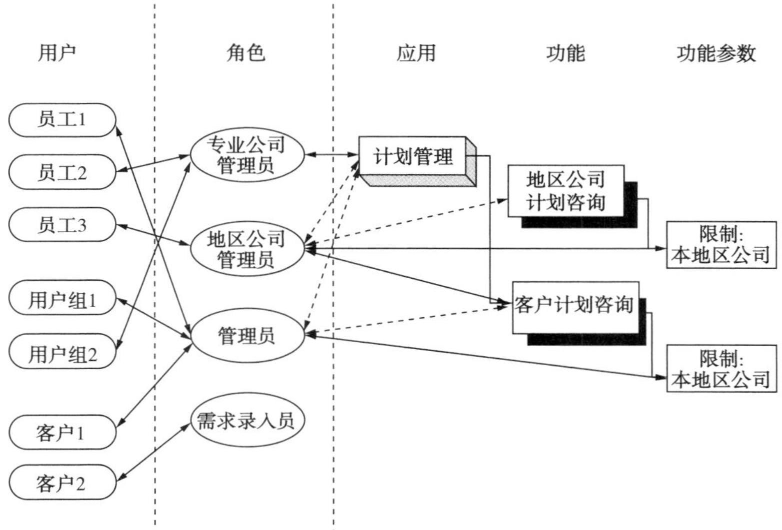

图 4-1　用户权限管理

从以上的权限管理模型图可以看出，授权系统分为 3 层：用户、角色、应用。在此 3 层体系基础上，管理人员完成针对应用程序的用户授权管理：每个用户都扮演若干个角色，应用程序权限并不直接授予任何用户，而是授予应用程序定义划分的角色。对于需要使用特定应用功能的用户，将其置于特定角色。这样，通过角色可以灵活方便地建立起用户到权限功能的联系，为应用程序提供足够的权限控制信息。

对于一个需要权限管理的应用程序而言，可以根据自己的功能设立一系列需要控制的功能权限，这相当于定义程序功能限制。只有经过授权的用户才能使用受权限控制的功能。同时，应用程序对其目标用户进行分类，定义划分角色。

应用的授权分为3个控制级别：应用、功能、功能参数(或理解为操作范围)。一个应用下包含该应用提供的所有功能。每个功能下包含使用该功能时各种可能的操作范围限制。

4.4 数据库安全设计

4.4.1 数据库安全性措施

在系统的建设过程中，数据库的安全性是一个非常重要的组成部分，一旦受到攻击所造成的损失是不可弥补的，因此必须增加以下的安全性措施。

1. 强化口令管理

必须通过口令进行身份的认证。

2. 增强访问控制

多级安全模型，通过对主体标志和客体标注，划分安全级别和范畴，实现系统对主、客体之间的访问关系进行强制性控制。

3. 三权分立

按最小授权原则分别授予系统管理员、安全员、审计员为完成各自的任务所需的最小权限。

4. 自防护

通过对用户口令的加密转换，确保用户不会绕过安全管理软件对数据库进行访问。

5. 加密存储

对敏感数据加密后存储。

4.4.2 数据库数据完整性

系统的数据是以集中式处理、统一管理的思想进行组织。数据库数据完整性是保证系统中数据正确、有效的基础。保证数据库的一致性和完整性可采取以下措施。

1. 充分利用大型关系数据库的优势

使用数据库一级的安全机制，例如完整性约束、唯一性约束、主键约束等，以避免绕过系统的非法性数据报送或更改；应用系统所有的业务将作为数据库系统的事务进行处理，以保证数据的一致性。

2. 数据关联关系

在应用程序设计中，采取必要的措施(如建立关联关系、触发器)确保关系复杂和重要数据的一致性和完整性。

3. 并发控制

控制多个用户同时访问同一数据。可采用“加锁”的方法来保护数据库中的相关表或数据，实现并发控制以及防止在进程之间发生破坏性相互影响的机制，保证数据的一致性和完整性。

4. 数据备份管理机制

保证备份数据的完整性需要建立详细的备份数据档案。

4.4.3　数据库安全管理

数据库安全管理是整个系统安全管理的重要组成部分，必须有一个完善的安全管理机制，才能确保系统的安全性和可靠性。不仅要杜绝外部用户的非法存取，而且要求对内部人员按用户身份管理存取权限，还要使系统具备尽可能详细的操作审计功能。系统的安全控制应相对高效，不能影响系统的日常事务处理。

数据库安全系统首先必须建立在一个安全可靠的物理支撑平台上，因此必须保证数据存储设备、磁带与磁盘备份、远程异地备份等手段。

另外，还必须有一支安全管理队伍和一套健全的数据库安全管理制度。只有这样，才能保证数据库的安全性。

4.4.4　数据备份与恢复

1. 备份策略

对系统数据的备份采用增量备份的策略，定期进行系统全备份。

2. 备份方式

采用本地备份和异地备份两种方式。本地备份是在各个中心设置数据备份系统，对系统数据库中的数据进行备份。可以采取灵活的数据备份方式，采用不同的存储介质进行备份。

4.5　应用数据安全设计

4.5.1　数据访问权限的安全性设计

对数据库中的对象(表、表中的列、索引、存储过程、视图等对象)，根据不同的业务处理要求，确定不同的系统用户角色，给予不同的用户对象不同的数据库访问权利。在给角色分配访问权利时，主要采用对“视图”访问的授权来实现，这样可以更准确地控制对数据库的访问，把对数据可能产生的破坏降到最低程度。

4.5.2　数据修改安全性设计

在具体应用数据库物理设计中，增加冗余表，在表一级增加数据合法性检查，在表与表之间建立参照完整性，从而减少非法修改数据的可能性。对于关键性的数据修改(如账户数据的修改)，只能通过授权的存储过程来进行，保证重要数据的安全性。

4.5.3　审计安全性设计

对用户在访问数据库时建立审计策略，通过审计，可以对数据库中所有对象所发生的变化作记录，分析审计记录，可以发现系统安全中的隐患。

4.5.4　数据和系统备份安全设计

安全可靠的网络数据备份系统不仅在网络系统发生硬件故障或人为失误时起保护作用，

也在入侵者非法授权访问或对网络攻击及破坏数据完整性时起到保护作用，同时也是系统灾难恢复的前提。因而在网络系统中建立安全可靠的网络数据备份系统是保证网络系统数据安全和网络可靠运行的必要手段。

网络系统的数据备份涉及两种类型的备份内容：网络系统中关键应用系统及运行操作系统的备份；网络系统中数据的备份。对于前者的备份恢复，由于应用系统稳定性较高，可采用一次性的全备份，以便当系统遭到任何程度的破坏时都可以方便快速地将原来的系统恢复出来。对于后者的备份，由于数据的不稳定性，可分别采用定期全备份、差分备份、按需备份和增量备份的策略，来保证数据的安全。在数据中心网络系统中配置数据备份系统，以实现本地关键系统和重要数据的备份。

4.5.5 容灾备份设计

除配置数据备份系统，实现本地关键系统和重要数据的备份外，为保证管理关键业务系统以及其他业务服务的稳定性与连续性，可以支持利用容灾恢复软件和设备通过网络实现异地系统和数据的备份及部分服务的冗余。当主中心发生灾难性事件时，由备份中心接管部分关键性业务。

备份中心必须满足以下条件：

（1）具备与主中心相似的网络和通信设置；

（2）具备业务应用运行的基本系统配置；

（3）具备稳定、高效的电信通路连接，确保数据的实时备份；

（4）具备日常维护条件；

（5）与主中心相距足够安全的距离。

4.5.6 安全审计设计

在利用防火墙、IDS 等安全产品本身的审计功能，以及操作系统的审计功能的同时，在网络系统中配置跨平台的综合审计系统，实现对网络系统的全方位集中安全审计。

支持基于 PKI 的应用审计，能在有策略配置的指导下实时或定时采集各信息系统产生的数据，并进行有效的转换和整合，以满足系统安全管理员的安全数据挖掘需求。支持基于 XML 的审计数据采集协议。提供灵活的自定义审计规则。

系统提供基于操作日志的审计功能。

4.6 管理层安全设计

数字化系统的安全除在各个层次上采取技术措施进行保障外，还应辅助强有力的管理手段进行更高层次的保证。采取的主要管理措施包括：

（1）制定并下发《管网工程输气干线管道工程信息化保密及惩罚措施的管理规定》，向各单位明确信息保密要求及相关管理措施；

（2）所有参建相关单位签署数据保密协议；

（3）建立信息安全保密制度，同时要求相关参建单位也建立信息安全保密制度，明确各单位主要领导为信息安全责任人；

（4）各相关参建单位项目部与采集涉密数据或具有系统权限的相关人员签订信息安全保密协议。

4.7　性 能 设 计

4.7.1　可操作性

1. 围绕业务设计功能以及流程

系统设计围绕实际天然气管道管理业务进行流程设计和功能规划，流程设计及操作说明用语完全符合实际工作习惯并遵循国家、省、市和行业规范，使系统使用人员不必耗费太多精力就能够清晰、明确了解如何通过系统完成个人工作。

同时整个系统在功能菜单及操作布局上，采用统一的风格及模式，有利于理解系统使用方法，降低学习和使用成本。

系统应从操作者的角度出发，为追求使用的方便性，系统应采用门户方式，设计功能区域和操作区域，形象而直观的图标和简便易用的功能菜单可让操作者轻松上手。登录成功后，进入系统首页面，首页面共分成三个区域：标题域、菜单域、功能页面。点击上方菜单域中的某个菜单，系统会新打开一个页面。

新开的功能页面共分成四个区域：标题域、菜单域、个人信息域、操作域。其中操作域为动态区域，其余三个区域为静态区域。所谓的动态区域是指，点击右边菜单域中的某个菜单，操作域中会新打开一个标签页，即可同时打开多个功能菜单。

多标签页：当打开一个或多个菜单功能时，菜单功能会以标签的形式显示出来，多次使用某个菜单功能时，直接点该标签即可。点击标签上的叉可以直接关掉当前页，也可以右击选择关闭标签页关掉当前页。可以通过右击关闭其他标签页关掉除当前标签页以外的其他所有标签页。

区域调整：可以通过点击区域和区域之间的小三角按钮，显示和隐藏静态区域，来调整动态区域的显示面积。另外将鼠标放置在区域与区域之间的边框上时，可根据鼠标显示变化进行拖拽，以调整各区域显示面积。

菜单域分为一级菜单域以及二级及以下级菜单域，点击一级菜单，二级菜单域会随之刷新，点击二级菜单，操作域会随之刷新。将鼠标放置在区域与区域之间的边框上时，可根据鼠标显示变化进行拖拽，以调整各区域显示面积。如果一级菜单域区域过小，显示不下的菜单可以转换成缩略图显示在一级菜单的最后一行。如果二级菜单域区域过小，可以出现滚动条。

另外，为了提高个人工作效率，软件系统提供的一些快捷功能，具有工作区域的菜单自定义功能，可以根据自己的工作内容和使用习惯自行配置，大幅提高了系统的可操作性和易用性。

2. 在线帮助和多媒体视频材料

系统除提供在线帮助文档之外，还应提供基于 FLASH 和流媒体格式的多媒体可视材料，在系统使用过程中，操作人员可直接通过帮助材料解决日常使用中遇到的问题。

同时提供完善的售后服务和应用实施支持，根据问题紧急程度可分别采用客服电话、邮件或即时通信软件，获取相应帮助。

3. 系统推广培训以及操作考核

在系统正式应用上线及应用推广之前，将根据系统用户范围及层次的不同，对参建各方分别制定详尽的“客户培训计划”，配合客户进行系统推广实施工作。

(1) 按照“先转变思想、后实际应用”的原则，培训以首先提高各相关单位的工程项目信息管理意识为目的，使系统建设的目的、作用与意义在参建各单位之间达成共识。

(2) 按照提前考虑、统一安排的原则，伴随施工进展情况，优先组织与当前工程进度紧密结合的相关培训。

(3) 按照开发进度及完成情况，进行相关系统的使用与管理维护培训。

(4) 根据客户的具体要求、参建单位分工和项目建设的实际情况，在工程全面开工前，组织参建单位集中进行系统培训；在工程进行中，根据工程进展情况，不定期地进行集中培训。

(5) 培训准备工作开始之前，将指定专人与用户联系培训的相关事宜，编写详细的《客户培训计划》，该计划经培训组确认通过后，转给用户审批，审批通过后，立即开始培训的准备工作。

(6) 在培训工作的准备阶段，根据用户培训需求确定培训技术范围并制定教材的大纲，填写《教材编写审批表》，并提交讨论，讨论通过后将最终的教材大纲提交用户审批，审批通过后，开始编写教材。编写后的培训教材经公司和用户审批通过后作为最终的培训用教材。

(7) 在培训过程中，培训讲师将向学员发放《客户培训征求意见表》，以便通过收集学员的意见改进培训工作。

(8) 在培训结束后，进行岗前考试，并根据学员的考试成绩发放《管网工程全生命周期管理系统上岗证》，未通过考试的学员可再进行辅导、补考，直至取得上岗证。

4.7.2 灵活性

1. 业务需求变化

通过对主流技术体系和架构的充分对比及分析，管网工程全生命周期管理系统采用 JavaEE 企业级架构，能够更好地应对工程管理信息化需求。

应用软件系统采用框架的结构设计方式和 SOA 架构，在划分功能模块的基础上保证系统底层采用统一的平台技术，结合数据库代理技术及数据访问层接口的封装，在技术层面上保证软件的可扩张性和开放型。应用软件系统框架如图 4-2 所示。

系统技术架构可分为七层，包括设施层、系统层、软件层、架构层、组件层、接口层和应用层，不同层次满足不同的系统建设目标和要求。

(1) 设施层　对硬件及网络进行合理规划和部署，构建一个强大、可扩展的基础硬件服务环境；

(2) 系统层　采用稳定、可靠、安全的操作系统，为信息系统提供基础、核心的操作系统平台；

（3）软件层　信息系统相关的第三方软件，包括数据库软件 Oracle11g、中间件软件 Tomcat 和工程计划进度编制软件 P6；

（4）架构层　采用 J2EE 体系架构，作为系统基础服务支撑架构，借助 J2EE 架构下的各类开发应用组件或者框架，能够对业务进行快速实现；

（5）组件层　对信息系统所依赖和需要的基础服务功能进行组件化封装，提高功能复用性；

（6）接口层　通过 Web Service 接口层，能够实现系统内以及系统外的信息交换和集成，使工程管理数据能够在整个信息管理范围内传递并交换；

（7）应用层　提供丰富并适应业务需求的系统功能，满足客户日常管理需要。

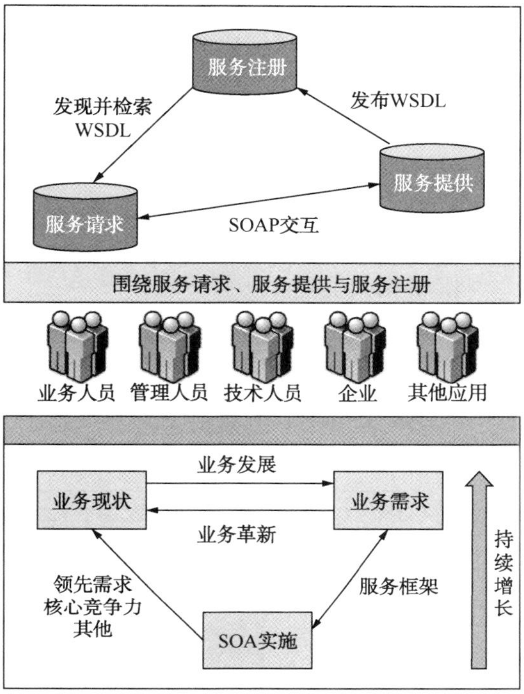

图 4-2　应用软件系统框架图

2. 业务流程变化

系统中涉及业务流程驱动模式的功能，均采用工作流技术，当现实中的业务管理模式发生变化时，可以透明化地对系统工作流程进行调整和变更，既不需要进行定制开发，也不需要对已发起的流程进行再流转。

通过简单固化流程对系统进行管理，很难适合中国国情和实际工作需要，很多情况信息系统反过来成为工作的负担和阻碍，这也是很多单位对上线的工程管理信息系统评价不高的一个非常重要的原因。因此，通过引进工作流引擎，为以工作流引擎为基础的工程流程管理系统提供了灵活的作业流程定制功能。通过灵活的流程模板自定义、灵活的流程流转设置、灵活的消息传递机制、灵活的跟踪反馈系统，实现管理流程灵活并可追溯，可以满足各种特殊情况的需要。

通过业务管理和工作流引擎相融合的应用创新，实现灵活的业务管理流程，改变了过去业务管理流程僵化固定、难以满足长期使用需要的短板。

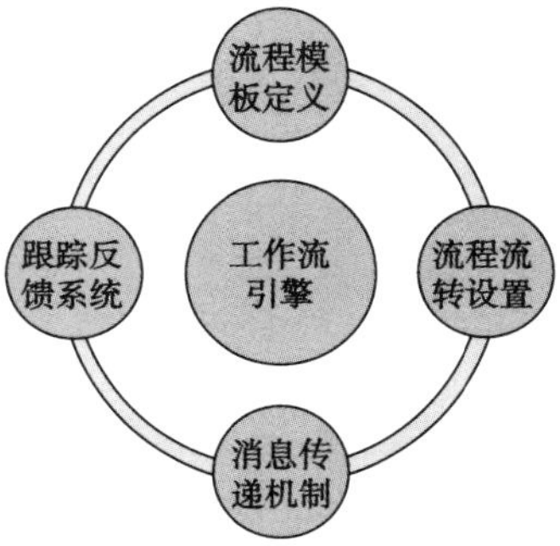

图 4-3　工作流应用示意图

工作流引擎提供的可视化流程定义工具，使用简单、灵活，利用用户能够理解的模式，进行业务梳理和描述，经过确认后，直接进行流程发布，即可应用到系统中，能够快速响应需求及业务流程的变化。工作流应用如图 4-3 所示。

3. 操作方式变化

在系统设计过程中，将业务功能划分为两类：流程类和数据类。流程类采用工作流技术实现，通过业务环节驱动流程流转；数据类利用数据表单实现数据提交和发布。在操作方式变化上同样分为多种情况：

（1）数据类与流程类操作重组　由于采用基于SOA的面向服务架构，后台的所有业务功能被封装为粒度较细化的可调用服务，服务又通过组合形成服务单元，在功能中通过调用服务单元实现基于系统的业务操作。当数据类与流程类的操作模式发生互换时，只需要对前端业务调用模式进行调整，即可满足操作方式变化需要。

（2）数据类功能操作模式重组　数据类功能通常提供两种操作方式，即在线表单填报方式和离线Excel模板批量填报方式，根据用户的使用习惯可以满足需要。在开发和应用过程中，还可根据需要进行快速改进。

4. 机构人员变化

在天然气管道业务管理过程中，会涉及组织机构、用户和岗位等，在系统实际应用过程中，会出现组织机构变化、人员变化和岗位变化等情况。可以通过系统提供的基础平台管理功能，应对各项变化后的组织机构、岗位职责调整。系统基础平台与人员交互如图4-4所示。

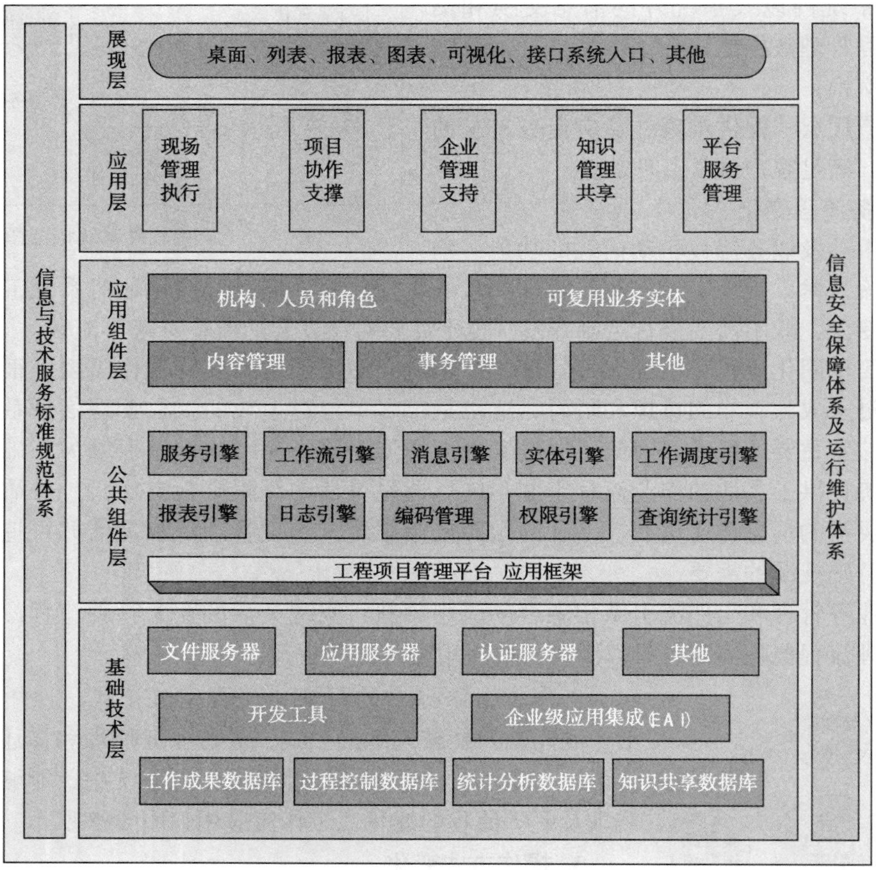

图4-4　系统基础平台与人员交互图

从图4-4可以看出，机构、人员和角色可以灵活进行配置管理。具体相关功能在系统基础平台管理子系统中实现，提供了对组织机构、人员、岗位及权限的管理和维护功能，通过配置和设置即可满足机构人员变化的需求。

5. 空间地点变化

管网工程全生命周期管理系统采用 B/S 与 C/S 混合架构模式，用户访问系统时可以使用系统自带的浏览器，也可以使用移动端系统客户端，在系统网络联通的情况下，即可登录系统，进行业务办理或数据填报。

B/S 架构的系统具有升级简单和访问便捷等诸多特点，目前在信息管理系统中基本上采用此架构，管网工程全生命周期管理系统使用 B/S 架构能够满足空间地点变化的需求。

在这种结构下，用户工作界面是通过 WWW 浏览器来实现的，极少部分事务逻辑在前端(Browser)实现，但是主要事务逻辑在服务器端(Server)实现，形成所谓三层(3-tier)结构。相对于 C/S 结构需要在使用者电脑上安装相应的操作软件来说，B/S 结构属于一种“瘦”客户端，大多数或主要的业务逻辑都存在服务器端。因此，B/S 结构的系统不需要安装客户端软件，它运行在客户端的浏览器之上，系统升级或维护时只需更新服务器端软件即可，这样就大大简化了客户端电脑载荷，减轻了系统维护与升级的成本和工作量，降低了用户的总体成本(TCO)。B/S 结构系统的产生为系统面对无限未知用户提供了可能。以目前的技术看，局域网建立 B/S 结构的网络应用，并通过 Internet/Intranet 模式下数据库应用，相对易于把握，成本也是较低的。它是一次性到位的开发，能实现不同的人员、从不同的地点、以不同的接入方式(比如 LAN、WAN、Internet/Intranet 等)访问和操作共同的数据库；它能有效地保护数据平台和管理访问权限，服务器数据库也很安全。特别是在 JAVA 这样的跨平台语言出现之后，B/S 架构管理软件更加方便、快捷、高效。B/S 架构系统结构如图 4-5 所示，具有以下特点：

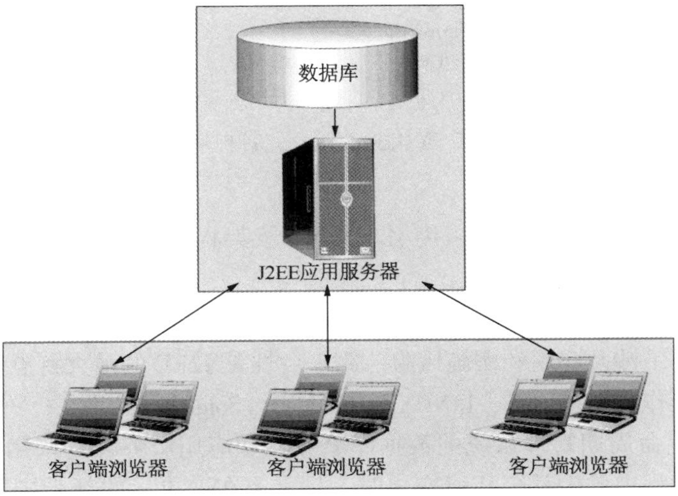

图 4-5 B/S 架构系统结构图

(1) 具有分布性特点，可以随时随地进行查询、浏览等业务处理；

(2) 业务扩展简单方便，通过增加网页即可增加服务器功能；

(3) 维护简单方便，只需要改变网页，即可实现所有用户的同步更新；

(4) 开发简单，共享性强。

另外系统采用 Web Service 和 XML 方式，彻底解决了空间地点变化和使用人员地点灵活不固定等问题。Web Service 是一种新的 Web 应用程序分支，它们是自包含、自描述、模块化的应用，可以发布、定位、通过 Web 调用。Web Service 可以执行从简单请求到复杂商务处理的任何功能。一旦部署以后，其他 Web Service 应用程序可以发现并调用它部署的服务。

Web Service 运用了 Web 网络技术和基于组件开发的精华成分。可以使用标准的互联网协议，如超文本传输协议(HTTP)和 XML，将功能纲领性地体现在互联网和企业内部网上。Web Service 扩展了像 DCOM、RMI、IIOP 等基于组件的对象模型，使之可以和简单对象访问协议(Simple Object Access Protocol，SOAP)以及 XML 通信，以根除特定对象模型协议带来的障碍。Web Service 交互过程如图 4-6 所示。

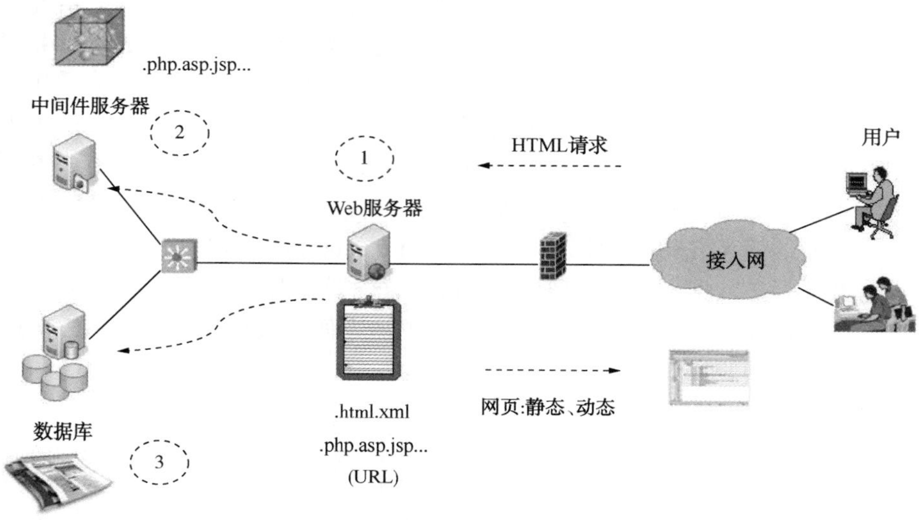

图 4-6　Web Service 交互过程示意图

6. 系统环境变化

管网工程全生命周期管理系统采用 J2EE 企业级架构，J2EE 架构最大的特点和优势在于其开放性和跨平台性。

开放性体现在当框架或者组件不能满足业务发展需要时，可以直接从源码角度进行框架和组件的调整，不涉及应用和实施风险。跨平台性是 J2EE 的最大特点和优势，可以支持目前主流的全部操作系统(UNIX、LINUX、Windows、Solari)。

管网工程全生命周期管理系统的数据库服务器和应用服务器均采用 LINUX 操作系统，当系统持续运行过程中发生系统环境变化时，只需要在变更后的新系统环境中安装相应的基础软件(ORACLE、Weblogic)，而无需进行任何代码调整和变更，即可直接部署管网工程全生命周期管理系统应用，实现系统环境的变化响应。

4.7.3　响应时间

1. 系统响应时间说明

管网工程全生命周期管理系统作为核心的业务管理系统，无论在数据查询还是在报表显示中，均需要具备较好的响应时间，此外还需制定系统优化策略和方案，以保证在今后一段时期内业务增长的情况下，系统仍具有较高的性能。针对管网工程全生命周期管理系统，系统应具备以下的响应时间：

（1）查询时间 一般性检索查询页面响应不超过 1s，一般性数据图表或者报表页面响应不超过 5s；

（2）批处理时间 针对批量数据填报或数据更新，一般性数据条目内(1000 条，信息字段 20 个以内)，页面响应不超过 5s。

为了满足此项需要，系统在设计过程中需要在硬件架构、软件架构和应用架构三个方面进行考虑。因此，在系统设计时，可采用先进的 J2EE 三(多)层体系架构、连接池、缓存、分页处理技术等技术手段，来解决业务的高并发用户和大数据量传输等问题。同时通过对系统的压力测试和性能测试，保证系统能够高效稳定运行。

（1）硬件架构 使用性能强大和可靠的基础硬件设施，包括服务器、存储阵列、网络交换设备以及周边各项配套设施。

（2）软件架构 这里的软件架构是指所采用的操作系统、应用软件等第三方基础软件。目前采用的 Linux、Windows Server 2008、Weblogic 均是业界最主流和常用的基础服务软件，在性能及可靠性上均可以满足需要。

（3）应用架构 在应用架构设计方面，为了提高数据的检索查询性能要求，大量采用连接池、缓存和分页等处理技术，满足多用户、多并发、大数据量情况下的系统操作响应要求。

系统应用架构如图 4-7 所示。

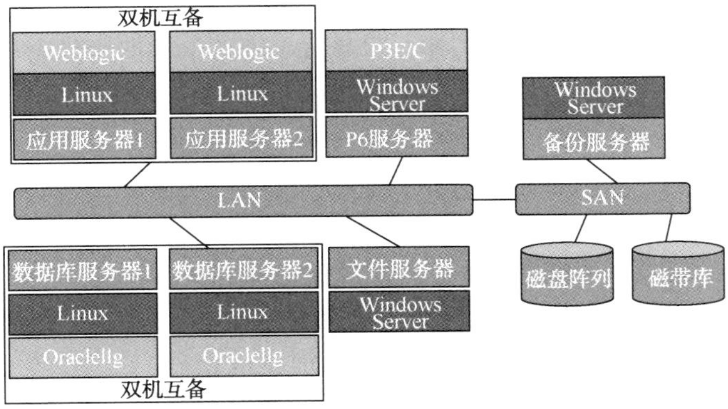

图 4-7 系统应用架构图

2. 系统优化策略和方案

系统优化策略和方案主要从并发性、可靠性、稳定性、系统优化策略等几个方面保证系统的响应时间。

1）并发性

（1）可支持采用双机集群；

（2）系统尽量避免使用需要同步来保证线程安全的资源；

（3）采用数据库连接池技术，使用商业应用服务器的连接池来管理数据库连接；

（4）选用支持缓存的数据访问层；

（5）合理利用 Cache 机制，在占用合理大小的系统内存前提下，把配置、参数和经常调用的类预先载入内存，使用了线程的预先启动合理数目的线程；

（6）考虑到日志十分频繁，日志可使用异步消息机制实现。

2）系统可靠性、稳定性

（1）考虑服务器在并发或出错等情况下可用，服务器端就要考虑集群和扩展；

（2）提供系统业务操作恢复容错处理，当操作员进行了错误操作时，可以恢复到错误操作前的状态；

（3）使用上下文和相对路径来访问文件；

（4）对数据库操作的大事务（如批量处理）设计跟踪标志处理；

（5）通过完备的日志处理，自动记录全部操作过程，可以方便地进行错误定位；

（6）提供数据备份方案；

（7）采用多服务器作负载均衡。

3）系统优化策略

在硬件和系统软件、服务器软件保证尽可能最优配置的前提下，系统设计时考虑以下优化策略和机制：

（1）Cache 机制：对配置数据、参数字典等在系统启动时载入内存，Action 在第一次调用时载入内存保持，以后调用从内存中取，不要每次都动态装载；

（2）分页机制：对数据量大的查询等操作可使用分页技术；

（3）对数据库操作的大事务（如批量处理）分解成合理的小事务，使整个事务执行时间降到最低；

（4）对大数据量的传输数据进行压缩，尽量减少网络上数据的传输量；

（5）对不需要立即返回结果的操作使用异步机制；

（6）采用值对象等设计模式，尽量减少客户端与服务器的交互次数；

（7）Session 中避免保持大数据对象；

（8）对 DataSource 等绑定在 JNDI 上的资源使用查找-缓存-重用机制；

（9）尽量采取措施减少系统运行时临时对象的生成；

（10）对需动态即时装载并实例化的类尽量定义为不可派生的 final 形式；

（11）对只供浏览的网页资源尽量避免动态即时生成；

（12）对基于配置动态产生的页面将在部署时生成静态网页；

（13）采用多服务器作负载均衡。

4.7.4 安全容错及保密性

1. 防止主机崩溃方法

（1）避免操作隐患　在系统中建立基于用户的访问控制机制，监视与记录每个用户操作（如通过登录过程），限制登录系统后的用户操作，避免因系统维护及管理等操作导致的主机异常；

（2）避免系统隐患　系统主机选择安全可靠的操作系统，采用“最小化适用性原则”，清理并关闭不需要的系统服务，不安装与应用无关的软件；

（3）避免硬件隐患　主机硬件等采用冗余架构，并建立定期巡检制度，能够在日常运行中主动发现隐患；

（4）避免环境隐患　在机房中设置电力、湿度和温度等调节设备，避免机房不符合主机运行环境要求所致的主机不稳定；

（5）避免安全隐患　及时安装系统安全补丁，利用系统漏洞扫描软件对服务器进行安全扫描，根据生成的安全状况评估报告制定或调整系统安全策略，保证主机设备的安全隐患降至最低。

2. 防治病毒方法

（1）部署防病毒软件　为了防止病毒在内部网络传播，防止病毒对系统和网络造成破坏，并定位感染的来源与类型，在网络中部署病毒防护系统，实现对网络病毒的预防、侦测、消毒和预警，以防止病毒对系统和关键文档数据的破坏；

（2）定期安装系统补丁　定期升级并更新操作系统安全补丁，为了确保补丁的安全性和可靠性，建议设置测试机进行补丁稳定性测试，确保补丁不会引起系统不稳定后，再对运行的生产环境操作系统进行升级。

3. 数据备份方法

数据备份主要采用 Oracle 数据库提供的专业数据备份工具 RMAN，进行数据库增量备份和全库备份。

备份策略：数据备份采用增量备份的策略，并定期进行全库备份；

备份方式：采用本地备份和异地备份两种方式。

数据备份过程如图 4-8 所示。

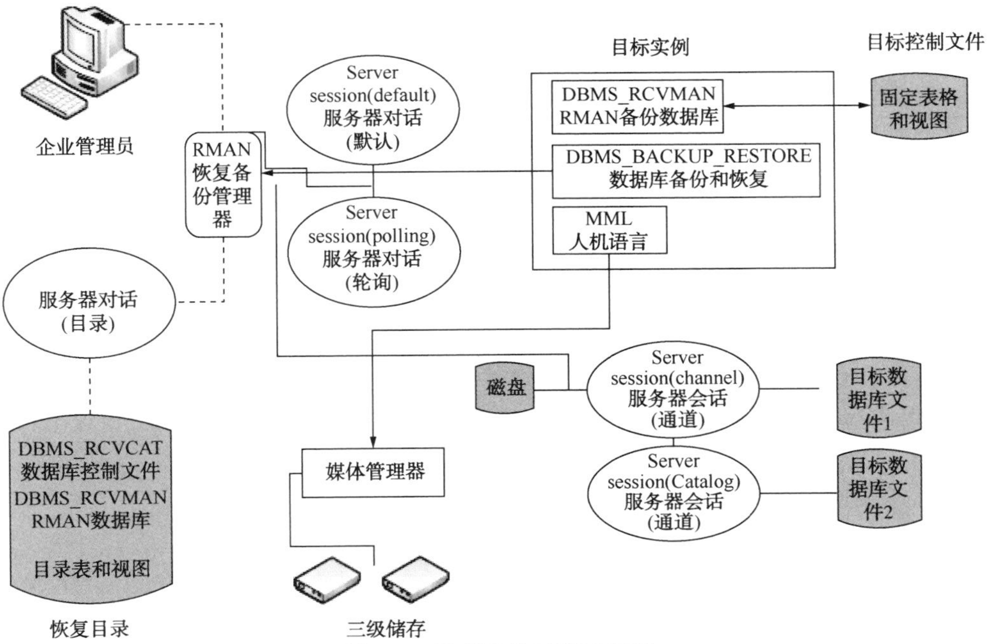

图 4-8　数据备份过程示意图

除配置数据备份系统，实现本地系统和重要数据的备份外，为保证业务系统以及其他业务服务的稳定性与连续性，还应利用容灾恢复软件和设备通过网络实现异地系统和数据的备份及部分服务的冗余。当主中心发生灾难性事件时，由备份中心接管部分关键性业务。数据恢复过程如图 4-9 所示。

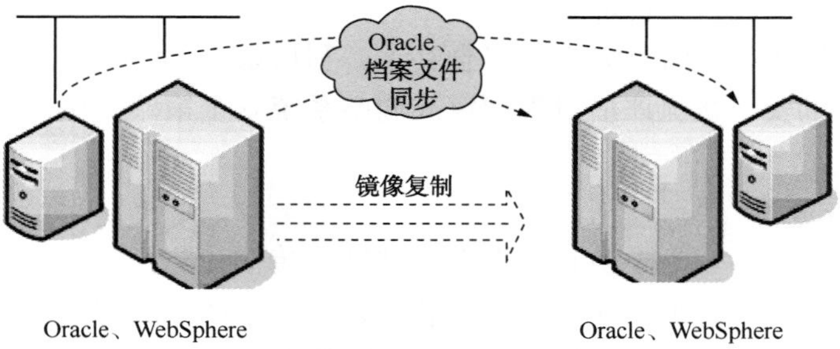

图 4-9　数据恢复过程示意图

备份中心必须满足以下条件：

（1）具备与主中心相似的网络和通信设置；

（2）具备业务应用运行的基本系统配置；

（3）具备稳定、高效的电信通路连接，确保数据的实时备份；

（4）具备日常维护条件；

（5）与主中心相距足够安全的距离。

4.7.5　网络的实用性、稳定性、安全性

1. 网络设施可用

对于数据中心局域网、业务用户访问网的网络基础设施如局域网主干交换机、广域网路由器、广域网线路、网络边界安全设备(如防火墙)等考虑采用冗余设计，以保证业务信息的可靠传输。网络基础设施部分已在网络系统设计中进行了考虑。

2. 网络安全检测

入侵监测是基于网络和系统的实时安全监控，运行于敏感数据需要保护的网络上，对来自内部和外部的非法入侵行为做到及时响应、告警和记录日志，可弥补防火墙的不足。

漏洞扫描是一种系统安全评估技术，可以测试和评价系统的安全性，并及时发现安全漏洞。具体包括网络模拟攻击、漏洞检测、报告服务进程、评测风险、提供安全建议和改进措施等功能。在数据中心局域网配置网络安全漏洞扫描软件，定期或不定期对一些关键设备和系统(网络、操作系统、主干交换机、路由器、重要服务器、防火墙和应用程序)进行漏洞扫描，对这些设备的安全情况进行评估，发现并报告系统存在的弱点和漏洞，评估安全风险，建议补救措施。

3. 网络安全防护

网络安全防护主要是在各安全域间建立有效的安全控制措施，使网间的访问具有可控性。

（1）VPN　管网工程全生命周期管理系统是信息化管理的重要内容，涉及管理业务的很多方面，很多操作要求必须在公司的广域网内进行，如果用户不在公司的广域网就不能

完成上述操作。为了解决这个问题，可采用合适的 VPN 解决方案，或者端口地址映射 NAT +DMZ 解决方案。

（2）防火墙　防火墙是基本的安全保障措施，它对所有进出企业网络或其他受保护网段的数据流进行访问控制。

（3）防病毒　系统运行环境复杂，网上用户数多，为防止系统平台受到来自多方面的病毒威胁，在业务专网上需要建立多层次的病毒防卫体系，配置病毒扫描引擎和病毒特征库数据的自动更新方式，实现对网络病毒的预防、侦测、消毒和预警，以防止病毒对系统和关键文档数据的破坏。

4.7.6　软件兼容性

软件兼容性主要包括操作系统兼容性、异构数据库兼容性、新旧数据转换、异种数据兼容性、应用软件兼容性、硬件兼容性等几个方面。

1. 操作系统兼容性

系统应采用 J2EE 平台，可以运行在所有主流操作系统平台上，如 UNIX、Linux、Windows 等，方便实现跨操作系统的移植和应用。系统兼容性如图 4-10 所示。

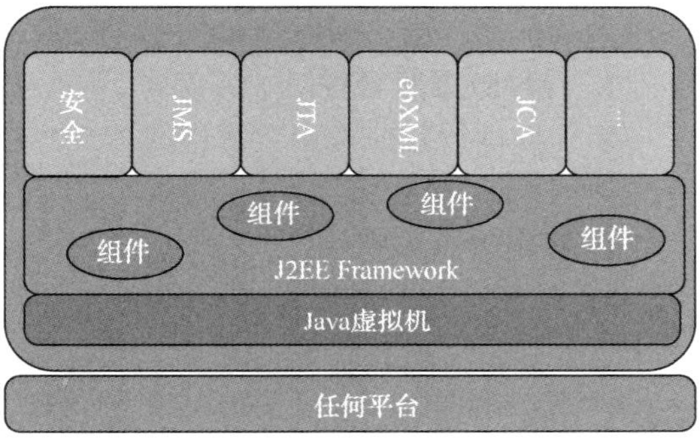

图 4-10　系统兼容性

2. 异构数据库兼容性

系统对不同数据库平台均具有支持能力，如从 ORACLE 平台替换到 SYBASE 平台，软件可直接挂接。应用软件系统采用框架的结构设计方式和 JAVA DATABASE CONNECTIVITY (JDBC)技术，在划分功能模块的基础上保证系统底层采用统一的平台技术，结合数据库代理技术及数据访问层接口的封装，在技术层次上保证软件的可扩张性和开放型。数据库兼容性如图 4-11 所示。

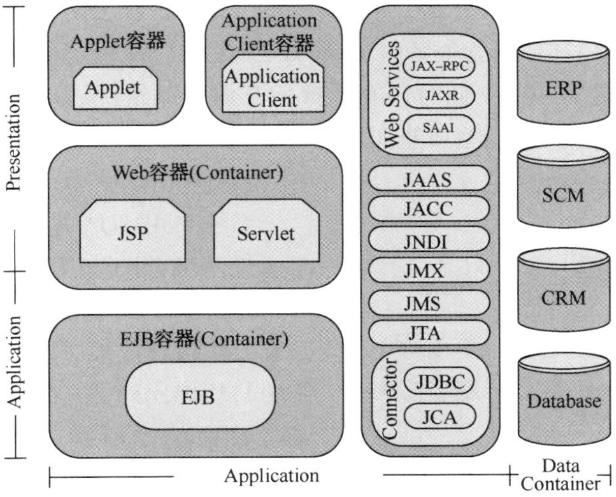

图 4-11　数据库兼容性

JDBC API 以一种统一的方式来对各种各样的数据库进行存取。与 ODBC 一样，JDBC 为开发人员隐藏了不同数据库的不同特性。另外，由于 JDBC 建立在 JAVA 的基础上，因此还提供了数据库存取的平台独立性。

JDBC 定义了 4 种不同的驱动程序，针对不同项目的特点进行选用，例如系统采用 JDBC-NETWORK BRIDGE(JDBC 网络桥驱动程序)，JDBC 网络桥驱动程序不再需要客户端数据库驱动程序，它使用网络上的中间服务器来存取数据库。这种应用使得以下技术的实现有了可能，这些技术包括负载均衡、连接缓冲池和数据缓存等。由于这种类型往往只需要相对更少的下载时间，具有平台独立性，而且不需要在客户端安装并取得控制权，所以很适合于 Internet 上的应用。

3. 新旧数据转换

系统支持新旧数据转换功能。当软件升级后，可以支持自动转化工具，如果定义了新的数据格式或文件格式，涉及对原来格式的支持及更新，原来用户的记录可以继承，在新的格式下依然可用，在转换过程中保持数据的完整性与正确性。

4. 异种数据兼容性

系统提供对其他常用数据格式的支持，如 CAD 格式。另外系统可以支持常用的 Office 等文件格式，支持文件的批量导入功能。

5. 应用软件兼容性

通过对主流技术体系和架构的充分对比及分析，管网工程全生命周期管理系统采用 J2EE 企业级架构+SOA 架构+ Web Service/XML，能够更好地应对工程管理信息化需求。

1）J2EE 企业级架构

在软件开发平台方面存在两大阵营，分别是 J2EE 和 . NET。这两个平台都是为了解决构建企业计算等大型平台而出现的。J2EE 和 . NET 两个平台都在安全性、扩展性、性能方面作出了努力，都提供了一系列的技术可供选择，两者均适合企业级系统的开发。J2EE 和 . NET 的差别在于 J2EE 是以 ORACLE(原 SUN)公司为首的若干公司组成的联盟所大力推广的，而 . NET 则是作为 J2EE 的竞争者由 Microsoft 开发的。从一定程度上来说，J2EE 平台更开放一些，支持厂商更多一些，同时还有大量的开源产品组件或应用开发包。因此系统通常采用 J2EE 框架，用于系统相关功能开发。

2）SOA 架构

系统采用 SOA 架构模型，它可以根据需求通过网络对松散耦合的粗粒度应用组件进行分布式部署、组合和使用。服务层是 SOA 的基础，可以直接被应用调用，从而有效控制系统中与软件代理交互的人为依赖性。SOA 架构策略如图 4-12 所示。

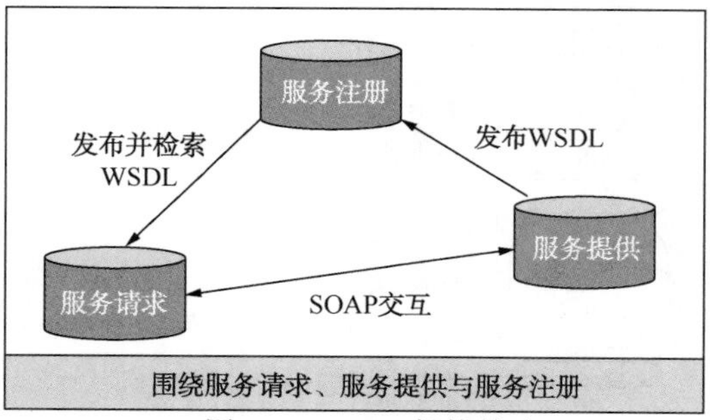

图 4-12　SOA 架构策略

SOA 架构具有以下优点：

（1）编码灵活性　可基于模块化的低层服

务，采用不同组合方式创建高层服务，从而实现重用，这些都体现了编码的灵活性。此外，由于服务使用者不直接访问服务提供者，这种服务实现方式本身也可以灵活使用。

（2）支持多种客户类型　借助精确定义的服务接口和对 XML、Web 服务标准的支持，可以支持多种客户类型，包括 PDA、手机等新型访问渠道。

（3）更易维护　服务提供者和服务使用者的松散耦合关系及对开放标准的采用确保了该特性的实现。

（4）更好的伸缩性　依靠服务设计、开发和部署所采用的架构模型实现伸缩性。服务提供者可以彼此独立调整，以满足服务需求。

（5）更高的可用性　该特性在服务提供者和服务使用者的松散耦合关系上得以体现。使用者无须了解提供者的实现细节，这样服务提供者就可以在 Web logic 集群环境中灵活部署，使用者可以被转接到可用的例程上。

（6）Web Service 和 XML　Web Service 是一种新的 Web 应用程序分支，它们是自包含、自描述、模块化的应用，可以发布、定位、通过 Web 调用。Web Service 可以执行从简单请求到复杂商务处理的任何功能。一旦部署以后，其他 Web Service 应用程序可以发现并调用它部署的服务。XML 是一种可以用来定义其他标记语言的语言，它被用来在不同的商务过程中共享数据。XML 的发展和 Java 是相互独立的，但是它和 Java 具有的相同目标正是平台独立性。通过将 Java 和 XML 的组合，可以得到一个完美的具有平台独立性的解决方案。

6. 硬件兼容性

软件系统采用 J2EE 架构，对运行的硬件环境无特殊要求，可以支持各种主流硬件服务器平台，如小型机、PC 服务器等。

7. 升级及扩展

软件在设计之初已充分考虑到系统的升级和扩展问题，而且 B/S 架构的系统具有升级简单和访问便捷等诸多特点，系统升级或维护时只需更新服务器端软件即可，这样就大大简化了客户端电脑载荷，减轻了系统维护与升级的成本和工作量，降低了用户的总体成本（TCO）。

4.8 集成设计

4.8.1 系统集成与设计原则

与其他系统如 SCADA 系统、管道 GIS 系统、巡线 GPS 系统、应急管理信息系统等应用系统对接。

1. 集成技术

根据系统学的观点，相同的组成部分如果具有不同结构，也构成不同的系统，表现不同的属性和性能。也就是说，系统各组成部分存在内在联系，这种联系直接影响系统的特性和功能。

对于信息系统而言，在相同的软件、硬件、网络设施上，采用不同组织方式，产生的性能和功能可能完全不同。例如采用星型、环型等不同的拓扑结构组建网络，网络的传输效率、容错性、稳定性等存在很大的差异，成为完全不同的网络系统。

信息系统组织方式是通过一定技术手段来实现的，这些技术就是所谓的集成技术。集成技术一直是系统集成的重要研究领域，没有合理的集成技术把信息系统各部分有机整合起来，它们只是一堆无用的设备和数据，不能完成用户任何需求，集成技术先进性对系统先进性具有重要影响。

综上所述，集成技术是系统集成的保障和手段。

2. 功能集成

所谓应用集成，是指系统集成需要深入了解用户的实际需求，协助用户进行系统可行性分析、需求分析、总体信息方案设计、网络设计及数据库组织管理等，对用户的需求重点、历史情况、行业特点及投资概算都需有一个完整的了解，并将这些信息有机地体现在系统集成方案中。从系统开发角度而言，应用集成是指实现由用户需求细化而形成的应用模块的整合。

在此基础上，对用户的具体需求进行抽象，最后形成具有独立意义的功能模块，各个功能模块提供不同功能。这些功能模块并不是完全独立的，它们之间还是存在数据、逻辑等方面的联系，只有集成起来才能够为用户提供良好的服务，甚至某些功能模块是建立在其他模块基础之上的，只有获取其他模块处理结果后才能够工作，如专题制图功能模块需要建立在视图、查询等基本功能模块的基础上。同时这些模块必须统一在友好方便的系统界面框架下，用户才能够很好地操作系统。

可以看出，应用集成从本质上而言是功能集成的进一步集成，可以将它归并到功能集成中。

综上所述，功能集成是系统满足用户需求的基础，是系统集成的目的。

3. 数据集成

数据是信息的载体，包括系统程序文件、网络协议、数据库、图形属性数据等。数据集成是把不同来源、格式、特点性质的数据在逻辑上或物理上有机地集中，从而为企业提供全面的数据共享。

4.8.2 与 SCADA 系统集成

全生命周期管理系统进入运营期，需要与 SCADA 系统之间进行数据交互，对于管道 SCADA 系统的数据访问问题，要采用标准程序语言开发一套独立的、运行于后台的循环采集应用程序组来解决此问题，称为数据支持程序，数据支持程序提供了多种方式的灵活接口。

与 SCADA 系统集成接口的结构如图 4-13 所示。

长输管道 SCADA 系统对外提供的数据访问接口方式，主要取决于 SCADA 系统平台、SCADA 系统规模、数据操作方式三个方面。针对上述三个方面因素的影响，形成了各种各样的数据访问方式。

在数据支持程序中推荐近年来最常用的三种主要方式：

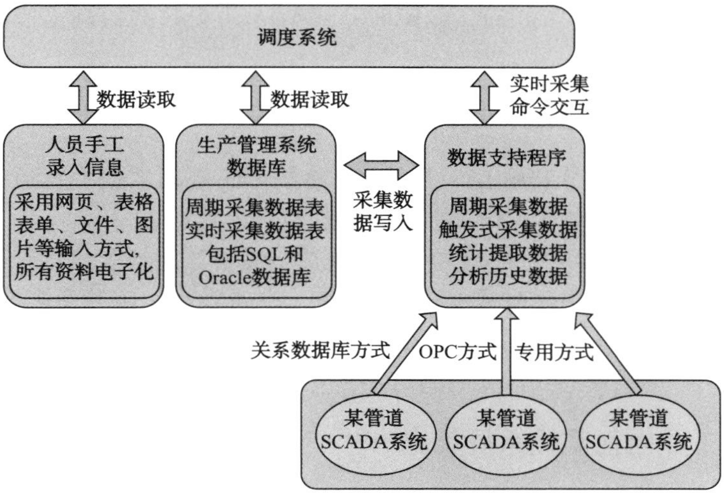

图 4-13　与 SCADA 系统集成接口

（1）关系数据库方式　大规模长输管道的 SCADA 系统，通常会配置一个关系数据库，如 SQLServer 作为第三方程序的数据访问接口。SCADA 系统程序将自己采集的实时数据保存或者导出到关系数据库中，第三方程序通过对关系数据库的访问来实现对 SCADA 系统的数据访问。此方式的缺点在于一般仅支持读数据操作；优点是具有高效、稳定、对 SCADA 系统影响最小的特点，适用于大规模长输管道。

（2）OPC 方式　作为当前工控领域的标准和主流的通信方式，OPC 支持数据、历史数据、事件和报警的交互，同时 OPC 支持同步、异步的访问方式，提高了数据访问的效率和实时性，并支持数据读写操作。其缺点在于数据量不能太大，稳定性不如关系数据库方式，对 SCADA 系统的性能有一定影响；优点是接口统一，标准统一，数据实时性好。

（3）专用方式　一般的 SCADA 系统平台都具有自己独特的、自定义的数据访问方式，如数据访问组件、数据访问动态库等。使用专用接口访问 SCADA 系统效率最高，但系统开发、拓展和维护复杂。

全生命周期管理系统使用关系型数据库方式，满足 SCADA 系统数据外传需要，按照 SCADA 系统配置的循环采集时间，通过相应数据访问接口，周期性地实现管道运行控制参数的采集，并将其保存到系统数据库周期采集数据表中。数据支持程序还实时响应调度系统的命令信息(触发方式)，实时采集管道运行控制参数，保存到系统数据库实时采集数据表中，并向调度系统返回采集完成信息。

独立的数据支持程序可以极大提高系统稳定性、效率和灵活性，具有以下特点：

（1）实现了在全生命周期管理系统和 SCADA 系统之间的缓冲，将两个系统的影响最小化，保持了本系统和 SCADA 系统稳定性。

（2）提高了本系统的灵活性，向系统中加入新的调度管道时，本系统和 SCADA 系统均可在线实现。

（3）周期和实时数据采集相结合，提高整个系统的性能和效率。

（4）使得 SCADA 数据浏览功能在本系统中保持一定的独立性，保证了系统其他功能的稳定运行。在 SCADA 系统异常或通信故障时，SCADA 历史数据的浏览依然不受影响，提高了系统的稳定性。

4.8.3 与管道 GIS 系统、巡线系统集成

全生命周期管理系统充分利用 GIS 平台中已有的 GIS 基础数据和管道设施数据，并在平台上进行同步更新、显示管道 GIS 系统中的关注点标绘信息。

系统同时集成 GPS 巡线系统的巡线时间、人员、设备、路径等信息，可按多种方式进行查询检索，并在 GIS 图形中实时展示，提供超速、越界监测、报警功能。

用户可在三维可视化场景中标绘巡线过程中的异常事件及相关信息，查询并回放巡线历史记录，进行模拟巡线及巡线计划的制定。

4.8.4 与工业电视监控系统集成

用户在可视化平台中打开某一视频设备时，不仅可以弹出窗口实时显示现场工业电视监控系统的视频画面，还可以根据该视频设备的云台参数，模拟显示与视频监控相应范围和内容的三维全息画面，使用户可以将视频画面与三维全息场景进行比对。这种三维全息窗口显示的优点在于：在应急状态时，摄像头仅能在有限角度内观看，且由于灾害现场的客观条件(可能是视频监控设备损坏、烟雾遮盖、网络物理断开等情况)导致实时视频信息无法显示清楚，用户可以通过三维全息窗口 360°旋转查看，了解灾害现场的环境、设备等情况，为应急救援提供信息。

工业电视监控系统可通过 OCX 控件的方式进行集成。嵌入用户控件 OCX 是一种具有特殊用途的程序，它由在微软 Windows 系统中运行的应用软件所创建。OCX 提供操作滚动条移动和视窗恢复尺寸的功能。该系统的集成需要定义出统一的 OCX 接口和数据格式，由工业电视监控系统开发商提供 OCX，视频的采集、数据编码、网络通信、数据解码、视频显示工作均由工业电视监控系统开发商承担，通过调用 OCX 与本系统进行集成。

系统集成实施的前提条件是必须提前添加所有摄像头的信息，比如名称、位置、类型、编号等，这些信息需要和工业电视监控系统的数据一致，例如工业电视监控系统中摄像头的编号必须和全生命周期管理系统的一一对应，并且保证 OCX 控件接口统一，数据格式正确。

第 5 章　全生命周期数据中心建设

5.1　总 体 思 路

在管道全生命周期数据中心设计中，将其划分为“广义”和“狭义”两个概念。广义的管道全生命周期数据中心涵盖了管道全生命周期过程中产生的绝大部分数据，既包含管道静态数据也包含业务动态数据，既包含操作运行数据也包含管理分析数据。狭义的管道全生命周期数据中心关注的是管道全生命周期过程中产生的成果数据，管理对象是各阶段的成果交付物，业务活动是产生这些数据的来源。管道全生命周期数据中心业务逻辑框架如图 5-1 所示。

管道全生命周期数据中心包含三个重要概念：

（1）实物　数据的载体，所有的结构和非结构化数据都要挂接到某一个具体的实物下；

（2）业务活动　是产生数据的驱动要素，业务活动的结果即为各类数据；

（3）时间　推动管道全生命周期的实施，将管道各阶段的业务活动和数据进行串接。

管道全生命周期数据中心将管道本体及周边环境这一“实物”作为基本载体，以管道从规划建设到投产运行直至运维报废各个阶段的“业务活动”为驱动要素，建立统一的管道数据模型，并以管道全生命周期的进展为“时间轴”，将业务活动的成果物逐项加载到管道“实物”上，搭建天然气长输管道的全生命周期数据库，实现管道从规划到报废的全资产、全过程、全业务的数据资产的集中存储、集中传输、集中交换、统一信息化管理。

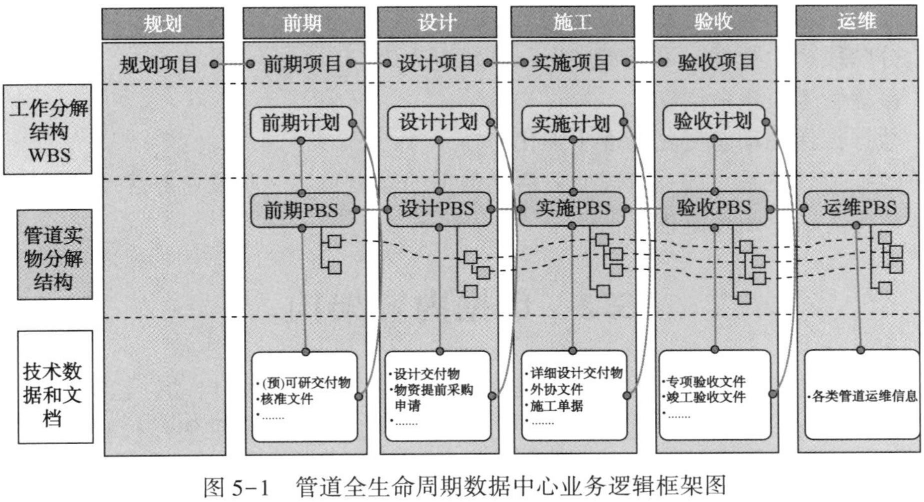

图 5-1　管道全生命周期数据中心业务逻辑框架图

基于以上理念的管道全生命周期数据的统一管理，需要将管道在规划、设计、施工、验收、运维等各阶段的“实物”结构进行分解，以 PBS 结构为核心来管理各阶段的各类工程数据，实现同类数据在各阶段各业务板块的可追溯性。并以其为核心进行业务梳理、工作任务分解，清晰定义管道在全生命周期过程中产生的各类技术数据和文档资料，从而形成相关数据模型和标准规范，规范各个阶段的过程管理、明确数据采集范围。以 PBS 为核心的数据采集如图 5-2 所示。

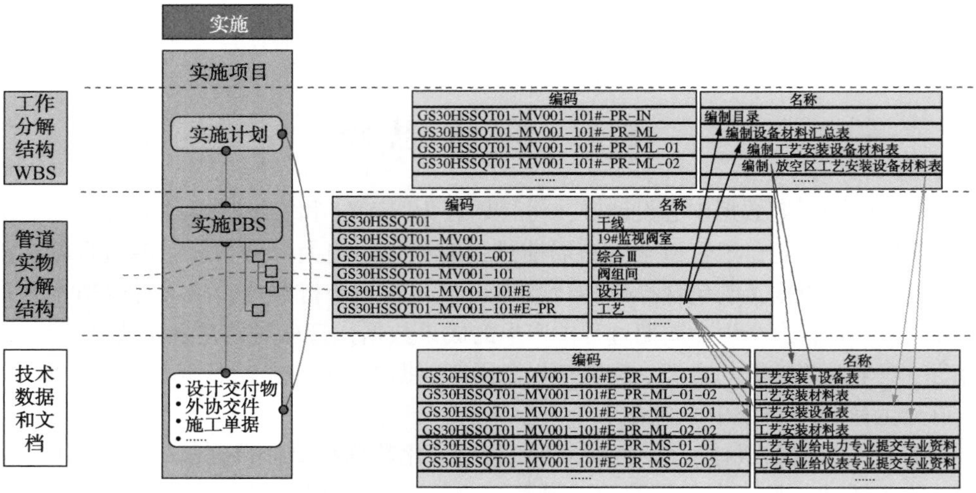

图 5-2　以 PBS 为核心的数据采集示意图

在项目生命周期过程中，PBS 对应某个实施计划，每个实施计划产生一个或多个业务活动，每个业务活动的最终成果表现为技术数据和过程文档。技术数据和文档需按照全生命周期管理的要求进行采集。

建设完成的管道全生命周期数据中心要求具备以下数字化管理特点：

（1）以管道“实物”为数据的基本载体；

（2）业务驱动，数据是业务活动的产物；

（3）分阶段产生数据，谁负责产生，谁负责入库；

（4）覆盖管道全生命周期；

（5）数据传递和动态变化、逐步细化；

（6）数据依赖关系，前一阶段业务活动数据的输出是后一阶段业务活动的输入；

（7）整体为一个闭环流程。

5.2　数据内容架构

管道全生命周期数据中心的建设需要在管道工程施工开始前启动，它将管道工程建设过程中产生的各类技术数据、文档资料、三维模型数据同步进行采集、校验、整合、入库，并实现当前工程建设阶段的数据业务应用与运营阶段间管道数据成果的有效传递与共享，进入运营期后持续支撑业务活动与生产运行。

依照管道全生命周期的发展阶段，结合重点业务需求进行了管道全生命周期数据中心的内容划分，形成的管道智能化建设数据内容架构如图 5-3 所示。设计阶段包含线路设计和场站设计，并以数字化移交的形式形成阶段成果；施工阶段主要包括采购、施工建设以及投产试运行；运维阶段主要是完整性管理、天然气调运、应急管理、天然气营销等业务内容。

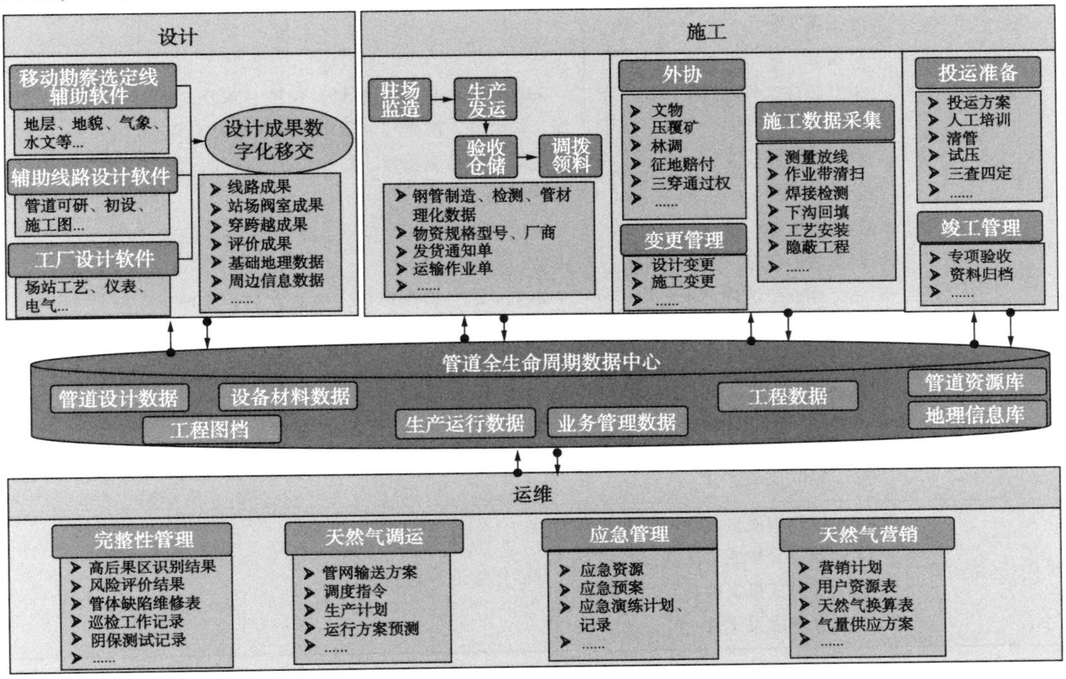

图 5-3 管道智能化建设数据内容架构图

建设管道全生命周期数据中心所对应的数据源如表 5-1 所示。

表 5-1 管道全生命周期数据中心数据源

序号	建设阶段	文档成果	数据成果	三维模型
1	（规划）前期阶段	项目规划报告 （预）可研文件相关内容 专项评价报告及批复意见 地方政府批文和各种协议 核准要件等	规划数据：项目名称、输送介质、起点、终点、长度、管径、设计规模、投资 可研数据：管段名称、管容、气象、水文、所经行政区划、线路困难段、环境敏感点、线路纵断面、线路地貌区划、线路工程地质 管材数据：管材等级、设计压力、管壁厚度等	
2	设计阶段	踏勘调研资料 勘察测量资料 总体设计文件及批复意见 基础设计文件及批复意见 技术规格 数据单 外协成果要件 详细勘察测量资料 详细设计文件等	设计数据：线路起始桩号、结束桩号、起始里程、结束里程、管线长度、线路控制点等	三维站场模型、三维管道模型、三维图元模型

续表

序号	建设阶段	文档成果	数据成果	三维模型
3	施工阶段	施工图文件 材料表 采办招标文件/合同 质量证明 材料试验报告 管交货清单 到货验收单 测量放线记录 施工作业带清理记录 管沟开挖记录 防腐管布管记录 焊接记录等	采办数据：管号、重量、长度、规格、钢级、炉批号、防腐号、生产厂商、生产日期、制造国别、防腐类型、防腐级别、防腐厂家、防腐日期 施工数据：施工单位、施工机组、施工人员 施工日期、检测单位、检测人员、监理单位、监理人员、施工过程采集成果等	三维站场模型、三维管道模型、三维图元模型
4	验收阶段	专项验收成果文件 竣工验收成果文件	竣工测量成果数据	
5	运维阶段	完整性管理成果文件 生产运行管理成果文件 管道保护成果文件 应急管理成果文件	智能化管道采集数据	

5.3 数据编码

经前期工作调研，集团级企业目前存在设计编码、工程建设数据编码、物资采购编码、设备资产编码、智能化管线编码共五套相关编码体系，因各编码体系针对的业务管理侧重点不同，各编码体系在编码体系工作分解结构上、业务管理颗粒度上有所不同。以集团级标准与智能化管线标准编码体系进行对比为例，具体如表 5-2 所示。

表 5-2　天然气分公司标准与智能化管线标准编码体系对比

天然气分公司标准				智能化管线			
名称	层次	表示方式	说　明	名称	层次	表示方式	说　明
集团公司	1	1 位英文字母	代码为 G	集团公司	1	3 位固定字符	“CNP”
专业公司	2	4 位字符组成	如天然气分公司代码为 41804180	企业	2	4 位数字编码	根据 ERP 企业 4 位数字编码
介质	3	2 位英文字母	如天然气介质的代码为 GS	管线分类	3	1 位数字	1－长输管线、2－厂际管线、3－厂内管线
阶段	4	1 位数字，步长为 1	如项目实施阶段的代码为 4	管线输送介质	4	6 位数字	根据中国石化总部标准化平台物料编码

续表

天然气分公司标准				智能化管线			
名称	层次	表示方式	说明	名称	层次	表示方式	说明
项目+子项目	5	项目4位字符 子项目3位字符	项目：由2位字符+2位数字组成 子项目：由1位字母+2位数字	顺序码	5	6位流水码	从“000001”开始
项目单元	6	5位字符	前2位是字符，后3位是数字，其中的3位数字为流水号				
功能区	7	3位字符	站场功能区为：3位数字；其他功能区为：1位字符+2位数字				
专业项	8	专业项：1位业务类别+2位字符	如勘察设计线路专业的代码为E+PL				
作业项	9	2位字符	如绘制图纸的代码为DM				

1. 从层级上，中国石化天然气分公司标准共九个层级，智能化管线标准是五个层级。
2. 从层级编码上，集团公司代码，天然气分公司标准由1位字符组成，智能化管线由3位字符组成

为解决管道建设期与运营期的数据对齐和数据源统一问题，初步考虑在工程建设阶段依据《天然气长输管道全生命周期数字化实施标准》的编码体系，进行工程建设期数据采集、入库；在运营期依据智能化管线的编码体系进行数据的采集、入库；在全生命周期数据编码体系中，将通过编码映射的方式，实现设计期编码与工程建设期编码、工程建设期编码与运营期编码，以及各阶段编码与物资采购编码、资产编码的数据对齐。编码映射过程中需要对五种编码体系进行充分的识别分析，首先保障工程建设期编码规则中对象划分的兼容性，以便与后续各类业务编码对接，而后逐步建立编码映射对各项业务数据的关系进行延续。

鉴于以上编码体系大多由中国石化总部相关部门发布，并且编码映射过程涵盖信息面较广，所以具体实施工作需要在中国石油总部相关成果基础上开展。

5.4 数据标准

管道全生命周期数据中心是一个系统工程，数据标准规范的建设在其中起到至关重要的作用。

管道数据中心建设旨在实现管道工程全生命周期的数据资源的贯通及深化业务应用。通过制定管道全生命周期的数据标准，打破传统管道工程建设各阶段之间的信息壁垒，实现管道工程建设全生命周期数据中心建设的标准化管理。

在管道的前期调研工作中，针对数据标准规范工作进行了大量的对标工作，选定以《天然气长输管道全生命周期数字化实施标准》(简称“天然气分公司标准”)与《智能管线管理系

统数据标准》(简称“智能化管道标准”)为基础，结合管道的项目特点与业务管理需求，实施管道数据标准建设，涉及的内容包括文件清单、数据采集规定、采集模板以及数据编码。

在天然气分公司标准与智能化管道标准的对比工作中共针对管道中心线、管道本体、附属设施、站场设备设施、周边环境五类数据共八十一项数据内容进行了对比，具体如表5-3所示。

表5-3 智能化管道数据采集成果与全生命周期数据采集成果对比表

智能化管道分类	序号	智能化管道采集表	全生命周期数据分类	全生命周期数据采集表
管道中心线	1	中线成果点	线路部分	中心线控制点(施工)
	2	埋深	线路部分	中心线控制点(施工)
	3	站场	基础信息	站场阀室(施工)
	4	阀室	基础信息	站场阀室(施工)
	5	站场边界		施工图设计
管道本体	1	钢管	材料部分	管材(采办)
	2	焊缝	线路部分	焊口(施工)
	3	弯头	线路部分	冷弯管预制(施工)
	4	套管		
	5	三通	工艺站场部分	三通(施工)
	6	防腐层	防腐、保温和阴极保护	防腐(施工图)
	7	保温层	线路部分	保温(施工)
	8	开孔		
	9	焊缝补口	线路部分	防腐补口(施工)
	10	排凝管		
	11	异径管		
	12	阀	工艺站场部分	阀门(施工)
	13	管线基本信息表	基础信息	管线(施工)
	14	管道连接方式		
	15	管网	基础信息	管道工程(施工)
	16	绝缘接头	工艺站场部分	绝缘接头(施工)
附属设施	1	桩		标志桩(施工)
	2	穿跨越	穿跨越部分	河流大中型开挖穿越(施工) 河流大中型定向钻穿越(施工) 河流大中型跨越(施工) 光缆单独穿跨越(施工)
	3	隧道	穿跨越部分	河流大中型隧道穿越(施工) 山体隧道穿越(施工)
	4	其他穿跨越	线路部分	小型穿跨越(施工)
	5	水工保护点	线路部分	水工保护(施工)
	6	线状水工保护	线路部分	水工保护(施工)
	7	面状水工保护	线路部分	水工保护(施工)
	8	埋地标识	线路部分	警示牌(施工)

续表

智能化管道分类	序号	智能化管道采集表	全生命周期数据分类	全生命周期数据采集表
附属设施	9	封堵物		
	10	放压线		
	11	附属物	线路部分	线路附属物(施工)
	12	预留甩头		
	13	高点放空		
站场设备设施	1	流量计	自动控制	流量计(FG)(施工)
	2	清管器收发球装置	机械部分	清管器收发球装置(施工)
	3	放空立管	机械部分	放空立管(施工)
	4	放空火炬	机械部分	放空火炬(施工)
	5	过滤器	机械部分	过滤器(施工)
	6	立式储罐		
	7	埋地罐	机械部分	埋地罐(施工)
	8	消防水罐	机械部分	消防水罐(施工)
	9	换热器	机械部分	换热器(施工)
	10	压力容器	机械部分	压力容器(施工)
	11	汇气管	机械部分	汇气管信息(采办)
	12	加热炉	机械部分	加热炉(施工)
	13	起重机	机械部分	起重机(施工)
	14	泵	消防部分	消防泵(采办) 稳压泵(采办)
	15	泵电机	消防部分	泵柴油机(采办)
	16	压缩机	工艺站场部分	压缩机(采办)
	17	压缩机电机	工艺站场部分	压缩机电机(采办)
	18	压缩机燃气机	工艺站场部分	压缩机燃气轮机(采办)
	19	空气冷却器	工艺站场部分	空气冷却器(采办)
	20	空气压缩机	工艺站场部分	空气压缩机(采办)
	21	电加热器	工艺站场部分	电加热器(采办)
	22	消气器		
	23	工艺管线	工艺站场部分	工艺管段(施工)
	24	压力(差压)变送器	自动控制	压力变送器(PT)(施工)
	25	收发球筒		
	26	拱顶罐		
	27	内浮顶罐		
	28	电机	消防部分	消防电机(采办)
	29	阀门	工艺站场部分	阀门(施工)
	30	阀门执行机构	消防部分	执行机构(采办)
	31	液位计	自动控制	液位计(LG)(施工)
	32	密度计		

续表

智能化管道分类	序号	智能化管道采集表	全生命周期数据分类	全生命周期数据采集表
沿线周边环境	1	单户居民	周边环境数据	单户居民
	2	政府单位		村委会、乡镇政府所在地
	3	重大危险源		重大危险源
	4	环境监测单位		环境监测单位
	5	自然保护区		自然保护区
	6	密集居民区		密集居民区
	7	敏感目标		敏感目标
	8	水体		基础地理环境
	9	第三方管道		小型穿跨越(施工)
	10	维抢修队伍		
	11	社会专业应急救援队伍		社会专业应急救援队伍
	12	沿线抢险资源		沿线抢险资源
	13	消防单位		消防救援队伍
	14	医院		医疗救护机构
	15	公安单位		公安、交警队伍

通过前期的调研与对比分析，管道的数据标准建设过程中预计需要解决两类问题：

（1）编码体系不一致　在“5.3 数据编码”一节中进行了说明，并根据现状提出了针对性的解决方法与建议。

（2）数据项不完全对应　由于设计阶段、施工阶段与运营阶段管理的侧重点不同，各个阶段的数据对象管理的数据项有所不同，同时存在跨阶段数据之间的一对多或多对多的情况。

针对不同数据标准之间的差异性，经过数据对比分析，管道拟通过映射规则解决不同数据标准之间的差异性，实现两套标准的对接；并结合管道建设实际，建设一套适用性更强、完整性更高的数据采集、数据交换、数据管理的标准体系。

映射规则不是简单的对应关系，根据实际迁移的源和目的结构，还可能包含字段的拆分、合并等。对于用实体关系模型表达的数据模型而言，映射体现在实体层面和属性层面。

（1）实体映射　按数据模型中实体的属性来源和拆分的情况，源表和目的表在数量上可分为一对一映射、一对多映射、多对一映射、多对多映射。

（2）字段映射　关系可分为 3 种，即直接映射、主键映射和外键映射。其中：主键映射是为了保证原始数据库中主、外键约束在专题字库中被保留；外键映射是保证专题字库中外键字段能够从原始数据库表中对应字段正确迁移；直接映射就是专业库表中的字段直接映射到数据模型表中的字段上，不发生拆分、合并等运算。

（3）类型映射　数据类型在不同的实现方法当中存在不同的具体表达，类型映射的两端可能是该实现方法下的一个数据类型，也可能是一个数据类型加格式约束。

在充分依托现有的天然气分公司标准和智能化管道标准的基础上，管道通过映射规则可解决两个标准的对接问题。然而，天然气分公司标准与智能化管道目前仍在试用过程中，还需不断完善，如在全生命周期数据中心建设中，天然气分公司标准与智能化管道标准目前发布的版本缺少对可研阶段的数据标准要求，缺少施工过程中专项验收数据的标准要求等。管道仍需结合建设实际，对现有标准进行不断补充完善，最终形成一套应用于管道全生命周期的数据标准。该标准主要涵盖内容如表 5-4 所示。

表 5-4　管道数据标准列表

序号	分　类	文件清单	状　态
1	数据清单	天然气管道工程可研文件清单	无
2		天然气管道工程项目核准文件清单	无
3		天然气管道工程初步设计文件清单	初稿
4		天然气管道工程施工图文件清单	初稿
5		天然气管道工程供应商文件清单	初稿
6		天然气管道工程采办文件清单	初稿
7		天然气管道工程施工交付文件清单	初稿
8		天然气管道工程总承包商项目管理文件清单	无
9		天然气管道工程监理文件清单	初稿
10		天然气管道工程专项验收文件清单	无
11		天然气管道工程竣工验收文件清单	无
12		天然气管道工程投产试运行文件清单	无
13		天然气管道工程外协手续与协议文件清单	无
14	数据规定	天然气管道工程可研数据规定	初稿
15		环境影响评价结构化数据规定	初稿
16		安全预评价结构化数据规定	初稿
17		地震安全性评价结构化数据规定	初稿
18		地质灾害危险性评估结构化数据规定	初稿
19		水土保持评价结构化数据规定	初稿
20		职业病危害预评价结构化数据规定	初稿
21		压覆矿产资源评估结构化数据规定	初稿
22		文物调查结构化数据规定	初稿
23		防洪评价结构化数据规定	初稿
24		林业调查结构化数据规定	初稿
25		水利调查评价结构化数据规定	初稿
26		天然气管道工程勘察数据规定	初稿
27		天然气管道工程测量数据规定	初稿
28		天然气管道工程初步设计数据规定	初稿
29		天然气管道工程施工图设计数据规定	初稿
30		天然气管道工程物资采办数据规定	初稿
31		天然气管道工程施工数据规定	初稿
32		天然气管道工程竣工测量数据规定	初稿
33		天然气管道工程专项验收结构化数据规定	无
34		天然气管道工程运营数据规定	无
35	数据采集模板	设计阶段数据采集模板	无
36		施工阶段数据采集模板	2015 年版本
37		运营阶段数据采集模板	智能化管线 1.3 版本
38	编码体系	天然气管道工程项目工作分解结构编码规则	初稿

5.5 数据资源建设

数字化建设数据标准先行，管道项目采集数据量大、类型多，在数据资源建设方面将主要依据数据标准和数据采集规范，数据资源建设将在两个相关标准识别的前提下进行适当的调整与扩充。

5.5.1 基础地理及环境专题数据

管道周边的基础地理及环境专题数据是管道周边地理环境的数字化表达，是空间可视化和空间分析的数据基础。

基础地理信息数据库是对管道周边的基础地理数据进行管理，由 DOM、DEM、DLG 叠加而成，其中 DOM 为数字正射影像图，DEM 为数字高程模型，DLG 为数字线划图。数据内容主要包括管线及站场周边的测量控制点、地形、地貌、位置坐标、等高线、植被、建构筑物、水文、地质、道路、铁路、各种公用工程管线、山脉、边坡、河流、湖泊、行政区划与地界的历史记录等。管道基础地理数据内容如表 5-5 所示。

表 5-5 基础地理数据表

<table>
<tr><th>序号</th><th>数据种类</th><th>范　围</th><th>采集阶段</th><th>数据应用</th></tr>
<tr><td>1</td><td>2.5m 分辨率
(DOM)</td><td>管道两侧各 15km</td><td rowspan="2">可行性研究</td><td rowspan="2">1. 满足可行性研究的需要
2. 可研数字化移交的数据基础，满足基础设计招标需要
3. 与管道本体不直接相关的应急资源管理等的数据基础</td></tr>
<tr><td>2</td><td>30m 格网间距
(DEM)</td><td>管道两侧各 15km</td></tr>
<tr><td>3</td><td>1：10000 地形图
(DLG)</td><td>新疆、甘肃等地区管道两侧各 2.5km，主要交通、河流、地形、植被、建筑等主要要素</td><td rowspan="3">基础设计</td><td rowspan="3">1. 满足基础设计的需要
2. 基础设计数字化移交的数据基础，满足招标需要
3. 管道周边高后果区管理等的数据基础
4. 满足新疆、甘肃等无 1：10000 图纸的现场报批需要</td></tr>
<tr><td>4</td><td>0.5m 分辨率(DOM)</td><td>管道两侧各 2.5km</td></tr>
<tr><td>5</td><td>5m 格网间距(DEM)</td><td>管道两侧各 2.5km</td></tr>
<tr><td>6</td><td>1：2000 地形图(DLG)</td><td>管道两侧各 100m，全要素</td><td rowspan="4">详细设计</td><td rowspan="4">1. 满足详细设计需要
2. 详细设计数字化移交的数据基础
3. 竣工资料编制数据基础
4. 后续与管道本体相关的管道占压等相关管理的数据基础</td></tr>
<tr><td>7</td><td>0.3/0.2m 分辨率(DOM)</td><td>管道两侧各 500m</td></tr>
<tr><td>8</td><td>2m 格网间距(DEM)</td><td>管道两侧各 500m</td></tr>
<tr><td>9</td><td>1：500 地形图(DLG)</td><td>河流、公路、铁路穿越、站场、阀室等单体工程</td></tr>
<tr><td>10</td><td>0.5m 分辨率(DOM)</td><td>管线周边各 2.5km</td><td>竣工阶段</td><td>更新先期建设段影像数据</td></tr>
</table>

续表

序号	数据种类	范　围	采集阶段	数据应用
11	单户居民信息采集	管道沿线两侧各 200m	运营阶段	数据采集、更新、补充，保障数据的时效性
12	城市、乡镇、敏感目标、重大危险源、自然保护区、沿线抢险资源等调绘	管道沿线两侧各 2km 敏感目标		
13	防洪水利设施、应急救援力量调绘	管道沿线两侧各 50km 应急资源		

环境专题数据有更强的针对性，主要关注对管道设计、施工、运营带来影响的环境因素，包含自然、社会、人文、经济等环境专题数据。一般专题数据都有专门的管理机构，如地震局、国土资源厅、社会科学研究院等。数据内容包括地震带、断裂带、洪水区、土壤、矿产等。依照《专题地图信息分类与代码》(GB/T 18317—2009)，初步梳理管道的环境专题数据内容如表 5-6 所示。

表 5-6　环境专题数据表

序　号	分　类	数据内容	备　注
1	自然条件	地质(构造、第四纪、水文、工程等)	应用于管道全生命周期的各个阶段
2		气候	
3		水文(流域、水质等)	
4		土壤(类型、养分、化学等)	
5	自然资源	土地利用	
6		土地规划	
7		水利工程	
8		压覆矿	
9		林业	
10		文物区	
11		人文景观	
12		自然保护区	
13	生态环境	地震区	
14		断裂带	
15		泥石流	
16		洪水区	
17		水土保持	
18		自然灾害	
19	交通运输		
20	社会人文	人口密度	
21		村镇分布	
22	文化教育		
23	医疗卫生		
24	社会经济	人口构成	
25		职业构成	
26	综合经济	工业	
27		农业	
28		服务业	
29		国民生产统计	
30		国民收入统计	

5.5.2 设计成果数字化移交

随着总体设计、基础设计、详细设计的依次完成，设计单位将设计成果提交到设计成果数字化移交平台，通过规范化、标准化的数据处理流程和信息平台辅助实现设计资源的高效移交和共享，作为后续工程建设一体化管理平台中采购、施工等业务应用的基础数据。

数字化移交的关键工作环节，是由设计单位按照管道工程工作分解节点进行设计阶段数据模型搭建、模板格式化定制、收集预告、信息及数据的采集、整理、发布、推送、审计、三维建模，并将各阶段的设计成果数据进行结构化重整、格式转换、热点内容提取入库，加载到设计成果数字化移交平台，实现不同专业之间、不同版次设计成果在同一平台的参考协同、设计输出交付文件、设计中间性交换文件、传递文件的管理和跟踪。设计成果数字化移交逻辑架构如图 5-4 所示。

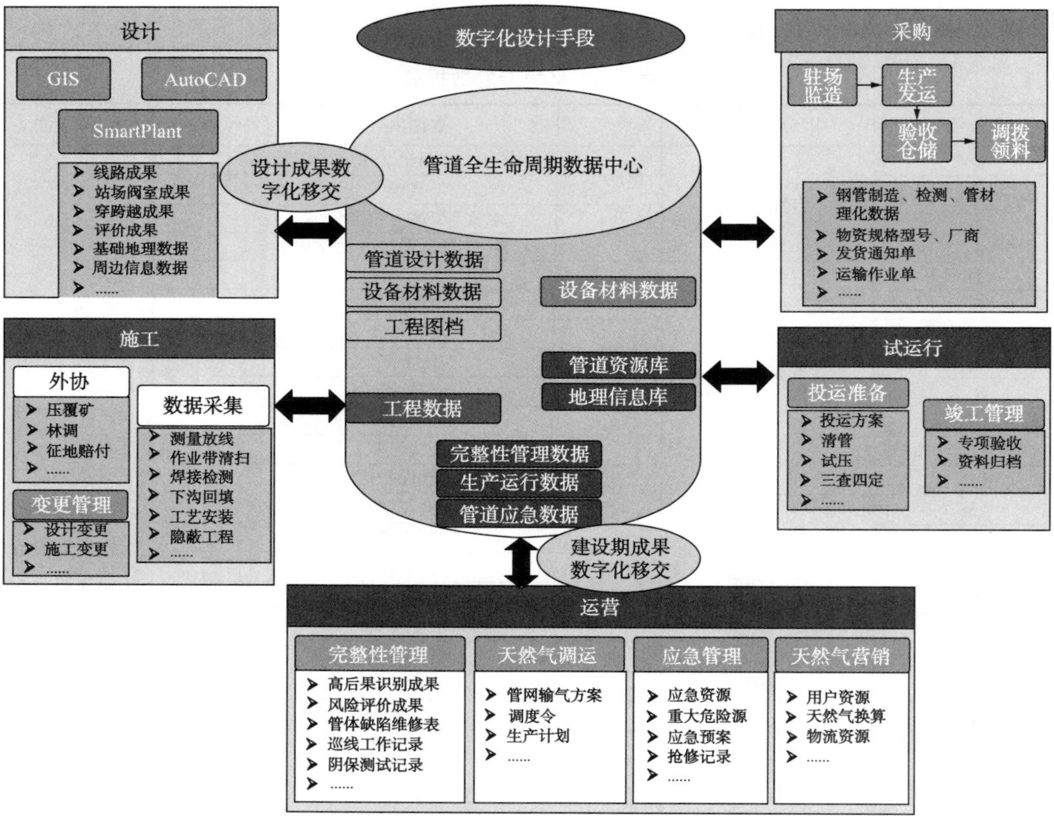

图 5-4 设计成果数字化移交逻辑架构图

设计成果数字化移交包含线路和站场两大类工作。

1. 线路设计成果数字化移交

依照《天然气管道全生命周期数字化标准规范》及设计成果数字化移交相关规定，通过设计成果数字化移交平台将其结构化成果进行解析、转换、导入，对其非结构化数据进行数字化、提取、导入，实现设计成果数据的移交和共享。在工程建设一体化管理平台中基于移交的设计成果，构建工程建设的基础信息库和背景底图，并基于该数据进行工程建设计划安排、施工管理、施工数据校验等应用。

线路总体设计成果数字化移交的内容初步规划如表 5-7 所示，基础设计成果数字化移交内容如表 5-8 所示，详细设计成果数字化移交内容如表 5-9 所示。

表 5-7　总体设计成果数字化移交内容列表

序　号	分　类	数据处理内容
1	环评	环境敏感区
2		环境敏感保护目标
3		环评报告批复
4		环境保护区
5		地表水
6		地下水
7		评价报告基本信息
8	地灾	地质灾害区
9		评估报告措施
10		评估报告备案
11	地震	断裂带
12		地震活动参数
13		地震报告措施
14		地震评价批复
15	文物调查	文物保护区
16		评价报告文物保护措施
17		评价报告批复
18	压矿	矿产资源
19		评估报告措施
20		评估报告批复
21	安评	站场评价
22		站场安全检查表
23		站场事故后果评估
24		管道评价
25		管道事故影响范围
26		线路安全检查表
27		安评报告安全措施
28		评价报告批复
29		评价报告基本信息

续表

序　　号	分　　类	数据处理内容
30	社会稳定	风险识别
31		风险防范和化解措施
32		评价报告批复
33		评价报告基本信息
34	防洪	防护设施
35		工程水文参数
36		防护评价措施
37		防护评价批复
38	水保	水土保持三区划分图
39		水土保持工程量
40		水土保持评价报告
41		水土保持评价报告批复
42		水土保持监测点位表
43		投资总表
44		补充费表
45		评价报告基本信息
46	职业病	职业病危害
47		职评报告措施
48	管道工程	穿跨越工程
49		地区等级
50		相关管道
51		站场阀室选址

表 5-8　基础设计成果数字化移交内容列表

序　号	分　类	数据处理明细	技 术 要 求
1	线路	线路成果处理及入库	格式转换、坐标定义、站内打断、入库、服务发布
2	站场	勘测定界图	风玫瑰制作、相对坐标转换、坐标定义、坐标及图纸提取、配图、切图、入库、服务发布
3		征地图	
4		总平面布置图	
5		总图竖向布置图	
6	阀室	勘测定界图	
7		征地图	风玫瑰制作、相对坐标转换、坐标定义、坐标及图纸提取、配图、切图、入库、服务发布
8		总平面布置图	
9		总图竖向布置图	
11		征地图	
12		总平面布置图	
13		总图竖向布置图	

续表

序　号	分　类	数据处理明细	技 术 要 求
14	公铁穿越	公铁穿越	坐标提取、坐标定义、配图、入库、发布服务
15	河流大中型穿越	河流大中型穿越可视化	
16	山体隧道	山体隧道可视化	
17		进出口征地图	
18		渣场布置图	
19		勘测定界图	
20	伴行路	伴行道路可视化	坐标提取、坐标定义、构面、配图、入库、发布服务、检查
21		伴行路征地图	
22		勘测定界图	
23	补充评价成果可视化	环评	敏感点空间位置、基本信息结构化、服务发布、入库
24		地震	
25		文物	
26		地灾	
27		高后果区	
28	外协成果	林调可视化	林调成果可视化
29	其他数据	施工作业带	施工作业带计算并入库
30		行政区划	县级及以上行政区划处理入库
31		地区等级	管线沿线地区等级数据处理入库
32		地形地貌	管线周边地形地貌数据处理入库
33		地表植被	管线周边地表植被数据处理入库

表 5-9　详细设计成果数字化移交内容列表

序　　号	分　　类	数据处理明细
1	线路及转角桩	线路及桩
2	站场	总平面布置图
3		总图竖向图图
4		三维模型转换及处理
5	阀室	总平面布置图
6		总图竖向图图
7		三维模型转换及处理
8	伴行路	伴行道路可视化
9		伴行路征地图
10	公铁穿越	公铁穿越
11	河流穿越	河流穿越
12	隧道	山体隧道可视化
13		渣场布置图
14		进出口征地图
15	施工图变更	变更可视化

2. 站场设计成果数字化移交

针对国内企业当前采用的 SmartPlant、PDMS 工厂数字化设计软件，实现关联属性数据的站场三维模型的数字化移交，减少后期三维模型建模及数据录入的工作量，节约投资，提高效率。

目前市场没有成熟的具有良好开放性的三维工厂设计成果数字化移交平台，需要研发专门的数据解析处理中间件，解析 SmartPlant 以及 PDMS 中形成的设计成果，将其三维模型和属性数据输出为易读取、可处理的数据格式，保留三维模型、属性数据、图档资料之间的关联性，下一步导入到基于二三维一体化的工程建设一体化管理平台，进行站场设计成果的浏览查阅，并基于设备设施的模型实体进行施工计划安排、工程进度可视化展示等应用。站场设计成果数字化移交数据流程如图 5-5 所示。

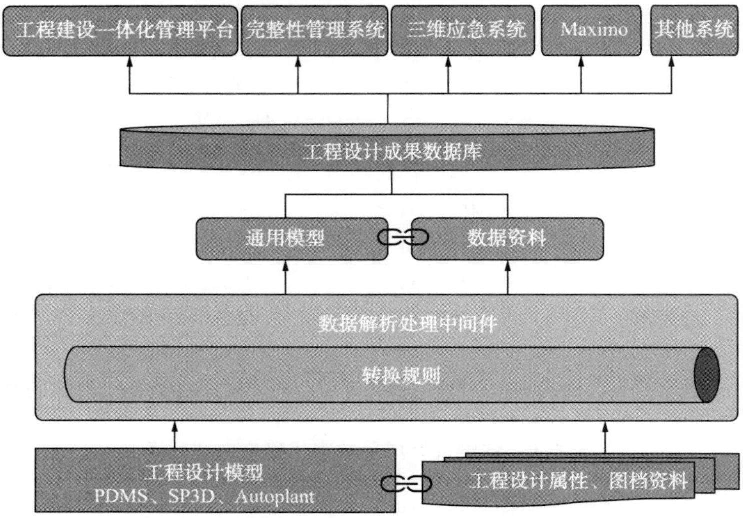

图 5-5 站场设计成果数字化移交数据流程图

经初步调研并与相关平台服务商进行技术研讨，当前可采用的工作路线主要为以下两种：

1）路线 1

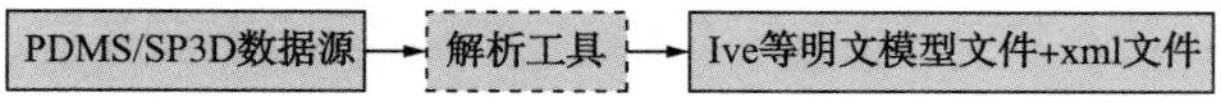

优点：快速、高效，直接通过工具转换。

缺点：可视化效果差，类同三维工厂设计软件中的简洁效果，并且一旦转换为面片化模型后很难再进行贴图美化。

2）路线 2

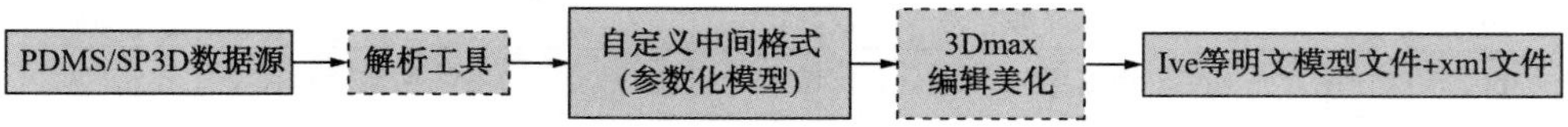

优点：可视化效果好，经过美化处理后能极大地提高仿真度。

缺点：需要编制自定义数据格式，需要大量人工介入进行模型调整或重新绘制。

鉴于对于数字化移交自动化程度的要求比较高，故采用第 1 种技术路线，保障数据解析、转换、输出的高效和一体化。

5.5.3 物资数据采集

物资采办数据是指天然气管道工程中站场、阀室、线路段、穿跨越等设施内的设备产品信息，包括产品的技术参数和重要生产信息。通过采集重要设备产品的生产、加工、制造、检测、物流等信息，并传递到统一的管道数据模型中，实现设备资产的“全生命周期”管理。

管道物资数据采集主要依据数据标准，内容主要涵盖自控信息(包括仪表自动化专业所涉及的系统、设备等管道工程实体)、工艺站场信息(包括工艺专业所涉及的设备等管道工程实体)、机械信息、腐蚀与防护信息、通信信息(分为光缆线路信息、站场通信信息)、供配电信息(含站场外部电源、站场配电设备、站场自备电源设备)、给排水设施信息、消防设施信息、供热设施、采暖、通风与空气调节设施信息。目前共计 12 大类 121 项。管道物资数据采集数据内容如表 5-10 所示。

表 5-10 管道物资数据采集数据表

工程专业分类	实 体 类	工程专业分类	实 体 类
自控	实时服务器	工艺	阀门
	历史服务器		执行机构
	操作员工作站		压缩机
	大屏幕显示器		压缩机电机
	阀室监控系统		压缩机燃气轮机
	阀室监视系统		空气冷却器
	计量系统		空气压缩机
	调压系统		电加热器
	分析系统	机械	卧式容器
	标定系统		球罐
	自用气系统		清管器收发球装置
	泄漏检测系统		放空立管
	橇装设备		放空火炬
	压力变送器		埋地罐
	压力表		消防水罐
	差压变送器		换热器
	差压表		卧式压力容器
	压力开关		立式压力容器
	温度变送器		汇气管
	双金属温度计		加热炉
	铂电阻		起重机
	温度开关	站场通信	光缆敷设
	液位变送器		手孔
	液位计		光缆接头盒
	清管球通过指示器		电子标识器
	流量开关		通信标石
	液位开关		SDH 光纤通信设备
	流量计		VSAT 卫星通信室内设备
	分析设备		VSAT 卫星通信室外设备
	调节阀		高频开关电源设备
	可燃气体探测器		话音交换设备
	火焰探测器		工业电视监控后端设备
	感温探测器		工业电视监控前端设备
	感烟探测器		周界入侵报警后端设备
	手动报警按钮		周界入侵报警前端设备

续表

工程专业分类	实 体 类	工程专业分类	实 体 类
腐蚀与防护	阴极保护在线监测系统	站场通信	会议电视设备
	内腐蚀检测系统		办公网络设备
	恒电位仪		光纤预警设备
	阴极保护电位传送器		电视设备
	阴极保护智能光端机		无线对讲设备
	阴极保护测试桩	站场外部电源	站场阀室外供电线路
消防设施	阀门	站场配电设备	110(66)kV SF6 密闭式组合电器
	消防泵		电力变压器
	消防泵电机		中压开关柜
	稳压泵		中压变频大功率变频调速驱动系统
	消防栓		低压开关柜
	气体自动灭火设备		变电站综合自动化系统
采暖、通风与空气调节设施	组合式空调	给排水设施	深井潜水泵
	分体空调		给水加压设备
	机房专用空调		水箱
	多联空调机组		净水处理设备
	风机		含油污水处理设备
	冷却塔		生活污水处理设备
	地源热泵机组		污水提升泵
	风冷冷水(热泵)机组		太阳能供热系统
供热设施	锅炉	站场自备电源设备	小型发电设备
	余热锅炉		太阳能电源系统
	燃气热水器		发电机组
	供热换热器		不间断电源
	全自动软水器		
	循环水泵		
	补水定压装置		

5.5.4 施工数据采集

施工数据采集将遵循统一的数据编码规定，依据数据采集内容制定数据模板，通过宣贯将施工数据采集的理念灌输到参建单位，并组织业务培训，施工过程中参建单位通过智能化终端设备进行数据的采集、审核及上报。

管道施工数据采集内容主要依据数据采集标准，采集内容主要包含管道基础数据、工艺站场数据、机械数据、自动控制数据、线路工程数据、穿跨越工程数据、线路地质灾害治理数据、线路边坡治理数据、阴极保护数据(分线路部分和站场部分)、通信数据(包含线路通信光缆数据和站场通信数据)、站场供配电设施数据、建构筑结构数据、站场给排水设施数据、站场消防数据、站场供热设施数据及站场采暖、通风与空气调节设施数据。目前共计 18 大类 231 项。管道施工数据采集内容如表 5-11 所示。

表 5-11　管道施工数据采集内容

工程专业分类	实 体 类	工程专业分类	实 体 类
管道基础数据	管道工程	线路工程	焊口
	管线		返修口
	中线测量放线桩		割口
	线路段		防腐补口
	站场/阀室/管理处/维抢修中心/维抢修队/维修队		防腐补伤
	进出站口		保温
	坐标和高程系统		中心线控制点
站场工艺	阀门		管道清管测径
	压缩机组		管道试压
	冷却器		管道吹扫
	空压机		管道干燥
	电加热器		地下障碍物
	工艺管段		短节预制
	工艺管道焊口		冷弯管预制
	返修口		套管
	法兰		开孔
	三通		射线检测
	绝缘接头		超声波检测
	站场射线检测		小型穿越
	站场超声波检测		小型跨越
	站场渗透检测		水工保护和水土保持
站场机械	卧式容器		伴行道路
	清管器收发球装置		伴行路转角点
	放空立管		伴行路涵洞
	放空火炬		伴行路桥梁
	埋地罐		标志桩
	消防水罐		线路附属物
	过滤器		线路监测及预警系统
	换热器		地质灾害监控系统
	压力容器	穿跨越工程	河流大中型开挖穿越
	非标管件		河流大中型定向钻穿越
	加热炉		河流大中型隧道穿越
	起重机		河流大中型跨越
站场自控	SCADA 系统		山体隧道穿越
	实时服务器		光缆单独穿跨越
	历史服务器	线路地灾治理	滑坡(不稳定边)
	操作员工站		崩塌
	大屏幕显示器		泥石流
	路由器		岩溶、采空塌陷

续表

工程专业分类	实体类	工程专业分类	实体类
站场自控	交换机	线路边坡治理	高陡边坡
	打印机		危岩
	SCS 系统	线路阴极保护	阴极保护测试桩
	远程诊断/维护系统		阴保电缆
	阀室监控系统		阴保通电点
	阀室监视系统		辅助阳极地床
	计量系统		固态去耦合器
	调压系统		排流装置
	分析系统		牺牲阳极
	标定系统		参比电极
	自用气系统	站场阴极保护	阴极保护系统
	泄漏检测系统		阴极保护在线检测系统
	撬装设备		内腐蚀监测系统
	压力变送器		阴保电源
	压力表		阴极保护电位传送器
	差压变送器		阴极保护智能光端机
	差压表		阴极保护测试桩
	压力开关	线路通信光缆	光缆单盘测试数据
	温度变送器		光缆敷设
	双金属温度计		光缆人(手)孔
	铂电阻		光缆接头
	温度开关		通信标石
	平均温度计	站场通信	SDH 光纤通信系统
	液位变送器		SDH 光纤通信设备
	液位计		VSAT 卫星通信系统
	清管球通过指示器		VSAT 卫星通信室设备
	流量开关		VSAT 卫星通信室外设备
	液位开关		公网数字电路
	流量计		高频开关电源系统
	分析设备		高频开关电源设备
	调节阀		话音交换系统
	可燃气体探测器		话音交换设备
	火焰探测器		工业电视监控系统
	感温探测器		工业电视监控前端设备
	感烟探测器		工业电视监控后端设备
	手动报警按钮		周界入侵报警后端设备
	限流孔板		周界入侵报警前端设备
站场给排水设施	深井潜水泵		会议电视系统
	给水加压设备		会议电视设备
	水箱		办公网络系统
	净水处理设备		路由器
	生活污水处理设备		交换机
	污水提升泵		光纤预警设备

续表

工程专业分类	实 体 类	工程专业分类	实 体 类
站场消防设施	阀门	站场通信	电视设备
	消防泵		无线对讲设备
	稳压设备	站场供配电设施	站场阀室外供电线路
	消防炮		110(66)kV SF6密闭式组合电器(GIS)
	消防栓		电力变压器
	气体自动灭火设备		配电变压器
	油罐冷却水喷淋装置		中压开关柜
	泡沫产生器		中压变频大功率调速驱动系统
站场供热设施	蒸汽锅炉		中压变频调速系统
	热水锅炉		中压软启动
	电锅炉		中压电容补偿
	余热锅炉		低压开关柜
	燃气热水器		低压变频
	供热换器		低压软启动
	全自动软水器		防雷防静电接地系统
	循环水泵		环网柜
	补定压装置		避雷器
	太阳能供热系统		隔离开关
	除氧器		配电箱
	锅炉给水泵		高杆灯
	软化水箱		变电站综合自动化系
	加药设施		箱式变电站
站场采暖、通风与空气调节设施	组合式空调		杆上变压器台
	分体空调		直流电源
	机房专用空调		小型发电设备
	多联空调机组		太阳能电源系统
	风机		发电机组
	冷却塔		不间断电源(UPS)
	地源热泵机组		应急电源(EPS)
	地埋管换热系统	建构筑结构	建筑物
	水泵		构筑物
	壁挂式燃气热水炉		消防水池
	空气过滤器		基础设施
	通风柜		

5.5.5 辅助竣工资料生成

竣工资料是在建设工程项目建设过程中形成的建设过程文件，主要包括政府部门、上级部门、建设单位、监理、质量监督、设计、采购和实施单位形成的文件和图纸资料，也包括交工技术文件等。交工技术文件是施工过程中的真实记录，应确保真实性，不得后补，也不得超前，更不能编造。然而，长输管道竣工资料内容繁杂，所填写数据较多，许多表格内容需要反复调整，费时较多，且容易出错，最致命的是无法有效保障数据的真实性、准确性，管道工程建设一体化平台弥补了这一缺陷。工程建设期核心数据、资料实时录入、审批及上传，且数据一经入库采集人员不能随意改变，项目竣工后，通过竣工资料模板预设及强大的导出功能，实现原始数据批量导出，辅助竣工资料的生成，有效保障数据的真实性及准确性。

竣工资料中的企业资质类文件、施工管理类文件、部分通用资料、材料/设备资料、HSE 管理资料、施工过程质量评定资料、在施工总结等资料，在施工过程中一次录入，竣工资料生成过程中相关资料可直接引用、直接打印，确保资料的唯一性、真实性及完整性。

竣工资料中的各类施工记录，系统支持核心数据导出功能，可将施工过程中采集的结构化原始数据批量或逐个导出，从而保证数据的真实性、准确性。竣工资料各类表格模板系统预设，并将常用描述性语言固化，减少人为编辑、录入量。对于线上已审批通过的资料，系统设置审批页打印功能，凭借审批页，线下无需二次审核，可快速完成签字盖章，缩短竣工资料完成时间。

竣工资料中的竣工图，系统实现二三维可视化展示，并通过与施工中线、测量中线等成果对比，审核竣工图中线的准确性，审核无误后的竣工图纸模型及数据直接推送至运营期智能化管道系统，实现竣工模型及相关数据建设期、运营期的高效过渡。

竣工资料中的影像资料(照片、音频、视频等)，可从系统中直接导出，并自动关联相关要素信息，如事由、时间、地点、人物、名称、作者等，保障真实性同时提升效率。

5.5.6 工程建设数字化移交

管道工程建设成果数字化移交主要依据天然气管道全生命周期数字化标准与中国石化智能化管道管理系统的数据标准，基于工程建设一体化管理平台将管道工程过程中产生的信息，随管道工程建设同步进行数字化，并在管道投产运营之前完成向运营期中国石化智能化管线管理系统的移交，实现数字化平台支持下工程建设管理向生产运营的无缝过渡。其核心技术在于通过移交平台的数据映射中间件，将天然气管道全生命周期数据中心与中国石化智能化管道管理系统的数据库进行数据映射，将一个数字化的管道资产尽可能完整、连续、合理地推送到智能化管线系统。工程建设数字化建设思路如图 5-6 所示。

数据映射中间件核心原理：将工程建设项目管理系统中的数据模型(含设计阶段数字化移交成果、施工过程数据采集成果)与运营期智能化管道系统的数据模型进行对比，建立数据模型之间的映射关系与成果移交检验规则，定义数据抽取、逻辑转换的规则，并通过检验规则对资料的完整性、正确性、一致性进行评估与批量校验。

管道数据资产是实现管道工程建设数字化移交的主体对象，也是管道智能化运营的信息流源头，需要根据工程建设和管道运营需求持续不断地进行数据标准的修订、数据内容的完善和数据库的调整。根据目前的数据状况，管道工程建设数字化移交数据的内容包括：

(1) 工程建设数据库　把管道工程项目前期、设计、采办、施工、安装调试等阶段的业务活动成果进行管理和归档，创建并维护各阶段的数据模型、数据内容、数据版本等，

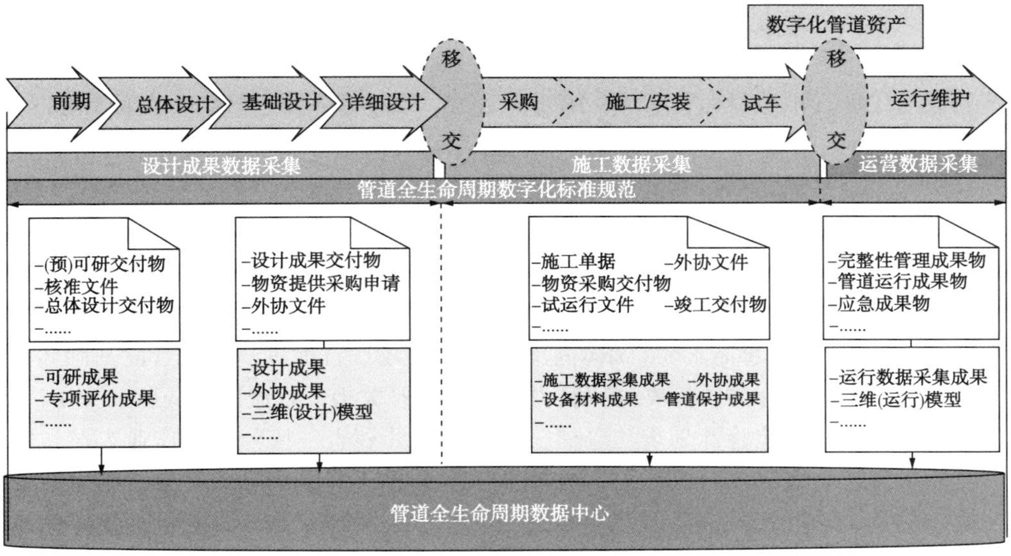

图 5-6　工程建设数字化建设思路

以管道工程编码号为核心集成和关联各项工程信息的数据库，并能对数据成果实施数据核查与质量控制。

（2）文档资料库　贯穿于管道工程建设各阶段的各种文档、图纸、影像等资料的管理与归档，并将竣工资料图纸扫描入库，实现工程文档资料的在线查询和浏览，并与工程建设数据库进行关联查询。

（3）空间数据模型库　将空间地理信息数据、空间测量数据、周边环境数据、三维模型数据进行统一建库，并建立空间数据模型库与工程建设数据库的关联查询。三维模型数据的属性信息通过配套的工程建设信息库的链接和映射，可真实反映设施设备外形信息和设施属性信息的关联，为管道、站场实现三维应用提供唯一的信息源。

5.5.7　运营期数据采集

运营期数据采集依据智能化管道标准，以满足运营期管理需求为目标，结合管道建设实际，确定管道运营期数据采集类型及数据内容。运营期数据采集内容与智能化管理系统功能相对应，排除工程建设期已有的数据，避免数据重复采集，为运营期智能化管理平台的高效运转提供支撑。

运营期数据采集内容主要包括阴极保护数据、管道保护数据、管道周边环境数据、站场设备设施数据、维修维护数据、管道外检测数据、管道内检测数据、管道巡线数据、运行监控数据、管道光缆数据及站库外电线数据等。

阴极保护数据包括：阴极保护电位测试、恒电位仪、牺牲阳极电参数测试、辅助阳极地床、阴保电源、阴保电缆、牺牲阳极、排流装置、运行参数、直流排流保护、交流排流保护数据等。

管道保护数据包括：第三方破坏、第三方施工、管道占压、高后果区、管道安全隐患、管道事故与灾害、第三方施工线数据等。

管道周边环境数据包括：单户居民、政府单位、重大危险源、环境监测单位、自然保护区、密集居民区、敏感目标、水体、第三方管道、维抢修队伍、社会专业应急救援队伍、沿线抢险资源、消防单位、医院、公安单位、隐患地质信息等。

站场设备设施数据包括：流量计、清管器收发球装置、放空立管、放空火炬、过滤器、消防水罐、换热器、压力容器、汇气管、加热炉、起重机、压缩机、压缩机电机、压缩机燃气机、空气冷却器、空气压缩机、电加热器、消气器、工艺管线、压力(差压)变送器、收发球筒、电机、阀门、阀门执行机构、管道高低点参数、加热炉特性参数、能效评价与管理系统 SCADA 位号信息需求表、站场基础参数、站场设备配置、站间管段基础参数、变压器、避雷器、电力电容器、隔离(负荷)开关、高压开关柜、直流屏、低压开关柜、锅炉、锅炉检验计划、起重机检验计划表、电梯、电梯检验计划表、特种设备作业人员、安全附件、安全阀检验计划表、厂内机动车、场内机动车检验计划表、压力管道、压力容器检验计划、客户信息、功能区域信息、站场业务、设备参数实时点位号、流量计检定信息、站场班组信息、工艺管道检查记录表、盲板、温度计、工艺管件、生活污水管道信息表、消防管线等。

维修维护数据包括：防腐层大修、管道清管、管道试压、管道维修数据等。

管道外检测数据包括：防腐层漏点检测、密间隔电位 CIPS 测量读数、直流电位梯度 DCVG 测量读数、交流电位梯度 ACVG 测量读数、埋地探测仪 PCM 读数、音频管道检测(Pearson)、外检测开挖验证、土壤管道检测、杂散电流、管道交流干扰测试、管道直流干扰测试、测试桩检测、管道穿跨越测试、管道外防腐层间接检测、阀室测试数据、排流设施有效性检测、恒电位仪绝缘接头检测、三桩偏移、管材信息、输送介质、监测、换管、沉管、改线、露管等。

管道内检测数据包括：内检测结果统计、参考点、凹陷、金属损失、制造缺陷、焊缝缺陷、未分类特征、内检测开挖验证等。

管道巡线数据包括：巡线人员、巡线车辆、巡线计划、巡线任务、巡线计划路径等。

运行监控数据包括：720°全景影像配置、视频监控配置、实时数据配置等。

管道光缆数据包括：光缆中线测点、光缆信息表、光缆穿跨越、光缆单盘测试信息维护表、光缆敷设信息维护表、光缆架空表、光缆角杆、光纤接续盒、光缆接头及测试信息维护模板、光缆人(手)孔位置信息维护模板数据等。

站库外电线数据包括：电缆线路中线测点、架空杆塔信息表、架空线路信息表、架空线路中线测点等。

5.5.8 数据质量管理

数据质量管理将数据从采集、存储、应用、更新到消亡的全生命周期进行管理，对每个阶段里可能引发的各类数据质量问题，进行识别、度量、监控、预警等一系列管理活动，并通过改善和提高组织的管理水平使得数据质量获得进一步提高。它是一个循环管理过程，为企业提供可靠的数据，提升数据在使用中的价值，并最终为企业创造经济效益。

1. 管理制度要求

(1) 基于全生命周期的数据管理理念，明确数据对象从产生、采集入库、应用、维护的过程中，各参与人员的职责与工作界面。

(2) 制定数据质量保障计划。根据各个过程的特点制定对应的数据质量保障计划，保证系统相关人员在进入系统建设的每个阶段前都了解数据质量保障相关的计划和措施，从源头上进行保障。确保每个系统按照既定的数据质量保障原则进行建设，为后续工作提供强有力的基础和保障。

(3) 建立数据质量评估标准。数据质量的评估指标一般是指信息系统表达的数据视图与客观世界同一数据的距离，与数据生命周期有关的各个部门必须从自己的专业领域或者使用数据的角度，结合实际情况，分别定义自己的评估标准。

(4) 建立数据质量控制策略。因为数据源是不断变化的，数据量是不断增加的，数据模型也是不断改进和优化的，所以必须要进行数据质量控制，该过程必然是反复迭代、持续改进、螺旋上升的过程。因此，需要成立一个数据质量控制机构，对数据处理过程制定完善的数据质量控制流程，遵循计划、评估、改进的数据控制模型对数据进行质量控制。

建议设立专门的数据服务队伍对建设过程中各服务商所产生的数据进行监管，保障数据填报的及时性、准确性、完整性；同时依照对各个服务商的数字化管理办法，监管数据产生的源头与流向，确保数据源的唯一性，从而满足同一数据源在不同阶段、不同专业的应用需求，实现“数出一门，多方应用”。

2. 管理技术要求

数据质量是指数据的可靠性和精度，常用数据的质量特性来描述。数据质量控制是指通过一系列的技术手段对采集的数据进行质量检查，以保证数据采集的有效性、准确性、完整性。

(1) 数据质量核查　制定数据采集模板，将一些数据规则与约束内嵌，只有符合模板要求的数据才允许入库；通过数据核查工具，将采集的数据与管道全生命周期前阶段的数据成果进行数据对比，对采集数据进行质量核查。

(2) 数据质量评定　数据质量检查的最终结果应是给出一个合理的评定，以便正确使用系统数据。由于管道数据质量的因素众多，且数据质量本身就是一个模糊概念，不存在确定的数量界线，因此应通过提前建立数据规则与数据检查模型的方法，对采集的管网数据进行综合评判，基于评判的结果督促承包商在后续的数据采集工作中进行方法改进以提高数据质量。

5.5.9　数据安全管理

为保障管道的数据安全，保障全生命周期管道数据的机密性、完整性、可用性，主要从数据安全管理制度及数据安全防护技术两个方面提出了管理要求。

1. 数据安全管理制度

为确保管道信息中心、网络中心机房重要数据的安全(保密)，一般要根据国家法律和有关规定制定适合企业自身的数据安全制度，主要涵盖内容如下：

(1) 对应用系统使用、产生的介质或数据按其重要性进行分类，对存放有重要数据的介质，应备份必要份数，并分别存放在不同的安全地方(防火、防高温、防震、防磁、防静电及防盗)，建立严格的保密保管制度。

（2）根据数据的保密规定和用途，确定使用人员的存取权限、存取方式和审批手续。

（3）机密数据处理作业结束时，应及时清除存储器、联机磁带、磁盘及其他介质上有关作业的程序和数据。

（4）机密级及以上秘密信息存储设备不得并入互联网。重要数据不得外泄，重要数据的输入及修改应由专人来完成。重要数据的打印输出及外存介质应存放在安全的地方，打印出的废纸应及时销毁。

2. 数据安全防护技术

数据安全在管理上主要分为涉密数据安全与非涉密数据安全两类。

1）涉密数据安全

根据《中华人民共和国测绘成果管理条例》中将含有管道测绘成果资料的计算机与 Internet 物理断开的要求，实行服务器物理隔离，在专用网络内运行，供少量专业人员使用管道数据维护系统、专业分析等系统。对于日常业务管理系统等供广大用户使用的系统，因为通信网并不是专网，是建立在 VPN 基础上的，因此数据安全存在一定隐患，必须采用数据处理和交换的保护方案。

因此管道需要建立两套数据库，一套是被物理隔离的真实数据库，一套是连接到被坐标处理后的数据库，两套数据库之间利用移动硬盘进行数据交换。

需要物理隔离的数据如表 5-12 所示。

表 5-12　物理隔离数据列表

序号	数据项		主要内容	存储形式
1	空间数据	管道要素	管道中心线、管道上所有设备及周围的阴保、水工等	矢量
		地形图	1：100 万、1：25 万、1：5 万、1：5000 的地形图	矢量
		专题图	土壤、土地利用、地震、人口、道路	矢量
		影像	0.2/0.3m 高清影像 30m 分辨率的全国 ETM	栅格
2	专业分析数据		HCA、风险评估、完整性评估等专业分析的过程和结果数据	矢量
3	管道管理业务数据		重要的业务管理数据	纯属性表
4	权限信息		单位、用户、角色、功能权限、管网权限、管理范围权限	纯属性表

坐标被处理后的数据如表 5-13 所示。

表 5-13　坐标处理后数据列表

序号	数据项		主要内容	存储形式	备注
1	空间数据	管道要素	管道、桩、桩的在线位置、站场、站场中心点、站场中心点的在线位置	矢量数据	坐标精度不高于 50m
		地形图	1：25 万地形图	矢量数据	
		影像	30m 分辨率的全国 ETM	栅格	

续表

序号	数 据 项	主 要 内 容	存储形式	备　注
2	经过处理后的管道数据	管道上所有的在线要素(设备、设施、维护维修、阴保、检测记录)与管道相关的部分离线要素(水工保护、阴保)管网对象表	纯属性表	无空间坐标
3	专业分析数据	HCA、风险评估、完整性评估等专业分析的结果数据	纯属性表	
4	管道管理业务数据	所有的业务管理数据	纯属性表	
5	权限信息	单位、用户、角色、功能权限、管网权限	纯属性表	

因为对管道所有空间数据的维护都是在物理隔离的管道数据库中进行的，因此以该库的管道空间数据为基础，将管道数据经过处理后，更新和替换到公开的管道完整性数据库。而对管道进行管理的业务数据，都是在公开的管道数据库中进行的，因此以该库的管道管理数据为基础，将重要的业务管理数据，更新和替换到物理隔离的管道数据库中。

根据需要交换的数据内容，可分为如下 4 种处理技术：

(1) 降低坐标精度　2009 年 1 月 23 日发布的《公开地图内容表示补充规定》的第 3 条规定：公开地图位置精度不得高于 50m，等高距不得小于 50m，数字高程模型格网不得小于 100m。由于系统对管道空间数据无等高线、数字高程模型的要求，只需要管道核心数据(站列、站场、桩)，必须是有坐标的矢量格式，因此采用降低坐标精度到 50m 的方案。

(2) 将二维坐标数据转成一维里程数据　在日常业务管理系统中，对除去管道核心要素的其他管道数据，都用于供用户查询、统计，往往是查询某条管网或某站场管理范围内的管道要素，以列表形式浏览。因此，该类数据都不需要坐标。针对在线要素直接转换，在物理隔离的管道数据库中，所有的在线要素都是以有坐标的矢量格式存储的，但该类数据都有一个特点，即有所依附的站列和里程。因此可将在线要素数据由二维坐标数据转成一维里程数据，即存储为无坐标的纯属性表，但所有字段仍然保留。针对离线要素间接转换，在物理隔离的数据库中，所有的管道离线要素都是以有坐标的矢量格式存储的，该类数据都只有坐标和自身的属性，无所依附的站列和里程。因此需要先计算离线管道要素在站列上的在线位置，再将在线位置数据由二维坐标数据转成一维里程数据，即存储为无坐标的纯属性表，除了离线管道要素的原有字段外，还增加了[站列事件 ID]和[里程]。由于离线管道要素的几何形式有点、线、面 3 种，对点要素可根据现有 APDM 模型的[生成离线点的在线位置]规则来计算在线位置，对线和面需要先计算其中心点，再计算在线位置。

(3) 将管网等对象表转成属性表　在物理隔离的中，管网是以对象表(无坐标)的形式存储的，虽然与属性表较相似，但由于 SDE 的版本管理，其还有附加的 A、D 表，因此也需要进行转换，存储为纯属性表。

(4) 将重要数据汇总交换　将重要数据经过汇总处理后存储到公开的完整性数据库中，由交换系统将这些数据提交到物理隔离的数据库。

2）非涉密数据安全

对于非涉密数据主要是基于数据本身安全与数据防护安全两个方面进行考虑。

数据本身安全基于可靠的加密算法与安全体系，主要采用现代密码算法对数据进行主动保护，如数据保密、数据完整性、双向强身份认证等。在数据存储方面，采用现代信息存储手段对数据进行主动防护，如通过磁盘阵列、数据备份、异地容灾等手段保证数据的安全。在数据处理方面，通过有效手段防止数据在录入、处理、统计或打印中由于硬件故障、断电、死机、人为的误操作、程序缺陷、病毒或黑客等造成的数据库损坏或数据丢失现象，或某些敏感或保密的数据被不具备资格的人员或操作员阅读，而造成数据泄密等后果。

数据防护安全主要是通过采用各种技术和管理措施，使网络系统正常运行，从而确保网络数据的可用性、完整性和保密性。所以，建立网络安全保护措施的目的是确保经过网络传输和交换的数据不会发生增加、修改、丢失和泄露等。通过网络安全认证，数据库自身的访问控制功能及服务器操作系统的访问控制功能，通过各个层面安全设计的结合，确保只有合法的运维人员能从合法的地址访问数据库及文件服务器进行维护。通过数据备份与恢复对数据的完整性实施保护，在系统遇到人为或者自然灾难时，能够通过备份内容对系统进行有效的灾难恢复。系统的数据需要定期完全备份，并按照内控要求保存到光盘或移动硬盘等介质上，异地备份将根据异地灾备建设情况权衡考虑。

第6章 基础地理信息数据采集方案

管网全生命周期数字化管理系统将以国家基础测绘成果为依据，辅以最新的卫星遥感影像资料，建设一套高精度的、覆盖管道所经区域的空间信息数据库，为天然气管道的高效施工和安全运营提供空间数据。

根据《中华人民共和国测绘法》和《天然气长输管道基础空间数据采集规范》中的规定和要求，基础地理信息数据库的建库数据采集分为以下方面：

（1）管道两侧 50m DLG 数据由设计院勘察测量数据提供

（2）DEM 数据用于地貌展示，不涉及大比例尺的国家涉密数据。

（3）根据《全生命周期数据采集标准》要求，对管线沿线的 DOM 数据进行数据采集。

（4）最终，将数据采集成果进行整合入库。

数据采集及整合的入库主要内容为管线沿线的 3D（DOM、DEM、DLG）数据采集与入库。

项目内容如表 6-1 所示。

表 6-1 项目内容

项目内容	说明
空间数据（需采集）	1. DOM 影像（15m），范围为管道沿线 20km 带宽 2. DOM 影像（2.5m），范围为管道沿线 5km 带宽 3. DOM 影像（0.61m 以上），范围为管道沿线 1km 带宽
大比例尺 DLG 和 DEM	复用设计单位已获得的成果进行数据处理、分析和应用
空间数据整合入库	包括矢量数据、栅格数据、文档资料等的收集、整理、处理、转换、入库

6.1 数字高程模型（DEM）

对于数字高程模型（DEM）数据，复用设计单位已获得的成果进行数据处理、分析和应用。本节将就数据处理过程进行阐述。

6.1.1 沿线 20km 带宽 1∶5 万 DEM

使用 ASTGTM 30m 的高程数据，并对该数据进行检查和整理。

1. 数据空间范围

管道沿线 20km 范围内。

2. 高程数据检查

对高程数据进行质量检查，特别是接边和异常值的检查。接边可通过将 ASTGTM 数据转为等高线进行检查，高程异常值可采用晕渲图的形式进行检查。

经前期研究发现由于阴影、水体等情况造成 ASTGTM 存在高程异常斑点（负值及突变值)，在平原区表现明显，需要在数据生产中做必要处理。但其影响范围较小，对数据处理相对精度影响有限。

3. 高程数据处理

项目实施之前，需要对数据认真分析，并对 ASTGTM 进行必要的修补，对于 ASTGTM 上出现的异常值进行适当处理。平原区用附近平均高程修改；山区若影响轻微，不影响城镇居民点等重点地区，原则上不做处理。检查后的数据按照 1∶5 万分幅标准进行分幅。

6.1.2 沿线 5km 带宽 1∶1 万 DEM

1. 数据空间范围

管道沿线 5km 范围内。

2. DEM 制作

利用国家基础测绘成果对 1∶5 万 DEM 进行差值生成 1∶1 万(5m 间隔)数字高程模型。

6.2 数字正射影像图(DOM)制作

6.2.1 沿线 20km 带宽 15m 分辨率 DOM 制作流程

采用卫星影像数据制作 15m 分辨率 DOM，进行多波段色彩合成后直接进行正射纠正，生成模拟真彩色遥感正射影像。其生产流程如图 6-1 所示。

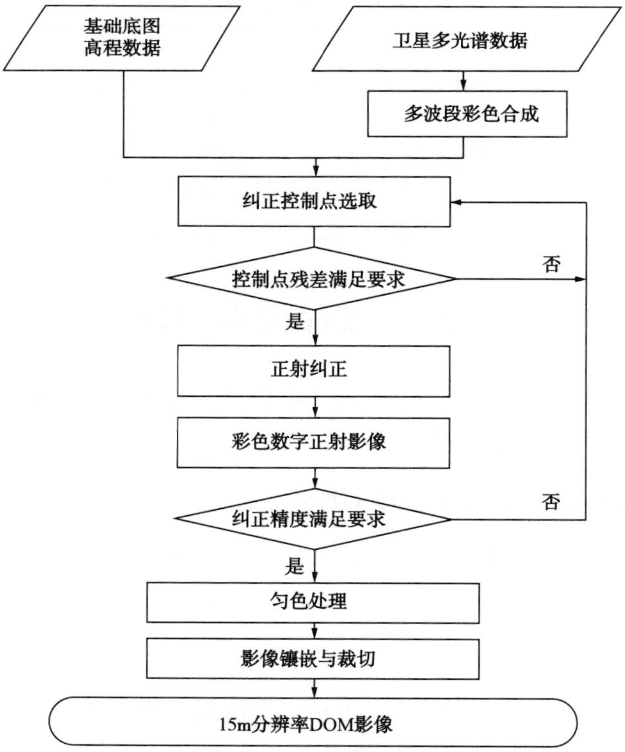

图 6-1　15m 分辨率 DOM 生产流程

6.2.2 沿线 5km 带宽 2.5m 分辨率 DOM 制作流程

采用 2.5m 数据制作 DOM，首先从基础底图中选取控制点，利用高程数据对卫星遥感全色数据进行正射纠正，再将卫星遥感多光谱数据与正射后的全色数据进行配准、融合镶嵌后，其生成模拟真彩色遥感正射影像。其生产流程如图 6-2 所示。

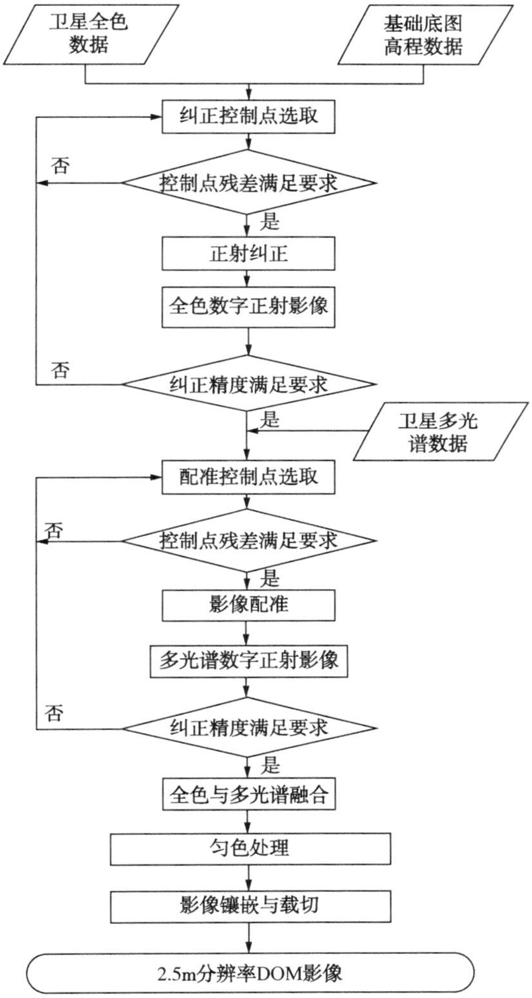

图 6-2　2.5m 分辨率 DOM 生产流程

6.2.3 沿线 1km 带宽 0.61m 分辨率 DOM 制作流程

采用卫星影像，全色与多光谱无需配准可直接进行融合处理，再从基础底图中选取控制点，利用高程数据对融合处理后的影像进行正射纠正生成 DOM。多景 DOM 经调色、镶嵌生成县级行政辖区镶嵌后 DOM 影像。其生产流程如图 6-3 所示。

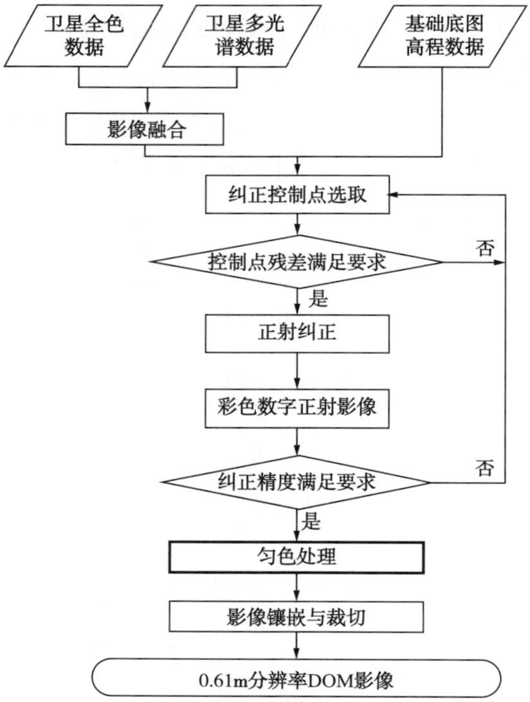

图 6-3 0.61m 分辨率 DOM 生产流程

6.3 影像正射纠正

6.3.1 控制点的采集和布设原则

控制点采集和布设是保证几何精校正质量的基础，一般采取以下原则：

（1）控制点应选择为控制资料上都容易识别定位的明显地物点，如基础控制资料为影像，纠正控制点应该选择在特征明显、稳定性强且高程变化不大的地面上，一般以接近正交的线状地物交点、地物的拐点为宜，例如道路、河流等交叉点等。

（2）控制点要有一定的数量，并且要求分布比较均匀，丘陵山区应尽可能选在高程相似的地段。

（3）控制点的选择要注意避免在基础底图镶嵌线附近、存在错误或误差超限的区域采集，如图 6-4 所示。

（4）基础控制资料区域大于项目区时，选取应在影像放大 3 倍的条件下完成。

（5）根据纠正模型和地形情况等条件来确定控制点的个数，原则上每景控制点选取数量在 9~15 个之间，相邻景重叠区选取不少于 3 个公共点，有些景的控制点残差超限，应在该景中其他地方适当调整、更换或增加控制点数量。

（6）单景纠正时控制点布设原则：对不同轨道、不同时相影像，通常对单景数据采用严格物理模型或有理函数模型进行正射纠正，如图 6-5 所示。

图 6-4　区域采集

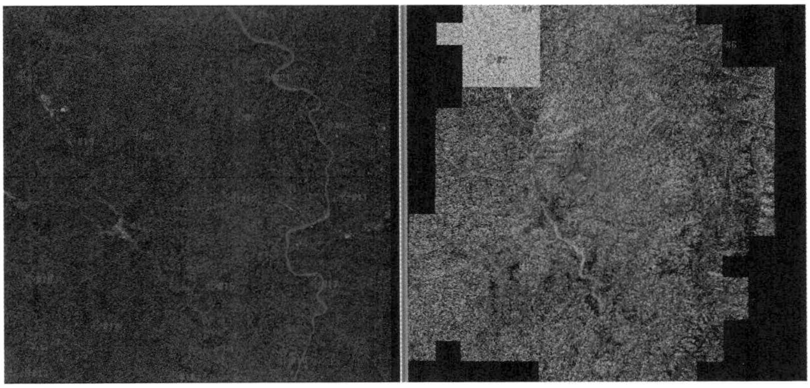

图 6-5　单景纠正时控制点布设

（7）单轨纠正时控制点布设原则：对同轨道、同时相影像，可自然拼接、消除重叠误差后采用有理函数模型进行正射纠正，如图 6-6 所示。

（8）区域纠正时控制点布设原则：工作区涉及连片多景同源遥感数据时，优先使用区域纠正方法进行整体纠正，采用严格物理模型或有理函数模型，如图 6-7 所示。

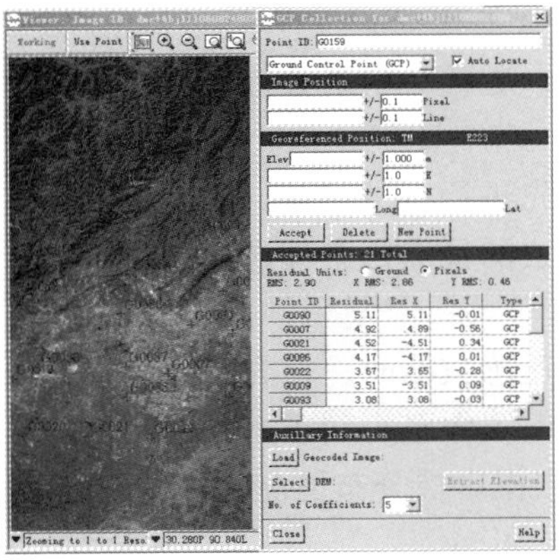

图 6-6　单轨纠正时控制点布设

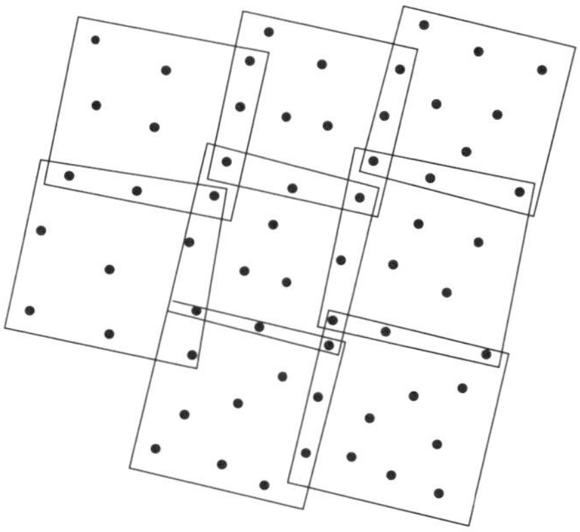

图 6-7　控制点布设

6.3.2 控制点残差精度

根据纠正过程中软件自动记录的控制点残差文件，检查正射纠正控制点点位精度。要求纠正控制点残差中误差应不大于表 6-2 的规定，取中误差的 2 倍为其最大误差。若控制点残差超限，须查找原因并重新选点。

表 6-2 误差范围

地形类别	平地、丘陵地(像素)	山地高山地(像素)
残差中误差	1.0	2.0

6.3.3 正射纠正

1. 纠正模型

纠正模型采用物理模型或有理函数模型(RPC)，如表 6-3 所示。

表 6-3 纠正模型

数据源	物理模型	有理函数模型(RPC)
QuickBird		√
WorldView		√
SPOT5	√	
陆地卫星		√

2. 采样方法

重采样方法采用双线性内插或立方卷积内插方法。采样间隔根据各种数据的分辨率，按照技术要求中采样间隔的规定执行。

3. 纠正单元

(1) 单景纠正　对不同轨道、不同时相的影像，通常对单景数据采用严格物理模型或有理函数模型进行正射纠正。

(2) 单轨纠正　对同轨道、同时相的影像，可先进行自然拼接、消除重叠误差后，采用有理函数模型对拼接后影像进行正射纠正。此方法的优点是整体选择控制点少，同轨影像几乎没有接边误差。

(3) 区域纠正　当工作区域涉及连片多景同源遥感数据时，优先使用区域纠正方法进行整体纠正。采用严格物理模型或有理函数模型，以工作区为纠正单元，利用具有区域网纠正功能的遥感影像处理软件进行区域网平差，即根据影像分布情况建立一个区域网文件，快速生成无缝正射镶嵌精确的正射影像。

(4) 跨带处理　当一景影像跨两个投影带时，须进行跨带处理。首先将相应的控制资料进行邻带之间的换带处理，以面积较大区域所在分带为基准；再将跨带影像在不同投影带中分别进行正射纠正，并将通过重投影转换检查其纠正精度。

6.3.4 精度检查

1. 检查控制点

检查控制点是否准确，分布是否均匀。

2. 检查误差是否超限

先将正射影像与基础底图叠加显示，利用“拉窗帘”方法逐屏显示，发现有明显抖动或地物扭曲、错位现象，量测该同名点误差。其误差应满足要求，否则须查明原因。除卫星侧视角、控制资料精度造成相对误差超限的局部地区外，其他地区须符合精度要求。

1）相对误差

相对误差这里指 DOM 地物点相对于基础底图上同名地物点的误差。

（1）DOM 与基础底图采样间隔均≤1m 时，其相对误差限应满足表 6-4 的规定。

表 6-4　DOM 与基础底图采样间隔均≤1m 的相对误差

地形类别	平地、丘陵地(像素)	山地高山地(像素)
相对误差	2 倍	8 倍

（3）DOM 与基础底图采样间隔至少有一类>1m 时，其相对误差限差满足表 6-5 的规定。

表 6-5　DOM 与基础底图采样间隔至少有一类>1m 的相对误差

地形类别	平地、丘陵地(像素)	山地高山地(像素)
相对误差	2 倍	4 倍

2）重叠误差

重叠误差是指纠正后相邻两景影像重叠区域的同名地物点误差。为了保证后续工作的顺利进行，经正射纠正后的相邻景数字正射影像应进行接边检查。重叠误差与相对误差中的要求相同，如果不满足，应根据情况进行接边纠正。接边误差超限时应查明原因，并进行必要的返工。

6.4 影像配准

对于全色与多光谱影像的配准工作，可选择几何多项式模型，阶数不大于 2 阶；影像重采样间隔保持原有分辨率；重采样方法采用双线性内插或立方卷积内插方法。

配准后的影像应保留原始影像的波段数目、顺序和采样间隔。

多光谱数据配准流程如图 6-8 所示。

6.4.1 配准控制点的采集

采用全色正射影像和高程数据为基础，应选择待配准影像和全色数据上特征明显的地物点，放大到像素级的影像中对照选取，避免在全色数据镶嵌线附近、存在错误或误差超限的区域采集。原则上每景控制点选取数量在 9~15 个之间，相邻景重叠区选取不少于 3 个公共点。

6.4.2 配准控制点残差精度

配准控制点残差不大于表 6-6 所示的规定。

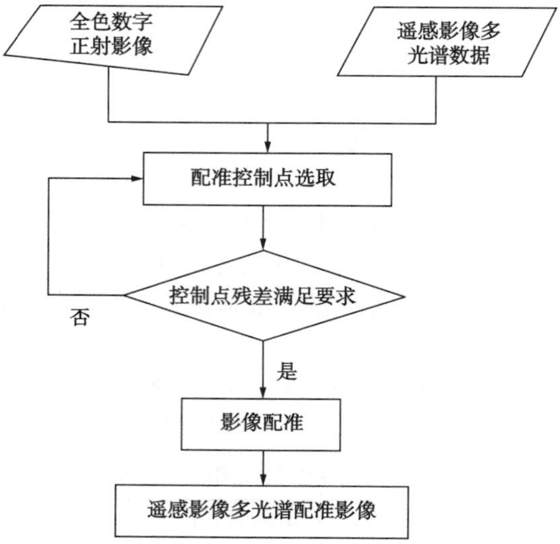

图 6-8 多光谱数据配准流程图

表 6-6 配准控制点残差

地形类别	平地、丘陵地(像素)	山地高山地(像素)
残差中误差	1.0	2.0

注：全色与多光谱影像不同步或不同源时，可放宽 0.5 倍。

6.4.3 精度检查

(1) 检查配准控制点是否均匀分布；

(2) 检查配准后的影像与原始影像波段数目、顺序和采样间隔是否一致性；

(3) 检查配准控制残差及中误差是否满足要求。

配准精度检查时先将全色正射影像与配准多光谱影像叠加显示(见图 6-9)，利用“拉窗帘”方法沿主要线状地物及特征地物线进行“拉窗帘”检查，对比检查二者的配准精度。平地、丘陵地配准控制点残差必须严格执行表 6-6 的规定，山地、高山地超限应认真分析原因。

(a)配准后的多光谱数据 (b)正射纠正后的全色数据

图 6-9 全色正射影像与配准多光谱影像

6.5　影像融合

影像融合通常以景为单元，也可以块为单元。影像融合的目的就是利用全色影像的空间分辨率与原始多光谱影像的光谱信息，合成一幅同时具有高空间分辨率与高光谱分辨率的模拟真彩色融合影像。影像融合过程一般分为融合前影像处理、融合单元的选择、融合算法的选取及融合后的处理和效果检查。影像融合具体流程如图 6-10 所示。

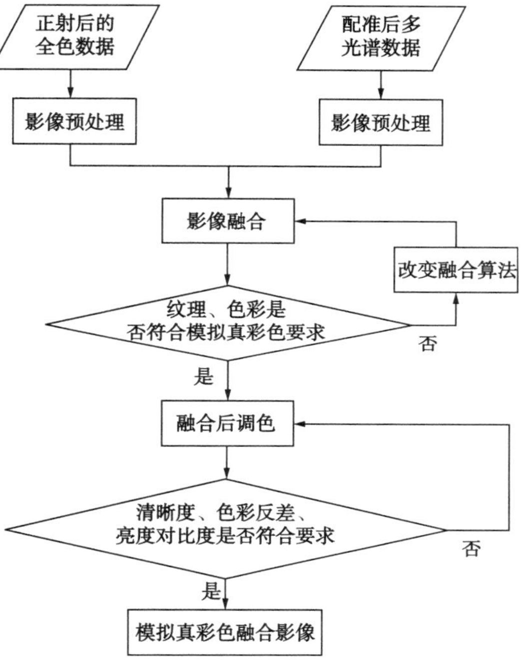

图 6-10　影像融合流程

6.5.1　融合前影像预处理

为了使融合后的影像纹理清晰，色彩自然，满足遥感监测解译需要，可在进行融合前对全色数据和多光谱数据进行预处理。

1. 全色数据处理

对原始的全色数据进行增强处理或灰度拉伸，增强局部灰度的反差从而突出纹理细节和加强纹理信息量，抑制噪声，提高影像对比度从而提高影像质量。

全色数据处理如图 6-11 和图 6-12 所示。

2. 多光谱数据处理

由于多光谱数据具有多个光谱波段和丰富的光谱信息，不同波段影像对不同地物有特殊的贡献。因此在影像融合前需要进行最佳波段的选择组合和彩色合成，以最大限度地利用各波段的信息量，辅助影像的判读与分析。在融合影像中，多光谱数据的贡献主要是光谱信息。融合前以色彩增强为主，调整亮度、色度、饱和度，拉开不同地类之间的色彩反

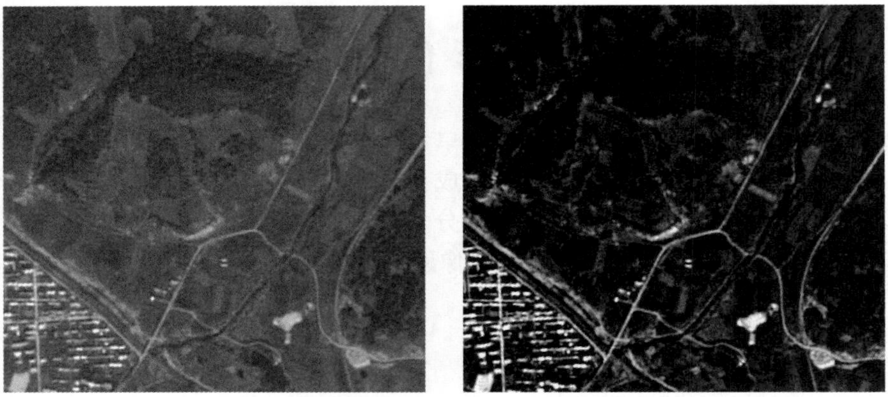

图 6-11　全色数据处理 1

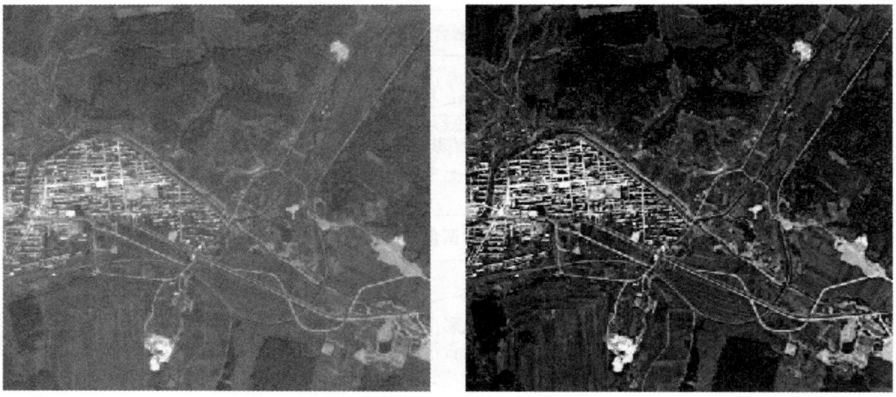

图 6-12　全色数据处理 2

差，对局部的纹理要求不高。有时为了保证光谱色彩，还允许削弱纹理信息来确保融合影像图的效果。

6.5.2　影像融合

在选择影像融合方法时，应考虑影像波段的光谱范围、地物和地形特征等因素，具体选择时应符合以下原则：

（1）能清晰地表现纹理信息，能突出主要地类(如水体、建筑群、耕地、道路等)；

（2）影像光谱特征还原真实、准确、无光谱异常；

（3）各种地类特征明显，边界清晰，通过目视解译可以区分各种地类信息；

（4）融合影像色调均匀、反差适中、色彩接近自然真彩色。

图像融合的关键技术有两个：一是融合前两幅影像的空间配准，只有将不同空间分辨率的图像进行精确的配准，才能达到满意得融合效果；二是融合方法的选择，融合方法的选择取决于影像波段的光谱范围、地物和地形特征等因素，要选择能清晰表现土地利用类型特征和边界、色彩接近自然真彩色的融合方法。通常采用的融合方法有 IHS 变换法、主成分变换法、Brovey 变换法、PANSHARPEN 融合法及高通滤波法等。

1. IHS 变换法

IHS 变换其原理为：用另一影像替代 IHS 三个分量中的某一分量，其中强度分量被替代最为常用。当高分辨率全色影像与多光谱影像融合时，先把多光谱的影像根据输入图像的 RGB 值利用以上一种变换式从 RGB 系统变换至 IHS 彩色空间，得到强度 I、色度 H 及饱和度 S 的三个分量，将高分辨率全色影像与强度进行直方图匹配，然后去掉 I，并用预处理准备好的高分辨率全色影像代替，与 H、S 一起利用相应的逆变换式变换至 RGB 系统，得到融合后的影像。

IHS 变换法较大程度地保持了其光谱性，缺点是只能融合 3 个波段的光谱信息。

2. 主成分变换法

主成分变换是将原来的各个因素指标重新组合，组合后的新指标是互不相关的，在由这些新指标组成的新特征轴中，只用前几个分量图像就能完全表征原始集群的有效信息。主成分变换的本质是通过去除冗余，将其余信息转入少数几幅影像(即主成分)，对大量影像进行概括和消除相关性。主成分变换使用相关系数阵或协方差阵来消除原始影像数据的相关性，以达到去除冗余的目的。对于融合后的新图像来说，各波段的信息所作出的贡献能最大限度地表现出来。

主成分变换法的优点是能够分离信息，减少相关，从而突出不同的地物目标。另外，它对辐射差异具有自动校正的功能，因此无需再做相对辐射校正处理。主成分变换方法与 IHS 变换相比，其在同一次融合处理中，可同时提高 n 个多光谱波段影像的空间分辨率，其缺点是主成分变换第 1 主成分(包含了多光谱波段的大多数信息)的信息量要比全色波段影像的信息量高，当用修改后的全色波段影像的灰度值替代第 1 主成分，再进行反变换得到的增强后的多光谱波段影像，其信息量会受到损失。

3. Brovey 变换法

Brovey 变换是一种通过归一化后的三个波段的多光谱影像与高分辨率影像乘积的融合方法。Brovey 变换的优点在于锐化影像的同时能够保持原多光谱影像的信息内容。其公式为：

$$DN = DNB i \cdot DNpan / (DNB1 + DNB2 + DNB3)$$

式中：DN 为融合后的像素值；DNBi 为多光谱影像中第 i 波段的像素值；DNpan 为高分辨率全色影像的像素值。

该方法保持了原始图像的色调信息，视觉效果良好。

4. PANSHARPEN 融合法

PANSHARPEN 融合法是最新的融合方法，这种方法较好地保留了高分辨率影像的纹理细节和多光谱影像的信息，没有波段限制，融合后的影像几乎没有任何信息损失。

5. 高通滤波法

一幅图像通常由不同的频率成分组成，根据一般图像频谱的概念，高的空间频率对应影像中急剧变化的部分，而低的频率代表灰度缓慢变化的部分。对于遥感图像来说，高频分量包含了图像的空间结构，低频部分则包含了光谱信息。将高空间分辨率的全色波段图像进行高通滤波，然后采用简单的像元相加的方法，将提取出的高频分量叠加到低分辨图像上，这样就可以实现低分辨率多光谱影像和高分辨率全色波段图像之间的数据融合。

高通滤波能很好地保持全色数据细节和光谱信息，并把全色波段图像的细节信息直接叠加到多光谱图像上，融合后的影像，色彩基本与原多光谱影像一致，不会造成大的色彩失真，植被纹理、裸土色彩得到突出，边界明显。

6.5.3 融合后影像处理

数据融合的目的是为了提高卫星影像的空间分辨率和光谱分辨率，增强影像判读的准确性，同时经交叉整合后又会突出变异，有助于检测变化信息。融合影像的色调特征主要来自多光谱数据，纹理特征主要来自高分辨率的全色数据。融合后影像亮度偏低、灰阶较窄，可采用线性拉伸以及亮度、对比度、色彩平衡、色度、饱和度和明度调整等方法进行色调调整。为了形成完整的监测区融合影像文件，对分块融合的影像须进行色调归一调整和镶嵌。

色调调整时应针对不同应用目的，侧重点不同，用于变化信息提取时影像色调调整侧重于保留多光谱影像的光谱信息和全色影像的纹理细节，以便进行变化分析；用于作制图背景时融合影像的色调调整则侧重于图面视觉效果，为去除杂色保证整体反差，必要时牺牲部分光谱信息和纹理，达到自然真彩色的效果。色彩调整情况如图 6-13 和图 6-14 所示。

图 6-13 色调调整 1

图 6-14 色调调整 2

融合后的效果图如图 6-15 和图 6-16 所示。

图 6-15 色调融合效果图 1

图 6-16 色调融合效果图 2

6.5.4　融合效果检查

(1) 检查融合影像整体亮度、色彩反差是否适度、是否有蒙雾。

(2) 检查融合影像整体色调是否均匀连贯。不同季节影像只要求亮度均匀，植被变化引起的色彩差异可不考虑。

(3) 检查影像是否有局部变形、扭曲等现象。

(4) 检查波段组合后图像色彩是否接近自然真彩色。

(5) 检查融合影像纹理及色彩信息是否丰富，有无细节损失，层次深度是否足够，特别是各植被、地物等地类是否可见和容易判读。

(6) 检查清晰度。判断各种地物边缘是否清晰明确，特别是城乡接合部建设用地与耕地等边界是否清晰明确。

6.5.5　影像镶嵌

影像镶嵌应保证地物的完整。时相相同或相近的镶嵌影像色彩应自然过渡；时相相差较大的镶嵌影像，允许存在色彩差异，但同地块内应尽量一致。

6.5.6　镶嵌原则

(1) 镶嵌前进行重叠检查。景与景间重叠限差应符合表 6-4 和表 6-5 的要求。重叠误差超限时应立即查明原因，并进行必要的返工，使其符合规定的接边要求。

(2) 镶嵌时应尽可能保留分辨率高、时相新、云雾量少、质量好的影像。

(3) 选取镶嵌线对 DOM 进行镶嵌，镶嵌处无地物错位、模糊、重影和晕边现象。

(4) 时相相同或相近的镶嵌影像纹理、色彩自然过渡；时相相差距较大、地物特征差异明显的镶嵌影像，允许存在光谱差异，但同一地块内光谱特征尽量一致。

6.5.7　相邻图像几何配准

在相邻图像的重叠区选取控制点，分布要均匀，控制点初选后，应进行优化，剔除那些几何坐标误差超限的点对，采用多项式拟合变换，把相邻图像校正到基准图像上去。也就是以控制点为基础，对相邻图像重叠区内的影像差异进行平差，以达到两者的一致。几何配准后，重叠区就随之确定。

6.5.8　相邻图像色调调整

色调调整是决定遥感图像数字镶嵌质量的另一个重要环节。需镶嵌的相邻图像，由于成像日期、系统处理条件可能有差异，不仅存在几何畸变问题，而且还存在辐射水准差异导致同名地物在相邻图像上的灰度值不一致。如不进行色调调整就把这种图像镶嵌起来，即使几何配准的精度很高，重叠区复合得很好，但镶嵌后的两边影像的色调差异明显，接缝线十分突出，既不美观，又影响对地物影像与专业信息的分析与识别，降低应用效果。色彩平衡用于在镶嵌前去除单幅影像的亮度变化。

6.5.9 镶嵌线设置

在重叠区选择或手画一条连接两边图像的镶嵌线，一般为线状地物或地块边界等明显分界线，使得根据这条拼接线镶嵌起来的新图像浑然一体，不露镶嵌的痕迹，这样就保证了镶嵌的质量。镶嵌线效果如图 6-17 所示。

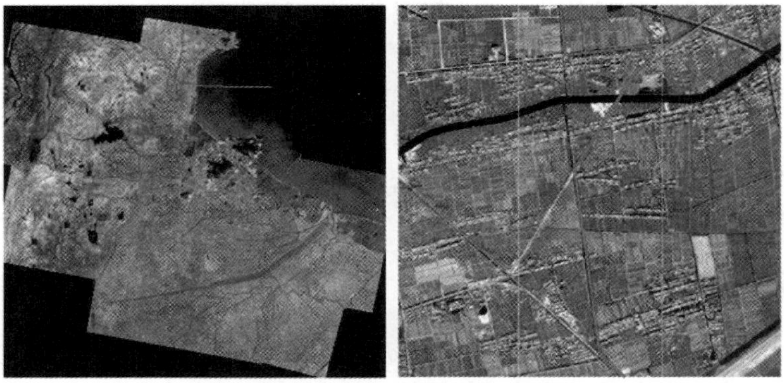

图 6-17 镶嵌线效果图

6.5.10 图像镶嵌

镶嵌时应保证有 10~50 个像素的重叠带。时相相同或相近的镶嵌影像纹理、色彩应自然过渡；时相相差较大、地物特征差异明显的镶嵌影像，允许存在光谱差异，但在同一地块内光谱特征应尽量一致。图像镶嵌如图 6-18 所示。

图 6-18 图像镶嵌

6.5.11 镶嵌效果检查

（1）检查重叠区同名点匹配是否超限。

（2）检查镶嵌处是否无裂缝、模糊和重影，镶嵌线是否合理。

（3）检查分块 DOM 接边是否超限。

(4) 检查镶嵌 DOM 色彩是否合理。

6.5.12　影像裁切

按要求对镶嵌后 DOM 进行裁切。

6.6　数字线划地图(DLG)制作

通过数字线划地图(DLG)数据，可对第三方测绘获得的成果进行数据处理、分析和应用。

6.6.1　管道沿线 1∶5 万基础数据采集

1. 1∶5 万空间数据

(1) 行政区划界限：包括国界、省界、县界、乡界；

(2) 水系：包括 1~10 级线状水系和面状水系；

(3) 等高线：依比例尺不同有不同等高线距；

(4) 道路：包括铁路、公路、高速公路、小道等；

(5) 居民地：包括各级居民地的位置等。

2. 数据空间范围

管道沿线 20km 范围内 1∶5 万数字线划图。

3. 生产流程

采购 1∶5 万数字线划图按照数据库设计进行检查和整理，根据 DOM 影像进行更新。生产流程如图 6-19 所示。

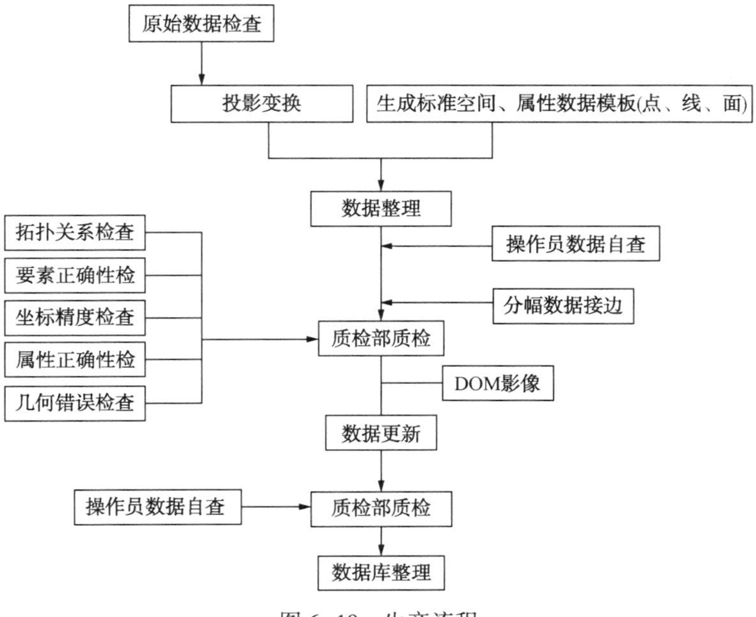

图 6-19　生产流程

4. 数据分层

数据分层如表 6-7 所示。

表 6-7　数据分层

要素	层文件	几何特征	主要内容	主要属性字段					
				国家标准编码	名称	高程	面积	周长	长度
水系	HYDNT_Area	面	河流、湖泊、水库等	GB	NAME		AREA	PERIMETER	
	HYDNT_Line	线	河流、沟渠等	GB	NAME				LENGTH
	HYDLK_Line	线	水系附属设施	GB	NAME				LENGTH
	HYDLK_Point	点	泉、井等	GB	NAME				
居民地	RESNT_Area	面	普通房屋、街区等	GB	NAME		AREA	PERIMETER	
	RESNT_Line	线	房屋边线、半依比例尺房屋等	GB					LENGTH
	RESPT	点	不依比例尺房屋、蒙古包等	GB	NAME				
交通	RAILK_Line	线	铁路	GB	NAME				LENGTH
	ROALK_Line	线	高速、国道、省道及其他各等级道路	GB	NAME				LENGTH
	ATNLK_Line	线	桥梁等交通附属设施	GB	NAME				LENGTH
境界	BOUNT_Area	面	行政区划	PAC			AREA	PERIMETER	
	BOUNT_Line	线	行政界线	GB					LENGTH
地貌	TERLK_Line	线	等高线	GB		ELEV			LENGTH
	TERLK_Point	点	高程点及测量控制点	GB	NAME	ELEV			
注记	NAMPT	点	名称注记	GB	NAME				

5. 编码设计

（1）测量控制点如表 6-8 所示。

表 6-8　测量控制点

符号名称	几何特征	国标分类码
三角点（土堆上的三角点）	点	11020
埋石点（土堆上的埋石点）	点	11040
水准点	点	12020
独立天文点	点	13010
GPS 点	点	13030

（2）水系如表 6-9 所示。

表 6-9 水系

符号名称	几何特征	国标分类码
常年河(单线)	线	21011
常年河(双线)	多边形线及标识点	21012
双线河骨架线	线	21014
时令河(单线)	线	21021
时令河(双线)	多边形线及标识点	21022
消失河段(单线)	线	21031
消失河段(双线)	多边形线及标识点	21032
地下河、渠段	线	21040
运河	多边形线及标识点	22010
双线沟	多边形线及标识点	22020
单线渠	线	22030
渠头(抽水渡槽)	线	22060
双线输水渡槽	有向线	22080
单线输水渡槽	线	22081
常年湖	多边形线及标识点	23010
时令湖	多边形线及标识点	23020
水库	多边形线及标识点	24010
单线干沟(水库溢洪道)	线	24030
双线干沟(水库溢洪道)	多边形线及标识点	24031
主要堤(双线)	线	24040
一般堤(单线)	线	24050
单坡堤(堤岸)	有向线	24045
依比例水闸	有向线	24061
不依比例水闸	有向点	24063
滚水坝	有向线	24070
拦水坝、水库坝	有向线	24080
防波堤	线	24090
水井	点	24110
坎尔井	线	24120
泉	有向点	25010
瀑布	有向线	25020
	点	25021
水中滩	多边形标识点	25050
有滩陡岸	有向线	25060

续表

符号名称	几何特征	国标分类码
无滩陡岸	有向线	25070
海岸线	线	26010
海域	多边形标识点	26012
滩涂范围线(干出线)	线	26020
沙滩	多边形标识点	26031
沙砾滩、砾石滩	多边形标识点	26032
岩滩、珊瑚滩	多边形标识点	26034
淤泥滩	多边形标识点	26035
沙泥滩、潮水沟	多边形标识点	26036
红树林滩	多边形标识点	26037
贝类养殖滩	多边形标识点	26038
水产养殖场	多边形标识点	26110
危险岸	多边形标识点	26060
不依比例明礁(单个)	多边形标识点或点	26071
不依比例明礁(丛礁)		26072
依比例暗礁	多边形线及标识点	26080
不依比例暗礁(单个)	多边形标识点或点	26081
不依比例暗礁(丛礁)		26082
依比例干出礁	多边形线及标识点	26090
不依比例干出礁(单个)	多边形标识点或点	26091
不依比例干出礁(丛礁)		26092
流向	有向线	27031
涨潮流向	有向线	27041
水深点	点	27060
等深线	线	27070
灯塔、灯桩	点	44061
灯船、灯浮标	点	44062
陆地(河心岛、湖心岛、海岛等)	多边形标识点	79200
可通行沼泽	多边形标识点	85021
不可通行沼泽	多边形标识点	85022
依比例盐田	多边形标识点	93110
不依比例盐田	点	93111
干河床(单线)	线	79011
干河床(双线)	线	79012
干涸湖	多边形线及标识点	79030

（3）居民地如表 6-10 所示。

表 6-10　居民地

符号名称	几何特征	国标分类码
首都	多边形标识点	31010
省、自治区、直辖市驻地	多边形标识点	31020
地区、自治州、盟、地级市驻地	多边形标识点	31030
县、自治县、旗驻地、县级市驻地	多边形标识点或点	31050
乡、镇及乡、镇级国营农场驻地	多边形标识点或点	31080
行政村	多边形标识点或点	31091
自然村庄	多边形标识点或点	31092
其他建筑区(企事业单位、团体等，如工厂、学校、医院等)	多边形标识点或点	33010
面状居民地轮廓线	多边形线	32010
独立房屋	有向线	32021
窑洞	有向点	32025
蒙古包(放牧点)	点	32027

（4）交通如表 6-11 所示。

表 6-11　交通

符号名称	几何特征	国标分类码
复线铁路	线	41021
单线铁路	线	41022
窄轨铁路	线	41030
铁路车站	有向点	41060
主要街道	线	42102
次要街道	线	42103
机耕路	线	42110
小路	线	42130
山隘	点	42150
国家干线公路	线	42220
省干线公路	线	42230
县乡公路及其他公路	线	42240
铁路桥	线	43010
公路桥	线	43020
铁路、公路两用桥	线	43030
立交桥	线	43040
人行桥	线	43050

续表

符号名称	几何特征	国标分类码
依比例铁路隧道	线	43071
依比例公路隧道	线	43072
涵洞(铁路、公路)	有向点	43090
路堑(铁路、公路)	有向线	43100
路堤(双线)	线	
汽车渡	线	45042
客运渡口(人渡)	线	45043
固定码头	线	45026
停泊场(锚地)	点	45050
飞机场	点	46010
县级以上汽车总站	点	95220

（5）境界如表 6-12 所示。

表 6-12　境界

符号名称	几何特征	国标分类码
已定国界	多边形线	61010
国界界桩、界碑	点	61011
未定国界	多边形线	61020
特别行政区界	多边形线	61090
省、直辖市、自治区界	多边形线	61030
省界界桩	点	61031
地区、自治州、盟、地级市界	多边形线	61040
县、自治县、旗、县级市界	多边形线	61050
县界界桩	点	61051
特殊地区界	线	62010
自然保护区界	线	62020
县级行政区划	多边形标识点	
海岛、海域行政区划	多边形标识点	

（6）地貌如表 6-13 所示。

表 6-13　地貌

符号名称	几何特征	国标分类码
等高线(首、计曲线)	线	71010
间曲线	线	71011
首曲线	线	71011
计曲线	线	71012
间曲线	线	71013

续表

符号名称	几何特征	国标分类码
助曲线	线	71014
雪坡、冰川上的等高线	线	71012
草绘等高线	线	71020
高程点	点	72010
雪山范围线	多边形线及标识点	73012
冲沟(双线)	线	75010
冲沟(双线有陡坎)	有向线	75011
平沙地	多边形标识点	77020
新月形沙丘及沙丘链	多边形标识点	77030
垄状沙丘	多边形标识点	77050
窝状沙丘	多边形标识点	77060
鱼鳞状沙丘	多边形标识点	77120
沙砾地、沙砾质戈壁	多边形标识点	77150
火山口	点	78010
陡崖	有向线	79040
陡石山	有向线	79050
崩崖	多边形标识点	79080
泥石流	多边形标识点	79090
滑坡	多边形标识点	79100
梯田坎	有向线	79180
露天矿、采掘场	有向线	93140

（7）其他要素如表6-14所示。

表6-14　其他要素

符号名称	几何特征	国标分类码
架空的电力线	线	51011
地下电力线出入口	有向点	51012
有方位作用的电线杆架	点	51013
输油管道	线	51020
地下管道出入口	有向点	51024
煤气管道	线	51030
蒸气管道	线	51040
输水管道	线	51050
高架输水管	线	51051
地下输水管道(单线)	线	51053
通信线	线	51070
有方位作用的通信线杆架	点	51073

续表

符号名称	几何特征	国标分类码
砖石城墙、长城	线	52010
损坏的砖石城墙、长城	线	52013
土城墙、围墙	线	52020
栏栅、铁丝网、篱笆	线	52030
科学观测站	点	91000
气象台、站	点	91010
卫星地面接收站	点	91020
水文站	点	91070
亭	点	92030
钟楼、鼓楼、城楼、古关塞	点	92040
古塔、纪念塔	点	92060
文物古迹、遗址	点	92070
纪念碑	点	92080
纪念像、艺术塑像	点	92090
庙宇(土地庙、祠堂)	点	92110
教堂	点	92120
清真寺	点	92130
敖包、经堆、麻泥堆	点	92140
水厂	点	93011
生物制剂厂	点	93012
发电厂(站)	点	93020
变电所	点	93070
石油井	点	93080
天然气井	点	93090
盐井	点	93100
矿井	点	93120
油库、煤气库(液体、气体存储存库)	点	93180
粮仓(库)	点	93260
学校	点	95010
医院	点	95020
邮、电局	点	95060
体育场馆	点	95140
电视发射塔	点	95160
北回归线标志	点	95200
瞭望塔、台	点	95210
加油站	点	95230
地下建筑物出入口	有向点	95290

（8）补充码如表 6-15 所示。

表 6-15 补充码

符号名称	几何特征	国标分类码
内图廓线	线	99100
方里网线	线	99200
无边线的面状要素类型界线(沙滩、植被、土质等范围线)，不同名称双线河分界辅助线，双线河入湖、入海处辅助线	多边形线	99300
由软件自动生成的不具有实际意义的多边形	多边形标识点	99600

6. 数据更新

（1）在 DOM 影像上确定解译标志，如图 6-20 所示。

（2）与地形图数据套合，分层对目标进行目视更新。

（3）检查解译错误并进行矢量数据的处理。

（4）数据更新的主要内容：铁路、县道及以上等级道路、乡镇及以上等级真形居民地、五级及以上等级河流。

6.6.2 管道沿线 1∶1 万基础数据采集

1. 数据空间范围

管道沿线 5km 范围内 1∶1 万数字线划图。

2. 生产流程

（1）按照数据生产范围订购卫星影像数据，利用生成的数字高程模型对融合后的卫星影像进行正射处理生成 2.5m 分辨率的 DOM 影像图。

（2）对 DOM 影像数据进行采集录入：

① 与地形图数据套合，分层对目标进行目视更新；

② 检查解译错误并进行矢量数据的处理；

③ 数据更新的主要内容：铁路、县道及以上等级道路、乡镇及以上等级真形居民地、五级及以上等级河流。

DOM 影像数据采集流程如图 6-21 所示。

图 6-20 DOM 影像解译标志

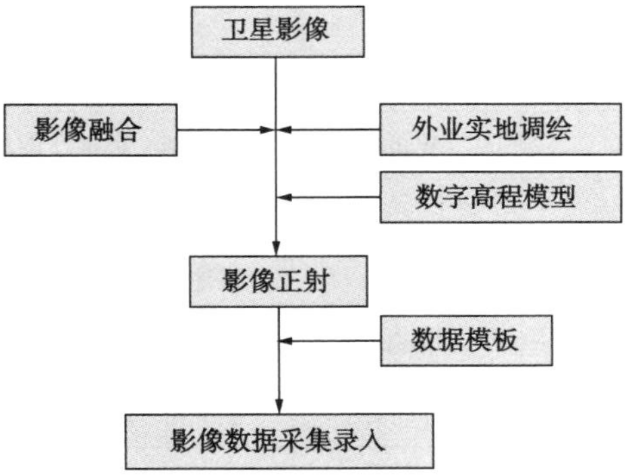

图 6-21 DOM 影像数据采集流程

3. 外业调绘

1）准备

（1）硬件与设备：硬件环境为装有 Windows 2000 以上操作系统的笔记本电脑，并配备高精度 GPS 接收机，用于实地采集数据。

（2）软件安装：安装 GPS 接收机所配带的软件或者专业 GPS 软件。

（3）确定需要实测的地理要素、属性以及实测的内容；GPS 仪器的检查与校正。

（4）其他资料，如纸质图纸。

2）野外数据采集

（1）对地物按各自的层进行采集(注意：只有当 GPS 接收卫星数量达到一定数量时，才可能获得高精度的数据)。

（2）将采集到的数据以标准交换格式输出或者将采集信息直接记录在纸质图纸上。

4. 数据采集

（1）确定解译标志。

（2）分层并严格按照设计编码对目标进行目视更新。

（3）检查解译错误并进行矢量数据的处理。

5. 内业录入

按照项目要求对采集的数据进行编辑、分层、查错、赋属性。

6.6.3 管道沿线 1∶2000 基础数据采集

1. 数据空间范围

管道沿线 1km 范围内 1∶2000 数字线划图。

2. 生产流程

按照数据生产范围定购卫星影像数据，利用生成的数字高程模型对融合后的卫星影像进行处理生成 DOM 影像图，根据 DOM 影像进行更新。

DOM 影像数据采集流程如图 6-21 所示。

3. 数据分层

（1）面状要素层(6 层)如表 6-16 所示。

表 6-16 面状要素层

数据层内容	数据层名	数据内容定义
水系	Water	面状河、运河、湖泊、鱼塘、水塘、河滩、水库与其他水体(包括游泳池等)
建筑物	BudPoly	普通房屋、简单房屋、体育场、火车站、机场等其他建筑
植被	Veg	耕地、林地、草地及其他(包括公园中的绿地等)
道路	RoadP	面状道路、辅路(包括环岛)
立交桥	IntersP	立交桥、高架桥
道路隔离带	RoadSepar	道路隔离带

(2) 线状要素层(6层)如表6-17所示。

表6-17　线状要素层

数据层内容	数据层名	数据内容定义
水系	Water	沟渠、单线河
道路中心线	RoadCenter	所有道路中心线，包括环岛
桥梁	IntersL	铁路桥、公路桥
铁路中心线	Rail	所有铁路中心线
道路边线	RoadL	所有的道路边线
线状植被	vegL	行树

(3) 点状要素层(2层)如表6-18所示。

表6-18　点状要素层

数据层内容	数据层名	数据内容定义
地名点	Anno	省、地、县、镇、村、农牧场政府所在地及单位、企业等
点状植被	VegP	大路两旁的行道树

4. 外业调绘

1) 准备

(1) 硬件与设备：硬件环境为装有Windows 2000以上操作系统的笔记本电脑，并配备高精度GPS接收机，用于实地采集数据。

(2) 软件安装：安装GPS接收机所配带的软件或者专业GPS软件。

(3) 确定需要实测的地理要素、属性以及实测的内容；GPS仪器的检查与校正。

(4) 其他资料，如纸质图纸。

2) 野外数据采集

(1) 对地物按各自的层进行采集(注意：只有当GPS接收卫星数量达到一定数量时，才可能获得高精度的数据)。

(2) 将采集到的数据以标准交换格式输出或者将采集信息直接记录在纸质图纸上。

5. 数据采集

将经过纠正和融合后的影像作为底图，采用GIS软件进行地形核心要素采集。采集要注意消除投影差，先采集房顶的形状，再将采集的多边形移至房脚。

(1) 确定解译标志。

(2) 分层并严格按照设计编码对目标进行目视更新。

(3) 检查解译错误并进行矢量数据的处理。

6. 内业录入

按照要求对采集的数据进行编辑、分层、查错、赋属性。

6.6.4　站场、阀室1：500基础数据采集

1. 数据空间范围

首站、输气站分输站等输气站场及阀室1：500基础数据采集。

2. 生产流程

收集输气站场、阀室的施工图和国家基础测绘数据成果进行数据整合，在整合数据的基础上参照卫星正射影像图及外业调绘的方法生成 1∶500DLG 数据。生产流程如图 6-22 所示。

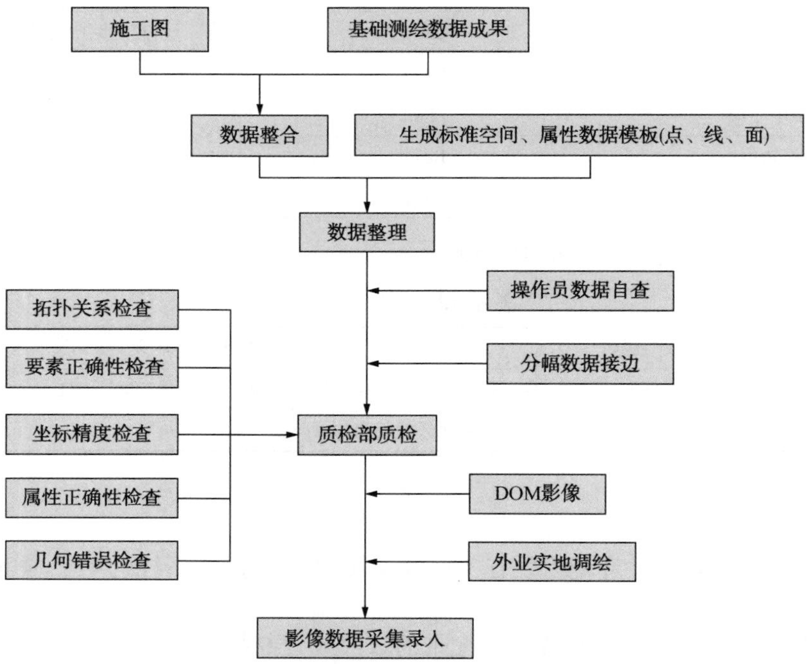

图 6-22 生产流程

3. 数据分层

(1) 面状要素层(6 层)如表 6-16 所示。

(2) 线状要素层(6 层)如表 6-17 所示。

(3) 点状要素层(2 层)如表 6-18 所示。

4. 外业调绘

1) 基本原则

(1) 所有调绘数据，均应满足地形图数据编辑软件的要求，对于独立符号、重合线等，用图形数据难以真实反映的要将其关系数据标出。

(2) 所有的机关、工矿企业、学校、公共娱乐场所、大型购物场所等单位、小区、村镇、道路、胡同、河流、沟渠、湖泊、桥、闸等有名称的，都必须调绘出名称。

(3) 所有调绘的内容均应标注在外业图上的相应位置，提供后续的内业编辑工序。

2) 准备

(1) 硬件与设备：硬件环境为装有 Windows 2000 以上操作系统的笔记本电脑，并配备高精度 GPS 接收机，用于实地采集数据。

(2) 软件安装：安装 GPS 接收机所配带的软件或者专业 GPS 软件。

(3) 确定需要实测的地理要素、属性以及实测的内容；GPS 仪器的检查与校正。

（4）其他资料，如纸质图纸。

3）野外数据采集内容

（1）调绘内容：建筑物及其附属设施的调绘、工矿及其附属设施的调绘、水系及其附属设施的调绘、道路及其附属设施的调绘、管线调绘、植被调绘、名称调绘。

（2）调绘的取舍原则需满足招标方的要求及相应的国家技术规范要求。

5. 数据采集

将经过纠正和融合后的影像作为底图，采用 GIS 软件进行地形核心要素采集。采集要注意消除投影差，先采集房顶的形状，再将采集的多边形移至房脚。

（1）确定解译标志。

（2）与整合后数据套合，分层对目标进行目视更新。

（3）分层并严格按照设计编码对目标进行目视更新采集。

（4）检查解译错误并进行矢量数据的处理。

6. 内业录入

（1）调绘完成后的地形图数据需要在图形编辑软件里进行数据编辑处理，地形图的数据成果要达到线连续、面闭合、点的方向正确，且所有的地物地貌的图层和编码正确。

（2）按照项目要求对采集的数据进行编辑、分层、查错、赋属性。

6.7　数据整合入库

信息技术的发展日新月异。虽然多方面的信息建设发展迅速并各自取得相当的效益，却也造成了一座座的信息孤岛，阻碍了进一步的信息运用及更大的统合效益。因此，在城市或者行业资源数字化过程中，一个很大的课题就是数据的整合。

6.7.1　数据的整合需求和目标

传统体制框架下的大规模高速信息化投入，造成的是严重的信息孤岛现象，信息整合成为信息化建设的迫切要求，这与世界各地 IT 建设从物理连接转向逻辑连接的需求是一致的。对分散异构信息资源系统实现无缝整合，并在新的信息交换与共享平台上开发新应用，实现信息资源的最大增值。构架信息资源管理系统，实现对信息资源的有效管理，以此来整合信息资源，实现信息资源在企业内部以及企业质检的传播和共享，并在企业个人、组织、业务、战略等诸方面产生价值和信息增值。

信息资源的管理环境是指通过统一的、强制的、自上而下的法规、标准及规范，以明确信息资源管理阶段各种技术框架与规范，所有相关系统的设计与应用都必须遵循相关法规、标准和规范。

整合后的数据库应该能够达到：

（1）便于应用的掘取、操作，发挥最大效能；

（2）集中而单一的数据；

（3）避免重复输入更新，提供及时准确的资讯；

（4）统一管理，降低费用，提高效能，增进安全；

(5) 整合后的数据可集中描述(元数据)，便于搜索和共享；

(6)整合后的数据，具备一致、标准的格式，便于交换。

6.7.2 空间数据的整合入库

该项目中的数据源多样，包括大量的数量数据、栅格数据，还有与空间数据相关的文档资料(科研数据、勘察数据、设计数据、施工数据、投产试运数据和运营数据)。由于目前很多数据本身尚未电子化、标准格式化及结构化，这些数据期待共通的标准格式或能自我描述的统一定义来建立可操作、可交换的数据，透过对这些不同数据源转换的支援，才能有进一步整合的初步基础。更重要的是要有统一的数据模型架构，让不同的数据源，直接整合于统合的关联数据库，便于其上各种应用的建立。

6.7.3 矢量数据整合建库

矢量数据整合建库包括：

(1) 数学基础变换与处理；

(2) 地理要素的分类与编码。

编码，即给每一种地理要素分配一个唯一的标识符，以适用于各种比例尺数字地形图的生产和空间信息系统中地理要素的采集、存储、检索、分析、输出和交换等，用以标定某比例尺范围内地理要素的数字信息，从而实现地图信息标准化存储和信息资源共享。

地理信息数据地形要素分为九大类，并依次分为小类、一级和二级。分类代码由 5~6 位数字组成，其结构如下：

×	×	×	×	×
大类码	小类码	一级代码	二级代码	识别位

大类码、小类码、一级代码和二级代码分别用数字顺序排列。识别位由用户自行定义以便于扩充，也可以不要。

12 种基本比例尺地理特征具有相同的分类与编码，使用统一的特征表。

矢量数据整合建库的具体操作为：

(1) 不同比例尺数据的接边；

(2) 数据创建与数据入库检测；

(3) 支持多种方式的数据管理；

(4) 空间索引建立与更新；

(5) 地理要素的接边；

(6) 跨要素类的空间关联与操作；

(7) 数据库查询和浏览；

(8) 数据库的更新；

(9) 数据库中的数据导入和导出。

6.7.4 栅格数据整合建库

(1) 数学基础变换与处理；

(2) 影像库建立与数据入库检测；

（3）多种方式的数据管理；
（4）多种类型数据的管理；
（5）栅格/影像库索引建立与更新；
（6）栅格/影像库查询和浏览；
（7）影像数据压缩/解压；
（8）栅格/影像库的更新；
（9）栅格/影像库中的数据导入和导出。

6.7.5　元数据库建库

（1）元数据库建立与数据入库检测；
（2）元数据查询与检索；
（3）元数据的组织与管理；
（4）元数据与空间数据的关联更新；
（5）元数据输出。

第 7 章　智慧管道应用子系统框架

7.1　总体框架

应用子系统建设以基础软硬件网络环境和智能感知设施为支撑，以统一的管道全生命周期数据中心为数据依托，采用先进的 SOA 平台架构和 J2EE 企业级应用开发框架为技术保障，基于企业服务总线、二三维一体化平台、移动应用平台、空间数据共享平台等基础平台支撑，在建设期构建工程建设一体化管理平台，运营期构建以智能化管线管理系统为核心的应用子系统平台，在各系统间、与总部统建系统间形成统一、规范的集成与共享机制，并进一步加强分析预测、生产优化等应用的深化，从而为管道安全、高效、绿色运营提供数据、功能的支持，随着管道管理的精细化、智能化逐步推进，辅助企业完善并落实形成有效的信息化支撑体系。

应用子系统的总体应用框架由四个层次(基础设施、数据中心、服务平台、业务应用)、两大支撑(信息化管控、信息安全)构成。基础设施层是应用子系统搭建的基础保障，包含了网络系统的建设、服务器搭建、存储设备建设以及智能感知设备建设等。数据中心层是整个体系中的数据资源，包含了各个专业系统的数据库以及管道全生命周期数据中心。服务平台层主要包含高度集成化的应用开发平台和中间件产品，通过云计算平台、空间数据共享服务平台等提供统一的技术支撑，采用物联网中间件、消息中间件等提供服务。业务应用层包含了各应用模块，为各业务领域提供业务支撑和功能应用。

应用子系统建设总体应用框架如图 7-1 所示。

应用子系统规划设计，着重于解决企业内“工程建设、完整性管理、天然气调运、应急管理、天然气营销”等业务领域的应用需求，面向的用户群体是公司内决策层、管理层、操作层，应用子系统的内容规划具有更强的针对性和定制性。与此同时，总部的信息化统建系统涵盖面广、业务种类繁多，并且在不同业务板块和业务方向上有不同的定位，为了能够充分利用总部的信息化基础，遵循总部的信息化规范，应重点考虑与总部智能化管线系统的工作界面。

总部级别的智能化管线系统着重于管道运营期的管道安全运行和应急响应，管道的智能化管道系统规划在原有基础上增加了数据采集、自动化控制以及监测分析等诸多系统应用，所以与总部的智能化管线系统将首先保障“业务互补，信息互通”。在遵守总部的统一标准规范，满足总部智能化管线系统的数据接口需求基础上，依照企业自身的应用需求进行完善扩展，并且细化在企业层级的业务功能，如图 7-2 所示。

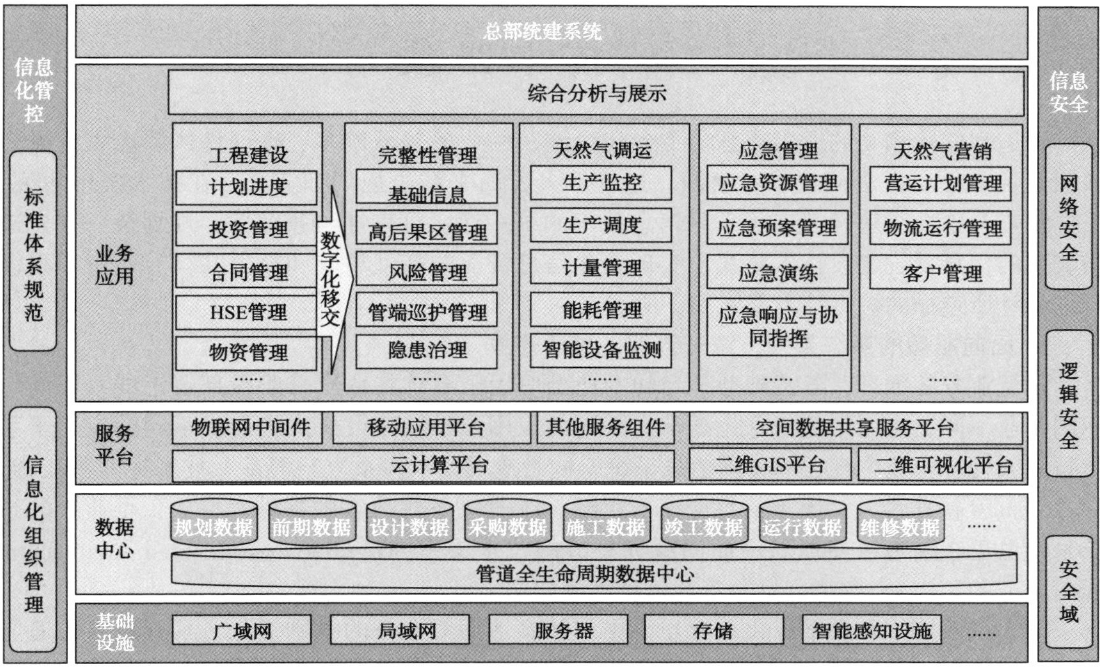

图 7-1 管道应用子系统建设总体应用架构

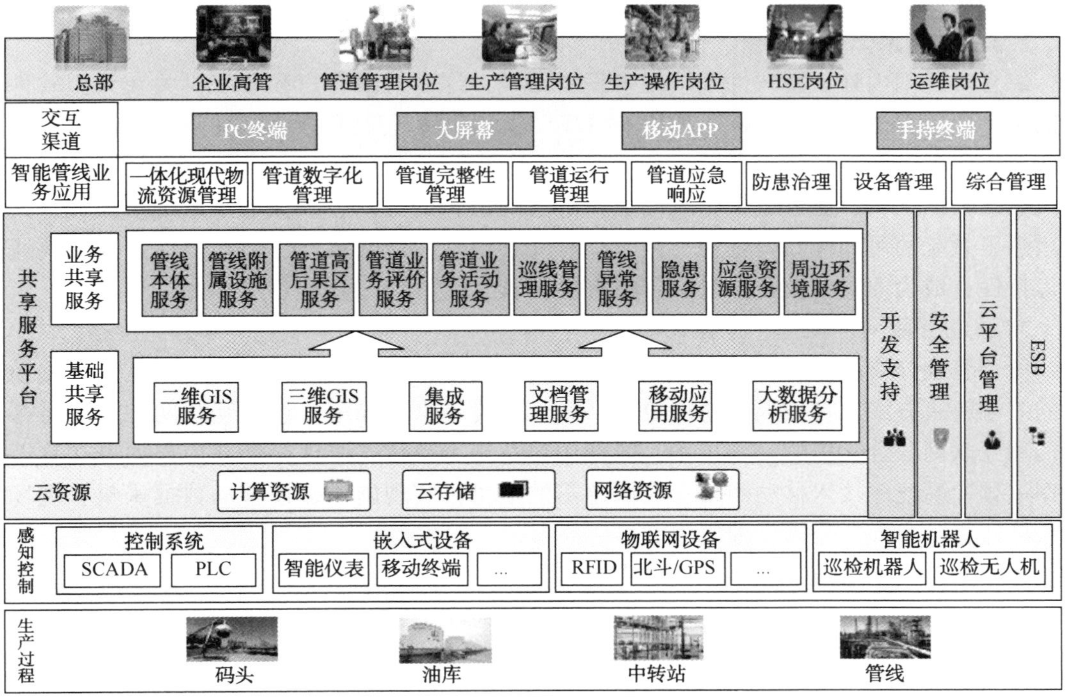

图 7-2 智能化管线管理平台架构

7.2 技术路线

管道智能化相关的应用子系统平台建设涉及的业务领域繁多、软硬件体系庞大，需要按照系统工程的方法从技术、组织、过程等多方面来精心规划和实施。在技术实现角度，需要重点考虑系统建设规划所采用信息技术的统一性、可靠性与兼容性，规划统一、先进与实用的信息系统建设技术路线，实现企业信息资源的高度集成和充分共享。应用子系统规划设计所遵循的关键技术路线如下所述。

1. 面向服务的系统架构，统一管理、灵活开放

随着业务的推进，各基础型平台和专业型应用子系统将依次分阶段部署上线，以满足不同专业不同层次用户的信息化需求。不同的应用子系统建设模式将形成不同的应用子系统技术架构，企业中存在的不同信息系统架构是造成技术体系复杂混乱、技术标准不兼容、IT 系统间互操作性差、上下信息交换不通畅、IT 管理不规范等的祸端。目前，企业级的系统平台也正在越来越多地采用面向服务集成的技术体系 SOA(Services Oriented Architecture 面向服务的架构)来解决信息共享和信息集成问题。

SOA 架构能够帮助信息化系统建设更加从容地面对业务的急剧变化，具有更强的适应性，在快速的业务发展过程中，集成企业的信息资源，最大限度地利用企业已有的数据资产与软件系统，实现软件、数据的无缝接轨，从而达到业务所需的速度、财务所需的更低成本和客户所需的满意体验等多方面的一种平衡，同时便于各系统快速地开发和易于扩展。

2. J2EE 技术体系，安全、高效

综合对比国内外大型软件系统技术发展路线，许多集团客户和政府机关在大型软件技术的选择上，都逐渐在由 .Net、PHP 向 J2EE 全面迁移。J2EE 技术是业界领先的、性能稳定的应用服务器和门户中间件产品，建立以应用服务器为中心的四层或多层的体系结构，实现系统数据逻辑、业务逻辑、应用逻辑和表现逻辑的分离，既保证了系统扩展性，又大大增强了系统的可靠性和安全性。因其具有易移植性、广开放性、强安全性和支持快速开发等特性，成为面向对象开发组织应用的首选平台。

3. 移动互联网，便捷、个性化

所辖管线分布范围广、人员工作地点多变、现场办公环境恶劣，需要满足人员移动需求的终端解决方案，打破因为地理位置、办公环境带来的局限。移动互联网技术是将移动通信和互联网联合起来的一种技术，内部用户及施工单位、监理等外部用户均可在移动的工作过程中高速地接入移动网络，获取急需的信息，实现施工建设移动数据采集、现场监理人员监管、个人办公等多种应用。

企业移动互联网应用由企业服务平台(后端)、移动互联网络(通道)、个人移动终端(前端)三部分构成。其中企业服务平台是企业信息服务及应用提供者，需要企业从信息利用和服务的角度出发，整合企业所有有价值的信息资源，并按其信息资源分类进行封装，形成企业 Web 应用库，从而为企业用户提供信息服务。移动互联网络是信息通道，随着 3G/4G 移动网络技术应用，网络带宽已经能够满足企业级应用的需求。而个人移动终端是企业信息服务的用户，企业用户能够通过各种智能手机、平板电脑等，在保证用户信息安全的前提下，快捷地访问企业的各种应用(APP、Web)，上传现场采集的数据、影像等信息，获取查阅所需的资料，处理企业相关办公业务，使个人移动终端真正成为管理人员和操作人员贴身的移动工作平台。

4. 大数据应用，分析、预测

管道的建设、运营、维护等全生命周期过程中将产生大量数据，管道智能化建设采用了大量的物联网感知技术，数据量更以几何倍数增长，将数据整合处理分析并用于管道管理，大规模生产、分享和应用数据必将是管道智能化应用的发展趋势。

以管道安全为例，在信息处理能力受限的小数据时代，为提高数据分析效率，降低工作量，只对某一种检测方法中部分超过报告阈值的缺陷进行分析和处理，希望通过最少的数据获得最多的管道安全信息。而在大数据时代，随着计算机技术的发展和数据处理能力的增强，管道大数据不是来源于某一种检测方法，而是制管、焊接、铺管等管道基本数据、历史数据、多种检测数据、完整性评价数据、风险评价数据等与管道安全相关的所有数据的总和。

可利用一定的方法和技术，对管道建设及运营的历史大数据进行分析，归纳总结出一些规律与趋势，比如提高风险评价准确度、丰富仿真模拟的数据因子、预测管道在一定周期内的安全运营状况等，从数据分析角度为管理者提供一种数据分析思路，为管理者的决策提供参考。

7.3 服务平台

对于管道智能化建设中庞大复杂的应用子系统体系，遵循以上的技术路线是统一性、先进性的有效保障，而可靠、高效的基础服务平台是企业信息资源整合、共享的实施途径，通过基础服务平台构建企业内的一个开放性的、标准化的资源环境，只要符合开放性连接标准及平台集成规范的，都可与这一基础环境连通，为各应用子系统提供他们所需的资源。服务平台的实施，将随着管道建设的步伐，有序地贯穿到信息化实施过程中，并根据实际情况进行产品对比选型。

1. 物联网中间件平台

管道建设完成后，将有海量的异构感知设备分布在管线上，每分钟甚至每秒将产生数以万计的海量信息，若直接将这些海量的原始数据发送给上层应用，势必导致上层应用子系统计算处理量的急剧增加，且由于原始数据中包含的大量冗余信息也会极大地浪费通信带宽和能量资源等，因此，需要通过物联网中间件来解决数据融合和智能处理等问题。

通过物联网中间件建立物联网所需的通用标准体系，实现应用平台间的互操作与互通信，并能够支持物联网服务的动态发现以及动态定位与调用，实现多个系统和多种技术之间的资源共享，最终组成一个资源丰富、功能强大的服务系统体系。

但是物联网中间件的应用当前也存在一些问题，管道在实施物联网中间件应用中需要注意：一方面，受限于底层不同的网络技术和硬件平台，物联网中间件研究主要还集中在底层的感知和互联互通方面，现实目标包括屏蔽底层硬件及网络平台差异，支持物联网应用开发、运行时共享和开放互联互通，保障物联网相关系统的可靠部署与可靠管理等内容；

另一方面，当前物联网应用复杂度和规模还处于初级阶段，物联网中间件支持大规模物联网应用还存在环境复杂多变、异构物理设备、远距离多样式无线通信、大规模部署、海量数据融合、复杂事件处理、综合运维管理等诸多仍未克服的障碍。

2. 空间数据共享服务平台

在管道全生命周期过程中，空间地理数据内容非常复杂，不仅有来自购买的各种基础地理数据，同时包含来自工作人员或专业勘察队伍采集的管道专业数据、周边环境数据，且会包含大量的卫星影像、扫描地形图等栅格数据，如何实现多源海量异构数据的统一管理将是管道信息化建设面临的一个重要任务，基于服务的空间数据共享平台是解决这一问题的企业级解决方案。

将空间数据资源数据纳入统一的共享服务平台中进行管理，有利于遵照统一的数据库模型进行组织存储，建立标准化的流程进行数据更新管理，通过统一的渠道进行数据发布和访问的权限控制，并且能够集中开发空间分析、数据编辑、专题图等服务模块，为各个应用子系统提供服务支持。例如提供一套空间数据共享服务平台，一套空间地理数据库可为多个应用子系统提供 GIS 应用。

3. 移动应用平台

企业信息化的移动需求日益旺盛，从实际情况来看诸多的管道企业专业化应用子系统或业务管理系统并没有大范围提供移动版，移动应用平台能够支持企业实现应用程序的移动化。它提供一系列全面的服务，帮助企业将适当的数据和业务流程移动化到任何移动设备上，从而在统一规范、集中管理的移动平台上将各应用子系统的核心业务进行移动化转换。

企业移动应用平台主要为企业提供移动终端设备的连接与互动，其核心价值在于帮助企业实现随时随地的移动办公和业务处理。它主要包括移动开发与能力平台、移动安全与管理平台、专用与通用移动应用软件三大类。对于应用的主体而言，比较重要与常见的主要有移动办公软件、移动数据采集软件、移动安全管理软件等。

采用企业移动应用平台进行信息系统的移动化扩展，包含三个应用层次，各应用子系统可根据具体业务需求定制。第一层次实现简单的推送服务，将信息通过邮件或者短信的方式传送；第二层次实现延展性移动应用，即通过移动应用平台将各个应用子系统的业务交互和数据展示迁移到移动端，直观地解决随时随地移动办公的需求；第三层次实现整合型移动应用，重心在于规划整体的移动信息架构，并通过业务规划与技术工具的手段，在既保留原有各自系统独立性的同时，又能够整合各系统相关联的数据和流程，最终通过一个 APP 在移动端体现，用户只要进入一个 APP 即可完成在移动端所需的全部业务处理，实现“移动微门户”。

7.4 数据架构

数据架构(见图 7-3)模式按照“采、存、管、用”的流程，分为采集层、元数据层、存储层、模型层、服务层和应用层，并建立标准规范和信息安全保障体系。参照相关国家行业标准，根据管道业务流程及业务活动建立平台数据模型，并对数据进行科学合理的分类，形成数据分类的标准规范(含新建管道)。建立数据编码体系，包括组织机构、业务实体、附录代码等在内的主数据编码规则，为全平台的数据统一、规范使用建立基础。建立业务数据采集模板，以数据模型标准为基础，结合企业已有信息系统的数据结构，规范数据采集、上报、发布的流程。建立空间数据采集规范，采用卫星、航拍、测绘、电子地图、数字高程等方式，通过坐标转换、图像匹配等技术处理，获得管道基础数据及周边环境资源数据。数据分类标准覆盖业务、空间、实时和视频数据，满足日常业务信息采集、存储、管理和应用的需要。

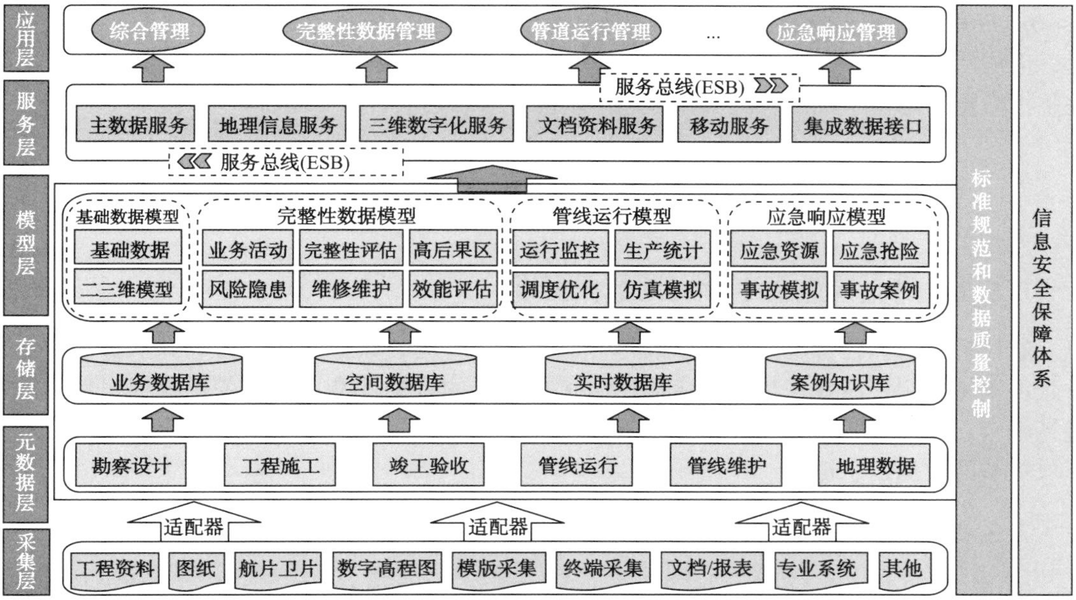

图 7-3 智慧管道数据架构

1. 采集层

数据采集内容包括：管网的工程资料，设计、竣工测量数据，管道周边的影像数据，高程数据，通过业务数据采集模板采集的数据，管道终端仪表采集的数据，企业的文档报表，各专业应用子系统的专业数据等。

2. 元数据层

将采集的不同格式和介质的信息通过适配器进行数据校验、清洗、转换、入库等一系列数字化操作，获得勘察设计、工程施工、竣工验收、管道运行、管道维护、地理数据等各类元数据。

3. 存储层

建立业务数据库、空间数据库、实时数据库、案例知识库等数据库，根据元数据所属范畴，将其分门别类地存储在上述数据库中。

4. 模型层

根据管道业务流程和业务活动，建立智能化管线管理平台的数据模型，包括基础数据模型(基础数据、二三维模型)、完整性数据模型(业务活动、完整性评估、高后果区、风险隐患、维修维护、效能评估)、管道运行模型(运行监控、生产统计、调度优化、仿真模拟)、应急响应模型(应急资源、应急抢险、事故模拟、事故案例)等。

5. 服务层

服务层基于 ESB 即企业服务总线，提供了事件驱动和文档导向的处理模式，以及分布式的运行管理机制。它支持基于内容的路由和过滤，具备了复杂数据的传输能力，并可以提供一系列的标准接口服务，包括管道主数据服务、地理信息服务、三维数字化服务、文档资料服务、移动服务、集成数据接口等。

6. 应用层

应用层基于管道数据模型和管道服务，搭建各类应用子系统，包括综合管理子系统、完整性数据管理子系统、管道运行管理子系统、应急响应管理子系统

7.5 智能管道解决方案

7.5.1 建立管道全生命周期数据标准

通过构建智能化管道标准，形成与管道实体相对应的数据资产，为确保数据的完整性并且可重复应用，需要在整个生命周期内执行同样的数据标准，各业务数据通过数据模型进行整合。构建数据标准和规范，伴随生命周期内各类业务，产生、传递、共享、应用、形成完整的数据信息链。

7.5.2 构建管道全生命周期数据库

管道全生命周期管理(Pipeline Lifecycle Management，PLM)可定义为：在管道规划、可行性研究、初步设计、施工图设计、工程施工、投产、竣工验收、运维、变更、报废等整个生命周期内，整合各阶段业务与数据信息，建立统一的“管道数据模型”，实现管道从规划到报废的全业务、全过程信息化管理，如图 7-4 所示。

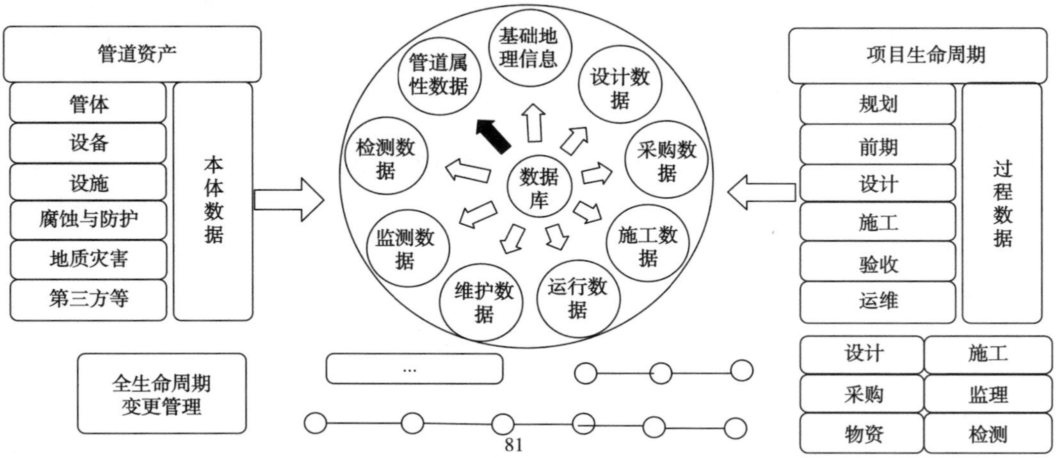

图 7-4 全生命周期数据库

构建全生命周期管道数据模型，以设计和运行为主，创建 APDM 数据模型，将各阶段全业务数据按中心线入库和对齐，通过将全部数据加载到管道数据模型上，对管道本体及周边环境数据、管道地理信息数据、业务活动数据和生产实时数据等数据资源进行集中存储和开发利用，实现物理管道和数字管道模型的融合。

7.5.3　数字孪生体构建

数字孪生以物理实体建模为基础，通过实时数据采集、数据集成和监控，动态跟踪物理实体的工作状态，在信息空间中进行全要素重建，形成具有感知、分析、决策和执行能力的数字孪生体。数字孪生的概念最初由美国密歇根大学的 Grieves 教授于 2003 年在产品全生命周期管理课程上提出，其内涵和定义也随着新技术的应用而发展。全球 IT 研究与顾问咨询公司 Gartner 连续两年(2016 年和 2017 年)将数字孪生列为十大战略科技发展趋势之一，如图 7-5 所示。

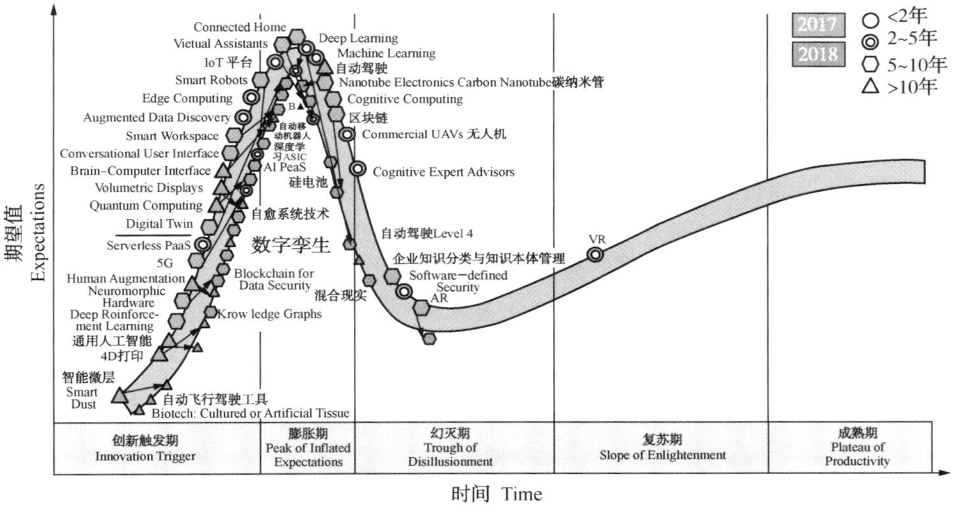

图 7-5　2017~2018 IT 技术期望值

数字孪生得到了德国西门子、美国通用电气、ANSYS 等各大公司的重视，并提出了相应的解决方案，Dassault 通过产品全生命周期的虚拟现实融合，优化产品性能；ANSYS 增强对数字孪生模拟的物理理解；GE 加强对产品寿命期间的状态监测和预测；PTC 连接物理世界和数字世界，在计算机上实现自行车的可视化。

1. 数字孪生站场

数字孪生站场建模与可视化系统开发是以精准映射现实的站场孪生模型为根本，以 ArcGIS 平台为载体，以传感通信技术为纽带，在虚实迭代优化的过程中结合大数据挖掘技术，实现站场的实时监测、智能决策和统筹管理。

工程仿真在传统上一直被用于新产品设计和虚拟测试，其省去了在产品发布之前构建多个原型的环节，随着工业物联网(IOT)的兴起，仿真技术进军运营领域，工业物联网让工程师能够与正在运行的产品上的传感器和致动器通信，从而捕捉数据并监测运行参数。这样就能在实际的产品或工艺过程上实现数字孪生体，其能够监测实时的预测性分析并测试预测性维护工作，从而优化资产性能。此外，这种数字孪生体还能提供相应的数据，以改善整个生命周期内的产品设计。ANSYS 物理仿真与分析功能完美结合，可帮助企业预测未来产品的性能，降低意外停机带来的成本和风险，并且改善未来的产品研发过程。

数字孪生站场开放多数据接口联通站场各传感器，实时采集设备运行参数集成存储，在数据存储调用的基础上开展数据分析，实现站场设备的应急响应、故障诊断、状态预测等功能，从而达到站场智慧化管理。通过构建的数字孪生站场可视化系统，实现站场模型准确化、管理可视化、监测全面化、诊断精准化。基于数字孪生的油气站场，其建模的时候充分考虑到了工况和设备环境对站场的影响，并应用反馈和迭代更新的算法不断对模型进行准确化建设。油气站场的数字孪生模型经过实时映射，形成精准的数字化模型，对现场进行线上平台管理，实现站场管理无人化、可视化。油气站场的数据通过数字孪生模型进行了实时映射，所有数据可以在台式电脑、个人计算机和移动设备上随时监管监察。通过物理网进行大数据处理，机器学习对数据进行进一步分析，提取故障特征信息，找出故障精确发生位置，达到故障早预警。

“智慧站场”是站场全要素的有机整合，是传统因果关系向互联关系的质的飞跃，但现有的技术成果难以同时满足“智慧站场”的基本要求，需要探索新的途径。数字孪生作为一种充分利用模型、数据、智能并集成多学科的理论，可在此基础上探索“智慧站场”建设，以此提高站场故障诊断预测、信息管理和安全管理能力。

在站场管理平台应用过程中，数字孪生技术通过数据交互实现物理空间和虚拟空间的双向映射和互操作，并根据两个空间之间的迭代优化和调节交互来实现系统自升级，如图 7-6所示。

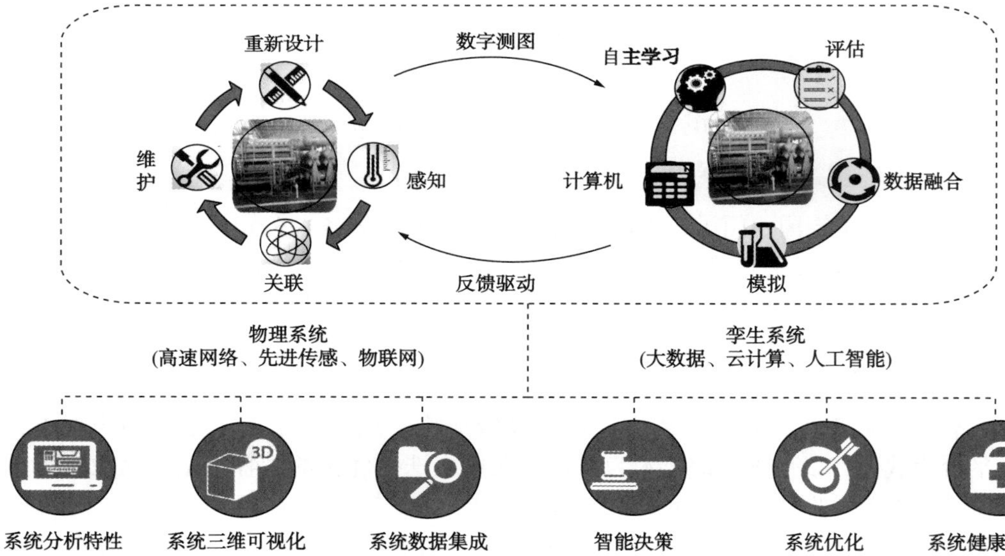

图 7-6　数据交互实现物理系统和孪生系统数字化

2. 数字孪生管道

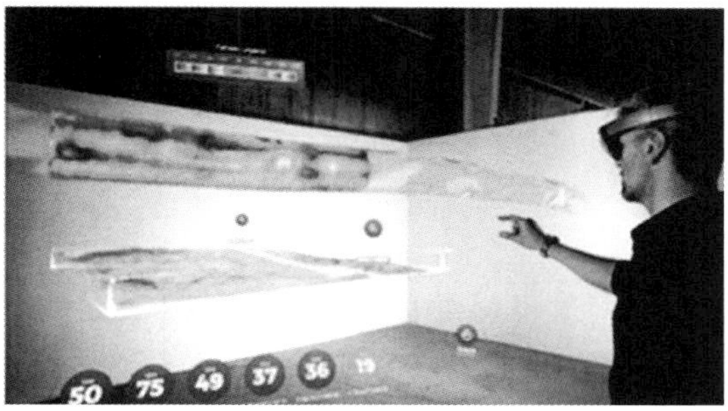

图 7-7　管道数据以 3D 形式呈现

管道数字孪生技术也是一项虚拟现实技术，可将管道数据以 3D 形式呈现，如图 7-7 所示。用户通过全息透视眼镜，可对管道的虚拟图像进行旋转、放大和扩展（视图范围 200~300m^2）。重点区域可以热图的形式呈现，包括区域地质情况以及随时间移动的地质变化状况。用户可观察区域中的小凹痕、裂缝、腐蚀区以及由地面移动引起的管道应变等潜在危险。管道数字孪生技术还可对管道周边的边坡测斜仪进行全息展示，用户可清晰观测管道随地面运动而发生的移动情况，管道的管径数据变化也可通过 3D 视图直观显示出来。该技术目前在加拿大 Enbridge 公司的部分管道上进行应用，节省了研究管道数据的时间，有助于用户更好地监控管道运行状况，快速准确地评估管道完整性。

7.5.4　全生命周期智能管网设计

全生命周期包括管道建设、运营两个阶段的数据和运维服务，覆盖整个全生命周期，同时将决策支持作为重要组成部分，突出智能管道的决策支持应用。全生命周期智能管网的结构如图 7-8 所示，大数据分析及决策支持如图 7-9 所示。

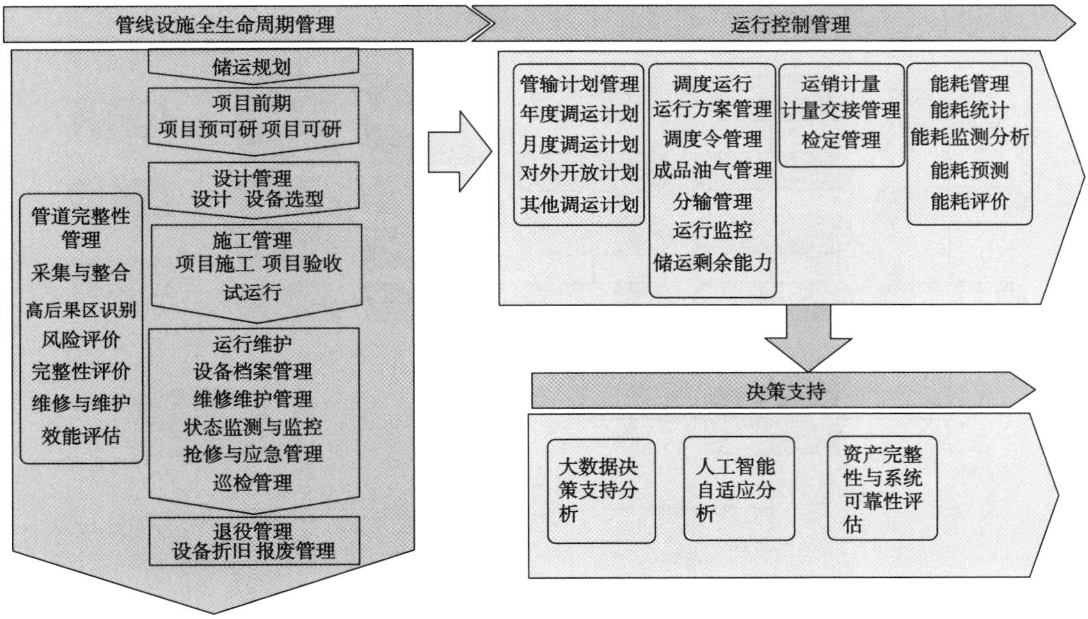

图 7-8　全生命周期智能管网结构设计图

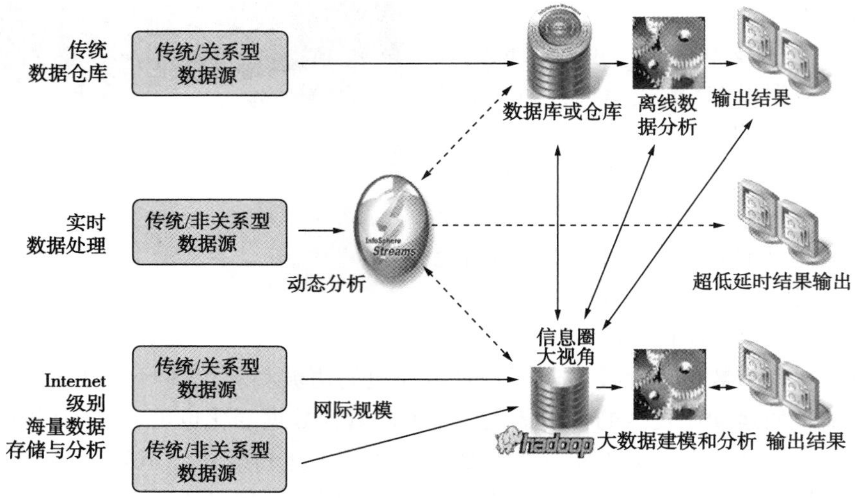

图 7-9 大数据分析及决策支持

7.5.5 搭建基于 GIS 的全生命周期智能管网平台

按照“统一系统、统一平台、统一安全、统一运维”的思路，基于云架构建设数据中心、应用平台和共享服务，形成统一的建营一体化平台，构建管线建设与运营业务应用功能，满足工程建设和运营管理的业务需求。搭建全生命周期 GIS 数据平台及数据库，流程如图 7-10 所示。

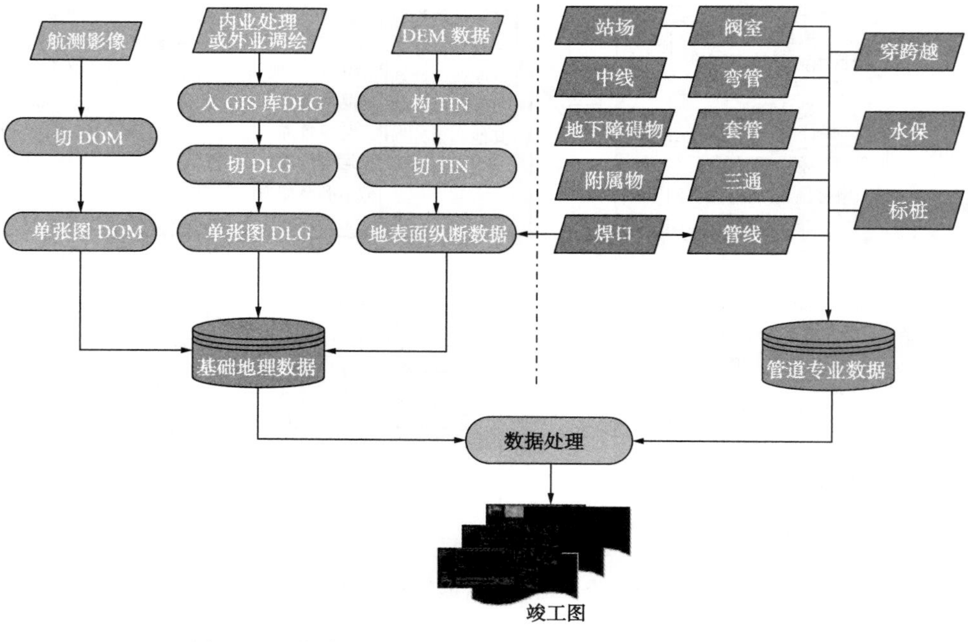

图 7-10 搭建全生命周期 GIS 数据平台及数据库流程图

7.5.6　施工管理

1. 施工数据采集录入管理

施工数据入库包含施工全过程的采集、整理、转换、传输和加载等内容，既要满足数据完整性、合规性、可靠性、外延扩展性和逻辑一致性等要求，又要满足空间数据和属性数据的关联关系的正确性以及与其他数据的融合精度的要求，如遥感数据、航测数据、设计数据、地形数据、工程数据等，对于数据入库的逻辑结构，包括字段、数据类型、字段长度、单位等须满足智能化管道标准的要求。

2. 工程建设过程可视化质量管理

工程建设过程可视化质量管理是以督导施工过程规范化为目标，以空间图像、照片为手段，反映问题有图有真相，是施工过程可视化质量管理的有效手段；系统通过智能手持终端快速拍照，有效记录施工过程，并可根据照片的坐标信息定位承包商。

3. 工程数据数字化移交

以全生命周期数据库的方式进行移交，移交成果为管道建设数据库，方便未来运行管理的技术参数、设备属性以及施工过程技术参数的查询和调用，数据可用性强，可为后续应用子系统直接提供基础数据。

7.5.7　管道运维管理

开发基于 GIS 的运维管理模块，实现运维期管道全生命周期的闭环管理，满足完整性管理 6 步循环(数据采集、高后果区识别、风险评价、完整性评价、修复与减缓、效能评价的全过程管理)的要求，如图 7-11 所示。

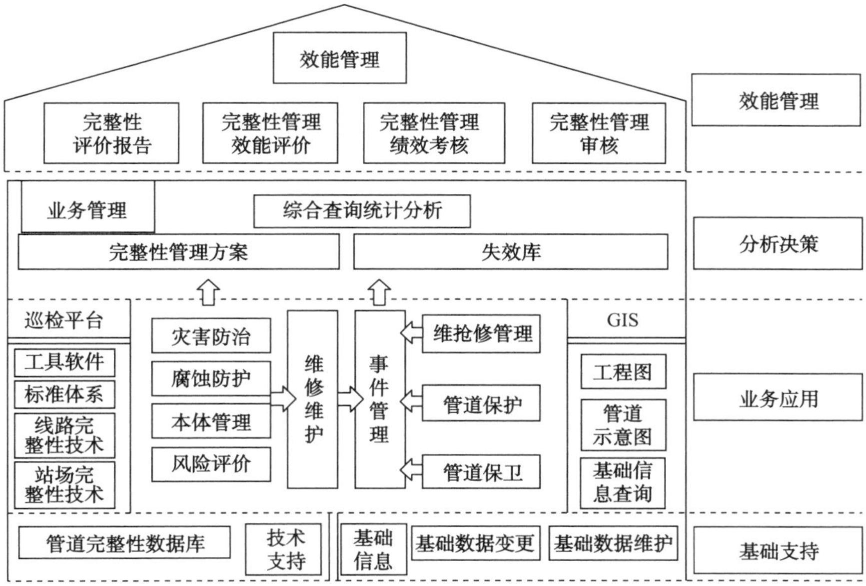

图 7-11　管道运维管理

1. 腐蚀控制断电电位管理

针对阴极保护工程，实施断电电位管理，采用电位远传的方式，进行日常阴极保护工作如保护电位、自然电位、恒电位仪、保护电流密度等数据的上传和自动上报，并对防腐层检测与修复情况进行科学管理。

2. 高后果区、地区等级升级地段风险评估

针对高后果区、地区等级升级地段，采用基于历史失效数据和基于可靠性理论的计算模型，考虑天然气管道失效模式对后果的影响，建立了管道失效概率计算方法；分析管道事故灾害类型，并考虑财产损失、人员伤亡、管道破坏、服务中断和介质损失等管道失效后果情景，建立天然气管道失效后果的定量估算模型，如图 7-12 所示。

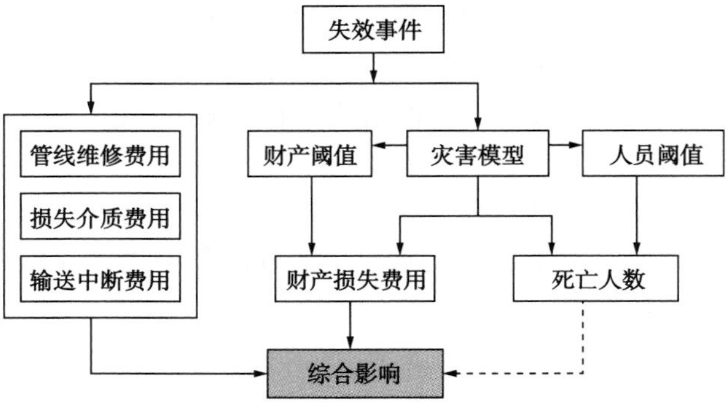

图 7-12　定量风险评估

3. 智能无人机巡线

传统的人工巡线方法，不仅工作量大而且条件艰苦，特别是对山区、河流、沼泽以及无人区等地的石油管道的巡检，或是在冰灾、水灾、地震、滑坡、夜晚期间巡线检查，所花时间长、人力成本高、困难大。

管道线路危险区域巡检采用无人机全数字化巡检，在特殊地段、风险较大的地段，进行第三方防范巡护、泄漏巡检，泄漏巡检搭载高精度红外热像仪或红外光谱仪，对危险区域进行泄漏识别，及时进行预警和报警。

4. 管道在线完整性评估

针对内外检测缺陷、几何变形、重车碾压、洪水冲击、矿场堆料、管道悬空、阀室沉降、管道屈曲、山体滑坡监测、管道落差坑沟填埋、并行管道、爆破等建立评估模型。重点针对不同钢级管道适用性评估开展研究，建立管道氢致开裂、焊缝、平面型缺陷、体积型缺陷、几何缺陷的评估理论方法，建立有限元、边界元的数学仿真模型，开发系列评估软件。提出氢致开裂断裂判据，建立管道新的失效评定关系，并给出失效评定图。确定一定输送压力和 H_2S 含量下，含裂纹缺陷管道的安全度和安全范围，并给出相应的安全系数。建立管道 ICDA 直接评估、管道 ECDA 直接评估、应力腐蚀开裂 SCCDA 直接评估方法，实现管道实时在线完整性评估。开发的模块、模型有：

（1）管道适用性评价（API 579）；

（2）管道国际缺陷评价（DNV RP-F101/ASME B31. G/RSTRENG/Modified B31. G）；

（3）管道焊缝评估系统；

（4）管道 BS 7910 评估；

（5）管道氢致开裂完整性评价与寿命预测系统。

7.6　管道大数据挖掘与决策支持

7.6.1　应急决策支持

发挥智能管网系统的应急指挥和应急决策支持的作用，满足应急指挥决策的需求，实现应急情况下对管道基础数据和管道周边环境数据的及时调取，并自动计算疏散范围、安全半径，自动输出应急预案、应急处置方案等，通过抢修物资与抢修队伍的路由优化，实现一键式应急处置方案文档输出，输出数据包括管道基本信息查询、事故影响范围、应急设施、人口分布、最佳路由、应急处置方案等。

7.6.2　大数据决策支持

基于大数据的相关性、非因果性分析理论，管道系统大数据的来源为实时数据、历史数据、系统数据、网络数据等，类别为管道腐蚀数据、管道建设数据、管道地理数据、资产设备数据、检测监测数据、运营数据、市场数据等。未来管网系统大数据通过互联网、云计算、物联网实现信息系统集成，把各类数据统一整合，通过建立大数据分析模型，解决管道当前的泄漏、腐蚀、自然与地质灾害影响、第三方破坏等数据的有效应用问题，获得腐蚀控制、能耗控制、效能管理、灾害管理、市场发展、运营控制等综合性、全局性的分析结论，指导管道企业的可持续发展。管道大数据决策支持体系如图 7-13 所示。

7.6.3　焊缝大数据风险分析

焊缝是管道重要的特征之一，其质量直接影响管道的安全。由于焊接质量而引起的事故有很多，自 2010 年以来就发生了 10 余起管道焊缝失效事故。焊缝引起的缺陷主要表现为：管道碰死口，焊缝射线片不合格，隐藏有缺陷，焊缝射线底片与焊口对应不上。通过大数据分析的方式能够找出焊缝缺陷或隐含的问题，找出碰死口位置的全部底片。

基于 X 射线的焊缝图像，可对缺陷的特征进行提取和自动识别。首先，对焊缝图像采用均值滤波和中值滤波相结合的方法进行预处理，对比了两类图像增强算法，选择了直方图均衡方法进行图像增强，采用迭代阈值图像分割算法对焊缝区域进行分割，并对焊缝缺陷进行特征提取和特征选择；然后，采用基于二叉树的 SVM 分类器方法对焊缝缺陷进行分类识别，筛选可能的缺陷特征，如裂纹、未焊透、未熔合、气孔、球状夹渣以及条状夹渣等。焊缝底片大数据分析系统框架如图 7-14 所示。

采用上述模型开发的软件系统，通过缺陷边缘检测和跟踪处理技术计算各参数，可实现对焊缝底片进行完全局部三值模式 CLTP 纹理识别。上述纹理识别和特征识别计算参数包括图像长度像素、图像宽度像素、缺陷与背景的灰度差、缺陷的相对位置、缺陷自身灰度偏差、缺陷长宽比、等效面积、圆形度、熵、相关度、惯性矩、能量参数等，所有特征参数输入 SVM 模型，进行 SVM 焊接底片的缺陷识别，最终得到缺陷的类别如图 7-15 所示。

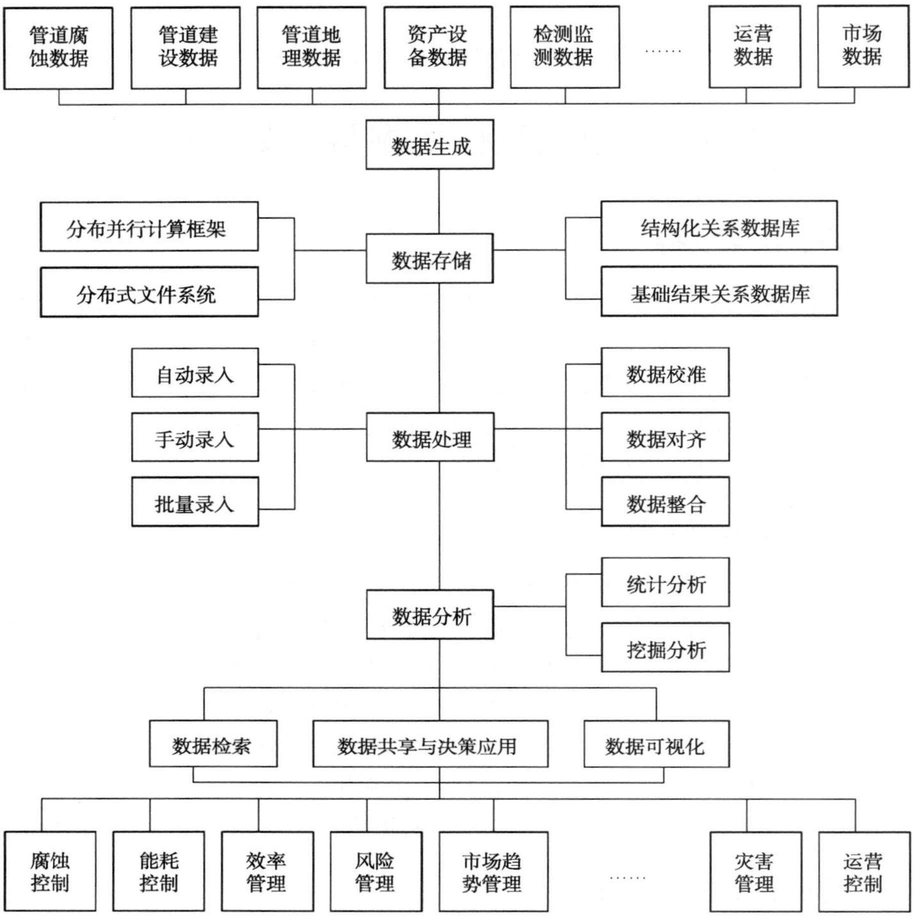

图 7-13　管道大数据决策支持体系

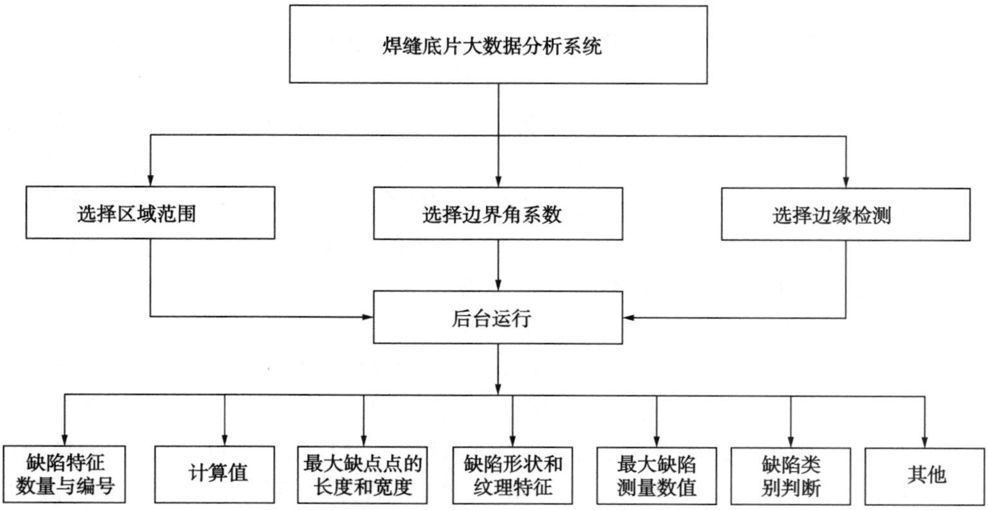

图 7-14　焊缝底片大数据分析系统框架图

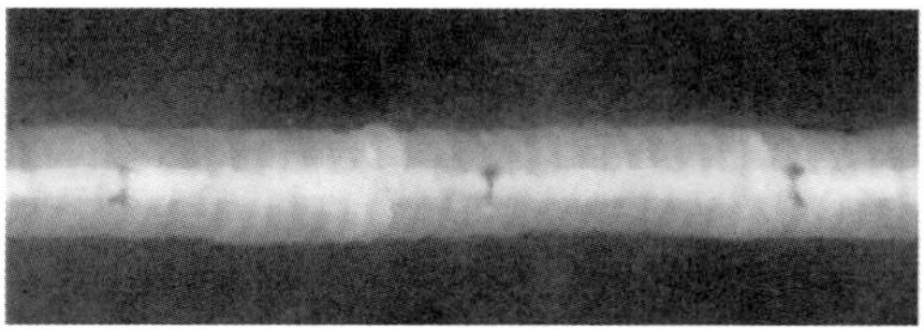

(a–1) CTLP 单个夹渣

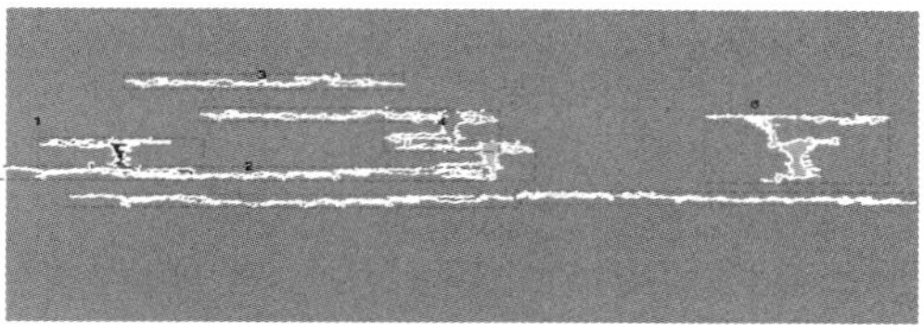

(a–2) 夹渣 SVM 判断

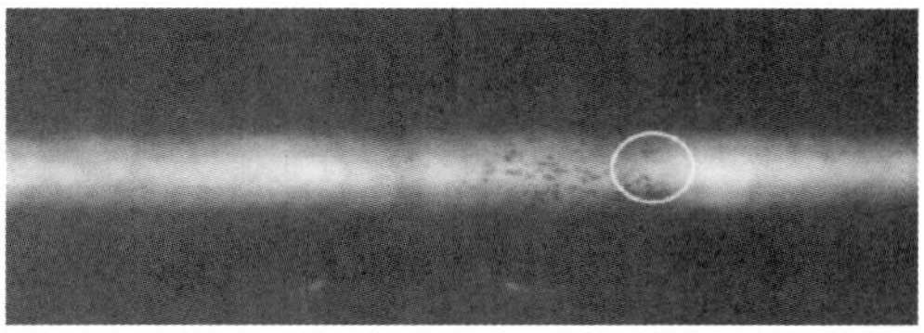

(b–1) CTLP 密集气孔

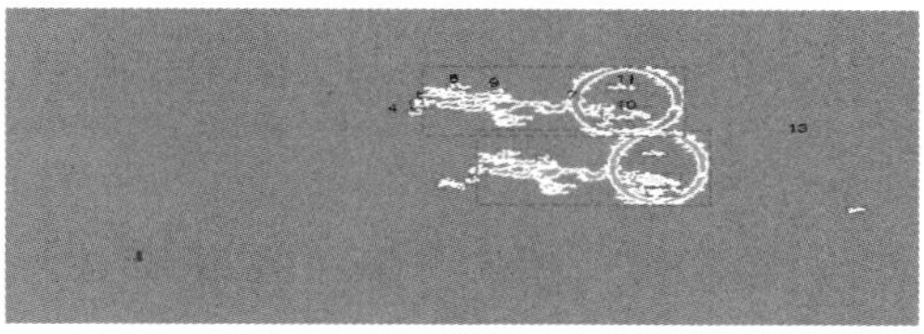

(b–2) 密集气孔 SVM 判断

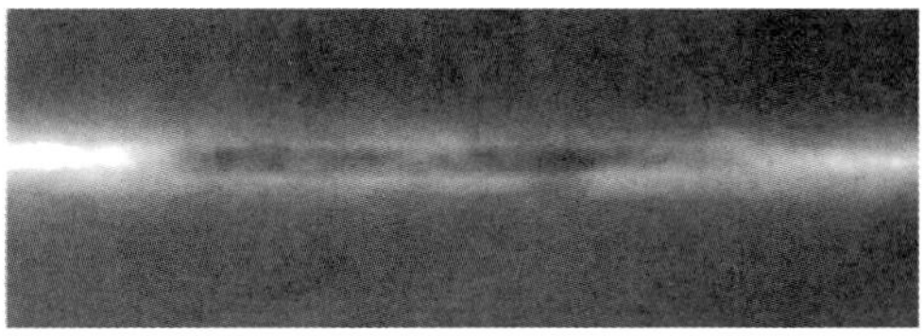

(c–1) CTLP 根部凹陷

(c–2) 根部凹陷 SVM 判断

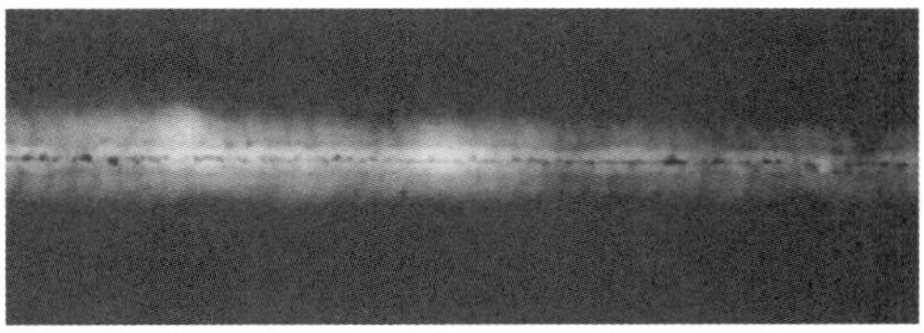

(d–1) CTLP 根部未焊透

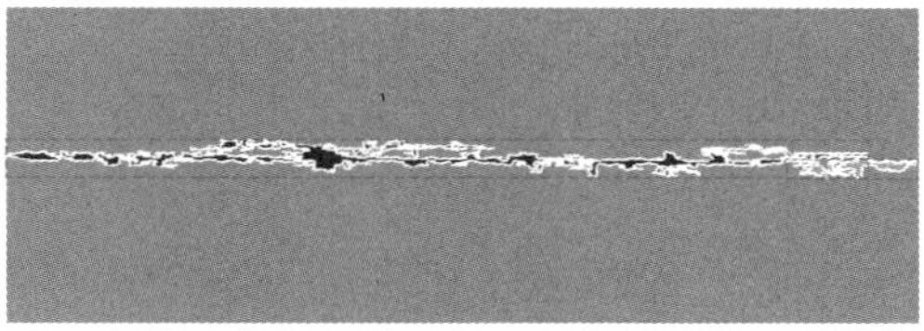

(d–2) 根部未焊透 SVM 判断

(e-1) CTLP 中部未融合

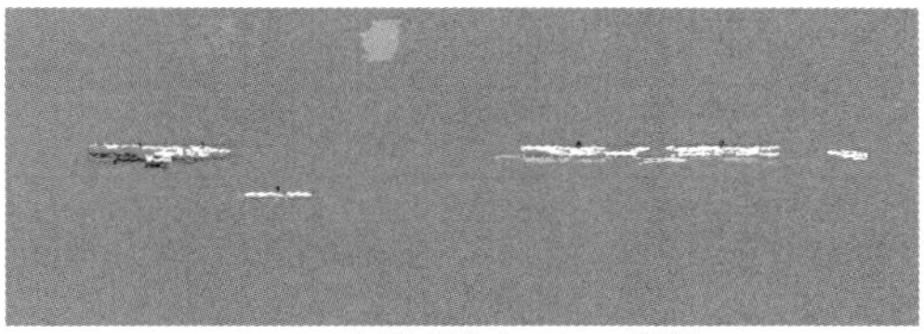

(e–2) 中部未融合 SVM 判断

图 7–15　焊缝底片缺陷 CTLP 识别和 SVM 缺陷判断

7.6.4　基于物联网组网监测的灾害预警

开发出一套管道地质灾害监测系统，由传感器、采集仪、传输模块、评价系统组成。系统克服了极端天气、系统供电等困难，实现了 7×24h 时监测及自动报警管理。

实时监测地质灾害区、高后果区管道的应力、应变状态，包括应变监测、温度监测、位移监测、土压监测，及时进行应变报警、应力报警、位移报警，目前已形成管道监测网。

7.6.5　管道泄漏实时监测

管道泄漏监测系统以 SCADA 系统或负压波、次生波、光纤等监测传感器的实时数据作为基础，数据出现异常时系统将详细检查这些异常数据，并分析是否为泄漏。管道泄漏监测系统发现泄漏点后，将立刻发出警报并显示泄漏地点、泄漏时间、泄漏速度和泄漏总量等数据。

7.6.6 远程设备维护培训

开展拆装维护实训，通过对设备零部件、组件正确顺序的拆解和组装，可以直观地查看设备整体展开或剖面的结构，单独查看设备各个零部件和组件的外观，详细了解和掌握设备的组成、结构及运行原理，熟悉并掌握正确的拆装工具、拆装流程、注意事项，为设备的维护保养维修打下基础。

7.6.7 远程故障隐患可视化巡检

通过对长输管线场站典型故障与隐患的案例的积累，建立故障隐患数据库，利用三维可视化技术对场站进行三维重建，学员在虚拟环境中巡查摸排系统设定的故障隐患，熟悉常见典型故障点及处理方法。系统在员工训练结束后，给予分析评价，使领导能够定期掌握员工对风险故障隐患的掌握情况。

7.7 移动应用

移动应用是未来管道管理发展的重要组成部分，随着4G/5G网络环境的形成，移动应用使管理者与系统紧密结合，保证第一时间内处置突发事件、文件处置、在线管理，及时了解管道运行动态，最大限度地保障管道安全运营。移动应用设计如图7-16所示。

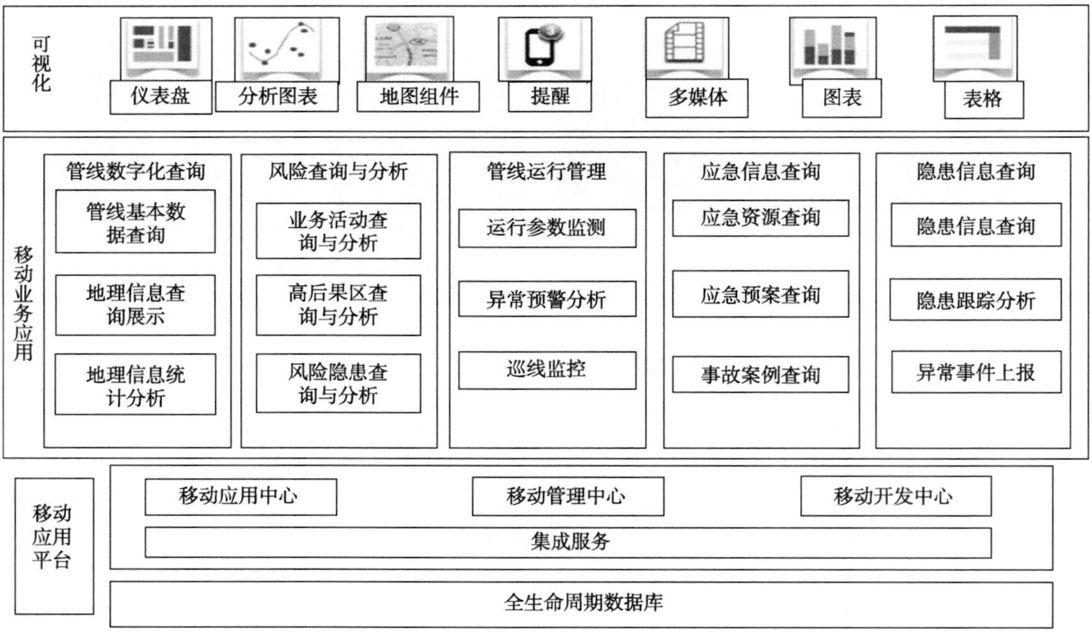

图7-16 移动应用设计

第 8 章　全生命周期管理系统功能设计

本章按照管网业务要求，对系统功能进行总体设计。下面将对管网全生命周期管理系统的设计目标、系统功能进行详细的描述。

8.1　综合管理子系统

8.1.1　系统门户信息

门户主页(见图 8-1)作为全生命周期管理信息系统的入口，页面简练、美观，可通过门户网站发布工程建设及运营期间的重要信息，并通过门户分别进入各子系统或重要功能模块，为项目参建单位提供一个信息共享和发布的统一平台，使系统用户可以及时快捷地了解到项目相关信息。门户中的各服务组件可以无缝地集成工作，并通过集中的控制台进行维护和管理。

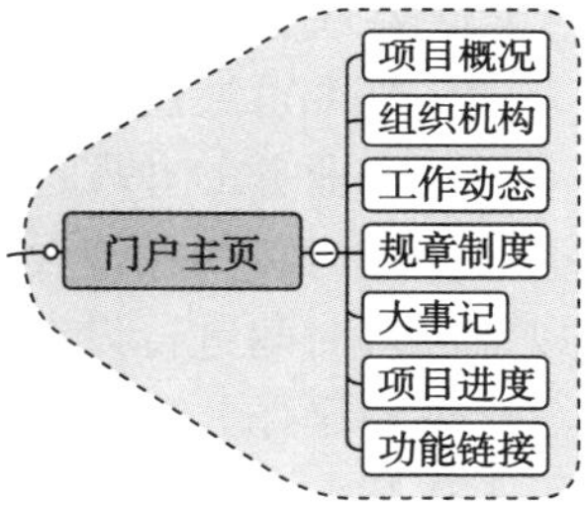

图 8-1　门户主页

1. 项目概况

总体介绍建设内容、建设规模、投资总额、开工竣工日期、市场前景、经济效益、社会效益、地理位置、交通条件、气候环境、人文环境等内容。

2. 组织机构

对各标段的设计单位、监理单位、施工单位、检测单位等参建单位作简要介绍。用户可以查阅相关单位的参建人员通讯录。

3. 工作动态

工作动态栏目是一个汇报工作、交流经验、传递信息的平台。内容包含公司文控发布的工程简报和工程日、周、月报等信息。

4. 规章制度

包含工程建设期间各参建单位及公司工作人员要遵守的各种规章制度。

5. 大事记

用于记录单位发展历程中的重大事件或里程碑事件。发表大事记时可以直接在线编辑事件内容，也可以上传相关文档作为附件供下载。大事记经文控发布后会显示在门户主页中供用户浏览。

6. 项目进度

以报表、统计图、可视化展示等形式，展示项目的进展情况。

7. 功能链接

门户主页上方会根据当前用户被授予的权限，列出能够访问的系统功能菜单，提供各子系统和重要功能模块的快捷入口。

8.1.2 工作督办管理

工作督办管理是确保公司各项工程决策和工作督办得以顺利实施的重要手段，是改进工作作风、提高工作效率的有力措施。工作督办管理的指导思想是紧紧围绕上级机关各项工作部署和公司重点工作以及重要决策，进行仔细认真、实事求是的工作督办，及时掌握工作进度，发现和协助分析解决问题，实现工作督办工作的规范化、制度化、程序化。

督办管理主要用于领导安排的临时性事务和会议安排工作。

工作督办管理应实现如下功能：

(1) 可设置事务的紧急程度，不同紧急程序对应不同的流程处理时间。

(2) 流程超时自动提醒，并用不同颜色来区分超时和未超时流程。

(3) 系统会自动记录流程的督办和修改记录，并在节点监控中提示。

(4) 督办可通过手机短信发送督办信息提示节点处理人员。

(5) 在业务的办理过程中可以设定每个步骤办理时限，可以在流程中设定办理工作日，在业务办理时，如办理人员接收文件后超过限定时间，系统会加以提醒，进行催办。同时，可以对办理时间进行设定，如节假日为非工作日，不计时；特殊串休假期为工作日，计时等。保证对操作人员公平合理地计时，公文能及时地被处理。

工作督办管理各功能如表 8-1 所示。

表 8-1 工作督办管理各功能单元表

功能单元	描述	备注
督办计划	1. 维护工作督办来源：来自进度计划中工作分解结构或来自非计划性的工作督办(事务型工作，如领导指示、会议纪要、收文办理等) 2. 明确工作督办的主办单位/部门、工作限期时间	
督办执行	1、主办单位/部门领导将分解指派的工作督办分配给主办人员 2. 工作督办的转移需要经单位/部门领导审批 3. 个人工作列表：列出个人负责的工作督办清单 4. 工作督办的办理：填报工作督办的进展、上传工作督办的参考文件及交付成果、记录工作督办的交流评论信息 5. 工作督办的验证及关闭：主办单位/部门领导对完成的工作督办进行验证并关闭	
督办检查	1. 通过多种沟通手段(系统内提示、即时通信软件、邮件、手机短信)对工作督办的办理人员进行及时的提醒 2. 对督办的办理情况进行检查	
督办报告	实现各类督办工作情况的报表生产	

8.1.3 系统后台管理

系统后台管理将是管网全生命周期管理系统运行的基础和保障，也是支持全部业务应用的底层平台。业务系统运行时所需要的所有基础数据、工程各个建设单位和今后运营单位的组织机构信息、用户基本信息和安全权限、功能访问权限都是在系统后台管理子系统中实现的；业务系统的数据备份和日志管理也在该子系统中实现。其功能结构如图 8-2 所示。

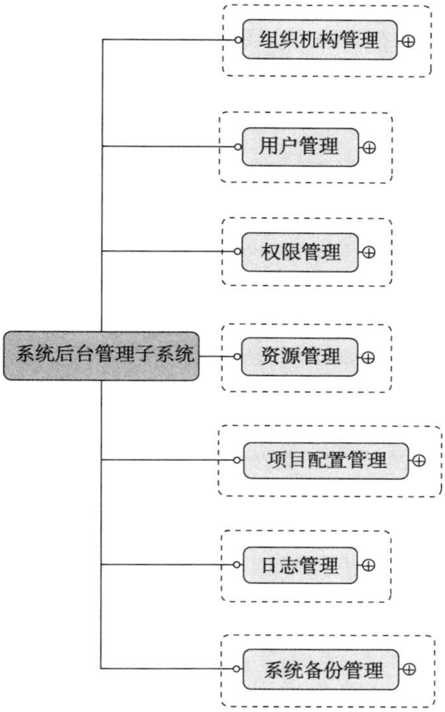

图 8-2 系统后台管理子系统功能结构

1. 权限管理

基于角色的访问控制模型（Role-Based Access Control），RBAC 将整个访问控制过程分成两部分，即访问权限与角色相关联、角色再与用户相关联，从而实现用户与访问权限的逻辑分离，减少了授权管理的复杂性，降低了管理开销，为管理员提供了一个比较好的实现安全政策的环境。

2. 组织机构管理

组织机构管理维护本项目中存在文件来往的各单位和部门的信息。组织机构管理包含以下功能：

（1）添加组织机构，即在系统中增加一个组织机构；

（2）查询组织机构，即查找系统中已经存在的组织机构；

（3）修改组织机构属性，即修改特定部门的各种属性；

（4）删除组织机构，即从系统中删除组织机构；

（5）组织机构权限分配。

3. 用户管理

用户是指使用本系统登记文件或者查看系统内文件的用户，只有在本系统拥有用户账号的人才能登录系统。

用户管理提供如下功能：

（1）用户注册 增加一个用户信息；

（2）口令设置 修改系统的登陆口令，用户可以自己修改，也可以由系统管理员处理；

（3）禁用用户账号 当一个用户不再被允许访问系统时，他的账号将会被禁用；

（4）用户所属机构分配 一个用户可以在多个组织机构中拥有身份；

（5）用户权限分配 为用户分配访问系统的权限。

4. 资源管理

提供系统各模块的基础资源信息配置功能，如数据字典、编号类型等业务的维护功能。具体包括：

(1) 资源分类　系统中所用到的每一种基础信息都可以算作一类资源;

(2) 资源维护　按照资源的类别来维护具体的资源信息;

(3) 资源安全　分配资源的访问权限。

5. 日志管理

运行日志是系统安全策略中的一个重要环节。在运行日志中将记录所有用户对业务系统所做的任何操作，以备日后的审计。

为了便于诊断系统出现的问题，了解系统使用的状况，监督用户和系统管理员的操作，在本系统中建立了三类日志：系统错误日志、用户访问日志、管理员操作日志。

(1) 系统错误日志　当系统发生错误时，记录错误发生的时间、模块和详细信息。系统发生错误可能源于多方面的原因，如网络连接中断、数据服务器停止、访问权限受到限制、程序出错等。系统错误日志能够帮助系统管理员迅速发现和诊断错误的类型和原因，及时找出解决问题的办法。

(2) 用户访问日志　在用户访问日志中，记录用户登录、退出、进入主要功能模块等动作。通过用户访问日志，可以记录用户的主要操作过程，以便于在必要时追溯和查询。

(3) 管理员操作日志　在管理员操作日志中，记录重要的系统管理动作，包括用户的增、删、改以及角色重定义、密码修改、权限修改等，从而起到对系统管理员监督的作用，也有助于诊断由于系统管理员误操作而带来的系统配置问题。

(4) 用户日志浏览　管理员通过本功能浏览指定时间范围内的日志文件；在浏览时可以根据日志的类型(系统错误日志、用户访问日志、管理员操作日志)进行分类浏览。

(5) 用户日志导出　管理员通过本功能导出指定时间范围内的日志文件；在导出时可以根据日志的类型(系统错误日志、用户访问日志、管理员操作日志)进行分类。管理员可以将日志文件导出成 Word/Excel/XML 格式文件。

(6) 用户日志打印　管理员通过本功能打印指定日志文件；在选择打印时可以根据日志的类型(系统错误日志、用户访问日志、管理员操作日志)进行分类查询。

6. 备份管理

数据的物理安全性是业务系统正常运行的前提和基础，而数据备份是保障数据物理安全性的有效手段。在本系统中，采用备份设备对数据进行定期备份。

在数据备份管理中，将为管理员提供以下功能，以协助管理员做好备份工作：

(1) 备份计划管理　管理员通过本功能制定备份计划。计划中的内容包括备份时间、备份对象、备份的操作人等。系统会根据计划中的备份时间，提前一天在系统中提醒管理员。

(2) 备份日志管理　所有备份活动都记录在备份日志中。管理员通过本功能浏览、查询、导出、打印备份日志文件。

8.2　工程项目管理子系统

在石油天然气行业的工程建设中，有如下的实际情况：各工程项目建设地点分布在全国各地，甚至是世界各地；工程实施人员随工程分布地域广阔；项目竣工为业主方提供的竣工资料多为“回忆录”，难以令业主满意；工程实时进展情况和变更无法及时反馈公司领导层，使公司对项目的管理缺乏准确的数据支持；公司无法及时有效地掌握各个项目的实际进展情况，无法实现资源的优化配置；工程项目管理粗放型，信息不全面，决策缺乏科学依据；工程建设各单位、各部门之间协同办公效率低，存在大量手工统计及数据重复录入工作；很多资料、经验和资源无法重用，造成极大浪费；公司对项目没有有效的监控手段和方法等问题。

例如，通过对现状和管道行业发展趋势的全面调研，发现中国石油管道分公司对所管理的天然气储运工程项目的管理存在以下需求：

（1）提高工程项目监管力度。

建立完善的审批流程和监控机制，保证工程项目数据的真实有效，提高工程建设管理的可控性。

提高工程项目计划编制的科学性和规范性，加大工程项目进度的跟踪能力，加强工程项目计划的执行力度。

通过对合同签订、合同执行情况的管理，加强对投资、预算、概算、决算的管理与监控，加大工程项目管理组织对成本的控制力度。

（2）提高工程项目信息的流通性和共享性，降低项目沟通成本。

在项目主管单位、业主、监理、总承包商与分包商及相关各方之间充分实现资源和信息共享，实现项目的统一管理、统一指挥、统一部署。

针对长输管道点多线长的特点，考虑各参建单位分散分布在工程沿线，需加快总承包商与分包商纵向及横向信息传递与处理速度，协调部署资源，加快建设进度，及时处理、解决工程问题，将承包商信息管理、检查与整改等工作结合起来，保障工程进度与工程质量。实现设计、采办、施工、总承包方、监理、业主等项目参建各方的有机融合，实现联网协同办公，实现工程参建各方信息沟通顺畅、便捷、高效、及时、准确，消除因时间、空间等因素给工程带来管理跨度大的影响。

（3）提高工作效率。

针对长输管道建设的实际情况和具体工序建立工程管理的报表系统，包括工程建设进度、质量、安全等管理的日报、周报、月报，实现自下而上的上报、审核、汇总、分析，减少重复劳动，提高统计工作效率，改变传统的人工报表整理、汇总速度慢、效率低的状况，满足工程建设的需要。

（4）加强多角度的数据支持，提高决策分析能力。

为实现高效的工程项目管理，需要可视化、直观地反映工程参建各方的分布、联系方式、具体位置和工程进度等信息，便于工程管理者有效、准确、科学地组织、管理和决策。针对项目管理的实际需要，为项目管理者提供项目计划和进度的对比分析，质量统计分析，物资采购、流通及使用跟踪分析，外协工作的进度及问题，工程进度款的实时结算，成本控制等方面的预警报警，让项目管理者能够从繁杂的日常管理工作中解脱出来，集中精力及时、准确地处理工程项目建设过程中亟待解决的事务。

（5）实现工程建设经验和成果共享。

在项目开展的各个阶段，积累所产生的成果。为实现工程全过程的高效、完整管理，达到工程资料和数据的积累、追溯、对比和分析，可通过有效的信息化管理手段，使参建单位在建设过程中能准确地使用工程建设体内的成功经验和成果。

(6) 完善标准化工程技术数据管理，为管道完整性管理提供数据基础。

在工程建设工程中实时采集工程技术数据，包括管道相关属性数据、管道建设的过程数据和管道管理的动态数据等，为管道建设与运营的信息化管理提供数据支持，并为管道完整性管理提供充分的数据基础。

随着工程项目建设的进程，建设管道可视化信息管理系统及空间信息数据库，涵盖管道本身的空间属性数据及与其相关的空间数据，为实现管道建设与运营的信息化、全生命周期管理及日后的完整性管理提供空间数据支持。

结合上述管理需求，密切结合工程项目建设的“三控、三管、一协调”(即投资控制、进度控制、质量控制、职业健康安全与环境管理、合同管理、信息管理和组织协调)的管理目标，工程项目管理子系统须设置相关功能。

8.2.1 投资控制

1. 变更管理

在工程施工过程中，常会出现部分分项工程，在所对应的原设计图纸基础上对工程量进行增加或减少的变更，针对工程发生变更的申请、批复流程，在工程项目中从变更申请、变更通知到变更令签发有着严格的管理。投资控制的核心业务就是针对项目变更管理的控制，变更管理模块将原来到处签字的繁琐处理过程利用计算机网络来处理，从而简化了工作手续，规范了工作处理流程，达到了及时、准确、可信性高及查询方便。

在处理工程变更过程中，遵循工程的实际业务流程，在系统里由各级审批用户在网上输入各自的意见，申请单位进行申报、审核单位进行审核、审批单位进行审批，全流程在网上进行，这样节省了时间、费用，大大提高了工作效率。工程变更处理包括针对工程量变更、价差变更以及新增工程等变更工程的处理。

设计变更立项的管理工作主要是对设计变更方案和估算造价的管理工作。

变更指令的管理工作主要是变更单价和变更数量的审核管理工作。

变更图纸的管理工作主要是变更图纸的设计、下达、查询的管理工作。

(1) 变更申请　变更申请单位新建变更，编制变更说明及清单明细，包括变更指令表、新增单价申报表、变更立项通知等相关文件资料。

(2) 变更审批　根据不同的变更类别，分别进入不同的审批流程进行流转。审核过程中实时记录审批流程中各审核人的审批时间、审批结果及审批意见信息。其中一、二类变更中是否有合同外单价应区别；流程单和变更指令签字应区分开来。

(3) 变更查询　相关人员可对各变更审核流程进行全过程跟踪。同时支持综合查询功能，能即时查询设计变更管理办法、中标清单、变更后清单，实时查询各标段、各项目的变更立项、变更报审汇总情况。

(4) 其他需求　①查询统计条件可由用户自由设定；②具有形象的图表生成功能；③主要关联：变更管理与质量管理、计量管理、合同信息管理、投资控制、支付管理系统相互关联。

变更管理模块包含了变更申请单位新建变更，编制变更说明及清单明细，同时附有变更指令表、新增单价申报表、变更立项通知等相关文件资料，实现了针对一类、二类、三类等不同类别的变更申请及资料管理，并形成了业务流和系统内、系统外处理规则的统一管理。

2. 计量管理

系统以工程划分作为项目管理主线进行工程计量的实时管理。

计量管理模块内容包括管理工程建设过程各期工程合同的计量工作，以及在计量流程中的相关审批过程，提供计量的各种依据，同时针对项目中所发生的变更业务进行审批处理。

计量模块主要包括清单计量、变更工程计量以及工程索赔、追加项、暂定金利用、奖罚费用等项目，可以按标段、工期、时间段选择汇总生成相应的当期计量报表，进行计量工作。系统中设定对于计量的申请、审核、批复只需要针对中间计量表，系统将各级的数据进行分类汇总后，生成相应的支付报表，各级操作人员均可查询各种数据处理的不同意见。计量管理与质量管理、合同信息管理、变更管理、索赔管理、支付管理、投资控制系统等功能有关联。

3. 支付管理

支付管理主要包括施工类合同支付、其他支付和现场管理机构申请资金支付。施工类合同支付是根据施工计量的结果办理支付手续。其他支付是指除施工类合同支付和现场管理机构申请资金支付以外的监理服务费、中心试验室合同费用、设计费用、科研费用、行政合同支付等。现场管理机构申请资金支付是现场管理机构申请的计划拨款。其流程如图 8–3 所示。

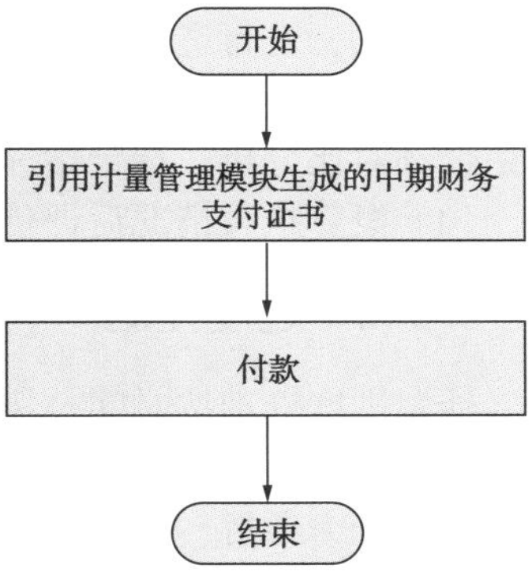

图 8–3　支付管理流程图

(1) 支付申请　合同支付分为施工类合同支付、其他支付和现场管理机构申请资金支付三种类型，按照合同的类型填报支付申请信息以及相关资料，发起不同的流程。

(2) 支付审批　针对支付流程进行审批，提供审批流程的全过程跟踪，实时记录审批流程中各审核人的审批时间、审批结果及审批意见信息。

(3) 支付查询　根据查询条件准确实时查询各类合同支付情况，并按要求生成相关支付图表。

(4) 综合查询　根据查询条件能即时查询各项目的合同协议。

支付管理模块按施工类合同支付、其他支付和现场管理机构申请资金支付分类完成费用支付，实现了支付工作网上申请、审批、支付的业务处理，同时对于各级的管理审核、审批做到了留痕处理，可在线实时查询过程信息及支付信息。

4. 投资控制管理

投资控制管理包括批复概算信息输入、在建项目造价估算、在建项目概算执行情况分析、概算执行情况后评价 4 个子模块。其流程如图 8–4 所示。

(1) 批复概算信息维护　包括对批复概算拆分结果数据的导入、输入、修改或替换。

(2) 在建项目造价估算　包括调用系统数据和输入预测数据，可调用系统中标清单小

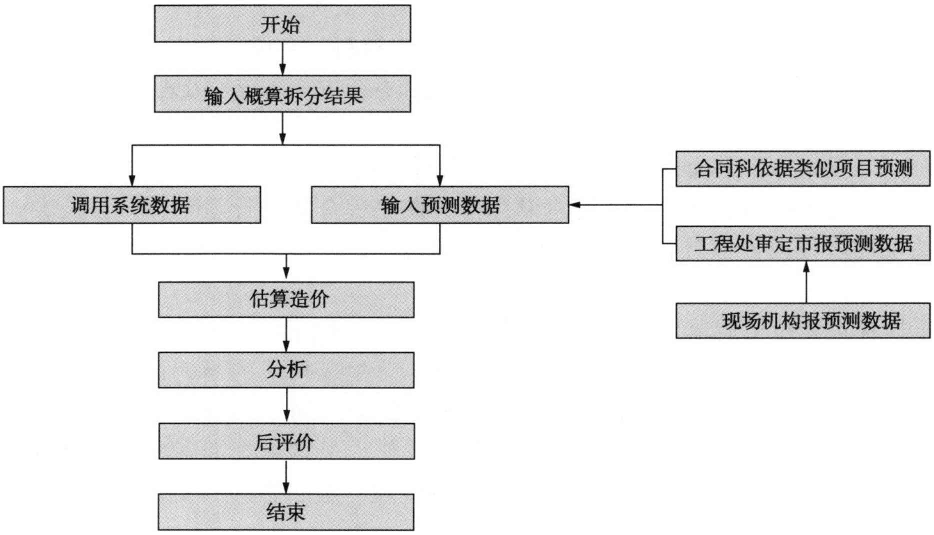

图 8-4 投资控制管理流程图

计、现清单小计、已发生索赔材差、工程建设其他费用等金额数据，可按规定手工输入费用预测数据，进行造价估算，并与概算进行对比分析，与以往类似项目水平进行对比分析。

(3) 在建项目概算执行情况分析 包括工程决算和概算对比分析、合同(费用)决算与签约金额对比分析、造价指标分析等。

(4) 概算执行情况后评价 对概算执行情况进行评价，并提出相关建议。

8.2.2 进度控制

计划进度管理按时间长短分为总体计划、年度计划、季度计划、月度计划。年度计划发生调整时，还包括年度调整计划。根据涵盖工程范围不同，总体计划、年度计划、季度计划均又分为项目、市段、标段三个层级，月度计划仅有标段月度计划。建立财务用款计划及到位情况表，年初下达各项目财务用款计划后，由财务处负责录入本年、累计财务用款计划，并每月更新本年、累计资金到位情况。

本模块功能要达到对项目计划编制、上报、会签与下达，以及结合统计结果进行计划的考核，完成由施工单位、监理单位、建设单位协同的项目全过程的计划动态管理。

1. 计划管理

各部门根据控制性目标计划，在各子项目工作启动前，制定子项目实施计划编制要求。经审批通过后，下发各承包商，承包商根据公司要求，编制子项目实施计划，并上报公司，经批准后执行。

2. 进度计划的实施

各部门对项目当前计划的实施进行管理，及时跟踪、协调、监督承包商子项目的执行情况，并与相应的目标计划进行对比，对有偏离倾向或已偏离的情况，应及时采取措施纠偏，确保子项目执行计划的正常执行，并定期向公司汇报进度计划执行情况。

3. 进度管理

计划制定完成后，监理单位和施工单位按照计划进行现场施工和施工管理，施工单位每周填报进度。应提供功能强大的进度管理和调度控制功能。施工单位可以在线填报，也可以按照电子文档模板填报再批量导入系统，实现进度填报和反馈。关于项目进度统计，系统自动汇总周报，分析进度状态(是否滞后)，并根据周报自动生成月报和年报，支持在线修改、保存和导出，审定后可以在OA和内网上发布。关于项目统计，根据月报表自动生成年报表，同样支持在线修改、保存和导出，大量降低手工数据汇总和统计的工作量。另外通过数据自动校验功能确保项目统计、进度统计和投资结算统计的数据一致，克服已往由于采用不同的软件系统造成的信息孤岛、工程进度和财务收支三者的不一致性，提高工程进度统计的准确性和可靠性。财务结算数据和验工计价数据通过EXECL方式导入，避免重复录入，保持数据准确性和一致性。

1）填报单元管理

填报单元将一个项目划分成不同的作业面，授权给承包商相关用户定期填报进度计划的执行情况，并提交相应的审核流程处理。系统用户只处理与自己相关的作业和资源，职责分工更加明确。

2）执行进度填报

承包商需要每天填报子项目实施计划的执行情况，使监理和业主单位能够及时掌握工程的进展。系统用户选中自己负责的填报单元后即可填报进度日报。

进度日报中包含两部分内容：施工进展综述和作业资源完成情况。

（1）施工进展综述

用于对当日工程进展进行概要性的描述，包含项目名称、施工日期、日报标题、填报人、进度描述、存在问题、明日施工计划等内容，如果停工，还要填写停工原因。

（2）作业资源完成情况

依照发布的子项目实施计划，填写当日施工作业及资源量完成情况，包含实际开完工日期、当日完成资源量、尚需完成资源量、尚需工期等，此界面中会同时展示出实时汇总出的进度信息。

（3）进度审核流程

承包商填报当日施工进度日报后，需要将日报提交审核流程，先后经过总承包商、监理、业主的审核，确认进度数据的准确性后方可归档更新。如果未通过审核，则退回修改。

流程跟踪：用户可以随时查看流程的进展，查看各环节的办理时间、办理人、处理意见等信息。可通过邮件对待办环节的办理人进行催办提醒。审批通过的进度日报，其进度才是有效的，才可以用于子项目实施计划的执行进度汇总。

（4）进度计划报告

计划部定期对承包商子项目执行情况进行跟踪、监督，将项目进度计划的执行情况及时向公司汇报，并根据公司意见将发现的问题或问题倾向及时通知相关业务部门和承包商，共同采取措施，确保进度计划的顺利执行。对于承包商填报的进度日报，可以进行周期性的汇总，形成快照，用于更新子项目实施计划的执行进度。汇总用的周期一般是一周，起止日期对应工程项目中提交的周报。

每周进度汇总可以得到作业的以下进度数据：①实际开工日期；②实际完工日期；③本期计划百分比；④累计计划百分比；⑤本期实际百分比；⑥累计实际百分比；⑦本期

计划完成量；⑧累计计划完成量；⑨本期实际完成量；⑩累计实际完成量；⑪尚需量；⑫尚需工期。

（5）进度分析展示

① 甘特图　甘特图也叫横道图，它将活动与时间联系起来，能表明哪项作业如期完成，哪项作业提前完成或延期完成。该图能描述作业完成情况、关键路径等内容。

② 工程进展趋势对比分析　用于将进度计划的执行情况和目标计划进行对比，体现出各个时期进度的超前和滞后情况。图中包含以下四项数据：本期目标进度百分比；本期实际进度百分比；累计目标进度百分比；累计实际进度百分比。

③ 目标进度对比分析　用于展示进度计划的执行情况与目标进度计划的对比数据，能够体现出执行进度与目标进度和计划进度间的差异。此报表包含以下九项数据：目标开工日期；目标完工日期；目标完成百分比；实际开工日期；实际完工日期；实际完成百分比；计划开工日期；计划完工日期；计划完成百分比。

④ 项目综合进度分析　此图表综合了项目进度计划的WBS、作业分解、甘特图以及赢得值曲线图等统计分析功能。在展示项目、WBS、作业的执行进度的同时，既能够通过甘特图反映出作业是否如期完工或是提前、延期完工，又能够在一个界面中提供多维度的统计数据。

（6）进度计划调整

已发布的各类进度计划，未经过公司同意，任何部门和承包商不得随意调整。当子项目实施计划的执行情况和目标发生偏离时，由承包商编制子项目实施调整计划，并发出申请，经公司和相关单位审批通过后，更新相关进度计划。

8.2.3　质量控制

质量控制管理业务包括建立质量监督规定、建立质量保证体系和试验规范、试验数据处理、隐蔽工程原始记录（含图文、声讯数据）、现场质量控制、质量检验评定、质量问题处理和质量验收，使业主及监理单位通过系统能够及时准确地获得项目质量信息，有效地控制项目的质量。质量管理工作包括建立质量监督规定、建立质量目标和保障体系、现场质量控制和质量评定、质量问题的处理和上报、竣工验收评定等。检测单位及施工单位、建设单位进行各种试验数据处理、检验及报表生成设计。

质量管理主要内容包括建立工程质量手续申请程序，建立中心试验室管理程序，建立质量文件管理模块，建立工程质量报验管理程序，建立工程质量评定资料库和质量检验评定模块，建立质量检查程序并发布质量检查信息及整改信息，实现对主要质量控制指标的自动统计，实现试验检测数据的采集等。

1. 质量日/周/月报管理

实现各参建单位质量日、周、月报的上传与发布。按照项目划分原则，进行施工质量验收记录、进场物资验收记录与质量评定表格的上传、存档与查阅。

在报告中要对各参建单位质量管理人员每日在岗情况进行上报和发布。

2. 质量检查管理

为保证质量检查工作的科学性、公正性和准确性，避免人为因素的干扰，质量检查要坚持用数据说话。质量检查模块主要是在标准的检查手段、检查方法和检查数量的指导下，记录质量检查的内容和结果。质量检查主要包括三个方面：一是对质量保证体系的检查；二是对施工过程中质量管理工作的检查；三是对质量问题的整改结果进行检查。

1）质量检查通知管理

定义层次化的质量工作分解结构，通过可定制的质量工作分解结构、检查项并关联项目实施计划，形成项目的质量检查计划。主要的功能点包括：质量工作分解结构定义；检查项维护；质量检查计划编制。

2）质量检查报告

质量管理人员根据质量计划来安排质量检查与评定工作[如见证点(W)、停工待检点(H)、旁站点(S)与文件记录点(R)等的体现]，并记录质量检查过程中的评定结果。系统提供的功能点主要包括质量评定结果记录和质量评定结果统计。

3. 质量不符合项管理

在整改通知中记录不合格事项的详情，并指派相关责任人进行整改。针对质量不符合项，系统提供从发现、到通知责任单位整改、再到整改后验证、直到最后验证通过关闭整个环节的功能支持。主要的功能点包括：不符合项通知；不符合项整改回复；不符合项整改验证；质量不符合项统计。

4. 质量统计报表

通过对质量不符合项的检查、整改的过程跟踪以及施工承包商检测数据的填报结果，系统可以生成各种质量报表和分析图表，辅助项目管理团队(PMT)进行质量的控制与决策。

(1) 每日在岗情况发布，对各承包商参建人员每日在岗情况进行统计；

(2) 不符合项分类统计；

(3) 质量不符合项分类统计；

(4) 不符合项组成分析；

(5) 不符合项趋势分析；

(6) 质检一次合格率统计。

5. 质量工作周报

依照质量检查计划，各监理单位依据系统提供的统计分析数据，将一周检查工作的完成情况写成报告提交业主。报告主要包含以下内容：检查工作的开展日期；检查内容、范围；检查情况及总体评价；工程质量验收统计表；上周不符合项整改情况验收；本周不符合项列表；不符合项分布统计表；不符合项原因分析统计；不符合项趋势统计；现场检查照片。

8.2.4　合同管理

工程合同管理主要实现对项目业主、项目部与施工单位、监理单位等所签订的施工合同、监理合同、技术合同、租赁合同等进行统计、汇总、查询。系统提供对工程项目合同的签订、履行、变更和解除进行监督检查，对合同履行过程中发生的争议或纠纷进行处理，以确保合同依法订立和全面履行。

合同管理子系统的主要功能如下：

(1) 建立合同管理流程，包括合同信息管理、合同变更、合同索赔、合同奖惩、合同支付、合同统计分析、合同规整及合同验收等；

（2）合同管理系统必须与其他子系统共享数据及信息，包括与进度管理系统（形象进度和工程量进度完成情况及预测等信息）、成本管理系统（预算费用完成情况及预测等信息）、验工计价系统（工作量清单信息）；

（3）收集合同的执行信息，实现对合同的过程监控；

（4）具有合同评审、变更、索赔及奖惩功能；

（5）具有合同信息的统计、分析、预警的功能；

（6）具有合同关键条款管理功能；

（7）具有合同范本管理功能。

1. 合同台账管理

合同统计分析，系统提供多角度、多层次的合同统计分析报表，以满足合同监控、合同风险控制的需要。可以根据合同信息、拨款信息等资料，生成合同额完成情况表、合同收支情况统计表、其他定制报表等。主要是将系统中的合同进行分类，分项目统计，统计目标为合同总额、已完成额、已付金额、未付金额，并进行图标展示。

1）合同登记信息表

查询条件：可选择时间、项目名称、标段、主办单位、合同类别、承包人；

查询结果：合同编号、合同类别、合同名称、合约方、签订日期、合同价、合同外增加、合计、经办部门、经办人。

2）合同文件

主要是对合同的正本、批文等文件资料进行管理。合同与合同文件是一对多的关系，在合同文件中通过合同编号与合同相关联，也可以通过合同编号查询给定合同所包含的合同文件。

合同文件的主要信息包括文件名称、文件类别、合同编号、文件大小和上传人等。

提供合同文件的增加、打开、删除功能。

3）合同支付情况统计

查询条件：签订时间段、项目名称、标段、主办部门、验工时间、承包人、合同类别。

查询结果：合同编号、合同类别、合同名称、合约方、合同总额、本季验工金额、开累验工金额、预付款、已扣质保金、已扣甲供材料/设备款、其他扣款、未付金额。

4）合同额完成情况统计

可根据合同信息、拨款信息等资料，生成合同额完成情况统计表。

2. 合同跟踪管理

合同支付跟踪功能用于对合同的执行进度情况和结算情况进行跟踪和管理，同时对违反合同的相关行为及其扣罚情况进行记录。合同履行尤其着重的是管理施工承包商的合同履行情况以及验工结算情况。实现合同预结算、结算、付款、洽商，即合同履约全过程管理，及时跟踪控制合同价款、预结算款、结算款、付款的额度，降低合同履约风险，实现合同的事中控制，降低合同溢价风险。

1）进度款申请

合同承包单位根据验工计价情况，在工程项目管理信息系统平台上进行进度款的申请，相关监理单位和业主费控工程师进行进度款项的审核和批准流程控制。

2）进度款支付

进度款支付是将具体的拨款单金额维护到系统中，通过累计同一个合同的付款，计算出合同的累计付款金额，确保付款金额不超过合同金额。对于超支的合同，及时提醒相关的人员。包括工程量清单的录入，进度支付清单生成，以及支付记录。将工程量清单记录与实际进度相关联，统计实际工程量，并生成进度款支付清单。

3）预付台账

合同执行过程中所涉及的预收、预付进行台账登记。预付台账的基本属性主要包括承包人(对应的预付款接收单位)、预付款名称、金额、预付时间、备注等，用以记录合同的预收预付款情况。预收款在系统中以预付款为负数来处理，具有查看、新建、修改、删除、详细信息功能。

4）合同结算

验工流程审批完成后，可以对合同进行结算。根据工程前期制定的支付计划，定期对合同中约定的已完成工程量、已到货商品或服务进行结算，将结算结果记录在系统中。结算成立后建立结算发票台账。

3. 合同变更管理

合同的变更内容主要为合同封面信息相关属性的变更和合同细项清单中工程量或商品的单价、数量等的变更，以便日后检索、处理争议、进行索赔或反索赔。通过审批以后的合同不允许直接修改，必须通过合同变更功能，对合同需要修订的内容进行补充说明，变更的部分也要通过相关机构和人员的审批以后才可以正式生效。

对合同进行变更时，须录入合同变更的一般信息，归纳如下：

(1) 合同代码　输入的合同代码来自要变更的合同代码，且状态为“已批准”。

(2) 合同变更状态　合同变更状态说明合同变更的不同阶段，是检查和核实合同变更必备信息(强制性字段)的基础。合同细项清单变更指此处的报价单变更是合同变更的核心，变更支付人、数量、单价等信息。

(3) 合同变更审批结果　合同变更流程不在工程管理系统中执行，只是将审批的结果记录在这里。

8.2.5 风险管理

为了加强工程项目的风险管理，使工程建设的风险管理科学化、规范化，需建立一套完整、科学、规范的风险管理流程，对工程项目的风险进行有效控制，规避、减少和处理风险产生的影响，支持建设单位以较小的代价全面实现建设目标。风险管理子系统主要服务于工程建设单位风险管理的需要，同时要满足在风险管理方面的预警需求和风险信息分发，为建设单位和领导提供一套初步的风险识别模型和评估、监督控制机制。

对某一具体项目开展的风险管理活动，通过对具体项目内容进行维护，分析其与项目风险结构之间的关系，从风险库中筛选该项目可能会面临哪些风险，这些风险会造成哪些影响，应该采取哪些预防措施等，从而为编制项目风险管理计划提供数据依据。

1. 项目风险分析

根据项目信息，从风险知识库中筛选该项目可能存在哪些风险，将这些风险形成一个风险清单，具体的风险控制人员可以对项目存在哪些风险、应该采取何种预防措施等信息进行分析，形成风险分析结果。

2. 项目风险评估

在风险评估阶段，可根据风险的发生概率以及发生后可能产生的影响大小，对已识别的风险进行分级。在大多数项目中，风险数不胜数，因此不可能在所有风险上都投入同样的精力。风险评估的目的就是为了分清风险的轻重缓急。而项目风险评估方法有定性和定量两类，专家的意见和管理者的估计是比较常见的定性方法；定量的方法则要求有十分完备的数据。风险管理子系统的初始版本力求简单化、实用化，因此不在系统内进行风险评估，而只记录定性风险评估的结果。定性评估可以将风险分为高、中、低三级别，并且对重要性划分为最重要、重要、一般、不重要，以便为将来如何分配精力提供准则。例如，A风险应被视为极高的风险，B风险属于较高的风险，而C风险则是低风险。记录评估结果，并将评估结果相对于风险进行优先级排列，提高风险管理效率。

3. 项目风险管理

针对各工程项目风险管理计划所做的一系列执行、检查工作，通过将风险管理计划转化为检查执行工作，安排风险检查计划，落实风险检查工作负责人员，并通过对风险检查计划执行情况进行监控，实现项目风险的闭环管理。

4. 风险检查计划

根据风险管理计划，安排风险检查工作计划，明确检查人员、检查阶段等信息，实现检查工作计划安排与执行。

5. 风险检查工作

记录对风险检查计划的执行情况，填写风险的处理策略和处理方法，更新已消除风险的状态。

6. 风险监控反馈

提供对安排的风险检查计划的执行以及存在风险的处理工作进行跟踪反馈，实现风险检查计划闭环管理。

8.2.6 工程文件管理

工程文件管理是“三控三管一协调”中的信息管理内容，在项目实施过程中信息管理主要包括业主与设计、施工、监理、总包等参建单位及项目相关方之间往来的与本项目有关的各类信息资料，包括项目合同、协议、报批文件、传真、信函、会议记录、备忘录以及在项目运行中形成的全部文字、图表、声像等各种载体的文件资料，对如此浩瀚的信息资料进行管理，不依靠信息技术是无法达到高效管理目标的。

根据上述需求，工程文件管理模块功能将包括发文管理、收文管理、收文办理、外来收文管理和发文审批、公文设置及报表管理七个部分，主要是帮助当前登录的用户完成文件流转操作，如拟稿、送签、领导对文件签批、个人对文件办理、文控对文件管理等操作。

系统对收发文的整个流程进行跟踪，详细记录公文的当前状态。同时系统对流转跟踪记录进行保留，较好的兼容性能使用户高效地进行信息的沟通。工程OA(办公自动化)系统如图8-5所示。

1. 收文管理

收文管理是公文到达后，收文登记人选择公文类别，登记公文，送交相关人员进行拟办，根据公文类别的设定流程，送交相关人员进行批示、承办、传阅等工作，也可以自定义下一步相关处理人员。并且在流转过程中，只有待办人员才有权打开批办，其他人都不能打开。最后由公文管理员对公文进行归档。

收文流程详细描述：

(1) 收到文件后，外部收文就要先添加到系统中，其他收文可以直接显示在已登记收文中；

(2) 文控人员对文件做出相应的处理送交批示、承办，或者转发，最后还要回到文控；

(3) 文控人员对文件进行办结归档处理。

另外系统采用了先进的技术，集成了工作台、沟通管理子系统，通过多种方式，做到公文到达即时提醒，提高了公文处理的效率。

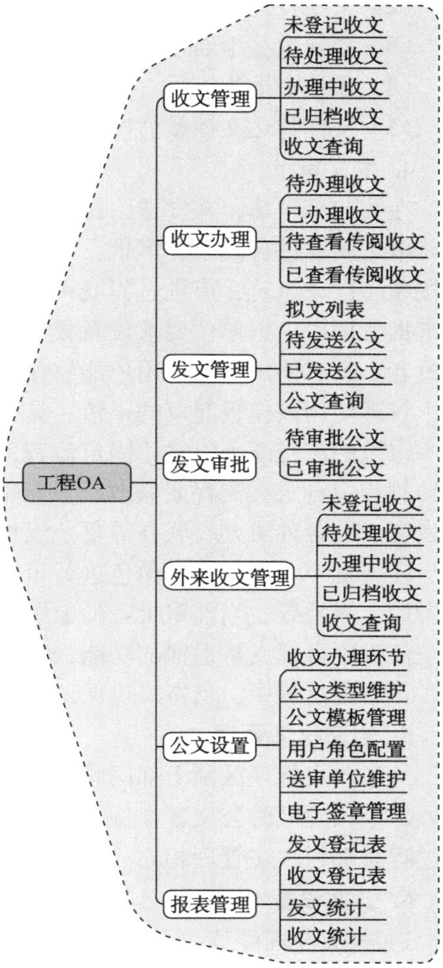

图 8-5 工程 OA 系统

2. 收文办理

通过此功能用户可以办理和传阅由其他部门流转来的文件。对于已办理的文件列表进行查询，并可查看已办理公文的办理过程及公文内容与附件信息。对传阅给自己的公文内容及附件进行查看，系统会记录查看人员及查看时间，发文机关可随时掌握抄送人员查看情况。可查询到自己已经查看过的传阅公文信息及公文内容及附件。

3. 发文管理

发文管理是拟稿人根据需要选择行文类别(包括行文用笺、处理流程、正文模版)起草公文，根据行文类别的流程设定，送交相关人员进行审核、复核、会签、签发、校对等工作，然后由办公室进行发文登记、编号、套头，盖章后进行文件的发放(分发、下发、办结)等工作，最后由公文管理员对办结公文进行归档过程。提供督办、催办功能。

在发文的审批中，可以按照角色进行审批的流转，可以通过相对路径找到相应的岗位，如审批者的上级领导、当前审批者的上级领导。

发文的流程既可以采用固定流程，一个模板绑定一个流程的方式，也可以设定允许在流转过程中自定义流程或修改已设定的流程，流程支持直流、分流、并流、条件分支、流程嵌套以及各种协办、联办等复杂流程。

流程中可以支持退回的功能，可以退到以前的任何一级，也可以退回到发起人。

在审批过程中，支持痕迹保留、电子印章、手写签名、全文批注。

可以实现催办、督办、统计。

发文流程详细描述：

（1）拟稿人进行拟稿，完成后提交部门文控进行核稿；

（2）文控将文件送签给领导；

（3）领导送签不通过，返回给拟稿人重新拟稿；

（4）领导审批通过后，文件到达文控人员进行下一步操作；

（5）文件到达文控最后由文控进行文件的发送、归档。

4. 发文审批

在线起草申请，并发送给相关负责人进行审批，实现无纸化办公。审批人可以在线直接对申请内容进行修改、审批，注明审批意见，并盖章或签名。申请内容在多个审批人之间按顺序自动流转，审批过程既可以在建立审批模板时设定，也可以由起草者设定。可以在审批管理中根据单位要求设置模板的统一格式，可以设置每个模板的使用者、管理者和修改者。具有使用权限的用户能够使用模板起草申请；具有管理权限的用户能够在表单管理中管理使用该模板起草的申请；具有修改权限的用户能够对模板进行维护。

审批的流程既可以采用固定流程，一个模板绑定一个流程的方式，也可以设定允许在流转过程中自定义流程或修改已设定的流程，流程支持直流、分流、并流、条件分支、流程嵌套以及各种协办、联办等复杂流程。

在审批中，可以按照角色进行审批的流转，可以通过相对路径找到相应的岗位，如审批者的上级领导、当前审批者的上级领导。

流程中可以支持退回的功能，可以退到以前的任何一级，也可以退回到发起人。

在审批过程中，支持痕迹保留、电子印章、全文批注等，并实现了催办、督办、统计。

5. 外来收文管理

外来收文管理区别于部门收文管理之处主要是管理系统外收文，即以公司的名义收到的外部单位发来的公文都在这个模块中进行处理。需要手动将收文添加到系统中，其他办理过程与部门收文管理相同。

6. 公文设置

1）收文办理环节

此功能主要进行办理环节的维护工作，收文办理包含退回、拟办、批示、承办、传阅、发布等环节，拥有权限的用户可进行增、删、改、查操作。

2）公文类型维护

此功能用于维护公文的类型，如传真、备忘录、会议纪要、通知、日报、周报、月报等。

3）公文模板管理

参建单位可以针对不同的公文类型定义自己的公文模板，模板为 Word 格式，在本单位用户进行拟稿操作时会根据选中公文的类型打开相应的模板，供用户编辑正文内容。

4）用户角色配置

此功能用于对系统中已有用户分配处理公文对应的相关角色配置信息、权限管辖范围等内容，以便该人员拥有相应权限进行公文的处理。

5）送签单位维护

此功能用于维护各单位对应的送签单位范围，以便在公文流转过程中可以选择所需的送签单位名称。

6）电子签章管理

对于如审批、签字之类的需要有相应高级权限的功能，通过电子印章的方式来加强权限的验证，只能授权使用电子印章的人员才能使用相应的电子印章。

系统在公文流转过程中，加入了电子签章技术，极大地提高了信息的安全性与保密性，并遵循《中华人民共和国电子签名法》关于电子签名的规范，同时支持 RSA 算法和国密办 SSF33/SCB2 算法，符合国家安全标准。

此功能主要用于维护用户电子签章，签章种类分为电子印章、电子签名、签名图片三种。

7. 报表管理

1）发文登记表

通过此功能检索项进行发文信息的查询，查询结果可另存为 Excel 文件或直接进行打印。

2）收文登记表

可通过此功能检索项进行收文登记信息的查询，查询结果可另存为 Excel 文件或直接进行打印。

3）发文统计

对一段时期内各参建单位所发送的公文数量进行分类统计，查询结果可另存为 Excel 文件或直接进行打印。

4）收文统计

对一段时期内各参建单位接收的公文数量进行分类统计，查询结果可另存为 Excel 文件或直接进行打印。

8.2.7　HSE 管理

HSE 管理的重点在于预防而非事后记录，通过对安全与环境危害因素的识别、控制计划的编制并与项目主计划关联，在施工过程中，技术或施工人员可以方便地获取与作业关联的安全与环境危害因素、作业安全票及相关控制计划，真正做到事先预防、事中跟踪、事后总结。实现运用信息化收集 HSE 信息，采用 PDCA 循环对 HSE 检查中发现的不符合项进行整改，协助承包单位、监理单位和业主记录项目实施过程中 HSE 各项活动台账，确保每一个不符合项工作都是闭环操作。通过对不符合项的检查、整改的过程跟踪和提醒，生成各种 HSE 报表和分析图表，对工程的重要 HSE 指标进行汇总分析，辅助项目管理团队（PMT）进行 HSE 的控制与决策。

1. 现场 HSE 管理

1）HSE 日报/周报管理

实现各单位和部门 HSE 日报、周报上传、发布和检索。

2）HSE 检查计划

根据风险库中关于 HSE 风险的风险源描述，结合当前工程项目内容和工程项目进展生成的 HSE 检查清单，并将检查清单作为 HSE 检查内容，发起 HSE 检查计划流程，安排相关单位和人员进行执行。

3）HSE 检查工作

对上述发出的 HSE 检查计划的执行工作进行跟踪，跟踪检查计划的执行人、执行时间、执行结果等信息。

4）HSE 不符合项管理

针对每次 HSE 检查活动的检查结果进行管理，对检查中发现的不符合项实行登记、限期整改、检查、关闭 PDCA 闭环管理流程。

5）HSE 管理制度发布

存储和查询 HSE 法规制度。系统提供现场 HSE 管理制度的录入、编辑、上传附件、检索(可以按日、周、月、年及主题等不同方法查看)功能。主要包括制度发布和制度查看功能。

由监理人员、业主 HSE 控制人员发布相关的现场 HSE 管理制度，经过相关领导审批后，发布在系统中。

6）HSE 管理制度查看

供各级用户浏览、检索 HSE 管理制度信息。

2. HSE 事故管理

实现各单位事故快报、事故报告书、四不放过登记表的上报，形成月度事故台账统计。

3. 安全管理

1）作业指导书管理

由技术专家或者管理人员预先对工程建设中的施工难点或者高风险环节作业，结合历年工程施工总结出的经验教训，整理汇编成相对固定的作业指导书指导现场作业全过程，供现场施工查看之用。

2）安全培训

记录组织的针对现场施工的每一次安全培训的信息。

主要包括培训目的、培训内容、培训对象、培训人、培训时间等信息，培训内容以文字记录、多媒体材料等保留。

对于重要的安全培训，要有上传配套的培训效果考核记录。

4. 统计分析

作业风险分析查询可按照施工的区域及作业的类型，在风险信息库中查询施工过程中可能会遇到的 HSE 风险，作为日常施工的风险控制参考依据。针对 HSE 风险制定不符合项，对不符合项进行以下统计和分析：

（1）不符合项分类统计；

（2）不符合项组成分析；

（3）不符合项趋势分析。

针对制定的不符合项类型在一段时期内发生的次数进行周期性统计，以分析评价其是否得到了有效控制。

5. HSE 工作周报

各监理部每周通过系统报表汇总本周 HSE 工作情况，编写周期检查报告并上传到系统中。

HSE周期检查报告中包含以下内容：安全工时统计；上周不符合项落实情况；本周不符合项列表、照片及分类统计；周总结会的会议纪要。

8.2.8　物资管理

物资管理的主要对象是由甲方指定或代购的施工的主要设备材料。

通过对物资招标采购、出入库管理、工程施工过程中对设备材料消耗统计和监督，通过对施工设备材料计划的审核和汇总，帮助业主方实现对工程建设全过程中物资计划与供应信息的管理，以及工程设备材料款支付情况的监督工作。

以各专业部门为主、财务相关部分为辅，实现以下业务管理需求：

（1）生成材料采购计划，完成采购资金的分析；

（2）采购数据的填报及物资供应商的管理工作；

（3）供应商比价及材料设备比价；

（4）科学的物资分类及编码；

（5）严格的库存管理。

1. 物资标准规格管理

维护工程建设中各种物资的分类、属性和技术规格指标等信息，属于各项目的公用信息。

2. 设备材料分类体系维护

企业建立统一的物资分类体系，是实现全局多项目统筹和协调物资资源的基础性工作。系统协助企业将物资分类定义成树状的层次结构。对于物资可以按管理要求分为若干大类，对于每一类的分支节点需要指定相关负责人，并由他们负责对物资分类体系的维护。

维护标准的物资分类体系和分类编码等信息，是采购、合同、物资库存管理等的基础。

维护常用物资项，维护物资的名称、类型、编码、规格等，同时维护重要的市场信息，如相关供应商、历史报价、采购价、购买日期等。

3. 物资技术规格书

对提供给物资设备部的项目物资技术规格书进行管理，从而实现对于甲供物资进行技术规格管理，方便查询和检索。

4. 物资需求管理

根据工程施工计划，由相关人员填写所需设备材料的详细信息，这些信息包括需求的数量、规格、需要的时间等。系统提供项目物资按照项目和标段编制时间，保证物资按时到货，方便查询和检索。

物资计划管理根据设备表和材料清单，包括物资的编码、名称、数量，并根据采办计划和施工计划编制相应采购、到货、发放时间。

物资计划要与图纸相关联，说明物资信息的来源，同时物资发放要与计划任务关联，说明物资的用途。同时物资计划要与采办计划相关联，获得物资的状态。

5. 验收入库管理

对于通过验收的物资，进行入库管理，在入库单中填写入库物资的种类、规格、数量、来源、时间、物资来源等信息。物资到货验收仅对检验合格后的物资进行验收入库。

6. 调拨领用管理

主要用于追溯甲供物资的去向。去向是指物资被哪家施工单位使用，用于哪个部位，即用于哪个单位工程。对施工承包商的领料情况进行记录，用于对物资的结算和跟踪。设备调拨功能仅用于业主单位所购设备的调拨。

7. 库存单据管理

货物检验通过合格之后，一方面与支付关联作为支付的凭证，另一方面进行货物移交和入库，系统将新入库物项与原库存数量自动统计和汇总，以便全局协调。

8. 统计分析

主要生成各种统计报表供工程单位对工程项目物资的计划、采购、消耗、结存等进行统计调查和统计分析，提供统计资料进行统计监督。为项目部以及承包商等各个层面的责任人提供库存查询功能以及物资消耗统计，以便于及时、准确地掌握仓储配送情况。查询的权限可以进行灵活配置。

8.2.9 现场移动端应用

根据管道施工的行业特点，融合当前先进的信息技术和软件设计理念，实现施工现场管理移动端软件。可搭载于一部加固三防(防尘、防震、防水)的平板电脑中，能用于项目管理各方在施工现场实时记录施工数据。移动端整合现场报批、报验等流程审批功能。实现依托移动端软件，可以随时批示工程审批文件，加快工程信息处理。移动端系统在实现现场数据报批、数据采集的同时，还同步记录了采集数据信息的坐标点，可以有效帮助业主进行现场人员控制，跟踪人员出勤率。

现场管理移动端作为全生命周期数据库现场施工信息化采集支撑手段，由现场人员使用进行施工、安装、检测和调试数据的现场记录、上传和移交，监理人员现场进行数据审核，保障数据移交工作的及时性和准确性。其基础功能主要包括登录、数据填报和拍照、数据上报、现场监理审核、数据同步入库等。

系统主要技术功能如下：

(1) 远程登录。

(2) 数据填报：提供依据全生命周期数据库移交规定的数据填报、本地存储、校验和查询功能。不同类型的机组可根据本机组实际的施工范围进行配置需填报的作业数据范围。

(3) 拍照录像：提供拍摄照片的功能。在数据录入设置了拍照的快捷按钮，方便拍摄照片，并与录入的数据进行关联。

(4) GPS 定位数据同步记录：提供同步 GPS 定位数据记录的功能。在数据录入时同步记录 GPS 数据，方便拍摄照片，并与录入的数据进行关联。

(5) 数据上报：提供数据单条上报和多条上报的功能。数据上报后，可在“已上报”列表中查看数据审核状态。

(6) 现场监理审核：提供现场监理人员及时审核数据的功能。现场监理人员身份校验通过后，可在“监理审核”列表中进行数据单条审核和多条审核，并填写审核意见。

(7) 数据同步入库：提供与全生命周期项目管理系统同步数据的功能。数据审核完成后，根据当前网络条件，可选择需要同步的单条或者多条数据进行同步入库。在网络条件不畅情况下，现场采集的数据可以离线存储在终端数据库中。

计划设定功能模块如表 8-2 所示。

表 8-2　计划设定功能模块

分　类	功能单元	描　　述
业主单位业务	施工技术数据查验	对施工单位填报的现场施工记录进行查验
	工程报验项在线确认	对施工方、监理方审核的工程报验记录进行审核，同时拍摄现场工程照片、记录数据采集坐标
	现场变更在线确认	对施工方、监理方审核的现场变更记录进行审核，同时拍摄现场工程照片、记录数据采集坐标
	工程量签证在线确认	对施工方、监理方审核的工程量签证记录进行审核，同时拍摄现场工程照片、记录数据采集坐标
	现场巡视检查日报	记录各种现场巡视检查情况，通过移动端上报至系统，同时拍摄现场工程照片、记录数据采集坐标
	工程文件查看与办理	工程文件在线查看
监理单位业务	施工技术数据查验	集成现场数据采集各种表单，实现施工单位现场数据采集
	工程报验项在线确认	分步分项工程、隐蔽工程等工程报验在线申请，填报报验信息、施工计划，同时拍摄现场工程照片、记录数据采集坐标
	现场变更在线确认	现场变更申请在线填报，填报变更说明信息、施工计划，同时拍摄现场工程照片、记录数据采集坐标
	工程量签证在线确认	工程量签证申请在线填报，填报签证说明信息，同时拍摄现场工程照片、记录数据采集坐标
	现场巡视检查日报	记录各种现场巡视检查情况，通过移动端上报至系统，同时拍摄现场工程照片、记录数据采集坐标
	工程文件查看与办理	工程文件在线查看
施工单位业务	施工技术数据采集	集成现场数据采集各种表单，实现施工单位现场数据采集
	工程报验项在线申请	分步分项工程、隐蔽工程等工程报验在线申请，填报报验信息、施工计划，同时拍摄现场工程照片、记录数据采集坐标。
	现场变更申请	现场变更申请在线填报，填报变更说明信息、施工计划，同时拍摄现场工程照片、记录数据采集坐标
	工程量签证申请	工程量签证申请在线填报，填报签证说明信息，同时拍摄现场工程照片、记录数据采集坐标
	工程文件查看与办理	工程文件在线查看

技术端技术要求：最低运行环境要求如表 8-3 所示。

表 8-3 最低运行环境要求

设备配置参数		参数值
显示特征	显示屏	7in，IPS/AFFS 全视角
	分辨率	1024×600
	亮度	400cd/m^2
	触摸屏	5 点触控电容屏(钢化玻璃)
性能配置	CPU	8 核，1.7GHz
	内存	2G+32G(RAM+ROM)
电源特性	规格	内置 9650mA 锂聚合物电池
	续航	续航时间 8h
操作系统	操作系统	Android 4.4
模块配置	摄像头	前 200 万像素，后 1300 万像素带自动对焦和电子闪光灯
	USB	1 * Micro USB
	音频	内置喇叭、MIC
	通信	WIFI，移动/联通 3G，GPS
	定位	GPS、支持 A-GPS
	感应器	重力传感器，电子指南针(地磁)
环境测试	抗振动	5~19Hz/1.0mm 振幅；19~200Hz/1.0g 加速度
	抗冲击	10g 加速度，11ms/周期，1.8m 自然跌落防护
	IP 防护等级	IP67(防尘 6 级，防水 7 级)
	可靠性	MTBF≥50000h，MTTR≤0.5h
	工作温度	-20~65℃
	存储温度	-40 ~80℃
	工作湿度	95% @40℃，无凝露
物理特征	尺寸	轻薄便携
	材料	坚固，耐磨损
	重量	净重不超过 650g

8.3 管道完整性数据管理子系统

管网全生命周期管理系统完整性数据库建设范围包括基础地理信息数据库、管道规划设计数据库、管道施工数据库、管道运行数据库、完整性管理数据库、系统元数据库。管道完整性数据库如图 8-6 所示，子系统功能结构如图 8-7 所示。

将管道生命周期各阶段采集的数据统一管理，便于查询、分析和处理，为管道运营提供一个可追溯的、完整的和可查询的数据库，可以实现：

(1) 在各个阶段就对生成的资料和数据进行整理、报送，可以提高资料的准确性并为下一阶段提供支持，提高资料的利用率；

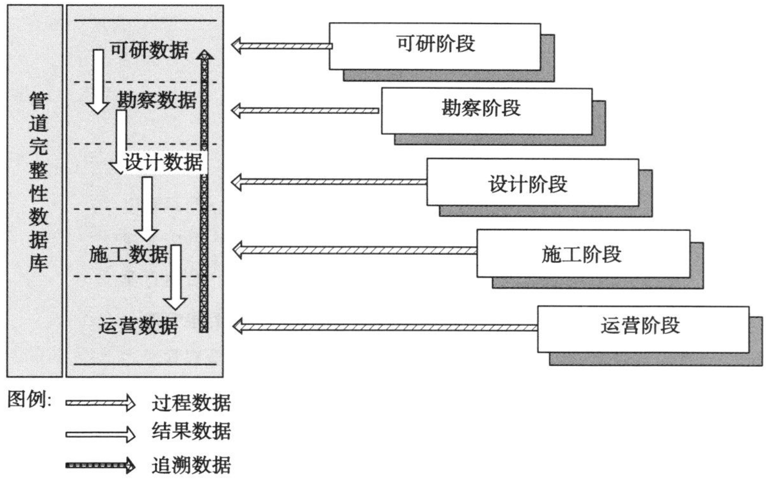

图 8-6　管道完整性数据库

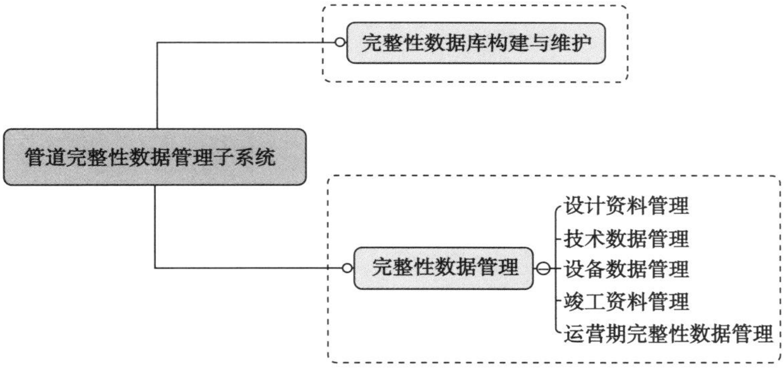

图 8-7　管道完整性数据库子系统功能结构

(2) 管道工程大多为隐蔽工程，根据运营的要求对施工数据进行细致采集，并制定严格的审核流程和规范，保证运营方对管道情况的准确掌握；

(3) 通过数据和资料的可追溯性，可以提高各参建单位的责任心，从而促进工程质量；

(4) 通过对各阶段数据的综合分析、汇总和统计，实现管道的全生命周期跟踪，并为风险评估和完整性评价提供数据基础。

8.3.1　系统目标

以数据采集、建库、管理、更新和服务为核心，建成技术先进、数据完整、功能完善、安全稳定和服务全面的一体化信息管理体系，充分利用信息技术支持天然气管网项目建设管理各个阶段的工作，实现生产、管理和决策支持的网络化，保障管道的安全、环保及高效运营。

在管道建设阶段，管道数据采集存储的数据主要包括可研数据、评估报告、勘察数据、设计数据和施工数据。

8.3.2 系统功能

1. 设计资料管理

设计资料管理功能结构如图 8-8 所示。

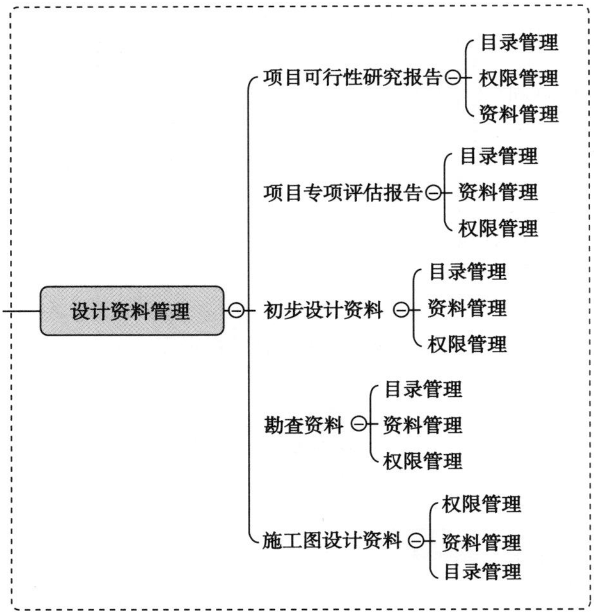

图 8-8　设计资料管理功能结构

1）目录管理

目录管理的主要作用是灵活地管理设计资料的层次结构，方便进行分类、检索和权限控制。

目录管理所提供的操作主要有目录的增加、删除、修改、查看及剪切、粘贴、剪切板查看等。

2）权限管理

可以基于目录对设计资料目录树进行权限控制。权限管理有以下基本特点：

(1) 权限可以控制到子目录，也可以控制到节点目录。

(2) 权限可以基于人员或角色进行授权。

(3) 权限的分类包括目录管理权限、资料查看权限、资料管理权限。

3）资料管理

通过资料管理所提供的功能，有相应权限的人可以在指定的目录下对资料进行操作，如资料的编辑功能。

资料信息的基本属性有标题、序号、类型、关键字、作者、发布时间、资料和资料说明。各属性的简要说明如下：

(1) 标题　此处报送资料的名称，一般为文件的名称或图纸名称等。

(2) 序号　此序号用来在资料信息列表中各条记录排序，请填写数字并按递增报送。

（3）类型　此处可选三种资料类型（普通附件、文档、图纸），如果报送的是 Word 文档，则需选择“文档”；如果报送的是图纸文档，则需选择“图纸”；其他类型的资料请选择“普通附件”。

（4）关键字　在此处报送的关键字是搜索工程资料库中所存储资料的重要信息，请根据资料内容，尽最大可能报送资料相关的重要描述信息；各关键字之间用英文逗号“,”分隔。

（5）作者　记录该资料的作者。

（6）发布时间　选择该资料的发布时间。

（7）资料编号　若该资料遵循文件编码规则并具有相应的文件编号，请如实报送资料编号。

（8）资料说明　此处报送对该资料的说明文字，便于用户在查看附件之前就对内容有总体的了解，请尽可能描述清楚。

2. 施工数据采集管理

施工数据采集功能结构如图 8-9 所示。

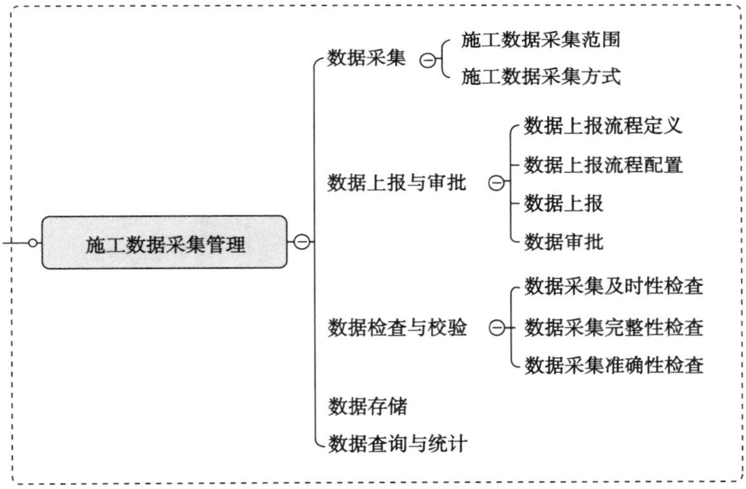

图 8-9　施工数据采集管理功能结构

1）数据采集

施工数据采集是对施工和检测单位在施工现场的重要技术数据进行采集，采集范围如表 8-4 所示，采集内容包括但不限于表中内容。

表 8-4　数据采集范围说明表

采集范围	数据实体	描　述	备　注
采办数据	弯头详细信息	记录弯头的基本信息	来源于钢管厂的发货单、防腐厂的交货单和相关的证书
	钢管详细信息	记录钢管的基本信息	来源于钢管厂的发货单、防腐厂的交货单和相关的质证书

续表

采集范围	数据实体	描 述	备 注
施工数据	焊口焊接记录	记录焊口的焊接信息	施工单位采集、报送
	焊口返修记录	记录焊口的返修信息	施工单位采集、报送
	补口记录	记录焊口防腐的信息	施工单位采集、报送
	穿跨越施工记录	记录穿跨越的施工信息	施工单位采集、报送
	阀门安装记录	记录管线上阀门的安装信息	施工单位采集、报送
	牺牲阳极埋设记录	记录防腐设施中阳极的埋设信息	施工单位采集、报送
	水工保护施工记录	记录水工保护(如堡坎、护坡、挡土墙等)施工信息	施工单位采集、报送
	三桩埋设记录	记录三桩的施工埋设信息	施工单位采集、报送
	阴保测试桩埋设记录	记录阴保测试桩的施工埋设信息	施工单位采集、报送
	套管施工记录	记录套管的施工信息	施工单位采集、报送
测试信息	防腐层检测记录	记录管线防腐层检漏测试信息	施工单位采集、报送
	阀门试验记录	记录管线阀门的试验信息	施工单位采集、报送
	清管检查记录	记录管线清管操作的情况	施工单位采集、报送
	试压检查记录	记录管线试压操作的情况	施工单位采集、报送
	强制电流参数测试记录	记录强制电流的测试信息	施工单位采集、报送
	牺牲阳极参数测试记录	记录牺牲阳极的测试信息	施工单位采集、报送
无损检测数据	管道焊口射线检测报告(及附页)	记录本批次焊口检测的总体信息，以及本批次焊口的详细检测信息和缺陷信息	检测单位根据实际情况填写
	管道焊口超声检测报告(及附页)	记录本批次焊口检测的总体信息，以及本批次焊口的详细检测信息和缺陷信息	检测单位根据实际情况填写
	管道焊口磁粉检测报告(及附页)	记录本批次焊口检测的总体信息，以及本批次焊口的详细检测信息和缺陷信息	检测单位根据实际情况填写
	管道焊口渗透检测报告(及附页)	记录本批次焊口检测的总体信息，以及本批次焊口的详细检测信息和缺陷信息	检测单位根据实际情况填写
其他信息	无损检测申请表	申请进行检测的焊口信息	施工单位采集、报送

2）数据采集的方式

考虑到施工阶段采集的数据量大、内容多等特点，对于数据采集功能在设计上提供多种方式，最主要的包括批量导入和页面报送以适应不同类型数据的填报。

（1）批量导入　批量导入主要解决大数据量的数据报送问题，如管道焊接、检测数据等。

（2）页面填报　页面填报主要是解决小数据量数据的填报以及针对特定数据的修改、更新操作。

（3）现场 APP 填报　通过开发现场 APP 终端，实现现场数据填报。

3）数据上报与审批

为保证采集数据的准确性，追溯数据的责任单位，系统提供了灵活的上报与审批功能。主要的功能点包括：数据上报流程定义；数据上报流程配置；数据上报；数据审批。

4）数据上报流程定义

不同的数据对准确性的要求和审查的环节不尽相同，针对此特点，系统提供了灵活的定义功能。

5）数据上报流程配置

针对不同的上报流程，可对中间的审批环节进行配置。

6）数据上报

数据的填报单位在数据导入或报送完后，可以进行上报，上报可以进行批量操作。

7）数据审批

在数据上报完后，数据的审批单位可以对数据进行审查，填写审查意见，针对不合格的数据可以进行退回操作。

为保证数据的真实性、有效性和准确性，系统提供了丰富的数据检查功能，数据的审查责任人可以充分利用这些功能对数据进行检查和监督。按检查的目的分类，可以将数据检查功能分成三类：数据采集及时性检查；数据采集完整性检查；数据采集准确性检查。

（1）数据采集及时性检查　主要是对施工采集责任单位填报数据的及时性进行监督和审查。用户可以根据实际情况进行参数设定，最终系统提供出分析图表。

（2）数据采集完整性检查　主要是对施工数据采集单位填报的数据采集数据量进行监督和审查。主要从两个角度进行对比分析：数据采集转换进度与实际施工进度的对比分析；数据采集数据与工程量的对比分析。

（3）数据采集准确性检查　主要是挖掘施工数据自身的一些规律和特性，通过这些规律和特性来查找存在问题的数据。主要的检查点如下：设计中线走向分析；管道焊接数据分析；线路竣工点偏离分析；标志及测试桩间隔分析；坐标数据范围校验。

3. 数据存储

在施工阶段采集的数据包括结构化数据和非结构化数据，在存储上可以分成数据库存储和文件服务器存储两种方式，并对非结构化数据和结构化数据建立关联，方便检索和查找。

对于文档型数据，在系统内建立文档查询中心，增加基于文档根目录的综合查询功能，并且完善文档标题、关键字和相关文档的索引查询功能，为用户提供方便、统一的文档查询功能，提高用户的查询效率。数据查询结构如图 8-10 所示。

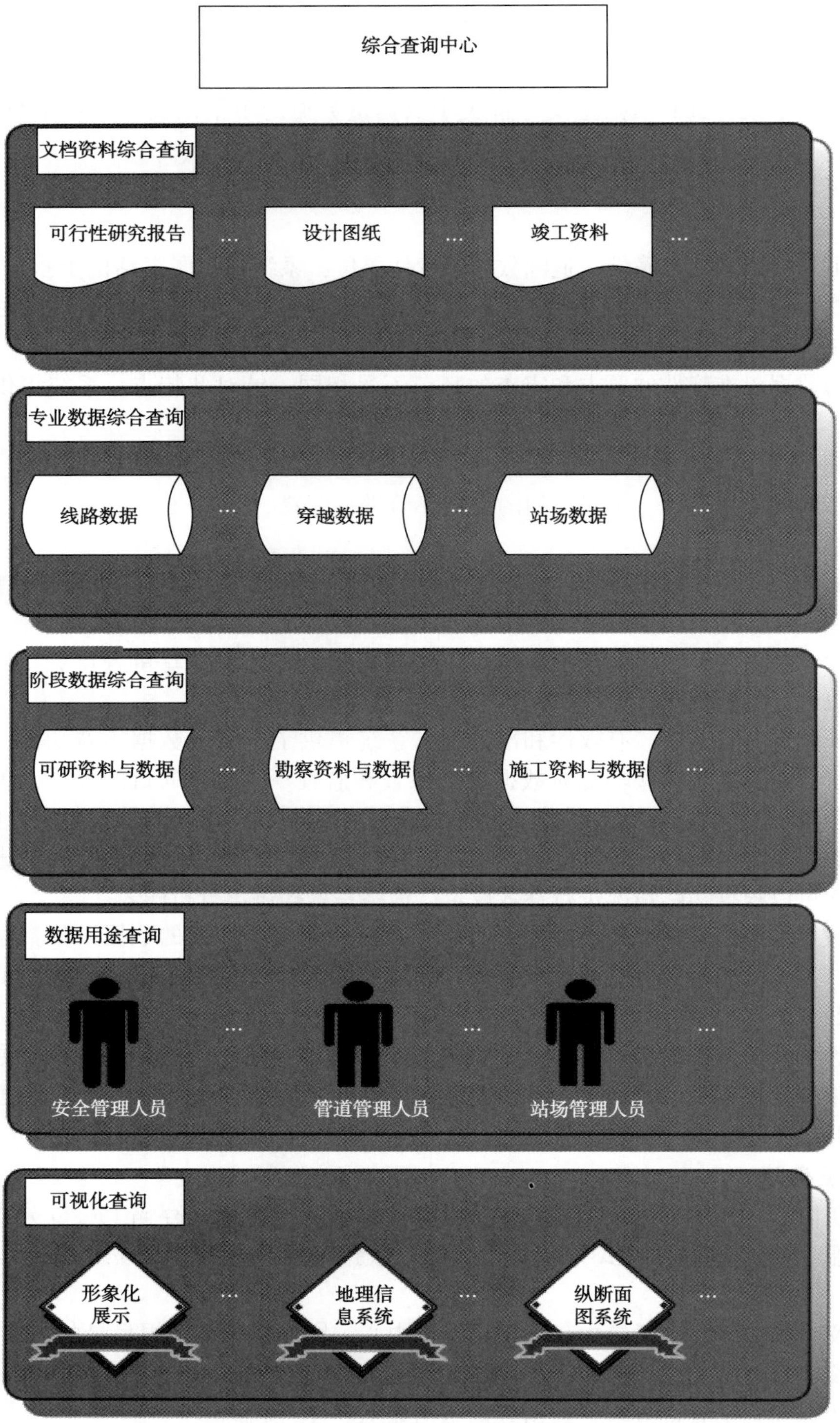

图 8-10 数据查询结构图

数据查询中心包括以下功能分区：文档资料综合查询区；专业数据综合查询区；项目阶段数据综合查询区；数据用途查询区；可视化查询区。

1）文档资料综合查询区

实现文档型资料的综合查询功能，并考虑将来的扩充，提供基于系统数据库的全文检索功能，查询条件包括文档名称、关键字、文档类型、文档目录、文档建立日期、文档创建人。

本查询区具有以下特点：

（1）按照权限自动过滤查询内容；

（2）具有选择同时查询子目录和当前目录的功能可选项；

（3）查询结果具有显示相关资料的功能。

本查询区的数据查询范围为数字化系统内所有文档类型的资料数据。

2）专业数据综合查询区

按照专业划分查询系统内存储的数据及资料，查询的专业包括：

（1）线路专业　查询内容为线路专业的勘察设计文档、图纸、施工记录和竣工资料；

（2）站场专业　查询内容为站场专业的勘察设计文档、图纸、施工记录和竣工资料；

（3）大中型河流穿越专业　查询内容为河流穿越专业的勘察设计文档、图纸、施工记录和竣工资料；

（4）伴行路专业　查询内容为伴行路专业的勘察设计文档、图纸、施工记录和竣工资料；

（5）外电线路专业　查询内容为外电专业的勘察设计文档、图纸、施工记录和竣工资料；

（6）通信专业　查询内容为通信专业的设计文档、图纸、施工记录和竣工资料；

（7）仪表自动化专业　查询内容为仪表自动化专业的设计文档、图纸、施工记录和竣工资料。

本查询区具有以下特点：

（1）按照权限自动过滤查询内容；

（2）具有专业内数据互相链接的功能；

（3）可以与可视化查询结合使用。

本查询区的数据查询范围为数字化系统内所有文档和电子数据类型的资料数据。

3）项目阶段数据综合查询区

按照管道生命周期的阶段划分查询各阶段的数据及资料，可查询的阶段包括：

（1）项目可行性研究阶段；

（2）项目初步设计阶段；

（3）项目施工图设计阶段；

（4）项目施工阶段；

（5）项目投产验收阶段。

本查询区具有以下特点：

（1）按照权限自动过滤查询内容；

（2）具有阶段内数据互相链接的功能。

本查询区的数据查询范围为数字化系统内所有文档和电子数据类型的资料数据。

4）数据用途查询区

按照数字化系统内的数据用途查询相应的数据及资料，可查询的用途包括：

（1）技术人员，关心的数据及资料主要有：可行性研究报告、五大评估报告、初步设计、施工图设计、重大设计变更、设备档案、单机调试、系统调试、试运投产考核等。

（2）安全管理人员，关心的数据及资料主要有：基础数据：工程信息、管道信息、穿越信息、水工保护信息、伴行路信息、设备档案、人口稠密区、地质灾害多发区等。

（3）管道管理人员，关心的数据及资料为：①基础数据：五大评估报告、管线信息、中线成果、地下障碍物、管段信息、穿跨越信息、伴行路信息等；②施工数据：管沟开挖、管道焊接记录、返修记录、补口补伤记录、电火花检漏记录、管道竣工测量记录、三桩埋设记录、清管记录、测径记录、试压记录、地面检测记录、地面回复记录等；③水工保护信息、伴行路信息、阴极保护信息、阀室工程信息等。

（4）站场管理人员，关心的数据及资料为：站场信息、外电信息、设备档案、伴行路信息、通信工程数据、阴保信息等。

本查询区具有以下特点：

（1）按照权限自动过滤查询内容；

（2）具有数据互相链接的功能；

（3）可以与可视化查询结合使用。

本查询区的数据查询范围为数字化系统内所有文档和电子数据类型的资料数据。

5）可视化查询区

在已有可视化展示的基础上，在以下几方面开发新的可视化查询功能：

（1）按照业务需要新增的可视化查询手段，如各种分析图表、数据导出分析等；

（2）在各种可视化查询功能之间建立链接关系，方便查询；

（3）在可视化查询与普通查询之间建立链接关系。

4. 设备数据管理

设备数据管理是在工程建设阶段就采集管道设备、设施的基础数据，实现设备数据从设计、采办、安装到调试的过程跟踪数据和设备技术资料、图纸数据库的建立，如图8-11所示。

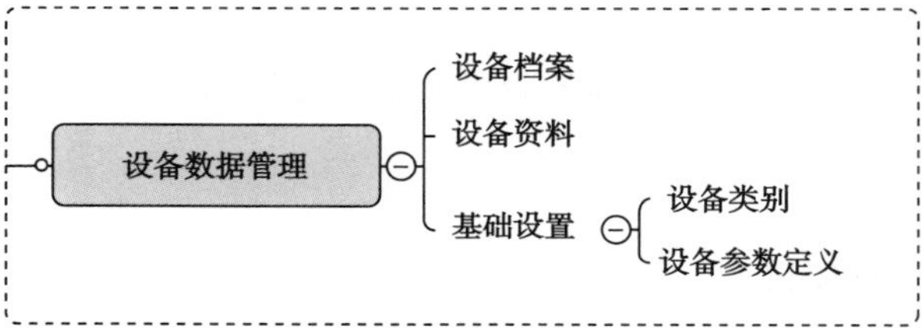

图8-11　设备数据管理功能结构

1）设备档案

设备档案主要采集设备的基本信息、参数信息、属性信息，为设备建立完整的设备卡片，方便对设备进行检索、查找以及查看详细参数信息。

2）设备资料

设备资料主要收集设备从选型、采购、到货、安装到验收各个环节所产生的产品说明、安装手册、施工图纸等电子文件。具体以附件的方式上传到系统。

3）基础设置

基础设置主要是对设备的类别及不同类别下的设备参数进行设定。

8.3.3 系统关注点

1. 数据采集内容符合完整性管理要求

管道数据采集系统所采集的施工数据，符合《输气管道系统完整性管理规范》(SY/T 6621)和《输气管道完整性管理系统》(ASME B31.8S)的标准规范要求，为管道运营的风险评估提供工程建设阶段的数据。

2. 功能强大的数据校验和验证功能

管道数据采集子系统提供功能强大的数据自动校验和验证功能，根据各类数据之间的逻辑关系，检查数据的完整性、一致性和准确性，为施工单位、监理单位进行数据质量检查提供有力的工具。

同时，系统还自动记录数据上报、审核过程，做到全过程跟踪，有据可查，保证系统数据的追溯性。

数据校验功能包括：

(1) 焊口编号重复校验；

(2) 焊口编号不连续校验；

(3) 未补口焊口校验；

(4) 未竣工测量焊口校验；

(5) 竣工测量数据准确性校验；

(6) 未检测焊口校验。

3. 高效多样的数据采集手段

采用多种方式进行数据报送和维护，系统提供智能客户端功能，方便系统用户进行数据离线报送。此外，系统还提供了后台自动导入功能和在线数据修改功能，大大提高了数据的报送效率。

4. 各类数据的有效整合

根据采集的各类数据的内在联系以及运营管理对数据查询的需要，对施工各个阶段所采集的数据进行有效整合，提供综合查询中心的功能，实现对数据采集的查询和分析。

5. 施工数据与运营管理良好的衔接性

数据库的整体考虑和设计、技术平台的可升级性以及提供的强大数据转换功能，保证了工程建设阶段采集的数据能够与运营管理阶段实现良好的衔接，为数字化系统的运营阶段建设打下坚实的基础。

8.3.4 完整性数据库构建与维护系统关注点

1. 数据库维护工具

通过系统工具负责对完整性数据库进行创建和对库结构进行维护和优化。

2. 数据检查工具

数据检查工具实现数据错误和误差检查功能，主要用于检查数据是否满足入库的要求，并打印出错误列表或报告。

3. 数据入库工具

采用某一种空间数据引擎，将文件形式的数据转入空间数据库中。后端数据库为Oracle大型关系数据库管理系统。

（1）数据类型　能够真实展现工程涉及范围内的地形地貌、行政区划、居民区、道路、河流等丰富的地理环境信息，要求平台能够支持多种格式、多分辨率正射影像（DOM）、高程数据（DEM）以及多种格式、多比例尺的全要素矢量数据的加载与显示，不同精度数据能够融合显示。

（2）数据格式　支持MIF/MID、E00等标准交换格式数据以及调绘数据的多批次导入与导出。

（3）坐标系　能够对WGS84、西安80、北京54等坐标系的数据进行导入和相互转换，其转换精度不低于转换前数据精度。

（4）模型格式　能够支持多种三维实体模型数据（如FLT、3DS等）的导入与显示。

8.3.5 管道完整性数据库建设内容关注点

1. 基础地理信息数据库

基础地理信息数据库内容包括管网管道沿线的基础地理信息，数据内容一般主要包括：

（1）1∶400万数字线划图；

（2）1∶100万数字线划图、数字高程模型；

（3）1∶25万数字线划图、数字高程模型；

（4）1∶5万数字线划图；

（5）1∶1万数字线划图、数字高程模型；

（6）管道沿线遥感影像或航拍数据；

（7）勘察测量成果数据。

管道设施地理符号满足图8-12所示的规定，体现基础地理信息数据的管道专业特点。

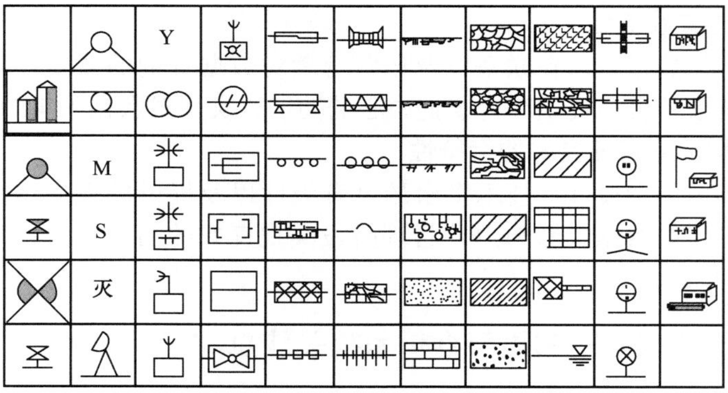

图8-12　管道设施地理符号

2. 管道规划设计数据库

管道规划设计数据库存储管道可研、初步设计、勘察测量和施工图设计的专业数据，包含的数据范围如下：

1）可研阶段

（1）可行性研究报告；

（2）环境评估报告；

（3）安全评估报告；

（4）水土保持评估报告；

（5）地质灾害评估报告。

2）初设阶段

（1）初步设计总说明；

（2）线路工程；

（3）大型河流穿越工程；

（4）输气工艺和站场工程，包括系统分析、站场工艺、仪表和自动控制、供配电、通信工程、总图与公用工程、维抢修设计；

（5）测量，包括测量报告、走向图；

（6）环境、健康、安全；

（7）初步设计概算；

（8）各专业技术规格书；

（9）各专业数据单。

3）详细设计阶段

分类按照数据所属专业来划分：

（1）勘察；

（2）线路地质报告；

（3）岩土工程勘察报告，包括勘探点一览表、土工试验成果表、颗粒分析成果表、固结试验成果表、剪切试验成果表、岩石物理学试验成果表、水质分析成果表、土化学分析成果表、水质分析汇总表、土化学分析汇总表、工程地质图、勘探点平面位置图、工程地质剖面图、工程地质柱状图、原位测试成果表、静力触探试验成果表、动力触探试验成果图、十字板剪切试验成果表、波速测试成果表、载荷试验成果表；

（4）工程物探报告；

（5）测量；

（6）工程测量报告；

（7）纵断面图；

（8）大比例尺地形图(站场、阀室、穿跨越)；

（9）带状地形图；

（10）横断面图；

（11）中线成果；

（12）控制点成果；

(13) 控制点点之记。

各专业施工图：

(1) 总图；

(2) 工艺专业图；

(3) 线路专业图；

(4) 大中型穿跨越专业图；

(5) 电气专业图；

(6) 通信专业图；

(7) 仪表自动化专业图；

(8) 阴保专业图；

(9) 土建/结构专业图；

(10) 给排水/消防专业图；

(11) 暖通专业图；

(12) 热工专业图；

(13) 机械专业图。

3. 管道施工数据库

总体上包含管道工程过程管理数据库和管道施工阶段技术资料数据库两大部分。

1）管道工程过程管理数据

工程项目组织数据，包括参建单位、机组部署、工程项目划分、标段区段划分等。

2）管道工程施工阶段技术资料数据

(1) 线路工程数据；

(2) 穿跨越工程数据；

(3) 站场工程数据；

(4) 阴极保护工程数据；

(5) 水工保护工程数据；

(6) 隧道工程数据；

(7) 伴行路工程数据；

(8) 通信工程数据；

(9) 综合数据。

4. 管道运行管理数据库

管道运行管理过程中所产生的业务和技术数据，主要包括：

(1) 计划数据；

(2) 调度数据；

(3) 计量数据；

(4) 设备管理数据；

(5) 阴极保护数据；

(6) 管道管理数据；

(7) 站场管理数据；

（8）能源管理数据。

5. 完整性管理数据库

要建立基于风险评估的完整性管理程序必须对管道及设备情况有全面了解。另外，关于管道运行历史、所处环境、采用的事故减缓措施和过程/步骤检查方面的资料也是必不可少的。ASME B31.8S 规定的完整性管理程序的主要数据种类如下。

1）特征数据

（1）管道壁厚；

（2）直径；

（3）焊缝类型和接合系数；

（4）制造商；

（5）制造日期；

（6）材料性能；

（7）设备性能。

2）施工数据

（1）安装日期；

（2）弯管方法；

（3）对接方法、过程和检测结果；

（4）埋深；

（5）穿越/套管；

（6）试压；

（7）现场涂装方法；

（8）土壤、回填；

（9）检测报告；

（10）阴极保护方式；

（11）涂层类型。

3）运行数据

（1）天然气气质；

（2）流量；

（3）额定最大和最小操作压力；

（4）泄漏/事故历史记录；

（5）涂层状况；

（6）阴极保护系统参数；

（7）管壁温度；

（8）管道检测报告；

（9）管道内/外腐蚀监测；

（10）压力波动；

（11）调节阀/泄压阀工作状况；

（12）外方入侵；

(13) 维修；
(14) 人为破坏；
(15) 外力破坏。
4) 检测数据
(1) 试压；
(2) 内检测；
(3) 几何变形检测；
(4) 开挖检测；
(5) 阴极保护检测(密间隔 CIS)；
(6) 涂层状况检测(直流电位梯度 DCVG)；
(7) 审核与检查。

6. 系统元数据库

元数据库按照级别划分为两级，即一级元数据和二级元数据，一级元数据包含编目信息，二级元数据则包含建立完整数据集文档所需要的全部元数据实体和元素。这两类元数据所包含的内容基本如下：

(1) 数据集名称；
(2) 所属项目标识；
(3) 数据范围；
(4) 地理坐标；
(5) 时间范围；
(6) 内容；
(7) 限制；
(8) 参考信息；
(9) 数据质量描述；
(10) 数据志描述；
(11) 空间数据表示信息；
(12) 参照系统信息；
(13) 要素分类信息；
(14) 引用文献信息；
(15) 能够对外发布标志。

8.3.6 数据库设计方案

1. DBMS(数据库管理系统)选择

由于 Oracle 数据库具有良好的开发性、扩展性、可靠性和标准性，同时适合存储数字管道系统的海量数据，并具有良好的安全机制，因此数据库平台选择 Oracle 数据库。

2. 数据字典设计

根据以上数据模型，完成数据库的数据字典设计。数据字典设计内容包括：

（1）数据字段索引编号；
（2）数据字段名称；
（3）数据字段描述；
（4）数据类型；
（5）数据长度与精度要求；
（6）主键与外键约束；
（7）非空属性；
（8）备注说明。

管道企业在数字化管道系统的设计和开发过程中，已经形成了完善的从设计到运营管理的数字管道数据字典，可以在此基础上结合本工程的特点进行修改。由于数据字典内容庞大，本书不详细说明，具体内容可参见《石油行业数据字典管道分册》（ST/T 6183—2012）。

8.4　可视化 GIS 平台子系统

GIS 平台系统是利用先进的地理信息系统技术，将天然气管线及周边环境进行矢量化电子地图处理，形成集管线属性信息和空间信息于一体的空间数据库，通过空间查询、检索、定位和分析，与天然气管网工程施工数据采集系统连接，形成可视化的业务处理平台。

8.4.1　系统目标

GIS 系统是一个组织与管理管道相关的地理数据、业务数据，基于三维地理信息，通过空间查询、定位、分析、制图和报表等功能，实现管道建设与运营可视化的技术平台，同时能够提供与其他系统的接口。

通过地理信息系统先进的地图功能，将长输管线及周边环境进行矢量化的电子地图处理，形成集管线属性信息和空间信息于一体的数据库系统，通过空间查询、搜索、定位和分析，与运营管理系统其他子系统连接，从而形成可视化的业务处理能力。

通常天然气输气管道的线路较长，沿线穿过地形复杂盆地丘陵、山区地带以及水网密集的平原地区，管道很多区段落差大、穿越工程复杂，仅靠传统的 GIS 系统难以对穿跨越等重点目标进行查询或展现，需要依靠先进的三维 GIS 与虚拟仿真技术完美融合，把重点管段的地形地貌、设施情况等全部信息在一套完整的可视化环境中进行管理和展现；特别是在应急处置情况下，需要对关注管段周边详尽的地形、人口分布情况、抢修道路等信息快速查询了解，对现场事故点管道所埋设位置进行地面剖切，查看详尽的设计、施工、监测等信息。本平台应通过 GIS 数据、管道设计数据、施工数据等多种数据的采集、整合、植入，实现 GIS 图形下的管道完整性数据综合管理，为后续开展管道的高后果区识别、风险评估、完整性评价等工作提供及时有效的数据支持，也为应急管理和管道运行可视化管理提供了一体化信息平台。

8.4.2　系统功能

可视化管道 GIS 子系统功能结构如图 8-13 所示。

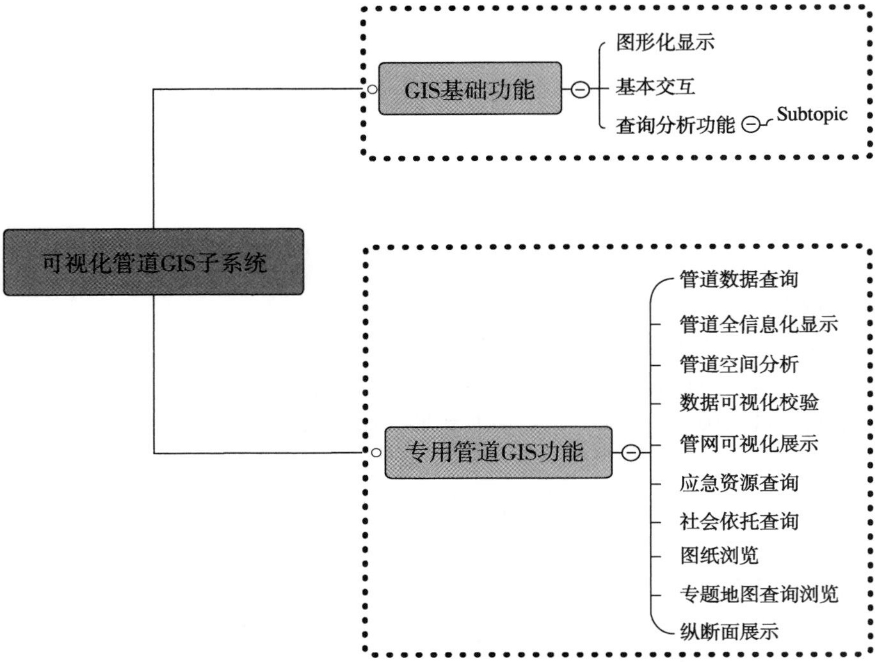

图 8-13 可视化管道 GIS 子系统功能结构

1. GIS 基础功能

1）图形化显示

（1）空间地理信息显示

① 影像数据显示 能够真实展现工程涉及范围内的地形、地貌等特征，依据各地理区域的细节要求程度不同，采用相应精度的数据，支持多种精度的 DOM、DEM 数据融合显示；

② 矢量数据显示 能够在 GIS 图形中对所属工程涉及范围内的河流、道路、行政区划、居民区等 GIS 信息进行分层叠加显示。

（2）显示效果及方式要求

① 显示效果 不但支持现实方式显示，同时支持超现实的方式显示（如透明、隐藏、透视等），以便突出关注的信息，例如可以采用将地景透明或隐藏方式将地下管线可视化；

② 气象效果 为提高场景的真实感，平台可支持提供雨、雪、雾、云、太阳光晕、光影等气象效果；

③ 显示方式 支持鹰眼效果，能够显示缩略图，并可进行导航。

（3）逻辑概念可视化

① 区域颜色显示 能够对各类逻辑概念及数据以简单、直观的方式进行表现，例如依据高程分层次着色方式进行地形显示；

② 轨迹信息显示 能够以图形化的方式表现气流、水流等运动趋势。

（4）地理数据符号化

① 符号标准化 平台要求支持《国家系列比例尺地形图图式》标准以及石油行业相关标准；

② 符号可配置　平台可灵活配置各数据图层的显示符号和显示方式；

③ 符号可编辑　平台可以对符号进行增加、删除、修改和批量替换等。

（5）系统标绘功能

① 点标绘　平台支持在 GIS 图形中可视化地进行点图元的增加、删除和修改，以及属性信息的增加、删除和修改；

② 线标绘　平台支持在 GIS 图形中可视化地进行线图元的增加、删除和修改，以及属性信息的增加、删除和修改；

③ 面标绘　平台支持在 GIS 图形中可视化地进行面图元的增加、删除和修改，以及属性信息的增加、删除和修改；

④ 模型标绘　平台支持在 GIS 图形中可视化地进行模型、图片、文字、动画等的增加、删除和修改，以及属性信息的增加、删除和修改。

2）基本交互

平台浏览功能包含的基本操作有放大、缩小、平移、旋转。

（1）鼠标操作说明

放大：鼠标滚轮；

缩小：鼠标滚轮；

平移：鼠标左键；

旋转：鼠标右键。

（2）键盘操作说明

放大：符号键(+)；

缩小：符号键(-)；

平移：方向键(←、↑、↓、→)；

旋转：字母键(Q、W、E、A、S、D)。

3）场景漫游

能够支持地面行走、飞行、自由、驾驶、自动脚本等多种方式的场景漫游。在系统工具栏中，选择“查询与地理分析”→“模拟飞行”，即可启动模拟飞行。该模拟飞行类似于坐在飞机驾驶舱内进行浏览。

输入控制：能够支持鼠标、键盘、手柄、控制面板等多种控制设备和方式的控制输入。

图层控制：平台支持对图层的显示、隐藏、透明、顺序等进行控制。主要对窗口中的主要图层进行管理，包括控制显示、启动是否显示和名称等修改。

信息选择：能够快速、准确地选择 GIS 图形中的点、线、面图元以及模型。支持直接鼠标拾取(单选、框选)、列表选择等多种选择方式。

4）查询分析功能

平台能够支持基于关键字、分类、图形、属性等方式的查询及联合查询，并在 GIS 图形中进行定位显示。

输入查询关键字，可进行模糊查询，查询结果以列表的方式展现给用户，双击其中一项可定位到该地点。

2. 专用管道 GIS 功能

1）管道数据查询

(1) 信息查询

基于线性参考技术，建立管网中心线模型以及在线设施、离线设施、设备数据模型，并依据 PODS 或 APDM 等长输管道完整性管理数据模型对管道本体、管廊、管道设施、设备信息进行管理。

管道本体数据查询：利用数据挖掘技术以及线形参考技术，实现通过单点、里程段、管段、行政区划等方式检索单个或多个管段信息并自动定位到设备位置。检索结果包括管道基本情况、管材信息、管道铺设施工资料等。

管线地理环境管理：通过单点、里程段、行政区划等方式检索管廊、管道 HCA 范围内的管线周边地理环境信息。检索结果包括地形地貌、道路、建筑、水文等地理环境信息及其管理的管道、在线设备、离线设备、站场、历史事故、管理公司等信息。

(2) 多维度数据查询

管道资料查询：实现管道以及管道防腐的施工、设计、维护、检测、巡检资料按目录、关联里程段、资料关键字等方式检索管道资料，检索结果以表格、图形方式显示。

管道损伤、制造缺陷查询：通过单点、里程段、管段、行政区划、缺陷发现时间、缺陷类型、缺陷状态、缺陷程度、发现方式等方式检索单个或多个管段的制造缺陷、外力损伤缺陷、腐蚀缺陷信息。

管道维护查询：通过单点、里程段、管段、行政区划、维护内容、维护时间等方式检索一般管道维护施工作业以及相关防腐、清管的计划、方案、图纸等信息。

(3) 管线设施分类查询

管线设施分类查询完成对管道在线设备、离线设备、穿跨越设施、隐蔽设施、水工保护、站场、位置建筑物的检索。

设备信息检索：通过单点、设备位置、里程、名称、分类等方式检索设备信息并自动定位到设备位置。检索结果包括设备基本情况、设备施工资料、设备历史事故资料、设备管理文件、设备维护记录、设备检测记录、设备历史运行状态、设备缺陷等信息。

违章施工、建筑管理：通过单点、里程段、行政区划、时间等方式检索一定区域范围内的管线走廊内的违章建筑、违章施工信息。检索结果包括违章建筑的位置、发现方式、处置方案、处置结果、照片及其关联的管道、在线设备、离线设备、管理公司等信息。

穿跨越人工设施管理：通过单点、里程段、行政区划等方式检索一定区域范围内的管线穿跨越工程设施信息。检索结果包括道路、建筑空间位置、属性信息及其相关的管道、在线设备、管理公司等信息。

穿跨越隐蔽工程管理：通过单点、里程段、行政区划等方式检索一定区域范围内的管线穿跨越隐蔽工程信息。检索结果包括隐蔽工程位置、属性信息及其相关的图纸资料、管道、管理公司等信息。

2) 管道空间分析

(1) 坐标系设置与变换

系统充分考虑到遥感影像、管道、管道设施设备在进入数据库时，具有椭球参数、投影方式等数学基础的差异，提供动态投影功能，以实现同一椭球基准下，不同投影方式(地理经纬度、大地坐标)之间的度量转换；提供内置的投影转换功能，实现不同椭球基准数据之间的中等精度范围坐标转换，同时系统提供局地转换参数设置功能，供用户报送局地转换参数，以实现高精度的坐标转换。

（2）里程查询

在线性参考系的支持下，支持用户按桩号+里程的方式报送管线里程、里程段，系统根据用户报送情况，自动进行里程定位。同时基于管道中心线测量管道沿线距离，并利用高度测量工具，测量管廊区域的地形高度、管道铺设落差、穿跨越设施高度。同时结合面积测量与里程定位，测量具体管段的 HCA 区域面积。

3）数据可视化校验

系统提供多维度的数据校验算法模型，包括偏离中线分析法、线路走向趋势判断法等多种算法模型。

偏离中线分析法和线路走向趋势判断法如图 8-14 和图 8-15 所示。

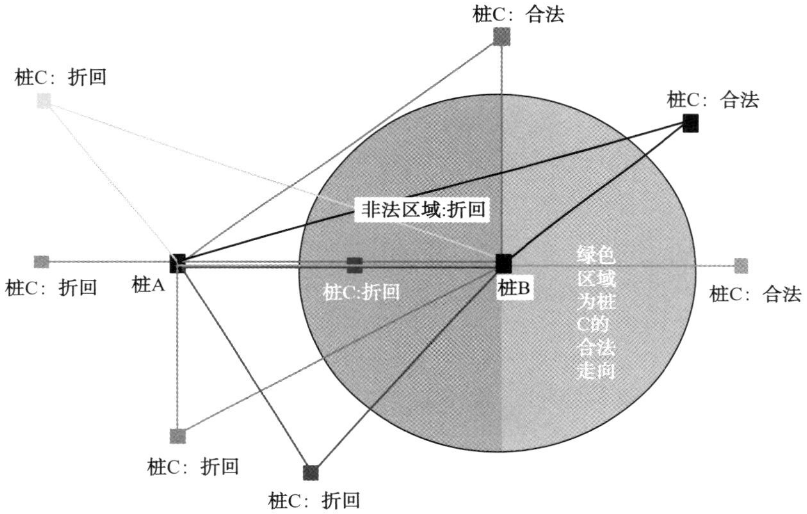

图 8-14　偏离中线分析法

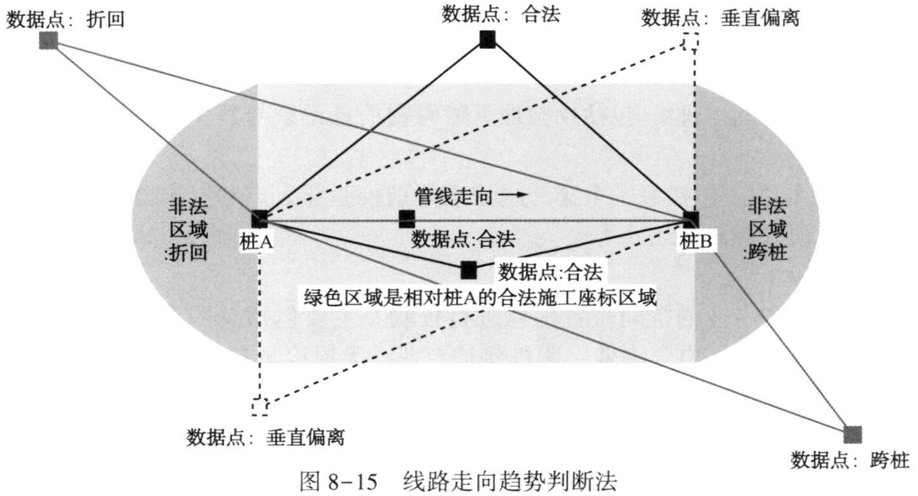

图 8-15　线路走向趋势判断法

数据可视化校验模块功能结构如图 8-16 所示，是对系统中有空间坐标位置关系的技术数据进行空间位置校验，主要包括以下几个工序：线路工程、穿跨越工程和站场工程。

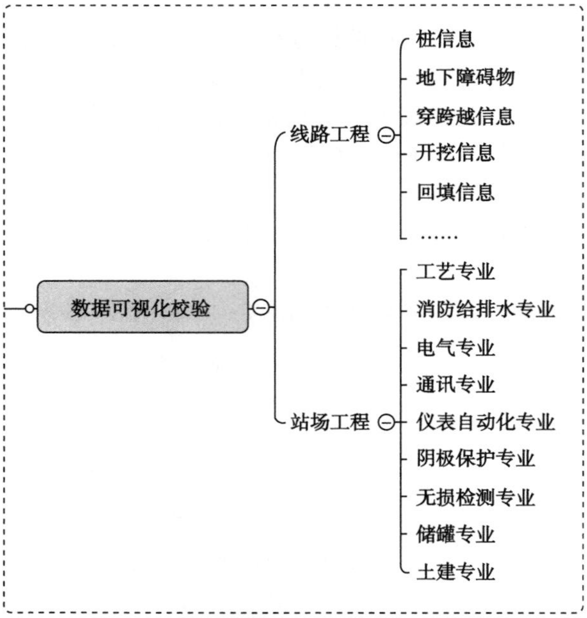

图 8-16　数据可视化校验模块功能结构

（1）线路工程

主要是对技术数据中涉及空间位置信息的数据进行可视化校验，主要包括以下几个方案：

① 桩信息校验　包括比较现场优化中线与设计中线。

② 设计交桩记录校验　包括校验设计交桩记录与其所在桩的现场优化中线之间的误差距离。

③ 测量放线记录校验　包括校验测量放线记录与其所在桩的现场优化中线之间的误差距离。

④ 竣工测量记录校验　包括校验竣工测量记录与其所在桩的现场优化中线之间的误差距离。

⑤ 地下障碍物信息校验　包括校验地下障碍物信息记录与其所在桩的现场优化中线之间的误差距离。

⑥ 穿越信息维护　包括每一个穿跨越记录分别校验穿入点和穿出点与其所在桩的现场优化中线之间的误差距离。

（2）站场工程

主要是对站场各专业的空间位置信息进行校验，主要包括总图专业、工艺专业、通信专业、仪表自动化专业、电气专业、阴极保护专业、无损检测专业、储罐专业。

4）管网可视化展示

管网可视化展示模块功能结构如图 8-17 所示。

可视化展示按照工程划分对线路及站场的数据进行展示，方便快速找到管线的相关技术数据资料。线路工程主要包括桩快速定位、自动沿线展开、中线对比分析、纵断面分析等功能；穿跨越工程主要包括穿越点的查询及定位分析；站场工程主要包括设计图纸的发布与浏览，施工技术数据的展示。

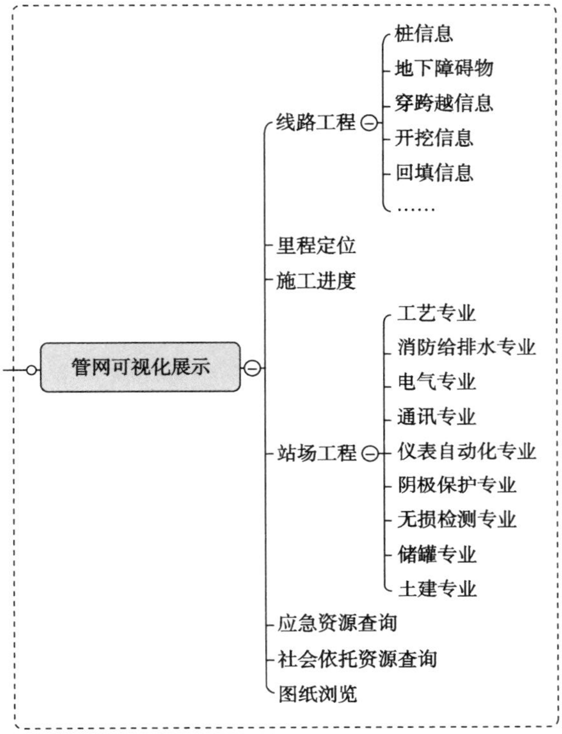

图 8-17　管网可视化展示模块功能结构

(1) 线路工程

① 桩快速定位　通过输入桩号或标段可以快速地定位到某个桩的具体位置，并查看该桩的详细信息。

② 管线自动漫游导航　通过选择标段并设置管线自动漫游的速度后，管线将按照设定的要求自动进行导航，导航过程中可以观测管线周围的地形地貌状况。

③ 管线高程信息定位　通过曲线图对管线的高程信息进行展示，显示管线的高程走势图，通过点击某个桩号，从而能在地图上进行展示，实现高程展示与地图展示的互动。

④ 技术数据查询定位　技术数据是管道完整性数据库中非常重要的内容，通过管道可视化展示子系统可以很方便地把各类数据进行查询和定位。

⑤ 五里程定位　通过输入桩号和相对里程快速定位指定位置，并可以全方位查看管线的信息。

(2) 站场工程

站场工程技术数据展示主要是对站场各专业的空间位置信息进行校验，主要包括总图专业、工艺专业、通信专业、仪表自动化专业、电气专业、阴极保护专业、无损检测专业、站场总图专业。

(3) 穿越工程

对各类穿跨越工程的信息进行展示，包括定向钻、顶管等穿越方式，同时可以查询穿越工程的详细信息。

5）应急资源查询

对应急资源数据进行快速查询和定位，查询的方式包括空间查询、模糊查询等多种方式，同时通过查询结果能够查看应急资源的详细信息。

6）社会依托查询

通过可视化系统能够快速对社会依托信息，如医疗机构、公安机关、政府机构等信息进行快速查询和定位。

7）图纸浏览

管道工程建设期产生了大量的图纸数据，这部分数据对管道的运营维护具有非常重要的作用，通过地理信息系统对这部分数据进行发布和浏览，为用户查看和浏览提供了更为便捷的方式。

8）专题地图查询浏览

管道可研、勘察设计过程中产生了许多专题地图数据，这些专题地图数据对管道的完整性管理具有非常重要的指导意义，管道可视化展示子系统基于先进的地理信息平台将这部分数据进行发布，方便用户查询和浏览，如图 8-18 所示。

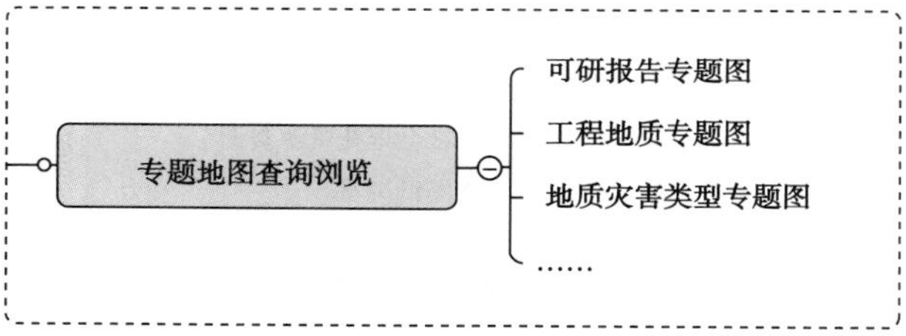

图 8-18 专题地图查询浏览模块功能结构

9）可研报告专题图

可研报告专题图主要包括管网沿线主要气候专题图、社会环境专题图等，具体的专题内容及数量由各管道工程的可研分析过程和可研报告的内容决定。

(1) 工程地质专题图

工程地质专题图也是根据管道沿线的地质情况进行专题分析。

(2) 地质灾害类型专题图

地质灾害类型专题图是管道沿线历年地质灾害类型的专题分析，这部分数据均来源于可研或勘察阶段。

10）纵断面展示

通过工程技术数据管理系统所采集的管道建设各种专业数据，使用动态技术自动生成管道纵断面示意图，为施工管理及运营、维抢修管理提供一个形象地掌握管道地下埋设情况的工具，如图 8-19 所示。

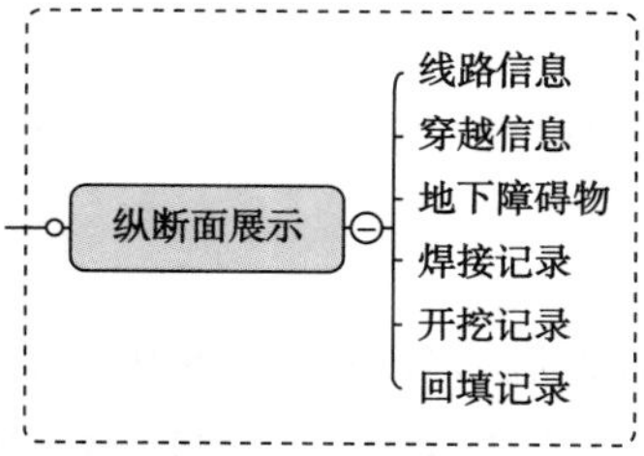

图 8-19 纵断面展示

纵断面展示的内容有：自然环境、管道埋设、焊口情况、防腐层情况、阴极保护情况、钢管信息、地下障碍物、通信光缆信息、河流/铁路/公路穿越信息、高风险提示。

8.5　生产运营管理子系统

8.5.1　系统目标

生产运营期间所需使用的生产运营管理信息化平台也是管网全生命周期信息化建设不可分割的部分。生产运营管理信息化平台要求能够实现运营管理自动化、减少人工工作量、增强效率、优化运行方案等。通过信息系统进行全面的生产运行管理，包括计划、调度、计量交接、状态监控、质量信息，提供全面的运营数据。生产运营数据可以共享给维检修、销售、质量安全环保部门，加快紧急事故的反应速度。

8.5.2　系统功能

生产运营管理子系统功能结构如图8-20所示。

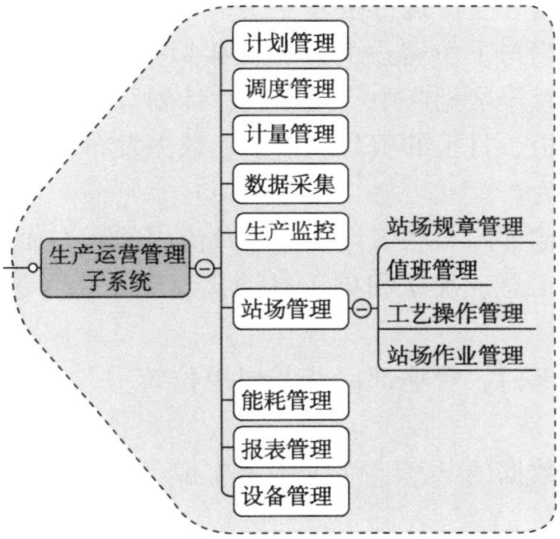

图8-20　生产运营管理子系统功能结构

8.5.3　计划管理

计划管理主要人员包括：公司计划审批人员、销售部门计划制定人员、销售部门领导及生产管输部门运行调度人员。

计划管理主要内容包括：年度销售计划、季度销售计划、月度销售计划及周销售计划。

计划管理主要业务包括：

（1）客户上报建议计划/需求预测；

（2）销售部门汇总计划，进行购销平衡，并发送给领导审批；

（3）销售部门领导审批计划，并和生产管输部门确认管输能力；

(4) 销售部门将最终计划发送给管输部门及客户;
(5) 客户、公司人员接收正式计划。

8.5.4 调度管理

调度令管理主要包含的业务人员为:
(1) 调控中心调度员　根据生产需求发布调度令;
(2) 生产运行部　根据生产需求发布调度令并对调控中心调度员发布的调度令进行审核;
(3)场站值班人员　接收调控中心或生产运行部发布的调度令并生成相应的工作票。
调度令管理主要业务范围包括:
(1) 调度发布　生产运行部及调控中心调度员根据生产需求发布调度令;
(2) 调度审核　生产运行部对调控中心调度员发布的调度令进行审核;
(3) 生成操作票　场站值班人员接收调度令并生成相应的操作票。

8.5.5 计量管理

计量管理实现计量交接和生产运行报表生成。
计量交接实现管输部门与下游客户的计量交接数据的采集/录入、审核、更正等管理,经审核后的计量数据将汇总于数据库中,供报表、计划等调用。
生产运行实现运行日报、月报的填写、审核、数据发布。
计量管理的业务目标为:
(1) 进一步实现各管输部门天然气计量业务及流程的标准化、规范化;
(2) 计量数据上传、汇总、确认和更正自动化、电子化,避免重复手工劳动,提高计量数据的及时性;
(3) 建立公司、销售部门、管输部门及基层单位统一、集中的计量数据库,保证数据的准确性、完整性;
(4) 进一步实现计量数据的共享,除了用于生成各种规定报表,还可用于各级单位内部报表及相关信息的发布;
(5) 缩短与客户之间的距离,客户可以随时随地了解计量纠纷处理状态,提高客户满意度。

8.5.6 生产监控

1. 生产状态监测

通过实时数据接口,连续监测管道场站的各类设备的运行状况,对于监控过程产生的异常状况,采用分等级告警形式提示管理人员,同时将对应的应急方案以图形化方式展示在平台上,作为管理人员决策的依据。

管网监测设备信息的及时反馈是保证管网安全的前提,系统通过与实时监测设备对接和与后台实时数据库关联,能够监测到设备的运行状况,并将各个监测点的数据进行及时展示和曲线绘制,同时对各接收单元超标数据进行实时报警显示。

通过实时数据接口，实时显示设备的运行状况，如工作、维修等，辅之以该设备的其他信息的显示，包括开关状态及电流、电压、温度、功率、功率因数等数据。

当生产过程出现异常，或者供电设备运行出现异常波动时，可以自动与业务系统同步报警，弹出异常画面显示异常地点。

通过实时数据接口，实时检测管道、泵、油罐等生产设备的运行状况，实现对各类生产数据进行链接展示。

2. 视频监控

视频监控设备信息的及时反馈是保证管网安全的前提，系统接入管网视频监控系统，能实时从视频监控系统中调取当前任意视频监控探头的画面，并将其在三维场景中与实际位置关联起来。

点击视频列表弹出视频列表对话框，视频列表中显示视频的代号，单击视频列表中的视频设备可以在三维场景中定位到该视频设备的位置，单击该视频弹出该视频的实时监控视频。

3. 巡检人员定位

巡检人员定位系统可以实现：与巡检系统的人员定位信息保持同步；巡检人员位置监测，准确获得其当前位置信息、人员身份信息及各区域留驻时间；巡检人员精确统计与考勤，利用系统的巡检人员考勤统计功能，能准确统计当前的、历史的巡检人员的数量和具体准确位置，统计人员巡检绩效。

系统能够从 SCADA 数据库中获取无线通信设备信息及实时数据，在三维场景中实现如下功能：

（1）建立巡检人员实时定位分布图，显示指定区域内人员分布情况；

（2）查询定位巡检人员；

（3）点击人员分站，展现分站人员信息，如姓名、单位、岗位、到达地点时间、累计巡检时间。

8.5.7　数据采集

天然气的各项指标是由现有的 SCADA 系统采集记录在特有的数据库中的，这些数据在做计量交接、计划制定和生成业务报表时需要使用。数据采集系统负责采集公司 SCADA 系统的数据，从而为天然气生产管理系统计划制定、计量交接和生成报表使用。

8.5.8　场站管理

1. 场站规章管理

场站规章管理的业务目标为：

（1）建立一套标准的场站管理制度，提升场站管理水平；

（2）实现场站各项规章制度的在线编辑和发布功能；

（3）规范管理相关各项规章管理制度，有效地引导员工按规程进行操作，减少失误。

2. 值班管理

主要业务目标为：

（1）建立统一标准化的场站员工值班及休假计划模板；

（2）梳理场站值班管理流程，建立值班记录标准化模板；

（3）实现值班计划的在线编制和值班记录的在线填报，实现值班计划和值班记录信息的系统化管理。

主要业务人员包括：

（1）场站站长　根据生产情况制定场站人员值班计划，负责场站日常管理；

（2）场站值班人员　查看值班及休假计划，按计划值班。

主要业务包括：

（1）编制排班计划　根据生产情况，站长提前制定人员排班计划；

（2）值班情况记录　场站当班人员对当班过程中的生产情况进行记录；

（3）值班交接　与接班人员进行值班交接，接班人进行接班检查，对值班人提交的值班记录进行签字确认。

3. 工艺操作管理

（1）工艺操作的执行流程及制度标准化、规范化；

（2）实现操作票的在线填报和审批，减轻工作量，提高工作效率；

（3）对操作信息进行系统管理，让用户能查询历史操作信息和正在执行的操作流程进展情况。

工艺操作主要包含的业务人员为：

（1）调控中心调度员　根据生产需求发布调度令或调度通知；

（2）场站站长　根据调度令或场站生产情况来下达各项工艺流程操作指令；

（3）场站值班人员　根据调度指令进行相应的工艺流程操作。

工艺操作主要业务范围包括：

（1）工艺操作申请　场站值班人员接到操作指令后填写操作票，向调控中心及主管部门提交操作申请；

（2）操作票审核　调控中心及主管部门负责人对场站提交的操作票申请进行审核，确认拟定的操作步骤是否符合要求；

（3）操作票归档　场站值班人员执行完工艺流程操作后，对操作票执行归档处理。

4. 站场作业管理

1）业务目标

（1）实现场站各类施工作业的执行流程及制度标准化、规范化；

（2）实现作业许可证的在线填报和审批，减轻工作量，提高工作效率；

（3）对作业信息和作业进度信息进行记录，实现对场站各项作业的全过程管理。

2）业务范围

场站作业管理主要包含的业务人员为：

（1）施工作业单位负责人　需要组织起草作业方案，提交作业许可申请或作业延期申请；

（2）场站站长　组织参与作业人员对作业方案开展作业安全分析，并把分析结论和方案上报给管理部门进行审批；

（3）场站值班人员　协调作业现场，避免作业引发的风险，保证作业安全；

（4）生产运行部负责人　对作业方案及作业许可证进行审核；

（5）安全环保部负责人　对作业方案及作业许可证进行审核；

（6）主管领导　对作业方案及作业许可证进行审核。

3）场站作业主要业务范围

（1）作业许可申请　作业施工单位进场施工前需要编写作业方案，向场站值班人员提交作业许可申请；

（2）作业许可审核　主管部门负责人及主管领导对作业单位提交的作业许可申请进行审核，确保作业方案符合作业许可管理规定的要求；

（3）作业许可证延期申请　当作业许可证到期后，作业单位必须进行作业延期申请，拿取新的作业许可证后方可进行再次作业；

（4）作业进度记录　场站值班人员对现场作业过程进行监督，对作业过程信息进行记录；

（5）作业许可证归档　将完成的作业许可证进行归档。

8.5.9 能耗管理

1）业务目标

（1）建立场站主要能耗数据和辅助能耗数据的采集标准和规范；

（2）实现对主能耗数据和辅助能耗数据的采集功能。

2）业务范围

业务主要人员包括：

（1）场站值班人员　填写场站每月消耗的电、水、油、气等能耗数据；

（2）主管部门专业工程师　收集汇总各站上报的能耗数据，制作能耗统计分析报表；

（3）主管领导　查看能耗统计分析报表。

主要业务包括：

（1）填报场站能耗记录　场站值班人员填报场站能耗记录；

（2）查看能耗记录信息　主管部门及主管领导可随时查看场站上报的能耗数据。

8.5.10 报表管理

公司、管输部门、天然气销售部门每天都会有大量的报表需要制定，数据的整理非常繁重，同时报表的制作、下发也是很繁重的工作。

报表系统的业务目标为：

（1）能够快速完成报表的自动生成、查看和打印，减轻手工劳动，提高工作效率；

（2）报表的展现方式灵活、多样，方便领导查看，辅助领导决策；

（3）报表能够易于扩展，以适应组织管理及业务市场的变化。

报表模块包含了先进的报表工具，除可展现固定格式报表外，也可以根据用户需求制作各种图表。

（1）销售统计　完成对天然气销售数据的统计、汇总、处理并形成报表；

（2）生产统计　完成对天然气生产运行数据的统计、汇总、处理并形成报表；

（3）对外报表　完成向能源局和发改委发送的报表，通过系统自动生成。

8.5.11　设备管理

1. 设备档案管理

如图 8-21 所示，表述设备档案基本特征的数据项包括：

（1）常规特性　种类编号、设备名称、卡片编号、自编号；

（2）使用情况特性　使用单位、使用部门、使用日期、使用地点、用途、所属网络、使用状态、技术状态、设备工程状态、使用场合；

（3）资产特性　设备初值、折旧年限、购买日期、报废日期、保修期限、资产编号、资产卡片号、设备来源资产归属、资产目录；

（4）内在特性　型号、品牌、规格、制造日期、制造单位、所耗功率、生产能力；

（5）其他特性　备注。

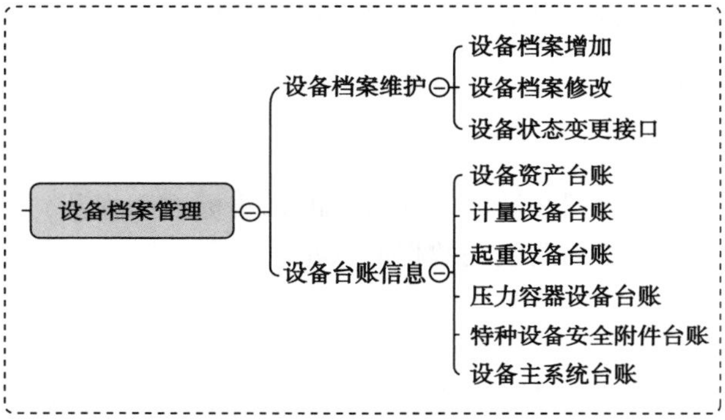

图 8-21　设备档案管理模块功能结构

这些数据是建立设备档案卡资料的基础。在设备档案的使用情况特性部分，系统根据设备管理的相关业务自动详细记录了设备的当前状态信息和设备周转信息，为管理者随时掌握企业当前的设备状态、设备分布、设备完好率、设备待修率、设备事故率以及了解设备的档案、使用、维修、调拨等情况提供了帮助。

设备台账按"一主五辅"进行组织，一主是指设备资产台账，五辅是指计量设备台账、起重设备台账、压力容器设备台账、特种设备安全附件台账、设备主系统台账。六份台账基本覆盖了管道企业的全部设备及主要部件。

2. 备品备件管理

如图 8-22 所示，管道输运企业由于备件种类繁多、进出数量大、没有统一的台账，库存管理人员往往不能提供准确、及时、完整的库存信息，常出现备品备件过多、过少甚至没有备品备件的状况，给生产和维修带来了诸多不便，库存管理工作极为被动，常引起抱怨或相互指责，极易影响部门间的团结协作。本系统实施后将建立完备的备品备件台账，统一编码，确定安全库存，保证了库存管理信息的准确、完整，也为实施库存规范管理打

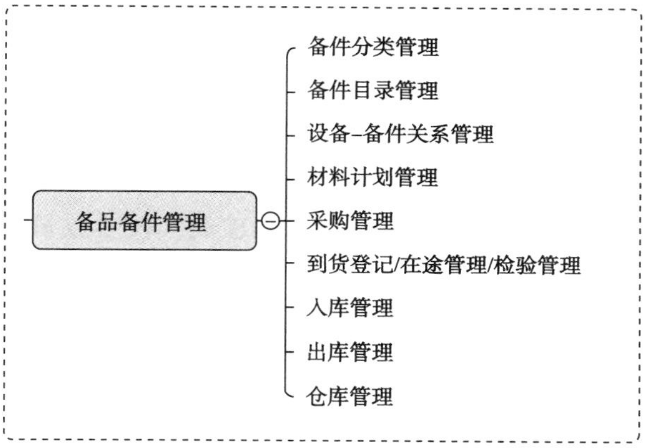

图 8-22 备品备件管理模块功能结构

下了基础。库存管理模块带动管理人员告别旧的工作方式和管理方式，运用先进的管理思想和工具，开展规范管理。

一个完整的企业级物资管理系统，涵盖了备品备件分类、材料目录、设备-备品关系、材料计划管理、材料计划审批、采购管理、入库管理、出库管理、仓库管理等物料管理的全部工作。在工作流支持下，对材料需求计划、材料采购合同、采购计划进行网上审批，实现标准流程管理。

备品按其本身的性质不同，可分为设备性备品、材料备品和备件性备品；按其重要性和加工程度不同，又分为事故备品和消耗转换备品。

1）备品备件分类

对备品备件的分类方式、分类类型进行配置管理。

2）备品备件目录

维护企业的所有设备的备品、备件信息，包括名称、厂家、安装位置等信息，备品备件目录一般由设备的配件转换而来。

3）材料计划管理

这是一个流程式的管理模块，起源于生产各部门，在网上审批流转到物资采办部门，负责全部的材料计划从起草、审批到材料计划的汇总全过程。主要功能包括：

（1）各部门的材料计划编制；

（2）材料计划的审批；

（3）材料计划的汇总；

（4）材料计划执行进度监控；

（5）材料计划执行状态的调整；

（6）材料计划完成情况的查询；

（7）配送材料计划上报；

（8）各项目材料计划汇总查询。

4）采购管理

本功能是完成企业物资部门所有采购业务，它是根据材料需求计划结合库存情况、计划未完成情况、采购未入库量，综合平衡后自动生成采购计划。

按需采购计划是按材料需求计划经平衡后自动取得的。定期采购计划是按安全库存量平衡后得到的备品备件补充计划。零星采购计划是物资部门根据实际需求而零星采购的计划。

5）入库管理

到货登记的物料在仓库由仓库保管员完成目测检验，校对数量、质量、品牌规格等后确认入库。

6）出库管理

根据成本管理要求，一般出库均是按计划出库，也有特殊情况下非计划出库，出库结算金额可以有多种模式支持，出库价格采用移动平均价。

7）仓库管理

仓库管理是企业物资部门仓库管理的工具，是库管员对自己管辖仓库进行管理的有利工具，包括库存管理、盘点管理、货位管理等。

3. 设备运行管理

设备运行管理工作作为安全生产管理中最重要的基础工作，一直是管输企业正常运行中非常重要的环节，设备运行的质量决定了管输企业能否安全可靠地长周期运行，从而直接影响输运效益。

机器设备在日常使用和运转过程中，由于外部负荷、内部应力、磨损、腐蚀和自然侵蚀等因素的影响，使其个别部位或整体改变尺寸、形状、机械性能等，使设备的生产能力降低，原料和动力消耗增高，产品质量下降，甚至造成人身和设备事故。这是所有设备都避免不了的技术性劣化的客观规律。

在管输企业中，由于管输机器设备的生产连续性，大多数设备是在磨损严重、腐蚀性强、压力大、温度高或低等极为不利的条件下进行生产的。因此，其维护检修工作较其他部门更为重要。为了使机器设备能经常发挥生产效能，延长设备的使用周期，必须对设备进行适度的检修和日常维护保养工作。它是挖掘企业生产潜力的一项重要措施，也是保证多、快、好、省地完成或超额完成生产任务的基础。

设备运行管理系统是建立在整个成品油管道线路与站场的总体数据规划基础上的一个信息管理系统。该系统主要为管道、站场设备的日常保养和检修提供管理信息支持，主要包括设备保养计划、设备保养管理、设备检修计划、设备检修工作管理等业务模块，如图8-23所示。

1）设备保养计划

设备保养分周期性工作和不定期工作，二者没有严格的区别，当部门设备保养和维护逐渐规范，能够达到周期性保养和维护条件时，设备检修人员就可以将本设备在维护保养周期表中定义一个周期信息，如果周期时间到达不需要维护保养，修改周期表中的下次保养维护时间即可。周期性保养维护到期进行提醒直到决定保养或延期保养。

2）设备保养管理

无论周期性还是非周期性保养维护，均以工单的形式下达执行，执行人完成后根据验收类型（班长验收、部门验收、管理处验收）决定工单的验收流程进行验收。设备维护保养

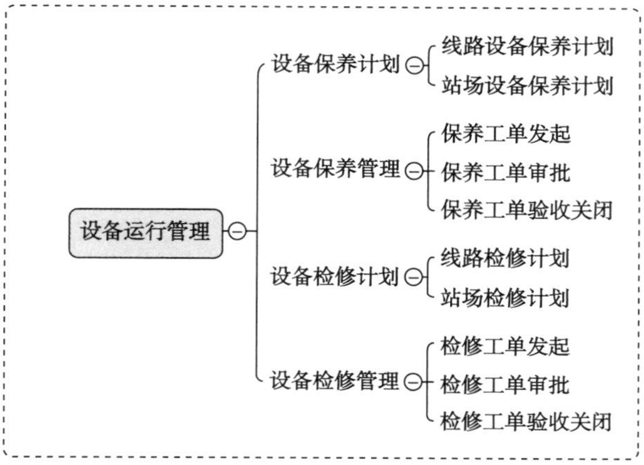

图 8-23　设备运行管理模块功能结构

包括设备润滑、设备保养、设备部件定期更换、设备定期试验、设备定期检验。

（1）周期性维护保养工作　设备检修人员首先定义一批标准工单，每一工单可以对应多个设备，然后定义维护保养周表，在周期表中定义维护保养内容、维护保养周期、维护保养方法、具体下次保养日期、保养涉及设备等，再将周期表与标准工单关联。每当周期到达时，系统自动提醒检修人员，按周期表下达一个维护保养工单，按工单执行，即完成一批设备的维护保养工作。

（2）非周期性维护保养工作　检修人员根据实际情况，决定维护保养的实际时间，直接编辑一个新工单，也可以借助标准工单，复制一个新工单下达执行，完成维护保养工作。

维护保养工单执行后，系统自动调整周期表中的下次维护保养时间。

维护保养涉及的材料在备品备件管理中实现。

3）设备检修计划

检修工程计划：对于大修、小修、中修等检修项目，每一次检修前，各专业部门必须对本专业负责的设备系统进行专业检修计划，制定检修项目、检修内容、工时安排、验收计划、质量保证计划、备品备件计划、检修文件包、技术监督计划等。各专业部门规划完成后再由设备管理部门进行检修工程的总体计划，批准后下达执行。

4）设备检修管理

以工单管理为基础，将企业设备检修分为大修、小修、中修、临修等（A、B、C、D 四级修理），每一检修从检修计划、检修项目申请、检修方案制定到检修工单编制、下达、检修工单验收、项目验收、工程验收全过程进行管理，其中结合备品备件管理、材料管理、成本控制，对工程进行全面管理。

（1）检修项目申请　检修工程下面对应具体的检修项目，检修项目分标准项目和非标准项目。标准项目为必修项目，非标准项目为选修项目。标准项目的减少和非标准项目的增加必须通过审批才能有效，项目的增加或减少通过工作流进行申请。另外，像技改项目、反措项目、固定资产另购项目、特殊材料采购项目、临修项目等也是通过项目申请而来。每一个项目申请一般必须带项目方案、项目论证书等文档。

(2) 检修项目下达　申请批准的项目或厂级直接决定的项目，必须通过工作项目管理部门统一下达后才可以进行工单分解、开工申请等后续操作。从某种意义上说，项目下达相当于企业以文件形式规定了某次检修对应的具体检修项目。

(3) 检修项目开工　承担部门在下达以后的项目列表中，对本部门负责的检修项目按实际工作安排，进行项目的开工申请，开工申请由工作流负责，网上自动完成，开工申请附带开工报告和各类开工许可文档。

(4) 检修项目执行　项目的执行分两部分，一部分是针对本项目的各类施工文档记录；另一部分是将项目分解为许多工单，按工单实际执行。检修项目执行记录在本部分完成，记录包括检修过程文档、检修作业包、检修记录卡、检修总结等文档。

(5) 检修项目工单　检修项目的实际执行是由各类检修工单负责的，一个检修项目可以分解为一到多个检修工单，检修工单下达到班组，班组执行工单，完成后填写执行情况，申请验收。当一个项目对应的所有工单全部验收完成后，对应的项目也就自动结束。检修工单是检修项目的最小执行单元，它是设备工单的其中一种。大修、小修等检修项目可以设定标准工单，每次相同检修可以从标准工单库中复制新工单用于下达使用。

(6) 检修工单验收　每一个检修工单对应一个检修项目，单检修工单自行结束后，执行班组或执行负责人必须填写检修过程、修前情况、修后情况以及本工单涉修设备的检修记录。当一个项目对应的所有工单全部验收完成后，对应的项目也就自动结束。

(7) 检修项目竣工　有些项目需要单独提供竣工验收手续，这时承担部门必须针对项目进行竣工申请，申请包括竣工报告、竣工验收必需资料等。

4. 设备资料管理

设备资料管理模块中提供了涵盖设备生命周期内的基础资料的管理功能，具有维护计划管理、运维简报管理、维护规程管理、规章制度管理、技术档案管理、合同信息管理、验收信息管理等功能，实现基础管理档案电子化。

(1) 设备资料的各个管理项目的操作使用方式完全相同，每个项目所设置的功能特性类似，含义相同。

(2) 档案信息管理项目齐全，界面直观、明了，操作简易、方便。

设备资料管理模块功能结构如图 8-24 所示。

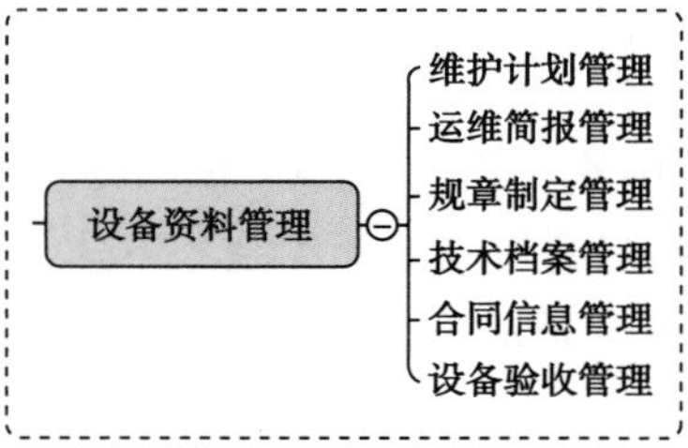

图 8-24　设备资料管理模块功能结构

本功能以文档服务器为基础，将涉及设备以及围绕设备进行的工作相关的文档资料进行全面管理，可以将任何文档与设备或与设备相关工作进行关联，实现了设备管理资料的全面管理。与设备相关的资料有设备购置文档、设备安装调试文档、设备变更文档、设备检修文档、设备故障文档、设备维护保养文档、设备报废文档等；与设备管理工作相关的文档有设备大小修计划、设备大小修技术文档、设备检修验收文档、工单执行过程文档等。所有资料均可以通过设备进行检索。

5. 系统配置管理

系统配置管理模块提供了进行设备区域维护、设备类型维护、基础数据维护、部门档案、人员档案等信息的功能，如图 8-25 所示。

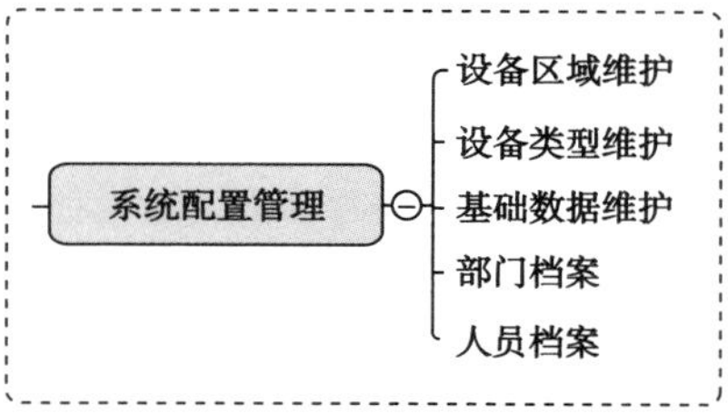

图 8-25 系统配置管理模块功能结构

8.6 安全与完整性管理子系统

8.6.1 GPS 巡检管理

1. 移动巡检

1）移动终端合法性认证

以 SIM 卡号唯一标识巡线工。通过调用 Web Service 接口来判断该巡线工是否合法。如果不合法，将无法登录终端。

2）下载巡检计划

终端登录后，通过调用 Web Service 接口完成巡检计划的下载，下载之后保存在内存中。每次登录系统后都会下载巡检计划。

3）在线注册

在开始巡检后，将主动实现与 Socket 服务的连接。连接成功后，将发送注册请求，内容包括 SIM 卡号。

4）巡检轨迹回传

在开始巡检后，获取当前 GPS 位置坐标及速度，并通过 Socket 连接根据回传频率定时上传数据。

计算巡检范围是否超限、巡检速度是否超限，如存在告警情况将上传数据，内容包括任务号、位置、告警类型、时间。

计算是否经过必经点，如果经过某个必经点则上传数据，内容包括任务号、必经点、时间，同时持久化该必经点信息。

5）上报事件

支持对巡检事件的记录，内容包括事件类型、事件描述等，并支持进行拍照。可通过 Socket 连接上传事件内容及照片附件。

6）巡检控制

支持巡检过程控制，包括开始、结束、暂停/继续。

巡检开始后，连接 Socket 服务，并发送注册请求。如果连接不成功，则继续巡检，并持久化实时数据，待正常连接后上传数据。

巡检结束后，将发送巡检完成请求，并断开与 Socket 服务连接，并清空持久化数据。如果 Socket 未连接，则将持久化该请求。

巡检暂停后，将发送巡检暂停请求，同时停止计算及上报实时数据。巡检继续后，将发送巡检继续请求，同时计算及上报实时数据。

7）盲点补传

如果出现 GPRS 信号盲区，使得 Socket 连接出现断开的情况，将持久化实时数据（位置、告警、事件）、注册请求、结束请求、暂停请求、必经点信息，并定时与 Socket 服务进行重连，待连接后，分批发送持久化数据到 Socket 服务。

8）断点巡检

对于出现诸如终端掉电等情况使得巡检过程中断的异常情况，采取以下方法处理：

待终端开机登录后，将重新下载巡检计划，并将当前任务号与持久化的任务号进行比较，如果两者相同，则依据已持久化的必经点继续巡检；如果两者不同，则清空持久化任务数据，采用当前计划进行巡检；如果不存在巡检计划，则清空持久化任务数据。

2. 在线监控管理

1）监控管理

（1）实时监控　提供对监控过程的控制功能，包括启动、停止。可显示在线巡线工信息，包括其所属分组和状态（运行、暂停）。能够以地图方式实时监视在线巡线工的信息（位置、速度），并支持对图层的信息过滤（巡线工、像数据）。可自动发现上线的巡线工，对于掉线的巡线工将自动从在线列表中删除。

（2）历史回放　支持以时间、巡线工姓名、计划名称为关键字查询巡线轨迹记录。支持轨迹浏览，可通过地图批量显示巡线工历史轨迹，并可选择是否显示预定轨迹。提供回放功能，回放过程可控，包括启动、停止、暂停、快速、慢速。

（3）巡线事件　支持对由移动终端上报的巡检事件信息进行管理。数据项包括名称、类型、是否处理、时间、经度、纬度、照片、说明、上报人姓名、所属分段，支持多张照片。支持对事件进行查询。支持填写处理结果、处理内容。当收到新事件时，可进行自动提醒。

2）计划管理

（1）巡线分段管理　支持对巡检分段进行分组管理，按照管网、管线、分段、段必经点四个层级进行管理。

（2）制定巡线计划　对于计划，数据项包括计划名称、开始时间、结束时间、计划类型（当前计划、历史计划）、计划状态（启用、停用）。

（3）巡线任务管理　对于任务，数据项包括巡检分段、巡线工、频率、限速。当增加任务时，将根据起止时间段和频率自动生成巡检任务记录列表。任务记录数据项包括名称、日期、状态（未执行、正在执行、已完成）。

3）数据管理

（1）管线数据　管线信息按照管网、管线和桩三级层次进行维护。管线分组数据项包括名称、类型（管网、管线）；管线数据（桩数据）项包括名称、经度坐标、纬度坐标、顺序编号等。

(2) 巡线人员管理　支持对巡线工个人信息进行分组管理，数据项包括员工号、人员姓名、联系电话、是否在职、所配终端、最大限速、时间间隔、是否告警等属性。数据输入时需要检查终端是否已被使用。支持以人员姓名、是否在职为关键字进行查询。

(3) 人员分配管理　对系统用户可查看巡线工列表进行权限控制。主要控制当前系统用户可实时监控的巡线工数据。

(4) 设备管理　提供对手持型巡检设备管理功能。数据项包括终端编号、终端名称、设备编号、终端类型(智能终端、哑终端)、终端型号、是否在用、终端状态(正常、报废、维修)、SIM 卡号等属性。支持以终端编号、终端型号、SIM 卡号、是否在用为关键字进行查询。

4) 统计分析

(1) 巡线人员出勤情况　统计巡线人员出勤情况。

(2) 巡线人员考评统计　对巡线人员进行考评管理。

8.6.2 应急管理子系统

1. 系统目标

为了在管道运行过程中提高对各种突发事故的应急反应能力，确保在发生紧急情况时能迅速有效地采取反应措施，减少各种突发事故对人员的伤害、对环境的破坏和造成的财产损失，管道运营者根据油气管道安全运行要求，必须对将来可能出现的险情或事故，准备好相应的补救措施或抢修预案，以最佳的方式、最快的速度控制险情的发展或将事故损失降到最低。

建立应急管理子系统可以利用二维或三维地理信息数据、管道信息、站场信息、其他业务相关数据、以往事故资料、历史数据、维抢修情况等基础资料以及 SCADA 数据等，减少应急反应的时间，增加判断事故原因的准确度，提升应急反应的协作效率，提高维抢修人员的业务素质，帮助管道建设者和运营者提高对紧急事故的防范与处理水平。

根据能源行业应用的经验，以及对油气管道安全生产和应急救援的实际业务的理解，建设包含应急资源、应急指挥、应急预案、事故信息、安全知识的应急管理子系统，支撑油气管道的安全生产及突发事故处理，如图 8-26 所示。

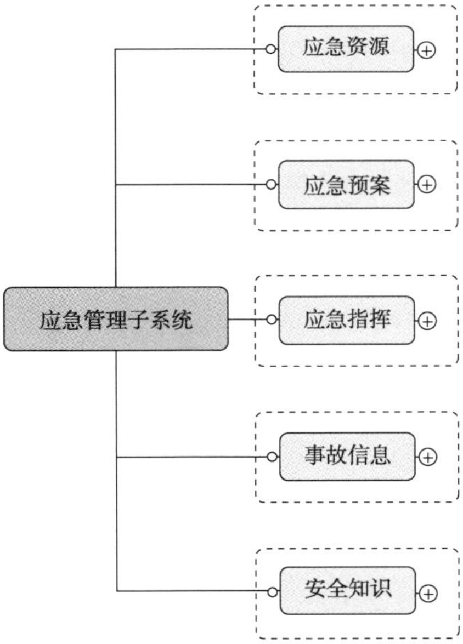

图 8-26　应急管理子系统功能结构

通过本系统的建设，主要实现以下目标：

(1) 在公司内部建立事故应急快速反应体系；

(2) 为领导决策提供依据；

(3) 提出管道事故抢修(险)指导措施，使员工了解管道运行中可能发生的事故类型，使员工熟悉事故发生后的指挥抢修程序以及各部门应承担的抢修任务和责任；

（4）指导员工熟练掌握本岗位在事故抢修中的工作内容，以使在突发事故情况下，抢修工作能得到及时反应，以最快的速度使管道事故得以处理，恢复正常生产；

（5）可以为正常运行中的事故抢修演练提供参考；

（6）储存和管理应急系统的基本数据和事故内容。

2. 系统功能

1）应急资源

应急资源管理是对参与应急管理、决策、救援的相关信息的收录和管理。通过结构化管理应急资源数据、利用管道可视化展示子系统形象丰富的展示能力，提供查询、维护、统计、展示管道基础数据、内部资源、外部资源、应急专家库、重大危险源等应急资源的功能。应急资源管理模块可在应急事件发生时，为处理应急事件的人员提供应急资源信息并辅助决策支持；可在日常培训及应急演练时，为应急组织的相关人员提供应急资源信息并提升对紧急事故的防范与处理水平，如图 8-27 所示。

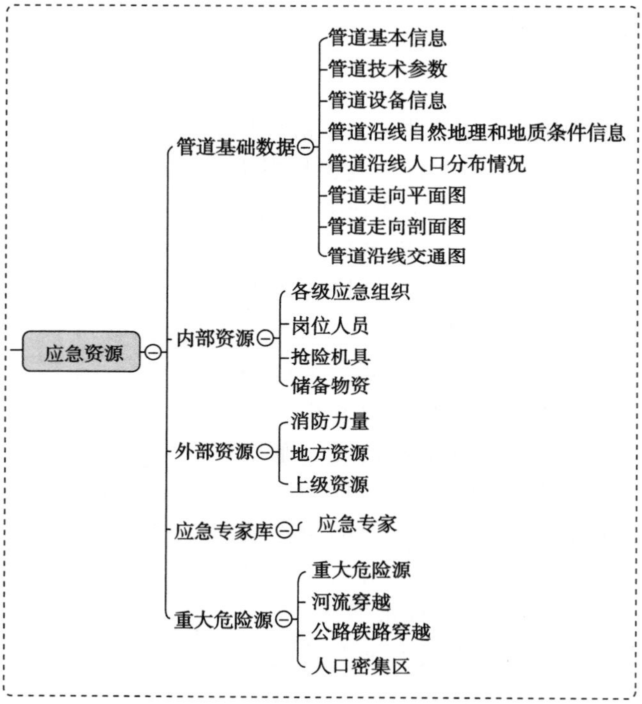

图 8-27　应急资源管理模块功能结构

（1）管道基础数据业务单元

主要目的是为调度提供详实的管道信息，以及为相关负责单位的管道应急处理提供辅助决策支持。管道基础数据单元按数据分类可管理以下数据：管道基本信息、管道设备信息、道沿线自然地理和地质条件信息、管道沿线人口分布情况、管道走向图、管道走向剖面图、管道沿线交通图等。

管道基础数据的具体信息如下：

① 管道基本信息　根据管线的类型，分类管理不同的管线，并且按照不同的管线，维

护其干线、支线和联络线的信息。这些信息包括线路、阀室、站场、上游气源、下游用户、设备、计量、电气、仪表与自动化等信息内容。

② 管道技术参数　维护各个站场、阀室的技术参数信息。这些信息包括压力等级、管材等级、高程(m)、管内径(mm)、壁厚(mm)、里程(km)、站间距(km)、累计管容和站间管容等信息。

③ 管道设备信息　各站场中重要设备分布情况说明，包括通信系统、电气系统等。

④ 管道沿线自然地理和地质条件信息　可能对管道造成危害的主要自然灾害类型进行描述的信息。这些信息包括地震、崩塌、滑坡、泥石流、洪水冲蚀、采空区地面塌陷、风蚀沙埋、地震液化、湿陷性黄土、煤层自燃、盐渍土、膨胀岩、冻土等。

⑤ 管道沿线人口分布情况　管道沿线的居民用地和单位设施情况(方位、距离、人口、联系方式等)。

⑥管道走向平面图　可以查看管道沿线各敏感对象(公路、铁路、河流、生态保护区、村庄等)、管道穿跨越点、管道桩点、管道里程、阀室、泵站等在地图上精确位置标注。

⑦管道走向剖面图　可以查看管道各桩点海拔高度、管道埋深、其他地下构筑物及伴行设施的对应显示。

⑧管道沿线交通图　可以查看机场、铁路、公路、伴行路、水运等交通基础设施在管道走向图中的分布情况。

(2) 内部资源管理业务单元

主要管理包括公司、管理场站、维抢修中心三级单位的应急反应资源的信息。每种资源在应急处理的时候，分别负责处理不同的事务。内部资源单元按数据分类可管理以下数据：各级应急组织、岗位人员、抢险机具、储备物资等。

① 各级应急组织

公司：维护地区公司的基本信息，包括单位名称、电话、单位地址、职责或相关说明，地区公司负责维护一条或者多条管线的安全，在发生事故启动一级预案的时候，只要报上发生事故的地点，系统就能自动检索管道所属的地区公司，并在事故发生地的地区公司成立现场指挥部。

在地区公司功能里，能够查询各个地区公司的详细信息，查阅各个地区公司管辖管线的范围，提供增加、修改、删除、查看地区公司详细信息等操作。

管理处：维护管理处的基本信息，包括单位名称、电话、单位地址、职责或相关说明，根据事故发生地点，系统自动关联查询事故现场所属的管理处，由管理处进行处置并与相关的外部资源进行联系，获取相关的支援。

在管理处功能的操作里，能够查询各个地区公司的详细信息，查阅各个地区公司管辖管线的范围，提供对管理处信息的增加、修改、删除、查看等操作。

维抢修中心：维护维抢修中心的分布、抢修管道的划分、人员配备情况、现有技术手段等信息。一个维抢修中心可能对应多条管线，根据事故发生地点，系统自动关联查询到事故管道所属的维抢修中心，并能够根据检索条件，把附近的维抢修中心的人员、力量等信息显示出来。

在维抢修模块的操作里，能够查询各个维抢修中心的详细信息，查阅各个维抢修管辖管线的范围以及各个维抢修中心的人员信息、技术力量、抢险机具、储备物资等信息，该功能提供对维抢修中心各种资源信息的增加、修改、删除、查看等操作。

② 岗位人员　用户可以查看、修改、增加各级应急组织和人员的相关信息，如姓名、身份证号、单位编号、部门、职位、联系方式、家庭住址以及在事故应急中承担的具体职责。在对数据进行操作后数据库自动更新相关信息。

事故发生后要立即成立应急小组，并且随着事故的发展应进行必要的调整。应急小组的组成和各自的职责是否合理一定程度上也决定了应急活动的成败，系统成立应急小组功能应及时记录此类信息。

③ 抢险机具及储备物资　用户可以查看、修改、增加管道沿线各维抢修队伍的装备配置、各地区公司的备品备件、应急器材和物资储备情况、可利用的周边单位器材和物资、紧急物资的进货渠道等信息。

(3) 外部资源管理业务单元

主要管理在事故发生时可向外部申请的地方支援力量。外部资源可包括地方消防力量、上级资源信息和地方资源等。

① 地方消防力量　在外部资源里面的消防资源，指的是社会消防依托力量，在发生事故的时候，当维抢修中心的力量不足的时候，管理处可以向事故所在地的社会消防力量申请支援。在地方消防力量功能的操作里，能够查询在各级应急组织管理范围内社会消防力量的分布情况，查阅消防资源的消防设备信息，该功能提供对消防资源的增加、修改、删除、查看等操作。

② 上级资源　上级资源信息分为两个级别，分别是省级和地区级，在发生事故的时候，地区公司或者管理处向当地政府通报情况或者寻求支援。在上级资源信息模块的操作里，能够查询在各条管道所经过的区域的地区级政府和省级政府的联系方式，该功能提供对上级资源信息的增加、修改、删除、查看等操作。

③ 地方资源　地方资源信息主要是指各种类型的社会依托力量，包括铁路、公路、医院、武警、地方驻军、公安等，在发生事故的时候，地区公司或者管理处向这些社会依托力量寻求支援。在地方资源功能的操作里，能够查询包括铁路、公路、医院、武警、地方驻军、公安等在内的各种地方资源地址及联系方式，并提供对地方资源信息的增加、修改、删除、查看等操作。

(4) 应急专家库

提供事故专家的具体信息(姓名、专业领域、联系方式、所属区域、单位等)的增加、修改、删除、查看等操作。

(5) 重大危险源

在管道穿越的重点区域，如果发生事故，可能会造成重大的经济损失和社会影响，这些重点区域按照性质不同分为人口稠密区、公路铁路穿越、河流穿越和地质灾害多发区。

① 河流穿越　主要是指对设计单独出图的河流穿越信息进行维护。河流穿越的信息包括穿越方式、穿越长度(m)、河流河床宽度(m)、规格型号、驱动方式、水面最大宽度(m)、河流水深(m)、最大流量(m^3/s)、最大流速(m/s)、穿越管段水下部分防护措施、埋深(m)、堤岸防护措施(m)、管道里程桩里程(km)以及距离上游站场的距离(km)。

② 公路铁路穿越　主要是指对高速公路、国家等级公路、铁路等穿越信息进行维护，其他的不计。公路铁路穿越的信息包括穿越长度(m)、穿越管道防护措施、两端密封方式、路面下穿越深度(m)、道路等级、路面宽度(m)、管道里程桩里程(km)以及距离上游站场的距离(km)的等。在公路铁路穿越功能的操作里，能够查询铁路、公路(一级、二级)穿越的详细信息，并提供对公路铁路穿越的增加、修改、删除、查看等操作。

③ 地质灾害多发区　主要是指对管道穿越的地质灾害多发区的信息进行维护。地质灾害多发区的信息包括位置(省、市、县、乡)、地址灾害类型(滑坡、泥石流、活动断裂带、黄土高原冲沟区)、地址灾害危害长度(km)、地形地貌、管道里程桩里程(km)以及距离上游站场的距离(km)。在维护地质灾害多发区信息的操作中，可以查阅各条管线所经过的地质灾害多发区的情况，并在地形地貌发生变化的时候，增加地质灾害多发区信息。该功能也提供对地质灾害多发区信息的增加、修改、删除、查看等操作。

④ 人口密集区　主要是指对距离管线大于15m小于200m之内的人口密集区的信息进行维护。人口密集区的信息包括人口分布情况及村庄、城镇、独立户、企业和其他建筑物的情况，以及该人口密集区所处的管道里程桩里程(km)以及距离上游站场的距离(km)。

2）应急预案

应急预案管理模块集中管理管道事故的各级预案和各类事故的抢修方案，通过对事故分类及应急预案分级、应急组织机构及职责、应急反应程序、内部应急资源保障、外部应急救援支持、生产恢复、预案后评估及更新、应急预案的培训和演练等内容的维护，在公司内部建立事故应急快速反应体系，为领导决策提供依据，发布管道事故抢修指导措施，使员工了解管道运行中可能发生的事故类型，使员工熟悉事故发生后的指挥抢修程序以及各部门应承担的抢修任务和责任，为正常运行中的事故抢修演练提供参考，为应急指挥管理模块提供事故处理流程和应急反应的基础设置，如图8-28所示。

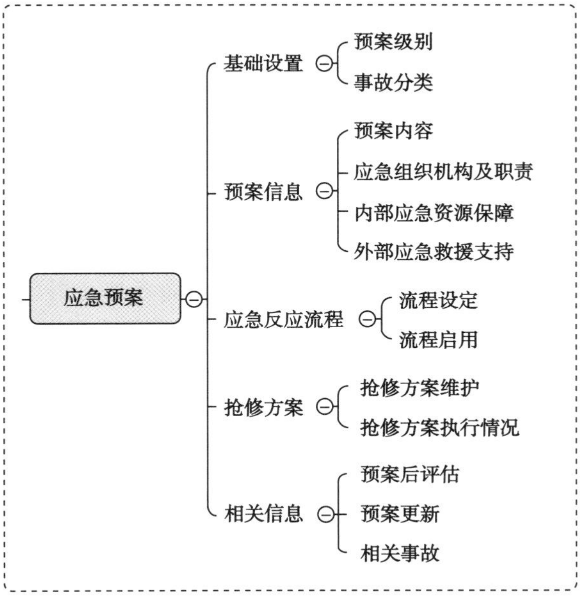

图8-28　应急预案管理模块功能结构

（1）基础设置

基础设置业务单元对应急预案的基础信息进行维护和配置，主要对应急预案中涉及的预案级别和事故分类进行维护。

① 应急预案分级　预案可按其实施主体分成三级，即公司为一级，分公司/抢维修中心为二级，站场/抢维修队为三级。

A类事故须分别制定一、二、三级预案；B类事故应编制二级和三级预案；C类事故只有三级预案。一旦A类事故识别成立，一至三级预案均须启动。预案的启动顺序自下而上为三级、二级、一级。

② 事故分类　根据输油气管道事故的严重程度和造成的影响范围将事故分为A、B、C三类。

A类事故：管道发生泄漏、爆炸着火并对人员造成严重伤害、对周边环境产生严重影响，或严重扭曲变形而必须中断输油气的事故。

B类事故：介质少量泄漏，或管道裸露、悬空或漂浮，可以在线补焊和处理的事故。

C类事故：站场、阀室通信故障、电力中断、管线冰堵等，以及可以通过站场内工艺调整和其他临时措施处理而不对管道运行和输油气造成影响的事故。

（2）预案信息

预案信息管理业务单元管理各级应急预案内容及与应急反应相关的基础设置信息，存储的内容是应急指挥和培训演练时参考的重要信息，同时设置了启动预案时需组织协调的资源范围。

① 预案内容　管理各级应急预案内容和版本，方便用户查询各应急预案的资料信息，便于应急指挥和培训演练时全面了解预案并且能够快速做出处理。

② 应急组织机构及职责　在应急资源管理模块内部资源的各级应急组织维护的基础上，管理各级应急预案的应急领导小组机构及职责、领导小组下设各组机构及职责、应急通讯录。本功能的数据是应急指挥模块调度通知中手机短信通知功能的短信息发送范围。

③ 内部应急资源保障　根据各级应急预案，从应急资源管理模块内部资源、应急专家库中配置选取所涉及的内部应急资源。

④ 外部应急救援支持　根据各级应急预案，从应急资源管理模块外部资源中配置选取所涉及的外部应急资源。

（3）应急反应流程

应急反应流程如图8-29所示。应急反应流程管理业务单元可根据各级应急预案的应急响应工作程序配置相应的工作流程。主要功能为流程设定和流程启动。

事故应急响应程序有如图8-30、图8-31和图8-32所示的几种。

（4）抢修方案

抢修方案管理业务单元主要管理各级应急预案中各类事故所对应的抢修方案。一方面可以维护、查询各类事故的抢修方案，另一方面可以维护、跟踪各抢修方案在实际事故处理中的执行情况。

抢修方案需通过预案级别、事故类型、事故名称、情况特点、施工人员、施工设备/器具、处理方法等信息描述，通过文字、图像、声音、视频等多媒体方式展示。

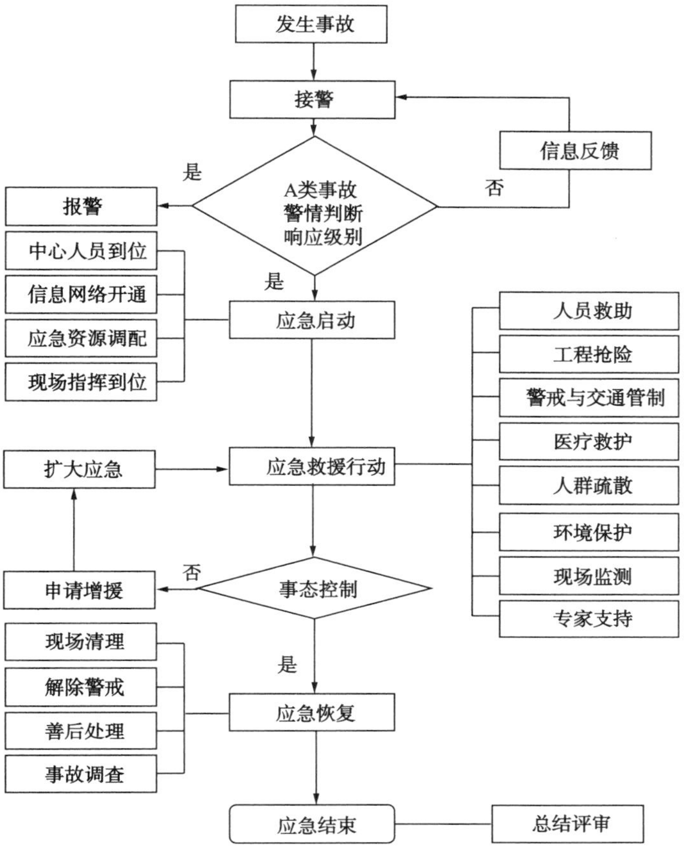

图 8-29　应急反应流程图

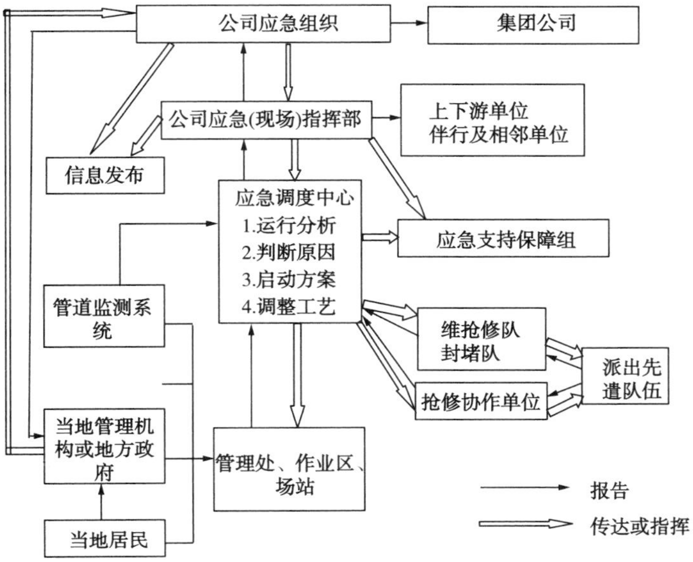

图 8-30　应急响应程序 1

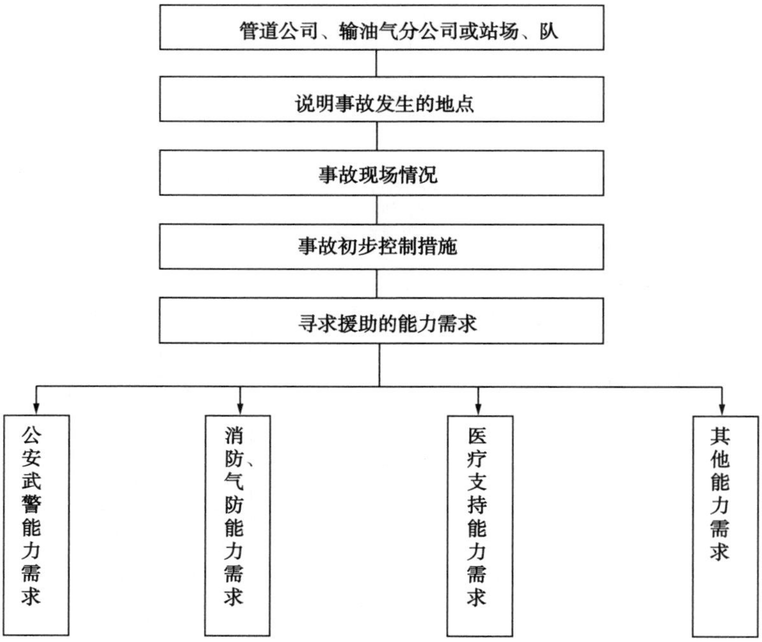

图 8-31　应急响应程序 2

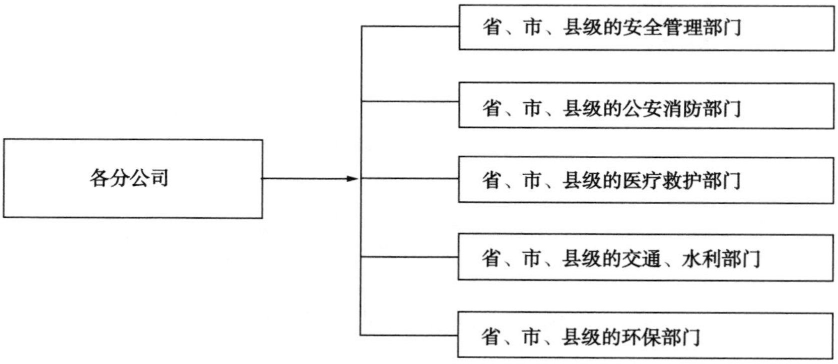

图 8-32　应急响应程序 3

（5）相关信息

相关信息管理业务单元重点管理与应急预案相关的预案后评估、预案更新、相关事故等信息。

① 预案后评估　采用自我评估和第三方评估相结合的方式。

自我评估：由公司与相关公司对预案实施过程中存在的问题进行评估，总结经验，同时对应急预案进行修改、完善，并协助上级单位组织的评估工作。

第三方评估：由上级单位组织具有相应资质的单位或咨询公司对自我评估修改的应急预案进行审查。

② 预案更新　建立应急预案管理制度。当应急预案所涉及的机构发生重大改变、管道

工艺进行重大调整或有其他重大变更时，由应急领导小组办公室负责组织修改，报应急领导小组审查、备案和发布。

③ 相关事故　通过各类事故在事故信息模块中查找该类事故的相关记录。

3）应急指挥

应急指挥是本子系统的关键所在，为用户在遇到突发事故时查询相关信息以便及时作出应急决策提供支持和帮助。应急指挥管理模块主要包括以下几部分：事故申报/确认、应急资源查询、应急预案查询、应急反应流程启动、调度通知、抢修方案选择、事故信息修改、事故管段基础数据查询、事故原因分析和事故过程记录。通过事故申报/确认窗体应可以进一步访问多种数据，并进行事故点的查找和定位，如图 8-33 所示。

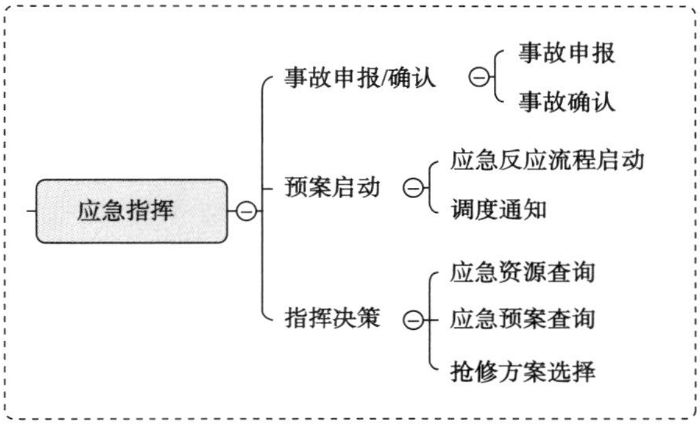

图 8-33　应急指挥管理模块功能结构

（1）事故申报/确认

事故申报/确认业务单元主要完成事故的申报和确认，是紧急事故发生时开展应急抢险的开始。

建议在出现紧急情况时，传达事故、故障的资料清单如表 8-5 所示。

表 8-5　资料清单

序号	资 料 名 称
1	何人何时得到事故、故障信号
2	事故、故障的日期和推断时间
3	事故、故障的推断地点（管道名称，公里或线路段，维护该段的事故抢修队）
4	事故、故障的推断性质
5	关于受难者的资料，关于居民点、周围自然环境、附近企业、土地使用者或土地所有者受威胁的资料
6	距水库或河流的距离
7	距铁路和公路的距离
8	距输电线的距离
9	在一条工程走廊上通过的或与管道相交的其他单位的管道信息
10	关键设备的停机时间
11	线路阀的关闭时间，线路阀在线路上的分布
12	事故抢修队巡查小组向事故、故障推断地点出发的时间，人数，小组负责人的职务和姓名

续表

序号	资 料 名 称
13	与事故抢修队巡查小组联系的单位
14	事故抢修队向事故、故障地点出发的时间，人数，抢修队负责人的职务和姓名
15	派往消除事故、故障的技术设备的数量和名称
16	固定联系单位，与事故、故障现场联系的负责人职务和姓名
17	现场情况，泄漏特点，泄漏的大致范围，泄漏的大致数量
18	已经采取或正在采取的限制泄漏和消除事故的措施
19	管道停输的推断时间
20	为排空事故管段而将损耗的油气产品的预计算
21	油气产品的现有量和空闲容积
22	已向其通知事故信息的执行权力机关、监督机构
23	参加消除事故的其他专门单位的情况
24	事故现场自有灭火设备的现有量，地方消防队伍设备的情况

（2）预案启动(见图8-34)

图 8-34　预案启动现场

油气管道A类事故的应急响应过程如下：

① 事故发生企业相关人员通过电话或网络通知相关负责部门。

② 接警人员详细了解事故相关信息，包括事故类型、强度、位置、初步原因等，填写相关表格。

③ 初步确定事故级别，调用应急组织机构数据表，确定有关人员，按应急通信录数据表通知相关负责人和领导，组织成立事故应急指挥部，启动应急预案，并通知公安、消防、安全、环保等政府职能部门。

④ 根据事故发生位置定位查询数据库中的各种信息，包括管道自然属性数据信息、管道运行参数等，并收集最新的气象资料，及时提供给事故应急指挥部。

⑤ 从系统的应急资源库中查找可供使用的资源，包括事发地周边的内外部应急抢维修队伍和应急物资，供事故应急指挥部随时调用，必要时通过系统的专家库查找并联系相关专家。

⑥ 随时同事故现场保持紧密联系，并随时记录到事故记录中；中心调度进行工艺调整，并通知上下游相关企业和用户。

⑦ 从系统的管道自然属性数据库中调出事故管段周边的地形、交通、居民地分布等数据，供应急指挥部分析使用；在需要疏散时，利用相关软件绘制疏散路线图。

⑧ 根据事故决定各种参数和数据，确定要采用的泄漏物(油、气)扩散预测模拟方案。运行预测模型，分析事故对人群安危和自然环境的影响趋势和范围，供应急指挥决策使用。

⑨ 确定应急处理措施，生成相关报告供领导参考。

⑩ 从系统的事故库中查找有无同类事故可供参考，从文件库中查找相关的文件、法规、标准。

⑪ 事故后期影响评估，分析事故原因，整理事故资料及相关报告，并将其保存至系统数据库中。

⑫ 预案评审，对应急过程中暴露出来的应急预案中存在的问题进行改进。

以上的应急响应过程在实际事故中并不一定是按照编号顺序发生的。可能同时发生、相互交叉，也可能随着事故的发展和信息的明确而存在重复和修改的过程。

（3）指挥决策

提供施工方案选择功能，提供可选施工方案，并可将已选施工方案排序后存放到数据库中，生成 Word 格式的应急措施报告。

事故状态下快速获取必要的信息是非常必要的。应针对此目的开发分类信息快速查询功能。通过与管道完整性数据库子系统、管道可视化展示子系统、管道生产管理子系统与应急管理子系统的集成，关联查询设计、施工和竣工的资料，快速显示定位事故位置，查询应急资源、抢修方案，如图 8-35 所示。

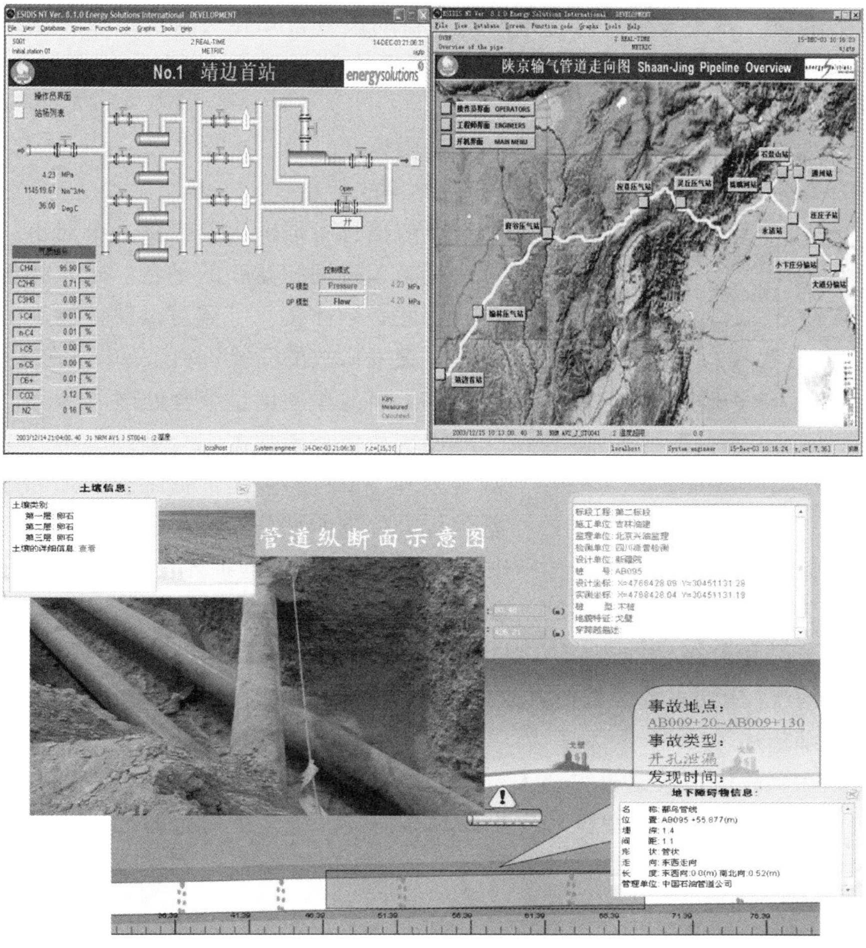

图 8-35　应急指挥

可与3G无线移动视频监控系统集成，从抢修现场实时传回视频和声音，更便于应急指挥与抢险；同时可提供Web访问监控画面的方式，使应急专家能对应急抢险工作进行直观、准确地指导。

（4）短信平台

短信平台主要分为四大功能模块，分别是短信信息管理、手机号码管理、事件管理、历史记录查询。

① 短信信息管理　本模块主要用于管理常规的短信信息库，基于此模块，用户可以预先编辑存储各种短信信息内容，以便日常和紧急情况时使用；也可临时根据需要编辑短信消息。

② 手机号码管理　可以新建、编辑、删除职工的手机号码信息，可以按企业组织结构，将职工手机号码按部门、工种分组，可以将已有分组拆分和合并。

③ 事件管理　用于将需要进行短信群发的事件、发送条件、发送内容等与相关手机号码关联，当该条件成立时，系统会自动将短信发送给指定用户。例如在事故隐患管理中，当需要在限定时间内进行整改的隐患没有被整改时，系统会自动发送短信给隐患管理人员进行隐患整改督办。在突发事故时可按照预案自动拨号告知相关人员事故现场情况和救援动态，并通知相关人员快速撤离危险区域。在此模块中，用户可以对短信群发条件、内容、发送人等进行选择或编辑。

④ 历史记录查询　用于查询已发布短信的内容、时间、接收人等。

4）事故信息

事故信息管理模块应提供一个对事故相关信息进行记录、查询和修改的平台。录入的信息是共享的，因此必须详实、可靠，以保证能为所有用户提供各类突发事故的经验资料，如图8-36所示。

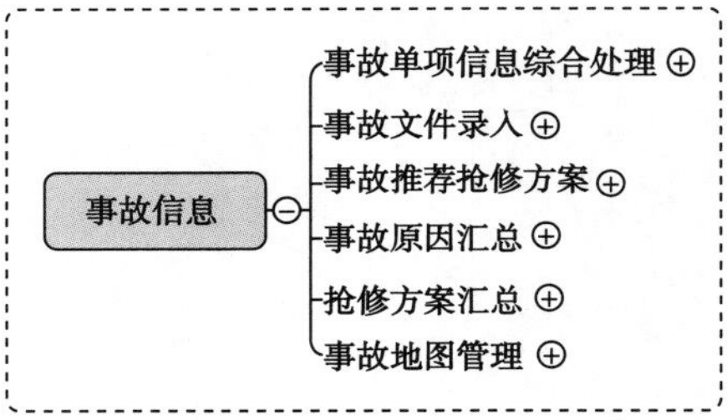

图8-36　事故信息管理模块功能结构

（1）事故单项信息综合处理

由事故信息表数据综合处理、事故申报表数据综合处理、事故原因表数据综合处理和事故措施表数据综合处理四部分组成。每个部分的操作界面均应提供新增、修改、删除和退出四种操作，在线操作完毕后数据库自动更新相应信息。

事故信息表中需要填写事故编号、事故名称、事故单位、事故级别、事故类型(在本模块中给出事故分类和分级标准查询功能)、发生时间、结束时间、事故现场的地理气候条件、伤亡损失情况(受伤人数、重伤人数、死亡人数、直接财产损失)以及事故发生的具体地理位置和详细描述等。

用户可以在事故申报数据表中填入事故的申报信息，如报告时间、发现时间、报告人姓名、身份证号、职位、所在单位和申报的具体内容。记录下申报时的详细信息有利于事故的调查，也可以防止申报过程中的欺骗行为。一般包括6大类73项数据信息，如表8-6所示。

表 8-6 数据信息

序号	项目的特性和性能	事故(故障)原因调查数据	备 注
1. 调查的项目			
1	股份公司名称		
2	管道名称		
3	线路生产调度中心、首站、中间站名称		
4	调查的项目，事故(故障)地点/km		
5	收到事故第一个信息的日期和时间		
6	第一个信息的来源		
7	事故抢修队巡查小组或事故抢修队发现事故地点的日期和时间		
8	最近居民点的名称		
9	距最近居民点的距离/km		
10	距最近河流、水库的距离/m		
11	距公路和(或)铁路穿越处的距离/m		
12	有无外单位的管道，距这些管道的距离/(km，m)		
2. 被调查项目的技术特性			
13	项目的构造型式		
14	管道的直径、壁厚/mm		
15	管材钢号和钢管质量证书号码		
16	钢管的构造型式		
17	钢管、设备的生产厂家，国家		
18	项目投产时的试压日期		
19	试压值/MPa		
20	设计工作压力/MPa		
21	投产日期		
22	最大允许操作压力/MPa		
23	发生事故(故障)瞬间的工作压力值/MPa		
24	电化学保护装置类型		
25	安装电化学保护装置的年份		
26	管道保护涂层的种类		
27	管道绝缘类型		
28	保护电压/V		
29	项目再次试压的日期		
30	再次试压值/MPa		
31	最后一次大修的日期		
32	管道埋深/m		

续表

序号	项目的特性和性能	事故(故障)原因调查数据	备　注
33	所输产品名称		
34	所输产品温度/℃		
3. 运行条件			
35	地形特性		
36	地质条件(土)		
37	雪层厚度/m		
38	发生事故(故障)那天的气温和天气状况/℃		
39	其他条件		
4. 修复工程的特性			
40	发现事故(故障)的方法		
41	距首站的距离/km		
42	距中间站的距离(顺着输油方向)/km		
43	停输时间(日期，时，分)		
44	事故抢修队出发关闭管段的时间和关闭截断阀的时间(日期，时，分)		
45	截流时间(日期，时，分)		
46	消除泄漏的方法		
47	第一个事故抢修队出发和到达事故(故障)现场的时间(日期，时，分)		
48	随后的事故抢修队出发和到达事故(故障)现场的时间(日期，时，分)		
49	技术设备出发和到达事故(故障)现场的时间(日期，时，分)		
50	消除事故(故障)的时间(日期，时，分)		
51	消除事故、故障的方法		
52	恢复生产的时间(日期，时，分)		
5. 事故(故障)特性			
53	发生事故(故障)的运行阶段		
54	(切割管箍、管子时)管端的纵向和横向位移值/mm		
55	缺陷的特点和部位		
56	破坏的尺寸/mm		
57	缺陷在管子截面圆周上的位置		
58	破坏源的特点		
59	断裂种类		
6. 事故(故障)后果			
60	事故管段的长度/km		
61	站场停输时间(时，分)		
62	区间停输时间(时，分)		

续表

序号	项目的特性和性能	事故(故障)原因调查数据	备　注
63	完成的工程量/(人×小时)		
64	流失的量/(t/m^3)		
	其中按自然介质成分的分配:		
64.1	水/t		
64.2	土/t		
64.3	雪/t		
65.	不能回收的损失/(t/m^3)		
	其中按自然介质成分分配的损失:		
65.1	空气/t		
65.2	水/t		
65.3	土/t		
65.4	雪/t		
66	无法回收的油气产品价值		
67	收集的成品油转入非标油品的损失		
68	污染面积/km^2		
	其中:		
	水		
	土		
69	管道停输损失(损失的效益)		
70	向环保机构支付的罚款		
71	向土地使用者、土地所有者支付的罚款		
72	事故(故障)的其他后果		
73	事故(故障)的总损失		
委员会事故、故障调查结果结论			
	事故原因		
	故障原因		
	维护人员的技术水平(何时何地接受过安全技术的培训和教育，鉴定委员会的知识检查)		
	对事故中过失单位、过失人员的处分建议措施		

(2) 事故文件录入

事故文件包括环境监测数据、气象监测数据、相关报告、相关计算结果、事故相关照片、声像资料和其他文件等几方面。

(3) 事故推荐施工方案

针对各类事故提供相应的经验措施，供用户决策使用。

（4）事故原因汇总

对管道各类事故的可能原因、事故类型等进行汇总，供用户查询和选择使用。

（5）抢修方案汇总

针对正在发生的事故，用户可以查询到各种相关措施方案、应急组织机构和人员、所需应急物资等情况，以指导事故应急处理。

（6）事故地图管理

根据已有数据库中的事故和事故点的坐标，将其绘制到一张事故图上，基于此图查看事故的各种信息。

5）安全知识

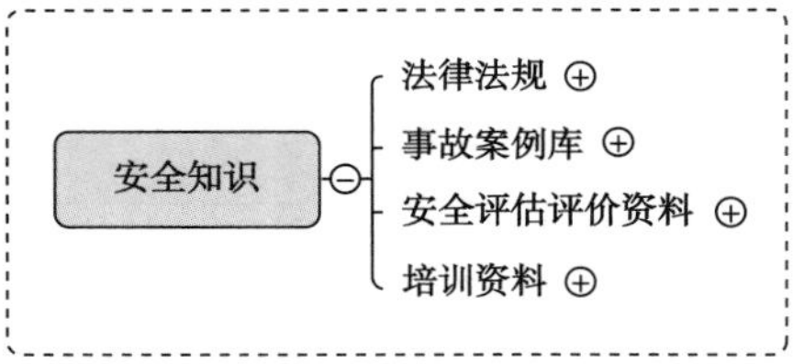

图 8-37　安全知识管理模块功能结构

安全知识管理模块是将与应急管理相关的资料集中管理、分级共享的功能模块。安全知识管理模块可存储并共享法律法规及标准规范、国内外事故案例库、安全评估评价资料、培训资料等，为企业提升应急反应能力和紧急事故处理水平提供知识管理与共享的工具与手段，如图 8-37 所示。

（1）法律法规及标准规范

推荐在安全知识管理模块中集中管理与紧急事故处理相关的法律法规和标准规范，例如：

①《中华人民共和国安全生产法》（中华人民共和国主席令第 70 号）；

②《中华人民共和国职业病防治法》（中华人民共和国主席令第 60 号）；

③《中华人民共和国消防法》（中华人民共和国主席令第 4 号）；

④《中华人民共和国环境保护法》（中华人民共和国主席令第 22 号）；

⑤《危险化学品安全管理条例》（中华人民共和国国务院令第 344 号）；

⑥《石油成品油管道保护条例》（中华人民共和国国务院令第 313 号）；

⑦《危险化学品事故应急救援预案编制导则》（征求意见稿）（国家安全生产监督管理局安监管司危化函字〔2003〕4 号）；

⑧《危险化学品重大危险源辨识》（GB 18218）；

⑨《石油天然气工程设计防火规范》（GB 50183）；

⑩《石油天然气管道安全规范》（SY/T6186）；

⑪《现场设备、工业管道焊接工程施工规范》（GB 50236）；

⑫《油气管道防汛管理规程》（Q/SY GD0021）；

⑬《石油工业动火作业安全规程》（SY/T 5858）。

（2）事故案例库

事故案例库业务单元可以存储公司收集的国内外各类突发事故的案例资料，供员工吸取经验教训，提升应急反应能力。

（3）安全评估评价资料

安全评估评价资料业务单元可以管理危险识别、风险评价的各种报告、成果，可以指导突发事故的处理措施或安全生产的改进。安全评估评价具体包括：

① 危险与可操作性研究（HAZOP）；

② 安全完整性等级（SIL）分级；

③ 定量风险评价（QRA）；

④ 管道高后果区（HCA）识别；

⑤ 管道线路风险评价。

8.6.2 完整性管理子系统

管道完整性是指管道始终处于安全可靠的服役状态。包括以下内涵：管道在结构上和功能上是完整的，管道处于受控状态，管道管理者已经并仍将不断采取措施防止管道事故的发生。管道完整性管理是指保证管道的完整性而进行的一系列管理活动，管道管理者针对管道不断变化的因素，对管道面临的风险因素进行识别和评价，不断消除识别到的不利影响因素，采取各种风险减缓措施，将风险控制在合理、可接受的范围内，最终达到持续改进、减少管道事故、经济合理地保证管道安全运行的目的。

根据管道完整性数据库内存储的管道本体属性数据、空间地理数据、高分辨率影像图等各种数据，综合分析管道的风险等级和危害影响范围，提供与管道内检测数据的接口，可对内检测数据进行分析和处理。为提高数据管理与分析的效率，应建立专门的完整性管理系统平台，对风险评价与完整性评价需要的数据进行统一管理，综合利用。系统平台可由多个软件系统组成，但至少应包含以下四个模块：数据录入模块、数据管理与维护模块、数据分析评价模块、数据发布共享模块。

完整性管理子系统完成对质量健康安全环境文档的分类、维护、索引和查询，通过网络实现公司总部、各级部门 HSE 的在线查询和全文检索，方便地下达包括作业指导书在内的各类质量文档，实现 HSE 部门对各级单位的质量管理和控制。同时提供安全防范、安全检查、安全操作流程及事故分析的功能，为管线安全生产提供有力保障。标准规范应规定完整性管理的工作流程与工作内容要求，体系文件应明确完整性管理活动的职责分配和具体的技术方法，具有可操作性，使管道管理者可以直接实施，同时，文件体系应纳入 HSE 体系进行管理。此外，还应根据实际使用情况，定期对标准规范、文件体系进行修改完善。

完整性管理的原则和要点：

（1）完整性管理应从管道的规划和设计时期开始，并贯穿于管道的整个生命周期。

（2）完整性管理是一个持续改进的过程，应确定管道不同时期的管理重点；完整性管理本身的评价是管道完整性管理程序的一部分，应定期对管道完整性和完整性管理程序进行评价。

（3）完整性管理应采用统一的数据库结构和数据库平台，并保证完整性管理所采用信息的准确性与完整性。

（4）完整性评价作为完整性管理的重要环节之一应定期开展，应对发现的重要隐患及危害立即采取风险削减措施。

（5）完整性管理应明确各部门职责，并通过组织培训来不断提高员工素质。

《中国石油信息技术总体规划》将管道完整性管理系统作为中国石油未来信息系统建设

的 IT 项目之一，也是中国石油管道业务全面信息化建设的重要工作之一。中国石油信息技术总体规划如图 8-38 所示。

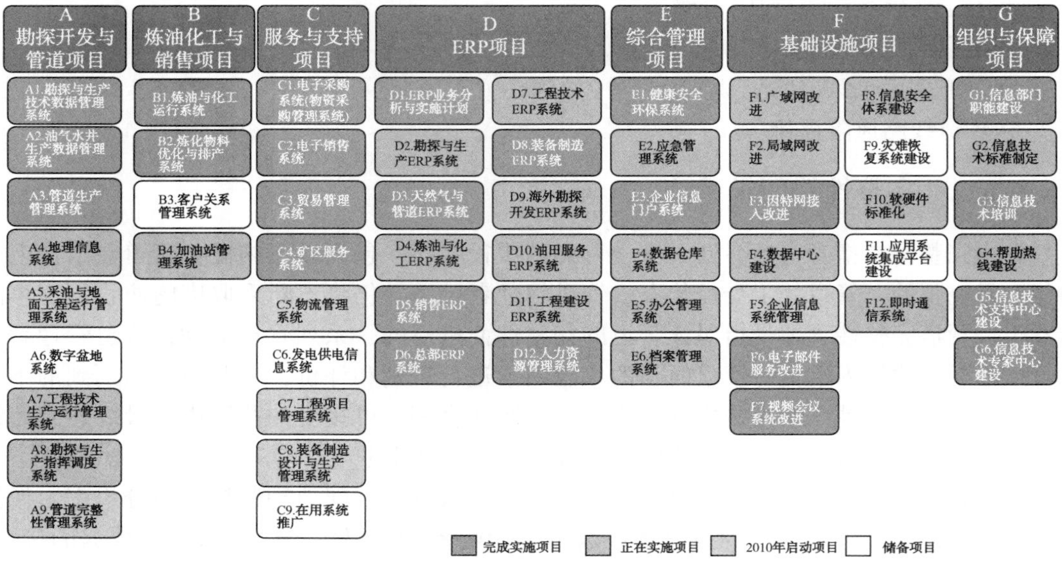

图 8-38 中国石油信息技术总体规划

基于管道完整性管理系统，实现管道全生命周期的风险因素管理，如图 8-39 所示。

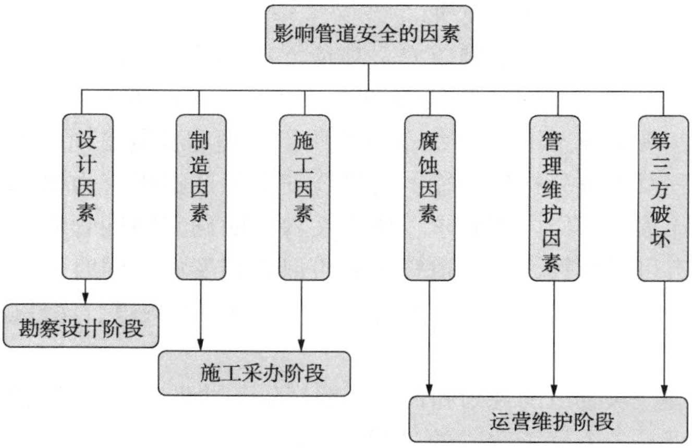

图 8-39 影响管道安全的因素

影响管道安全管理的因素：

（1）设计因素 主要有管道强度的裕度，允许最大操作压力与实际操作压力的裕度，管道应力变化与频率，管道水击，土壤移动等。

（2）制造因素 管材的内部和表面缺陷，焊缝缺陷，制管偏差与质量控制。

（3）施工因素 管道敷设、焊接、补口、检验、回填、试压、监理、施工队伍资质。

（4）腐蚀因素 管道内腐蚀和外腐蚀。

（5）管理维护因素　由管理水平、技术水平、员工素质和监督机制不完善引起的误操作带来的破坏。

（6）第三方破坏　管道附近区域人为活动造成的管道结构或性能的破坏。

使用多年的在用老旧管道可能存在的问题：

（1）使用材料一般强度低、韧性差、缺陷多。

（2）当年施工技术水平低，质量保证体系不完善，焊缝缺陷多。

（3）防腐涂层因时间长而老化。

（4）产品质量水平波动较大，有些缺陷会导致产生腐蚀。

（5）质量文件不全或遗失，事故发生后无法追溯。

（6）缺少维护检修记录。

管道完整性数据架构如图 8-40 所示。完整性数据架构主要分为底层库、临时库、中间库、应用库。底层库涵盖数据采集信息、已建项目历史信息作为基础数据源。临时库作为数据交换、现场采集数据临时存储，待做数据有效性审核后，进行入库。中间库作为数据仓库，全面支撑管道完整性数据的应用，包含原始数据的清洗后信息、评价信息等。应用层作为展示数据用于终端页面进行效能评价展示。

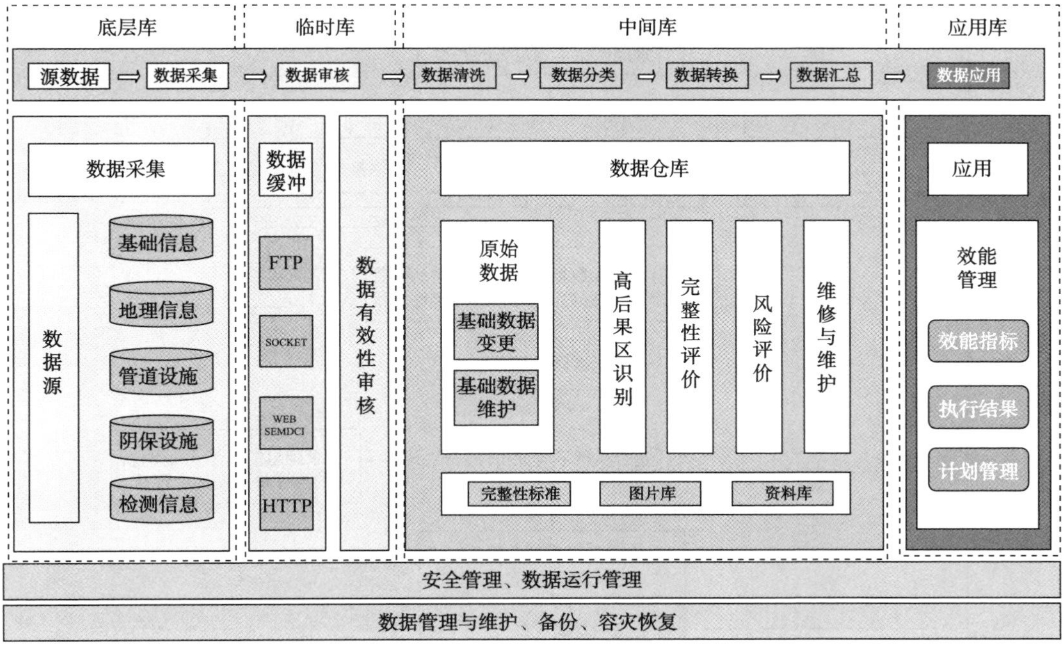

图 8-40　管道完整性数据架构

管道完整性管理工作流程如图 8-41 所示。

完整性管理的最终目标为采用最低、合理、可行原则，将管道风险控制在可接受的范围内，保证管道系统运行的安全、平稳，不对员工、公众、用户或环境产生不利影响。基于流程固化了业务数据填写、上报、审核、查询、统计分析等功能，保证数据信息在多个管理层级的及时传递，避免数据重复录入、提交，缩短业务数据填报和流程办理周期，规范业务操作，有效提升工作效率。

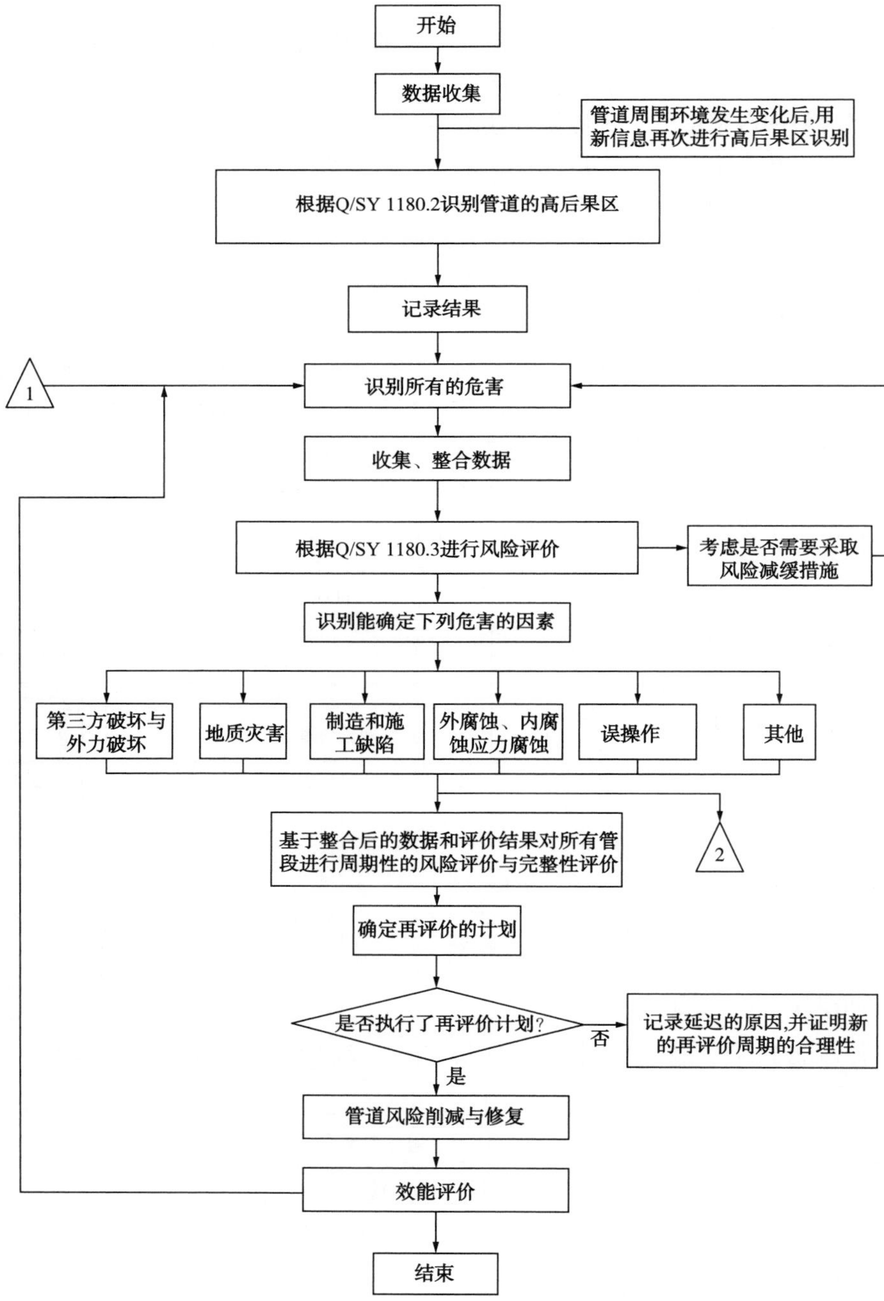

图 8-41　管道完整性管理工作流程

1. 隐患管理模块

实现对隐患评价结果的管理。通过分析管道的基础数据，找出管道的隐患风险区，识别隐风险区存在的威胁，明确完整性管理重点。

通过施工信息表和巡线信息的分析，可对施工破坏隐患进行统计，查看详细信息和控制措施执行情况，并能对周边环境隐患按月度、季度、年度统计对比分析；对不同管段、管理单元(部门、人员)进行对比分析；对管道两侧特定范围内的施工、占压等可能危及管道安全的事件统计对比分析。

利用已建的 GPS 巡线系统，抽取巡检中发现的管线隐患的相关数据，在地理信息系统中进行隐患排查、整治和跟踪分析等应用。

对隐患整改流程进行系统化管理，建立隐患整改管理流程的标准化。

建立隐患治理计划数据库，对隐患治理计划信息进行管理维护。

建立隐患治理信息数据库，对隐患治理信息进行管理维护，自动生成隐患治理相关信息。

隐患管理模块功能结构如图 8-42 所示。

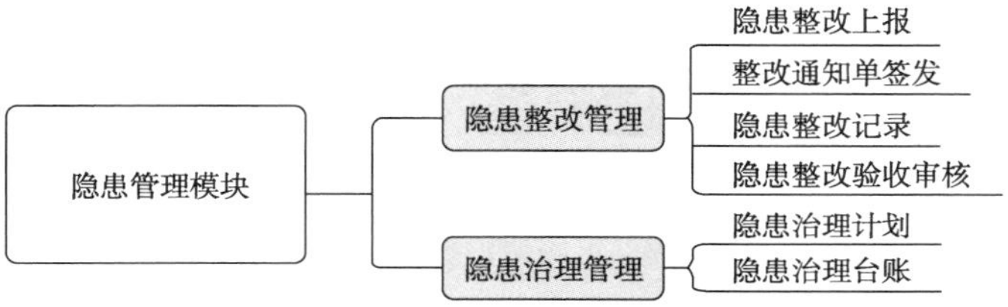

图 8-42　隐患管理模块功能结构

1）隐患整改管理

（1）隐患整改上报　实现隐患整改信息记录及上报功能。

（2）整改通知单签发　实现整改信息的审核流程，系统自动生成整改通知单及通知单下发功能。

（3）隐患整改记录　实现对隐患整改验收信息的登记上报功能。

（4）隐患整改验收审核　实现对隐患整改验收信息进行在线分级审批功能。

2）隐患治理管理

（1）隐患治理计划　实现对隐患治理计划的登记及维护。

（2）隐患治理台账　实现隐患治理信息的记录及维护。

2. 灾害防治模块

油气长输管道线路长，途径地域广，地质构造环境复杂，有些地方的地质运动活跃，我国每年都有相当数量、不同规模的各种地质灾害发生，以地震裂缝、地面沉降、滑坡、崩塌、泥石流为主，给长输管道安全运营造成了危害。地质灾害已经成为制约管道运营发展的一个不可忽略的因素，是当前管道完整性管理的重要地质环境问题。开展地质灾害防治，建设信息系统，对管道的地质灾害信息进行综合管理，是管网公司地质灾害防御工作中的当务之急，通过监测、管理、查询，实现管道地质灾害信息管理与维护的自动化，为管道管理部门提供数据基础，为地质灾害减灾防灾提供依据，起到救灾、减灾的作用，其意义重大。

灾害防治模块的主要功能包括防汛管理、地质灾害管理及评价管理，如图 8-43 所示。

灾害及地质信息关系如图 8-44 所示。

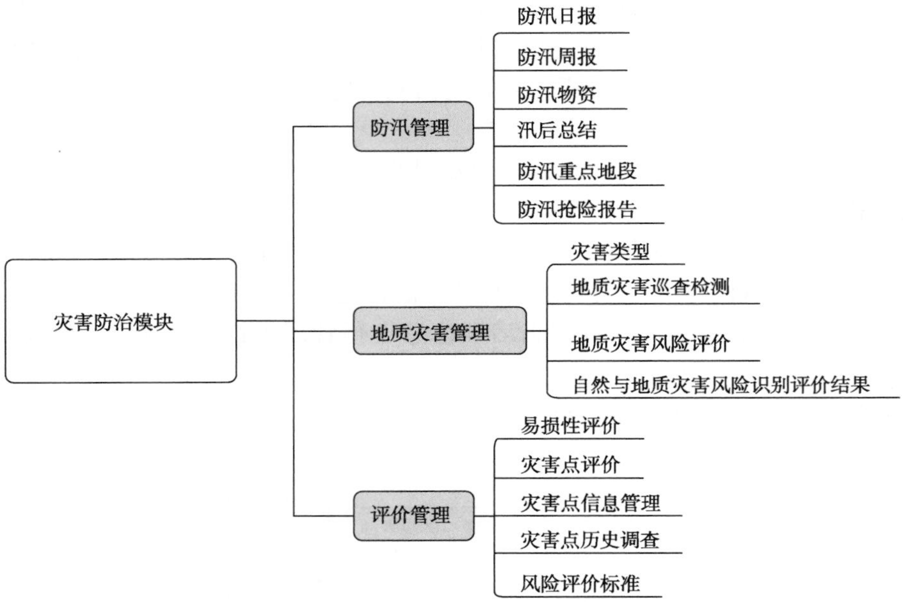

图 8-43　灾害防治模块功能结构

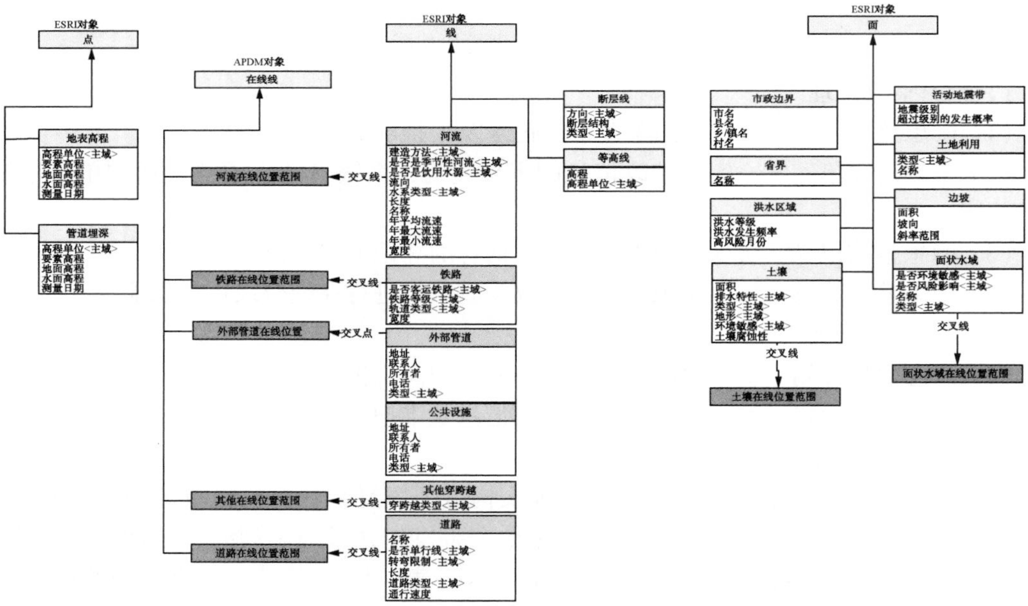

图 8-44　灾害及地质信息关系图

3. 腐蚀防护模块

管道腐蚀破坏是管道失效的一大因素。如何对在役管道的各种历史数据进行有效的管理，并使这些数据为腐蚀评估提供依据，形成对管道的腐蚀完整性管理，是管道管理者面临的重要课题。

对管道阴极保护设施、阴极保护检测信息、杂散电流干扰信息等进行记录、查询和统计，分析变化及趋势。支持阴极保护数据的录入、修改、保存、查询，具体包括绝缘法兰测试电位、辅助牺牲测试，并可生成电位曲线；支持将阴极保护信息汇总成 Excel 格式。支持阴极保护维护数据的录入、修改、保存、查询，具体包括维护措施、实体名称、位置描述、问题描述、问题分析、阴保类别、问题类别，统计不同类别问题数量及百分比。

针对国内管道的管理模式、检测手段及相关标准的体系现状，完整性管理系统中的腐蚀防护包括的功能应使其能够用于管道腐蚀的控制管理以及腐蚀评估、预警。

系统《保护电位测量》中的数据体现了阴极保护状况，可通过有效性评价进行展示。用户可以依据查询条件查询满足条件的数据，以表格的方式进行展现。考虑在 GIS 上依据阴极保护状况等级，用不通的颜色展现管道的阴极保护状况。阴极保护状况等级划分以保护状态为基准(欠保护、过保护、在保护)，以直方图、折线图展示阴极保护状态等级变化情况。

腐蚀防护模块功能结构如图 8-45 所示。

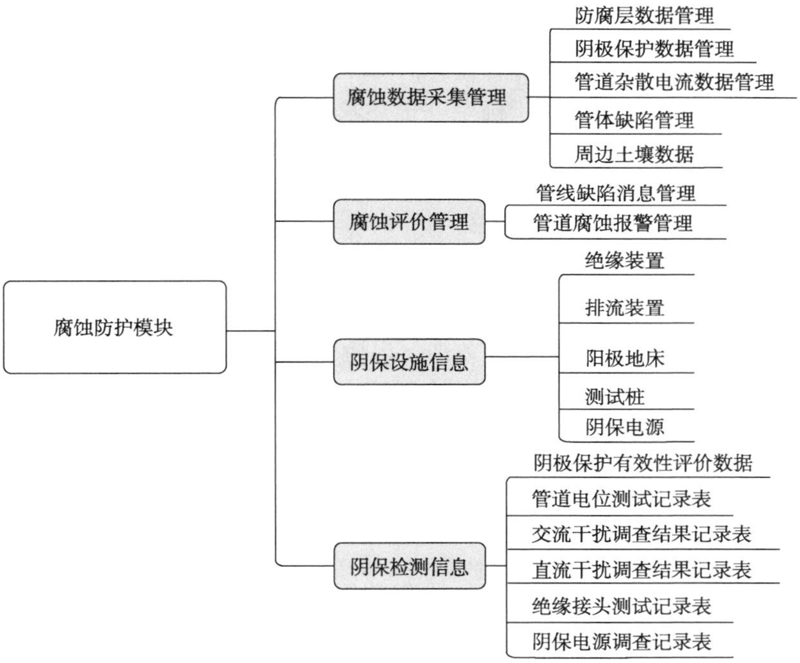

图 8-45 腐蚀防护模块功能结构

阴极保护表关系如图 8-46 所示，阴极保护模块功能如表 8-7 所示。

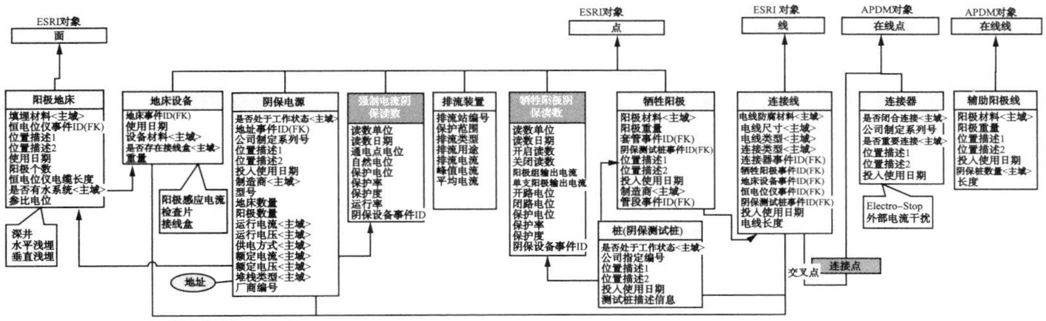

图 8-46 阴极保护表关系图

表 8-7　阴极保护模块功能表

序　　号	模　　块	功 能 说 明	模块包含操作
1	保护电位	保护电位测试数据管理	
2	自然电位	自然电位测试数据管理	
3	阳极电阻	阳极接地电阻测试	
4	恒电位仪运行记录	恒电位仪运行记录查询	
5	防腐层检漏	管道外防腐层检漏	
6	电流密度	保护电流密度计算	

4. 本体管理模块

管道本体管理，在管道建设阶段，主要是对影响管道的管材、管件、焊接、防腐、试压等施工信息进行管理；在管道进入运营期后，主要是对管道本体的内检测、管道维修、维护数据进行及时的更新和维护，并将在运营阶段产生的数据采集入库。

管道内检测评价管理是一种用于确定并描述缺陷特征的完整性评价方法，主要包括变形内检测、漏磁内检测、超声内检测及其他内检测等，内检测的有效性取决于所检测管段的状况和内检测器对检测要求的适用性。

管道运行数据包括输送介质、操作压力、最大最小操作压力、操作温度、最大/最小操作温度、防腐层状况、管道检测报告、内外壁腐蚀监控、压力波动、阴极保护数据及维护、维修、检测数据和失效事故、第三方破坏相关信息等。

管道运行数据里比较重要的是阴保数据、内检测数据、外腐蚀检测数据。

管道管理者应通过现场测量、调查、检测等方法采集管道完整性管理所需的分析评价数据。

数据应按照数据库建设要求统一录入数据库，日常管理数据应实现当日更新并及时录入数据库，应保证数据的真实性。不具备当日录入数据库条件的数据，应保存纸质记录或电子版记录。

各站在数据采集方面的工作职责为：收集数据、数据校验、数据存档、数据更新。各站侧重于日常管理数据和线路基础数据。

管道科的工作职责为：收集数据、数据校验、数据整合、数据录入、数据更新。管道科侧重于检测类数据、施工数据、管道管理数据。

本体管理模块功能结构如图 8-47 所示。

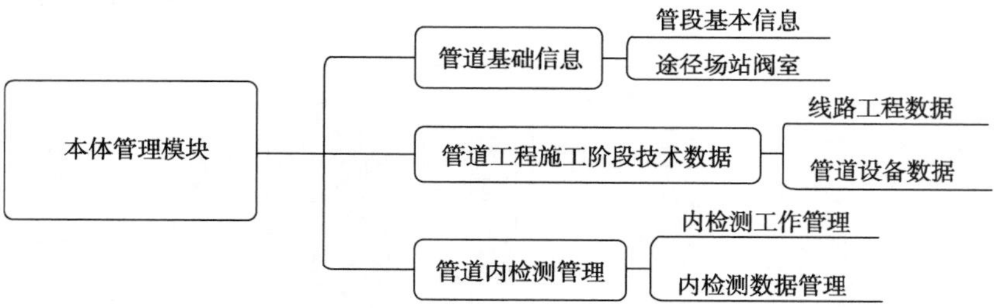

图 8-47　本体管理模块功能结构

管道表关系及检测表关系分别如图 8-48 和图 8-49 所示。

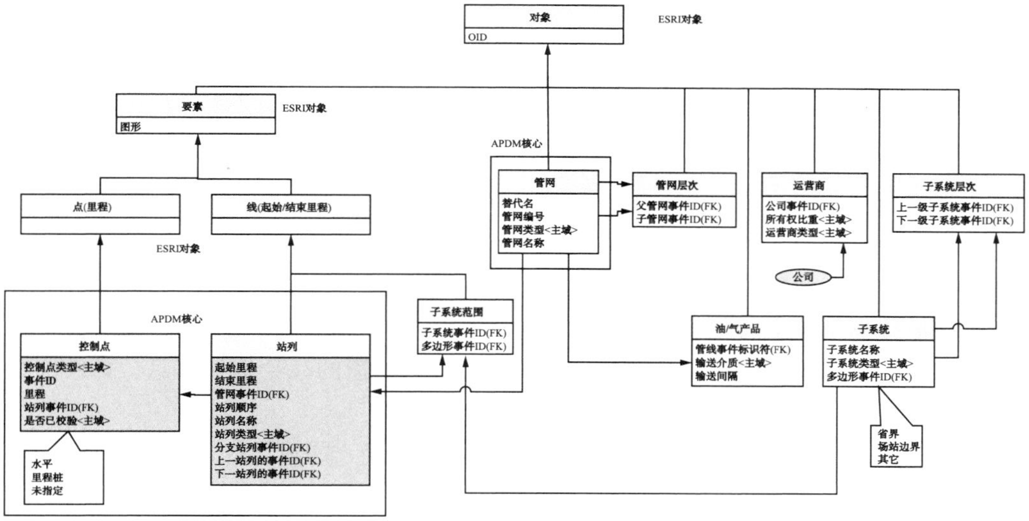

图 8-48　管道表关系图

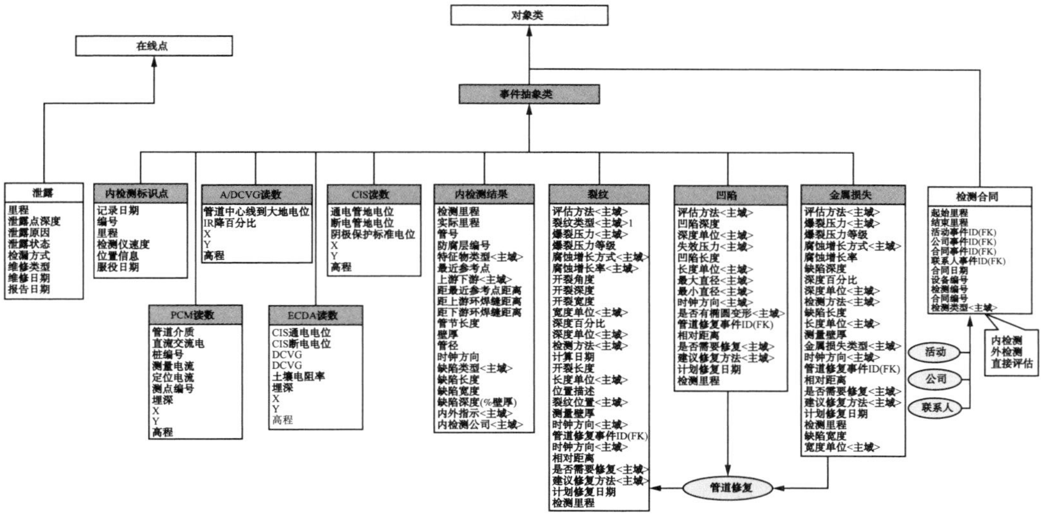

图 8-49　检测表关系图

5. 风险评价模块

风险评价是指识别对管道安全运行有不利影响的危害因素，评价事故发生的可能性和后果大小，综合得到管道风险大小，并提出相应风险控制措施的分析过程。它是基于管道基础数据，结合在灾害防治、腐蚀防治、本体管理等方面采集的内容，组织进行管道高后果区识别及管道风险评价工作。对风险的全面识别、评估和控制贯穿于完整性管理流程始终。完整性管理是一种涉及多项复杂技术的高水平管理方法，核心内容是对管道状态最大限度认知，实现风险减缓方案的优化，将有限的资源首先用于可最大程度降低管道事故发生风险的措施。

风险评价对周边环境可能的隐患点(包括管道敷设环境、管道标识、管道占压、管道保护、安全距离等)根据数据表单进行结果展示，部分数据依据相关标准法规简单判断符合或不符合，进行结果展示。周边环境隐患：巡线过程中能够发现的包括管道敷设环境、管道标识、管道占压、管道保护、水工保护、安全距离、第三方施工管理等隐患。

高后果区是指如果管道发生泄漏会对于人口健康、安全、环境、社会等造成很大破坏的区域。高后果区用管道上的边界位置来描述区域位置，如用 KP××××±××m～KP××××±××m 或两端 GPS 点来描述。

随着人口和环境资源的变化，高后果区的地理位置和范围也会随着改变。

管道环境数据：包括行政区划、地理位置、土壤信息、水工保护、附近人口密度、建筑、三桩、海拔高度、交通便道、环保绿化、穿跨越、管道支撑、道路交叉、水文地质、降水量、航拍和卫星遥感图像等数据信息，还包括管道周边的社会依托信息，如政府机构、公安、消防、医院、电力供应和机具租赁等数据信息。

管道环境数据里比较重要的是土壤信息、公路、铁路、河流、湖泊、水工保护、水文地质、社会依托。

风险评价模块功能结构如图 8-50 所示。

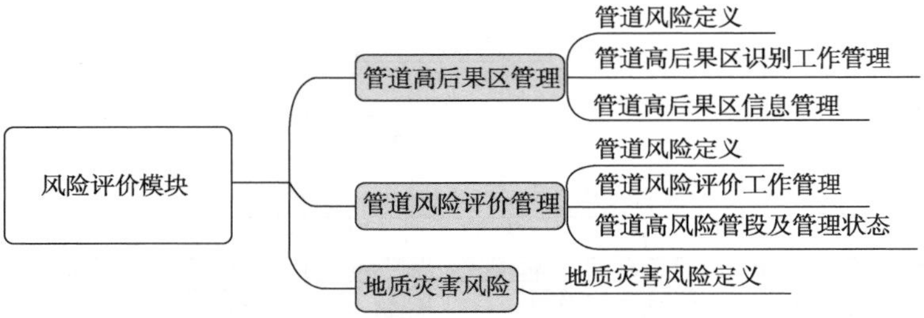

图 8-50 风险评价模块功能结构

管道风险表关系如图 8-51 所示。

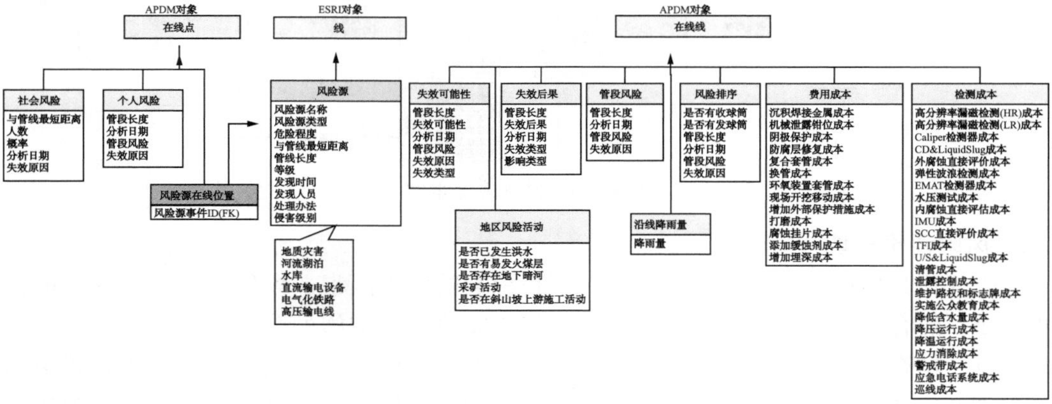

图 8-51 管道风险表关系图

6. 维修维护模块

管道维修维护需要根据完整性评价结果，对管道进行维修与维护，根据风险评价结果，针对可能存在的威胁，制定和执行预防性的风险减缓措施。根据管道完整性业务中提出的管道维修维护计划，对管道本体进行更新、改扩建等相关工程内容的过程管理。

维修维护模块功能结构如图 8-52 所示。

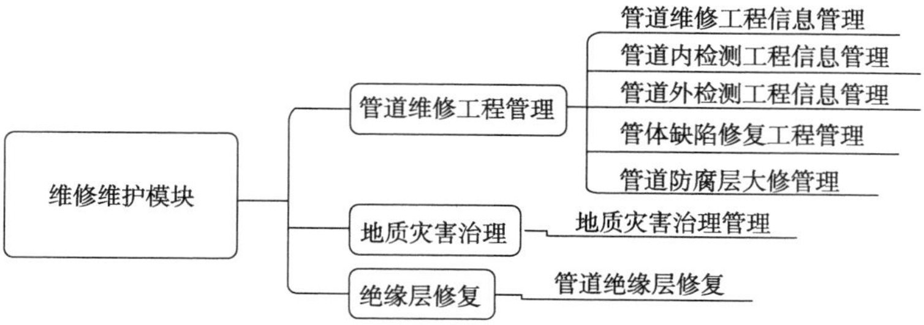

图 8-52 维修维护模块功能结构

维修维护表关系如图 8-53 所示。

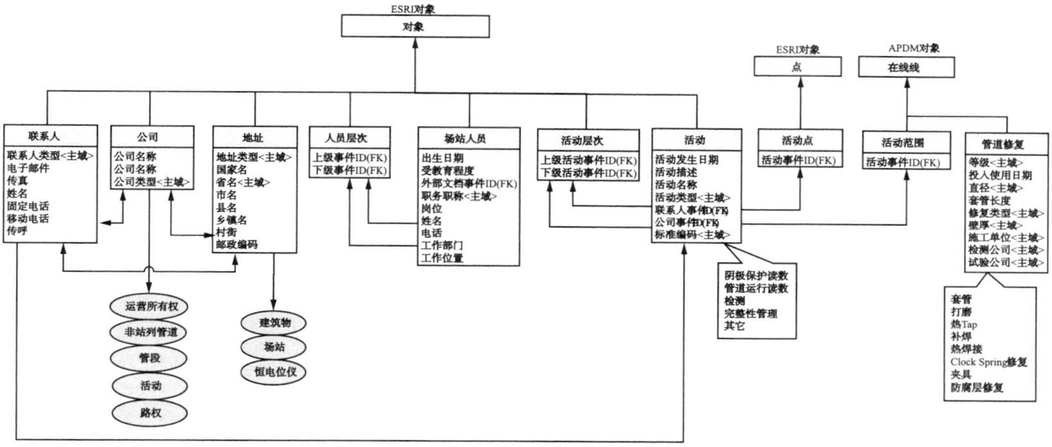

图 8-53 维修维护表关系图

7. 维抢修管理模块

当各个模块未达到安全标准、进行自动提示时可生成维修单，进入维抢修管理模块。

根据管道分布，合理配备专职维抢修队伍，并定期进行技术培训与演练，合理储备管道抢修物资。管材储备数量不应少于同规格管道中最大一个穿、跨越段长度；对管道的阀门、法兰、弯头、堵漏工(卡)具等物资应视具体情况进行相应的储备。应合理配备管道抢修车辆、设备、机具等装备，并定期进行维护保养。

管道维抢修现场应严格按照操作规程进行操作，采取保护措施，划分安全界限，设置警戒线、警示牌。进入作业场地的人员应穿戴劳动防护用品。与作业无关的人员不应进入警戒区内。在管道上实施焊接前，应对焊点周围可燃气体的浓度进行测定，并制定防护措施。焊接操作期间，应对焊接点周围和可能出现的泄漏进行跟踪检查和监测。

管道维抢修结束后，应及时对施工现场进行清理，使之符合环境保护要求；及时整理竣工资料并归档。

各种失效原因分为五大类，分别是外力、腐蚀、焊接和材料缺陷、设备和操作及其他。

外力是第一位的，约占失效总数的 43.6%；其次是腐蚀，占 22.2%；设备和操作居第三位，占 15.3%；焊接和材料缺陷引起的失效较少，约占 8.5%。

维抢修管理模块功能结构如图 8-54 所示。

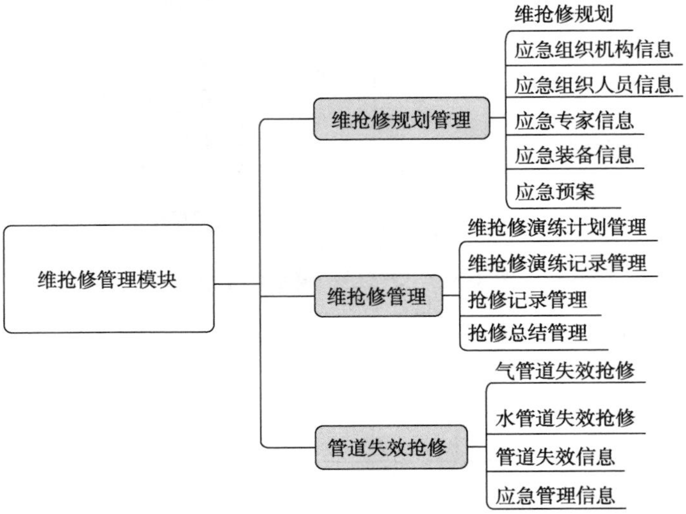

图 8-54 维抢修管理模块功能结构

8.7 移动办公应用子系统

移动办公应用系统的建设目标是在不影响原有管理系统运行使用的基础上，基于移动通信网络建设移动办公应用系统，作为全生命周期管理系统建设内容延伸和补充内容，实现移动办公，做到真正的掌上办公，实现同步办公、协同办公、交互办公，全方位地满足公司领导与外出工作人员需求。

其具体建设目标如下：

(1) 解决相关人员使用手持移动终端随时随地办公的问题，避免由于环境、条件等问题贻误工作。

(2) 解决出差人员或外出办公人员需及时获取单位通知、公文、业务审批、会议或活动通知等内容的问题。

(3) 解决人员外出时进行文件查阅、文件查找与文件转发等工作的问题。

(4) 解决所有人员随时随地沟通的问题，工作人员可随时随地接收和处理工作任务。

(5) 移动端部分功能可以根据需要采集人员位置、坐标等信息，如外勤人员、巡线人员，实现人员定位与跟踪。

移动办公应用子系统属于全生命周期管理系统的业务与技术的延伸，与全生命周期管理系统形成互补，总体架构上密不可分。

移动终端如智能手机、平板电脑等可以安装后打开 APP 应用，并通过移动网络(4G/3G/GPRS 等)、无线 Wifi 等接入到移动应用服务器。

移动应用服务器处于安全隔离网段，是全生命周期管理系统运行的前置层，分为前置服务、安全认证与链路检测等部分。移动应用服务器主要负责移动办公子系统(APP)与移动应用管理平台、全生命周期管理各子系统的中间交互，实现数据交换过程中的接口服务、数据加密与解密、签名与验签及数据压缩等功能，通过消息队列或其他安全渠道与后台服务对接。

8.7.1　技术架构设计

移动办公应用平台应用遵守业界技术规范，采用最成熟的移动应用开发技术，利用一致的可共享的数据模型，以提高系统的灵活性、可扩展性、安全性以及并发处理能力。移动办公应用平台的关键技术如下。

1. 客户端开发技术

HTML5 作为最新的移动开发技术，具有跨平台、快速开发、精美动画效果等特性。对强调展示效果的模块，采用 HTML5 与 Android 结合技术，可以大幅提高开发效率与展示效果，并使系统可维护性更强。

图像采集与图像处理技术是结合移动设备的图像采集系统，实现对图像的采集及处理并最终进行展示的技术，具有操作简便、采集数据直观等特点。采用图像采集与图像处理技术，实现对用户信息的采集及上传，使用户能够以最简便的交互方式完成更直观的信息采集，同时能够方便客服人员准确地理解用户所要表达的信息。

2. Hybrid 框架

Hybrid APP 是指介于 Web APP、Native-APP 这两者之间的 APP，它虽然看上去是一个 Native APP，但只有一个 UI WebView，里面访问的是一个 Web APP。Hybrid 可以快速实现跨平台的开发。

3. 消息推送

可以采用目前市场上比较成熟的即时通信产品或者开源产品，需要支持点对点、群聊、图片、文字语音等多个功能。

4. 安全防护

使用数字签名、RSA 加解密算法以及结合相应技术完成数据安全功能，采用 gzip 技术实现数据加解压，消息推送。

移动办公平台应用对安全体系和防护措施提出了很高的要求，可靠的安全防护是其关键技术。

访问及通信安全技术：采用数字证书和加密机制进行身份认证及传输安全控制，根据 RSA 非对称加密机制，证书公钥对摘要进行加密，服务器端使用私钥对摘要进行解密，两次摘要对比，实现访问及通信安全。

通过以上关键技术的防护作用，实现营销手机应用的多级安全防护体系，打造安全可靠的移动应用。

在系统性能和可靠性保障技术方面，采用和研究移动应用的性能和可靠性保障技术，对以下技术点进行研究突破和应用：

(1) 分布式缓存技术　采用系统级(Squid、Nginx 缓存)和应用级(OSCache、Memcached)缓存技术实现缓存功能。

(2) 负载均衡和集群技术 比如研究并利用按业务域进行集群，有效保证系统的性能和可靠性。

8.7.2 安全方案

1. 安全架构描述

移动办公安全架构方案依托公共移动接入网络基础设施，采用主要的移动通信技术(4G/3G/Wifi/VPDN 等)，以移动智能终端(如智能手机和 PAD)作为移动终端设备，从网络的安全认证与接入、安全传输、网络访问控制到移动终端的安全应用和移动安全管理等方面进行综合安全防护，构成了多层次、全方位的移动安全保障体系。

通过构建一套技术先进、安全可靠、可行、低成本、易管理安全保障体系，可实现以下总体目标：解决公司移动终端用户通过公共通信网络访问全生命周期管理系统业务信息资源的安全可信接入问题，并建立一套基于公用移动网络的安全接入、安全应用和安全管理的统一平台。

随着移动办公的推广应用，主要面临以下安全风险：

1）终端接入身份安全

移动终端接入时，由于终端的移动性，接入终端存在非法使用、非授权访问等安全问题，缺乏安全机制保障终端的安全和用户的合法性，在终端使用环境上存在安全风险，存在非法终端私自接入内网的隐患。

2）链路通信遭威胁

在链路和通信安全上，移动终端接入时需采用链路认证机制以及数据传输机密性、完整性保障机制，保障链路的合法性和防止单位敏感信息在传输过程中被泄露或被篡改。由于网络是非法人员对系统进行攻击的首要目标，因此必须通过网络访问控制、包过滤、隔离等方式加强网络环境的安全防护，抵抗来自公网的各种攻击。

3）应用级安全风险

随着移动办公应用的逐渐深化，越来越多的单位不仅仅需要保障移动办公接入的安全，应用自身的安全亦需要保障，例如系统中的数据在移动终端的应用中如何确保不丢失/不被泄密是需要进行考虑和防范的。

4）管理风险

移动办公设备接入后以及在安全应用的同时，设备的管理和日志的相关审计亦是需要考虑的一个安全维度，可保证在移动设备丢失/失窃后在管理中心可具备挂失或者注销的机制。

2. 安全架构设计

移动办公安全架构方案涉及的安全问题可归结为移动信息空中传输的安全问题和移动信息落地后的安全问题。对于前者的安全设计，主要通过保障终端安全接入、传输链路加密等安全措施实现；而落地之后的安全设计主要涵盖访问日志分析、访问控制等。因此，移动安全管理平台涉及的安全设计主要涵盖身份认证设计、信息安全设计、防攻击设计以及应用安全设计。

1）身份认证设计

为保证外部移动终端安全地可信接入，移动安全管理平台为各类移动终端提供身份认证功能，实现外部移动终端和移动安全管理平台间的相互身份认证。通过第三方身份认证系统实现只有经过身份认证的外部移动终端方可接入，未经过身份认证的外部移动终端不可接入。

2）信息安全设计

信息安全主要包括信息完整性安全和信息保密传输安全，信息安全设计通过数据完整性、信息保密和抗抵赖等安全服务，使用移动终端通过Https协议与移动前置交互，保证移动应用系统中信息内容在存取、处理和传输中保持其机密性、完整性和可用性，确保信息系统主体的可控性和可审计性等特征。

3）网络系统安全设计

网络系统安全是保障网络通信基础设施、网络上的各种系统及各种应用软件的正常运行。它建立在物理安全的基础之上，主要包括网络访问安全、网络通信系统安全、应用安全、设备管理与日志审计跟踪等几个方面，是实现整个移动应用系统安全的基础。

4）应用安全设计

应用安全通过对接入的业务、用户等信息进行注册，对接入业务和用户行为等进行审计等实现外部移动终端访问信息内网资源的权限控制问题。

3. 安全方案实现

1）身份认证安全

移动终端设备首先必须在移动应用系统中进行身份认证，并登记用户手机号与终端硬件码，管理员确认之后才能建立与综合办公系统之间的连接。使用移动终端接入移动办公系统时，输入口令，综合办公系统验证口令和手机号、终端硬件码，通过后才能建立安全连接，从而保证用户身份的合法性，否则根本无法接入平台，无法使用移动终端的移动办公功能。

2）传输加密

通信安全通过采用安全的密钥管理方案、非对称加密算法和数据加密封装传输实现了通信过程的机密性和完整性，保证数据不篡改、链路正确及数据加密传输。

在安全加密的基础上，还可以建立专线APN，在使用移动办公应用时，移动终端预先建立专线APN网络，达到更高层次的网络传输安全需求。

3）数据安全存储

移动前置应用将公文正文与附件实时转换，转换后源文件销毁，实现在线阅览；移动办公系统文件可在终端打开浏览，但无法复制或转发给他人，本地不留痕，阅览后自动销毁。

4）访问控制与设备管理

系统后台管理支持对设备进行实时的启停用控制，支持挂失、注销等多种管理方式，针对不同的用户，系统还支持授权访问管理，即针对不同角色、身份的移动终端的应用访问范围进行差异化设定(在多应用并存的情况下)，以保证应用系统的访问安全。

8.7.3　移动应用功能方案

1. 生产协同办公应用APP

生产协同办公应用面向公司所有内部员工，功能包括待办工作、文件查询、生产动态、我的消息四个部分功能。作为 APP 安装在各类移动终端上，运行在移动互联网层，如图 8-55 所示。

（1）待办任务　包括个人、部门与岗位的待办任务与已办任务，领导人员的待办审批等功能。

（2）文件查询　包括个人文件、公共文件、文件流转、个人收藏、政策法规与文件转发等功能。

（3）生产动态　包括各类工程、生产、安全应急等决策信息的推送与查看等功能。

（4）我的消息　包括短信服务、即时消息、微信消息与系统消息等功能

个性化设置：主要实现用户对功能的设置，包括推送设置、个人信息、帮助、关于我们、信息反馈等功能。

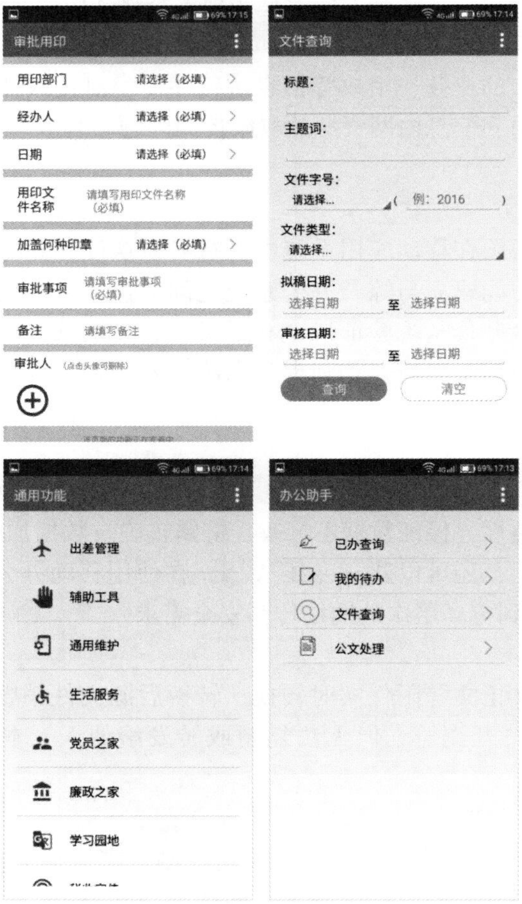

图 8-55　生产协同办公应用 APP

2. 项目管理应用 APP

项目管理应用 APP，主要是针对公司现场项目管理人员、监理、承包商数据采集的一款应用终端。

根据管道施工的行业特点，融合当前先进的信息技术和软件设计理念，实现施工现场

管理移动端软件。可搭载于一部加固三防(防尘、防震、防水)的平板电脑中，能用于项目管理各方在施工现场实时记录施工数据。移动端整合现场报批、报验等流程审批功能。实现依托移动端软件，可以随时批示工程审批文件，加快工程信息处理。移动端系统在实现现场数据报批、数据采集的同时，还同步记录了采集数据信息的坐标点，可以有效帮助业主进行现场人员控制及跟踪人员出勤率。

现场管理移动端作为全生命周期数据库现场施工信息化采集支撑手段，由现场人员使用进行施工、安装、检测和调试数据的现场记录、上传和移交，监理人员现场进行数据审核，保障数据移交工作的及时性和准确性。其基础功能主要包括登录、数据填报和拍照、数据上报、现场监理审核、数据同步入库等。

系统主要技术功能可参见“8.2.9 现场移动端应用”部分。

计划设定功能模块如表 8-2 所示。相关案例页面如图 8-56 所示。

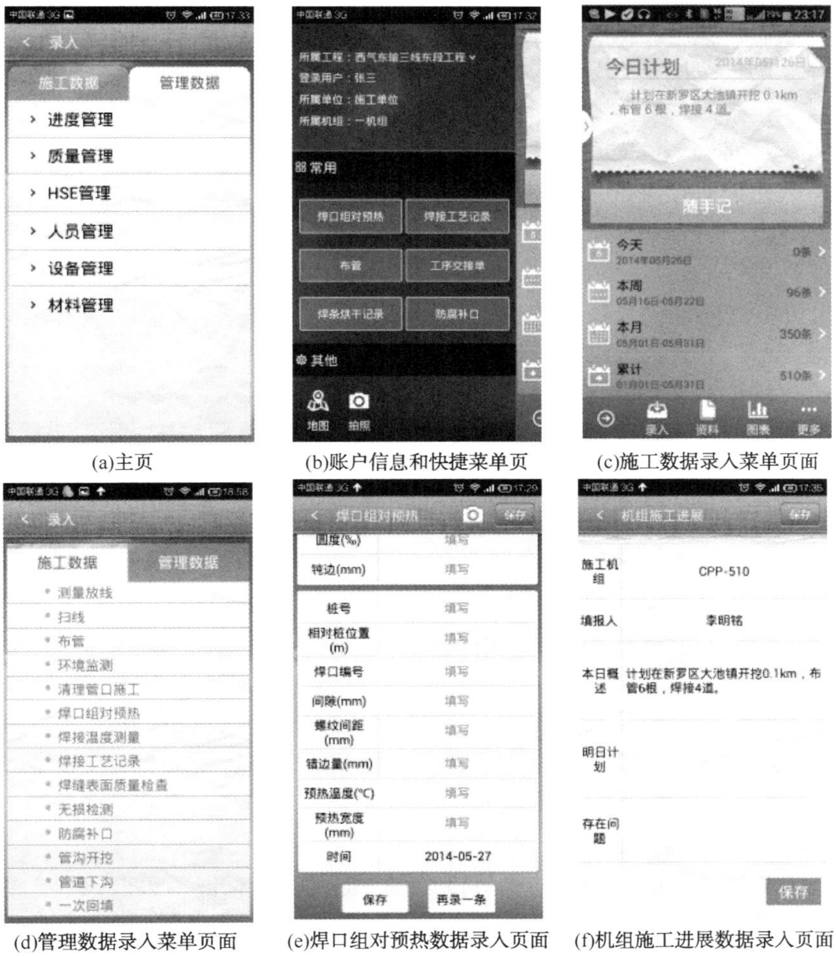

(a)主页　(b)账户信息和快捷菜单页　(c)施工数据录入菜单页面

(d)管理数据录入菜单页面　(e)焊口组对预热数据录入页面　(f)机组施工进展数据录入页面

图 8-56　相关案例页面

3. 移动巡检应用 APP

移动巡检应用 APP 主要面向公司巡检人员。

1）移动终端合法性认证

以 SIM 卡号唯一标识巡线工。通过调用 Web Service 接口来判断该巡线工是否合法。如果不合法，将无法登录终端。

2）下载巡检计划

终端登录后，通过调用 Web Service 接口完成巡检计划的下载，下载之后保存在内存中。每次登录系统后都会下载巡检计划。

3）在线注册

在开始巡检后，将主动实现与 Socket 服务的连接。连接成功后，将发送注册请求，内容包括 SIM 卡号。

4）巡检轨迹回传

在开始巡检后，获取当前 GPS 位置坐标及速度，并通过 Socket 连接根据回传频率定时上传数据。计算巡检范围是否超限、巡检速度是否超限，如存在告警情况将上传数据，内容包括任务号、位置、告警类型、时间。

计算是否经过必经点，如果经过某个必经点则上传数据，内容包括任务号、必经点、时间，同时持久化该必经点信息。

5）上报事件

支持对巡检事件的记录，内容包括事件类型、事件描述等，并支持进行拍照。可通过 Socket 连接上传事件内容及照片附件。

6）巡检控制

支持巡检过程控制，包括开始、结束、暂停/继续。

巡检开始后，连接 Socket 服务，并发送注册请求。如果连接不成功，则继续巡检，并持久化实时数据，待正常连接后上传数据。

巡检结束后，将发送巡检完成请求，断开与 Socket 服务连接，并清空持久化数据。如果 Socket 未连接，则将持久化该请求。

巡检暂停后，将发送巡检暂停请求，同时停止计算及上报实时数据。巡检继续后，将发送巡检继续请求，同时计算及上报实时数据。

7）盲点补传

如果出现 GPRS 信号盲区使得 Socket 连接断开的情况，将持久化实时数据（位置、告警、事件）、注册请求、结束请求、暂停请求、必经点信息，并定时与 Socket 服务进行重连，待连接后，分批发送持久化数据到 Socket 服务。

8）断点巡检

对于出现诸如终端掉电等情况使得巡检过程中断的异常情况，采取以下方法处理：

待终端开机登录后，将重新下载巡检计划，并将当前任务号与持久化的任务号进行比较，如果两者相同，则依据已持久化的必经点继续巡检；如果两者不同，则清空持久化任务数据，采用当前计划进行巡检；如果不存在巡检计划，则清空持久化任务数据。移动端 APP 页面如图 8-57 所示。

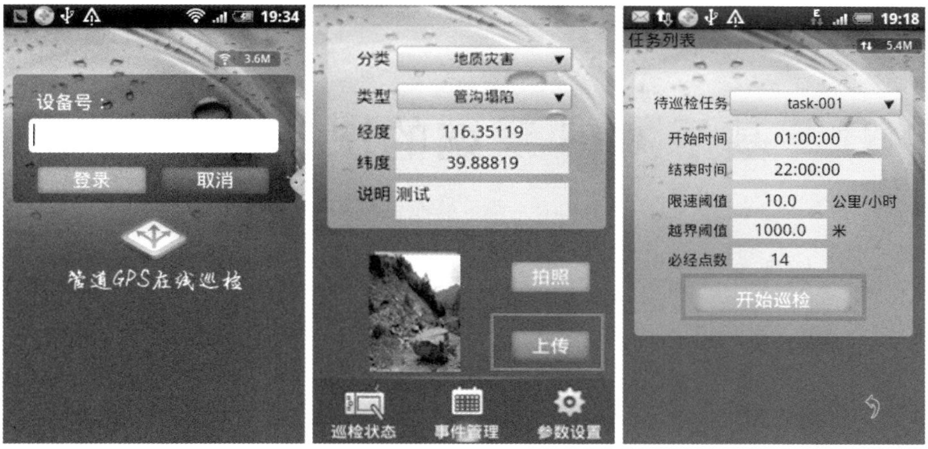

图 8-57　移动端 APP 页面

8.8　决策支持子系统

基于完整性数据中心和全生命周期管理应用系统集成的辅助决策系统，通过选取提炼决策点、数据挖掘、预定义报表、多维分析、动态分析等技术手段，实现对完整性管理、审查运营、战略决策、企业经营、财务、供应链(采购、供气、销售供应链)等信息的深度分析提取，实现对管理和现状的及时、全面、深入了解，支持管理改善和战略决策。为领导层提供统一、方便、友好的决策信息获取渠道，辅助制定科学全面的战略决策。

中长期看，该项目将从以下几个方面实现数据分析与决策支持。

1. 生产安全方面

生产安全方面决策支持主要服务于生产相关部门，主要包括生产日常动态信息分析，场站设施监控信息分析，用户天然气设施生产运行监督工作，天然气、液化气日常生产数据分析，应急资源储备分析等，以便进行生产过程中的数据展示与风险预测。

2. 客户营销方面

客户营销信息分析主要服务于天然气的营销部门，包括营销计划预测、供需分析、销售价格分析，以辅助制定天然气和液化气销售计划、指导未来天然气和液化气购销管理工作，预测价格调整规律，实现个性化的客户管理。

3. 工程项目方面

工程项目分析主要服务于工程管理部门，主要包括项目的投资收益分析、项目履约分析、安全事故分析、项目风险分析等，用以辅助分析承包商的履约情况，筛选优质承包商，优化项目执行模式，辅助分析工程价格。

4. 综合数据分析方面

综合数据分析是在建立了完善的数据仓库和数据集基础上，实现多个业务的数据交叉分析，例如市场规模分析、购销差损分析、人均利润分析、消费结构分析等涉及不同业务线条的分析工作。

第 9 章　基于 GIS 系统的决策支持功能设计

9.1　技 术 方 案

9.1.1　框架优化方案

面向服务的体系结构越来越多地应用于 GIS 行业的应用中，开发方式也越来越丰富。为了充分利用现有的软硬件资源，构建满足用户需求的 GIS 应用平台，决定对 GIS 开发框架进行替换，采用新的开发框架：RIA+REST。

1. 富客户端方式(RIA)：用户体验升级(见图 9-1)

图 9-1　富客户端超强的用户体验

传统网络程序的开发是基于页面的、服务器端数据传递的模式，把网络程序的表示层建立于 HTML 页面之上，而 HTML 是适合于文本的，传统的基于页面的系统已经渐渐不能满足网络浏览者更高的、全方位的体验要求，富客户端技术(RIA)就是为了解决这个问题而开发的。RIA 相对于传统的 Web 的优势是其表现力丰富、网络效率高以及交互能力强。

在所有富客户端开发框架中，Adobe 公司的 Flex 的界面组件已经比较完整，在数量以及功能方面都超过其他框架的组件，又因为超过 98%的计算机浏览器都安装了 Adobe Flash Player，这使得以 Adobe Flash Player 为客户端的 RIA 可以支持种类广泛的平台和设备。因此选择 Flex 开发框架，将原有的 Web adf 技术替换，如图 9-2 和图 9-3 所示。

2. REST 风格：Web 服务性能提升

REST(Representational State Transfer，表述性状态转移)是一种针对网络应用的设计和开发方式，可以降低开发的复杂性，提高系统的可伸缩性。REST 之所以能够提高系统的可伸缩性，是因为它强制所有操作都是 stateless 的，这样就没有 context 的约束，如果要做分布式、做集群，就不需要考虑 context 的问题了。同时，它令系统可以有效地使用 pool。REST 对性能的另一个提升来自其对 client 和 server 任务的分配：server 只负责提供 resource 以及操作 resource 的服务，而 client 要根据 resource 中的 data 和 representation 自己做 render。这就减少了服务器的开销。(REST 负责将需要的数据传递到客户端，工作量较大的渲染工作放在客户端进行，有效地减轻了服务器的压力，使得用户体验更佳，视觉效果更好。)

REST 通过 url 的方式来访问服务的根目录，REST 里所描述的服务，包含资源和操作两

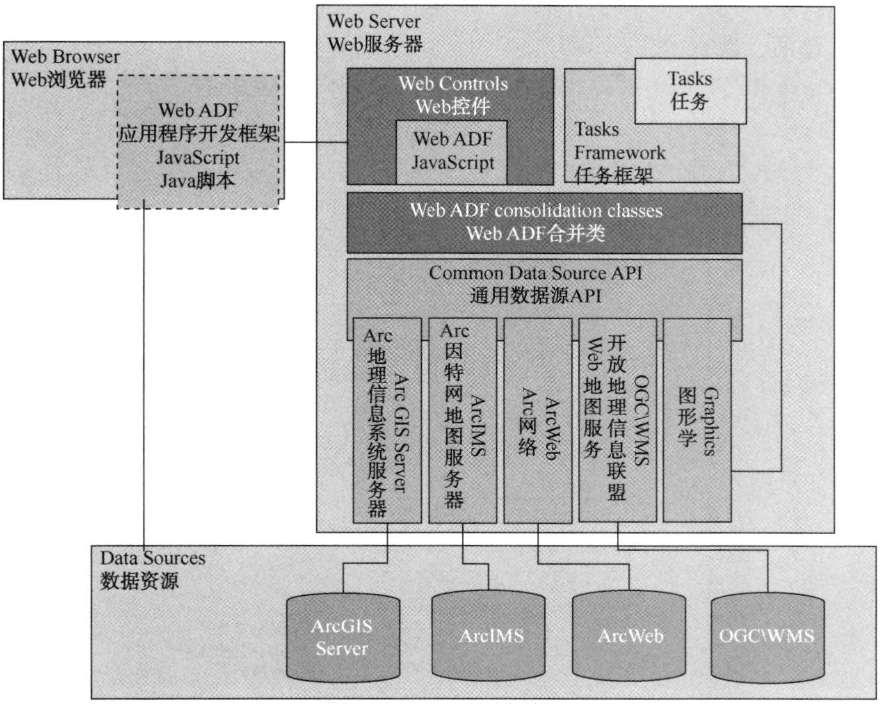

图 9-2 Web adf 框架

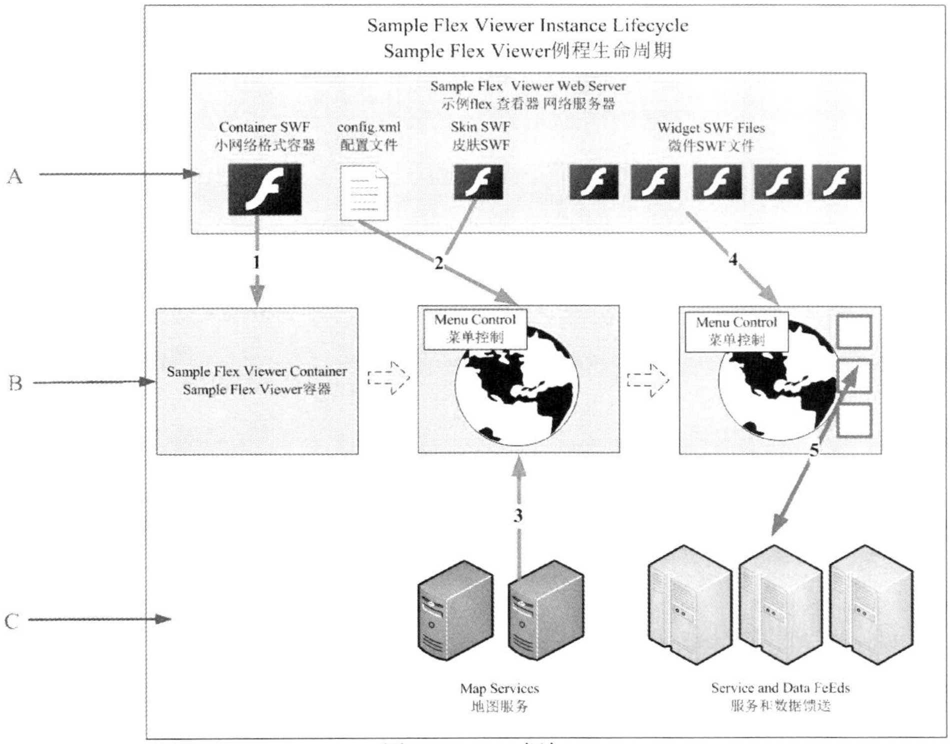

图 9-3 Flex 框架

种类型，资源就是描述该服务的一些属性信息，操作指的是基于该服务能够实现的功能，如导出地图、查询、搜索、生成 KML。

ArcGIS Server REST API 资源和操作的整体框架如图 9-4 所示。

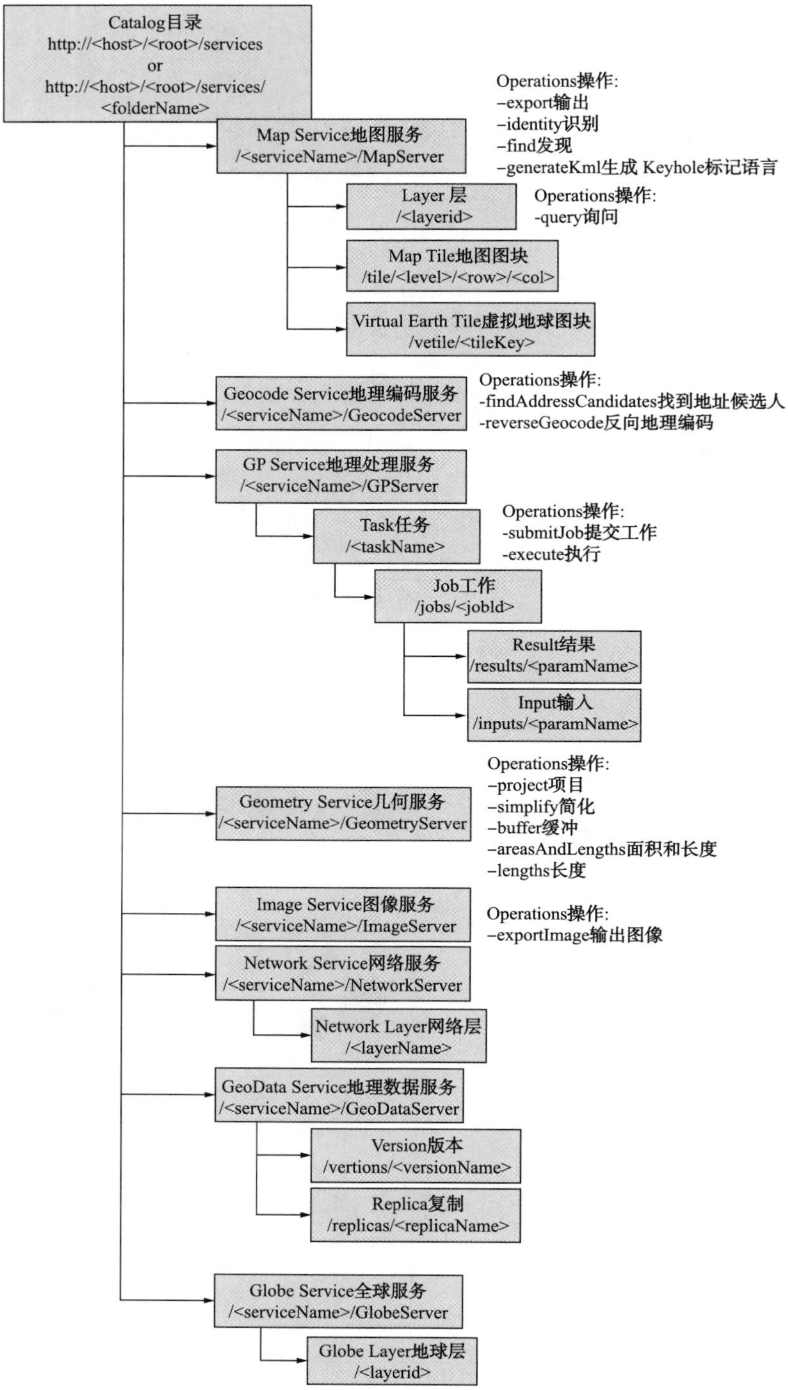

图 9-4　ArcGIS Server REST API 资源和操作的整体框架

综上所述，为了达到更高的用户体验和网络效率，选择了基于REST的Flex开放框架，一方面ArcGIS Server REST将GIS的基础和核心功能进行了封装以服务的方式提供给客户端，如常见的地图展示、图层信息访问以及一些分析功能，客户端应用意味着更少的服务器往返，更好的可伸缩性；另一方面ArcGIS Flex API则提供了地图组件和一些开发工具(如AS3库)，以便更好地与地址定位，查询服务及其他AGS(ArcGIS Server)资源进行集成。但是有些在ADF中较为方便实现的功能在Flex中实现则较为麻烦，Flex不具备高层次属性查询能力。

9.1.2　系统整合优化方案

由于之前的按图开发的应急GIS模块也用的是Flex，并且都是基于ArcGIS Server开发的，空间数据库模型都是APDM，在完成框架调整后可将按图开发的应急GIS模块完美嵌入优化后的GIS系统。将原先应急GIS模块中的扩散半径、应急查询等功能加入地理信息子系统，原有的巡线子系统中对原有的巡线轨迹、关键点管理和相关PIS接口进行完善和优化。

9.2　地理信息子系统优化

使用Flex B/S经典开发模式：在jsp中嵌入Flash地图组件。针对地理信息子系统，改善用户界面，优化系统结构，完善系统功能，迁移应急系统GIS模块，提供方便快捷的功能和更佳用户体验的界面，如图9-5所示。

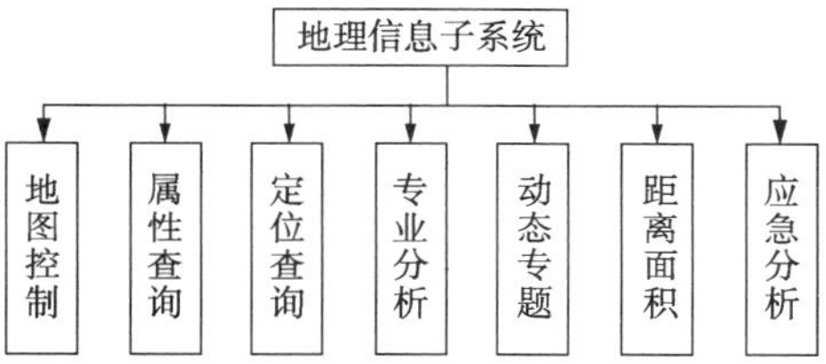

图9-5　地理信息子系统优化后结构

9.2.1　基本功能

使用jsp嵌入Flash的形式加载地图组建，针对地理信息子系统，改善用户界面，优化系统结构，完善系统功能，提供方便快捷的功能和直观的界面；去掉复杂专业或不经常使用的地图工具，使系统尽量做到用户第一次使用即可掌握基本操作，如图9-6所示。

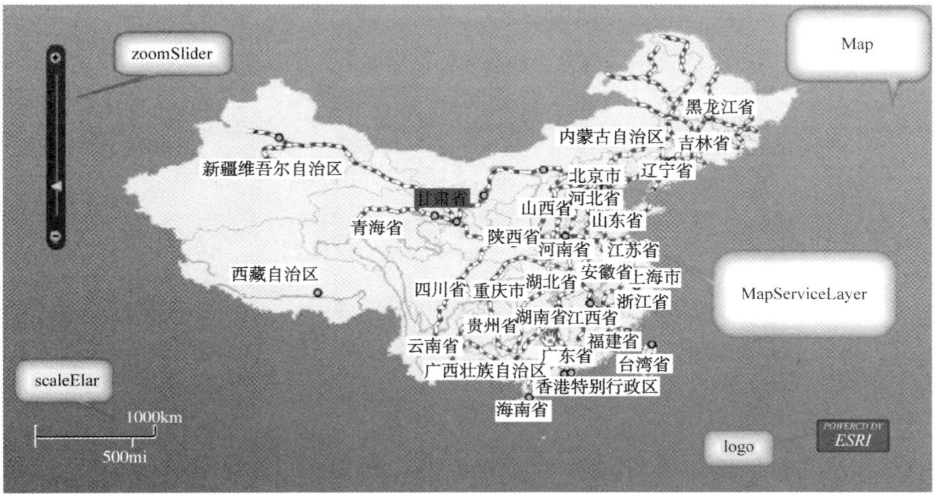

图9-6　Flex地图界面

视图工具包括：放大、中心放大、缩小、中心缩小、漫游、全图、左半屏、右半屏、上半屏、下半屏、回退视图。利用该功能可以查看不同比例尺的地图信息，可以从宏观和微观两个方面了解信息，极大地增加了信息量，解决了以往纸质地图受比例尺、纸张大小及范围的限制，如图 9-7 所示。

图 9-7　Flex 地图控制工具

图形工具包括：鹰眼、图层控制、量算长度、量算面积、属性查看。利用该功能可以辅助用户进行读图，并查看关心的图形信息。

9.2.2　属性查询

在图层控制中增加右键选项“打开属性表”，点击选项后可以查看当前选择图层的所有属性数据，与 Web GIS 中现有查询共用同一个窗体，提供高亮、定位功能，并且屏蔽掉专业性的字段如 shape. len、eventid 等，用户查看属性时更直观，如图 9-8 所示；当鼠标移动到特殊要素如桩标识符后弹出窗口显示属性信息，如图 9-9 所示。

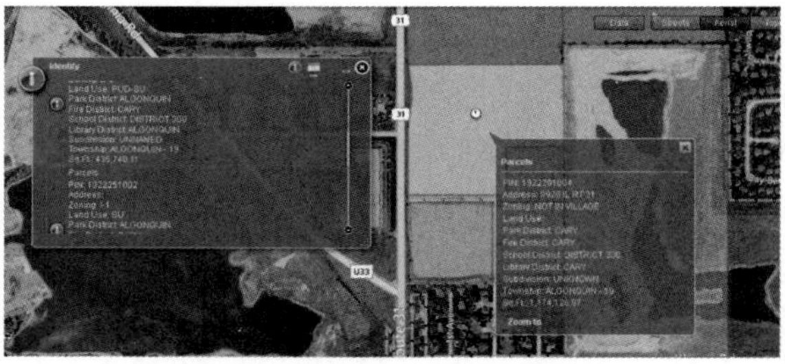

图 9-8　Flex 的属性信息显示方式

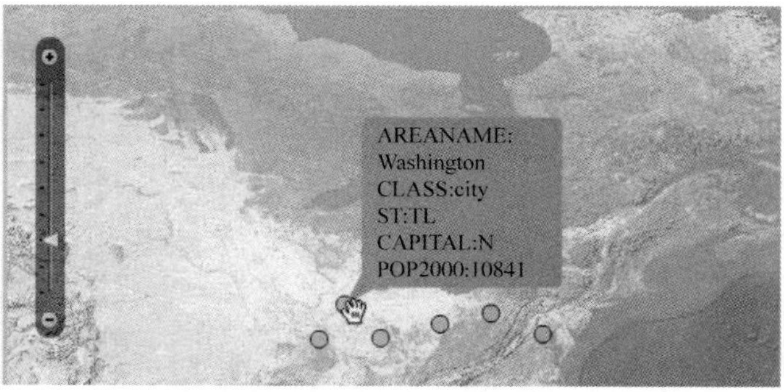

图 9-9　移动鼠标显示要素属性

9.2.3　定位查询

原来的桩加距离定位方式只能在用户明确桩号的情况下定位，为了用户方便定位，为全线加入站场阀室定位方式，如图 9-10 所示。

9.2.4　专业分析

1. 纵断面分析

生成管线的纵断面曲线分析图表，以便于更直观地了解管线的走势、埋深等信息，如图 9-11 所示。

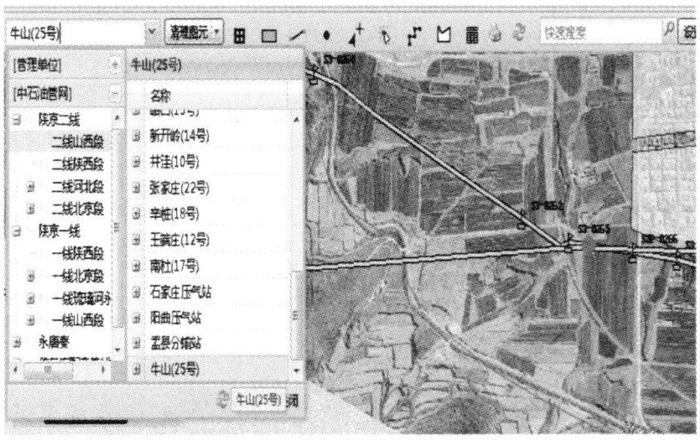

图 9-10　站场阀室选择控件

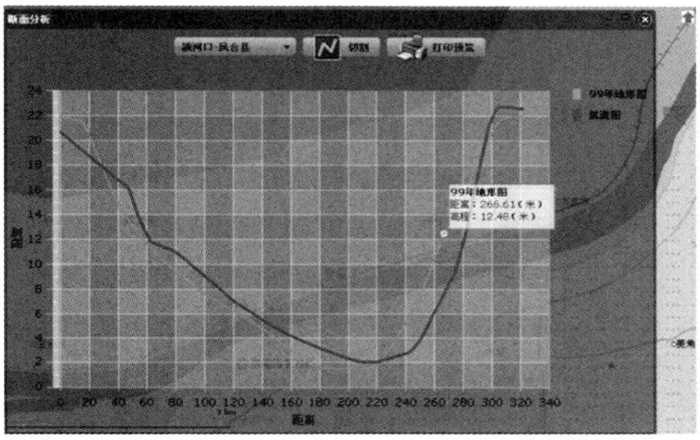

图 9-11　纵断面效果图

2. 工程图分析

根据配置好的工程图模板生成管线的各种类型的工程图。工程图模板可以有很多种，根据不同的需求，通过专门的“工程图配置系统”配置出相应的工程图模板，模板的使用同样受到系统用户权限的控制，有相应的权限才能生成对应模版类型的工程图，权限由系统管理员在后台进行分配，如图 9-12 所示。

3. 泄漏分析

根据管线的泄漏孔面积、泄漏时长及泄漏管内外压力计算关阀门前的泄漏量。

4. HCA 分析

在 GIS 中提供类似“纵断面”的 HCA 查询与图表展示，以阶梯图或者纵向线的图表形式展示，在图表上可以定位到 HCA 分值对应的坐标点查看详情。

9.2.5　动态专题图

用 Rest 方式调用专题资源使响应速度得到很大提升，用 Flex 技术可以作出如动画、三维等效果来展示更佳用户体验的专题信息，如图 9-13 所示。

9.2.6　量算距离和面积

用 Flex 实现距离测量和面积测量功能，使用更多画板功能在地图上进行绘画，也可对绘画内容进行测量，可以设置绘画风格、颜色、粗细等内容，并且测量时可以选择长度面积单位，绘画和测量更流畅，显示更美观，如图 9-14 所示。

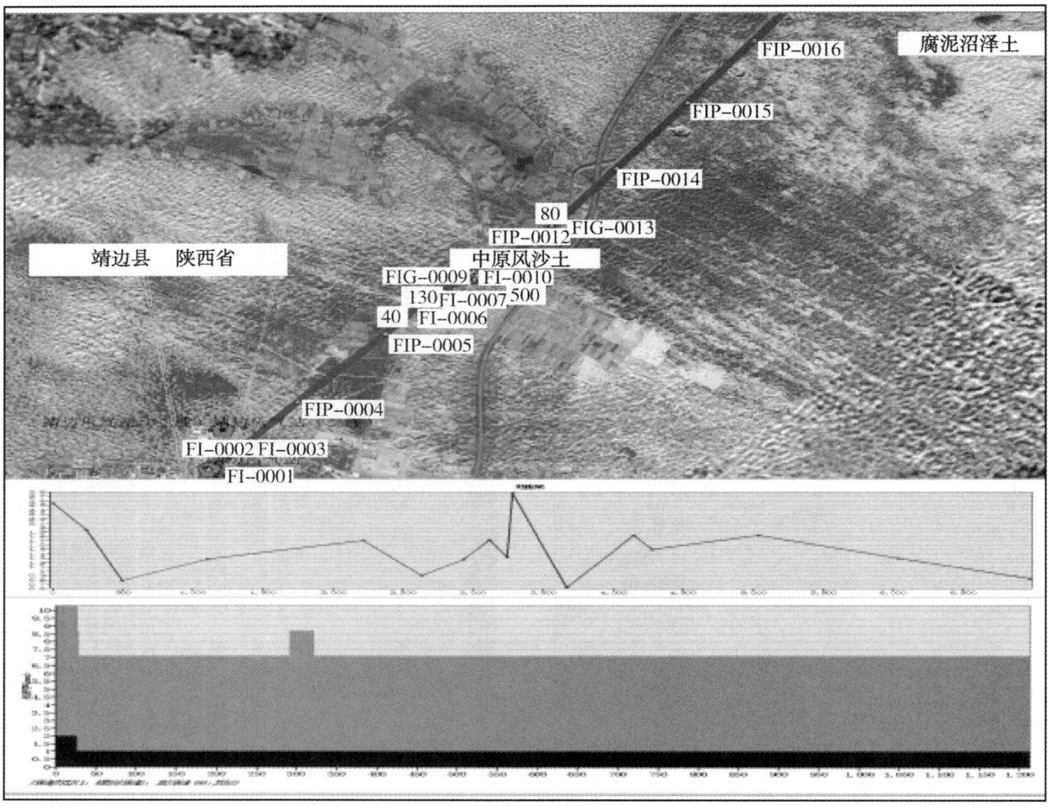

图 9-12 工程图效果图

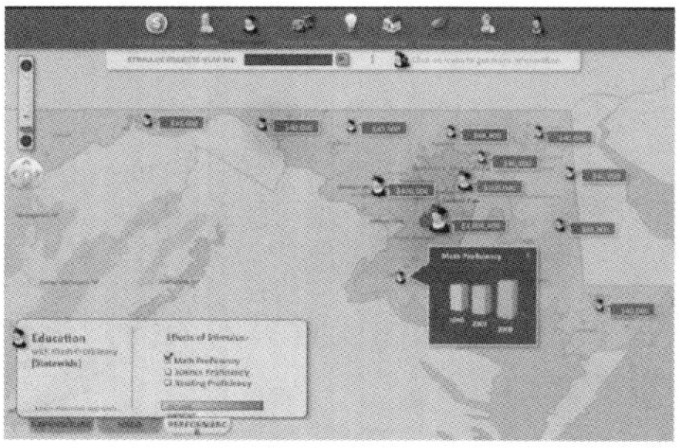

图 9-13 专题图效果图

图 9-14 量算距离和面积效果图

9.3 应急模块移植

在导航栏增加应急模块，模块下添加影响半径、应急设施查询、人口分布查询、最佳路由、事故点分析等功能。将原应急系统 GIS 模块功能完美无差别地嵌入地理信息子系统中。

9.3.1　影响半径

对原有的分析功能不作修改，用在线点位置选择控件替换原先的桩选择控件，并且此控件为该功能独立拥有，不与其他功能模块的选择控件有联动关系，根据事故类型、级别、风向、风速等信息分析扩散半径，并在地图上动态显示半径大小，如图 9-15 所示。

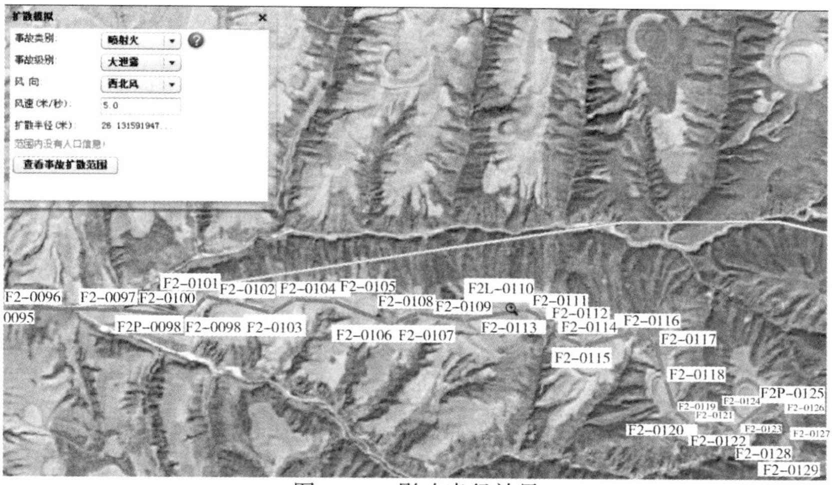

图 9-15　影响半径效果

9.3.2　应急设施

用在线点位置选择控件替换原先的桩选择控件，并且此控件为该功能独立拥有，不与其他功能模块的选择控件有联动关系，算出 1.5km 范围内应急设施，如图 9-16 所示。

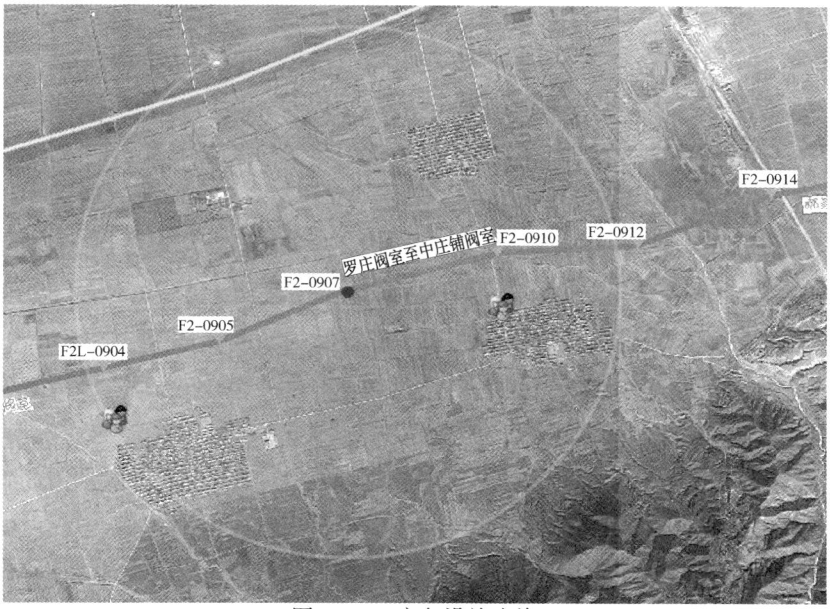

图 9-16　应急设施查询

9.3.3 人口分布

此功能放在地图工具栏中，当用户需要时切换鼠标状态使用，以事故点为原点查询在指定圆范围内的人口分布情况；以村镇为单位查询村镇名称、户数、人口、联系人等信息，如图 9-17 所示。

图 9-17　人口分布查询效果

9.3.4 最佳路由

此功能放在地图工具栏中，当用户需要时切换鼠标状态使用，选择一个事故点，根据不同应急设施分析出各种应急设施到达事故点的最佳路由，如图 9-18 所示。

9.3.5 事故应急参数

给出相应的事故情况，对不同的管道管径及壁厚所影响的情况进行分析查询。例如：安全系数 0.72，焊缝系数 1.0，管径 1016mm，壁厚 21mm。

1. 管道悬空

	2MPa	3MPa	4MPa	5MPa	6MPa	7MPa	8MPa	9MPa	10MPa
最大允许悬空长度/m	119.42	116.33	112.95	109.23	105.08	100.37	94.9	88.3	79.76

2. 管道填土

	10MPa 内压	沙质土壤	一般黏土	致密砂土
最大埋深深度差/m	10	10.16	5.39	4.49

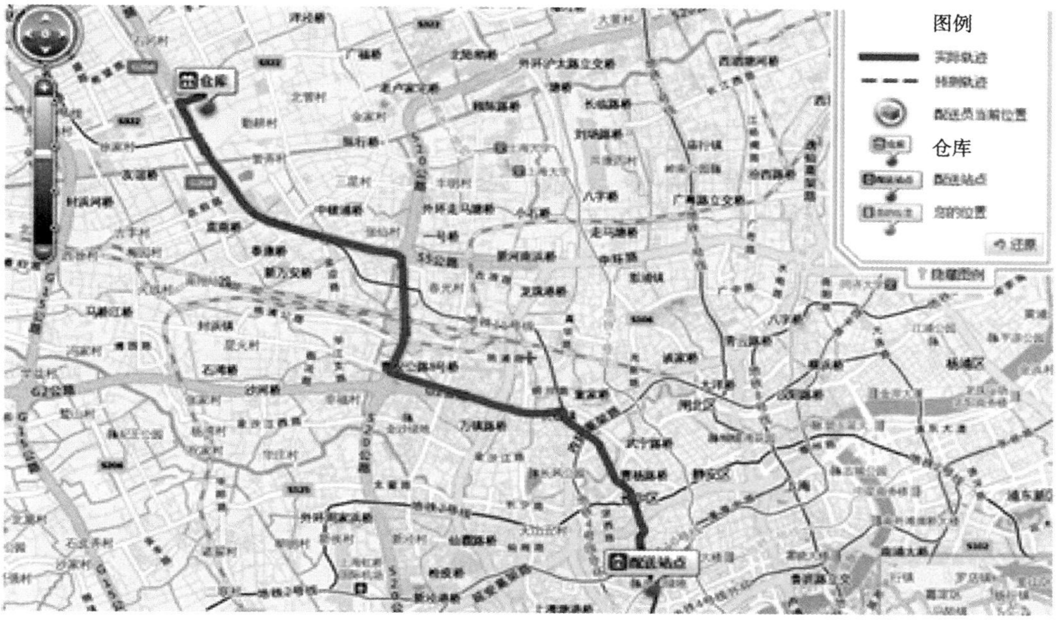

图 9-18　最佳路由效果

3. 采空区

	埋深 40m	埋深 50m	埋深 60m	埋深 70m	埋深 80m
最大采空区长度/m	11. 29	12. 31	12. 31	15. 56	18. 14

注：以上相应数据，是专家根据事故现场模拟计算得出的结果。

9. 4　巡检子系统优化

巡检子系统使用 jsp 中嵌入 Flash 的整体框架，保持和地理信息子系统一样的地图界面风格，将原巡检业务、巡检查询、巡检管理模块功能复制，并加入巡检轨迹播放、巡线报表统计等更强大的功能。

9. 4. 1　巡线查询

在原有巡线查询基础上加入轨迹动画播放功能，如表 9-1 所和图 9-19 所示。

表 9-1　巡线结果查询

巡线结果查询		
巡检仪编号	巡线点数	操作
T957	34	[显示巡线轨迹]
T958	86	[显示巡线轨迹]
T959	46	[显示巡线轨迹]

9.4.2 巡线业务

对巡线计划、巡线任务及巡线记录进行管理、查询。将原先前台 JS 代码功能复制到新的 Flex 框架上，功能不作修改，如图 9-20 所示。

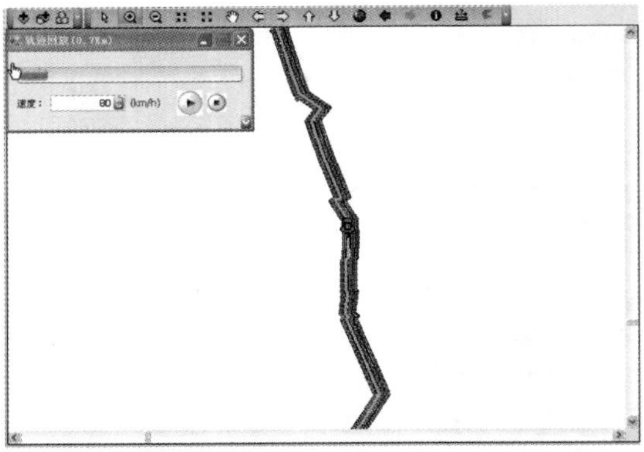

图 9-19 巡线轨迹播放效果

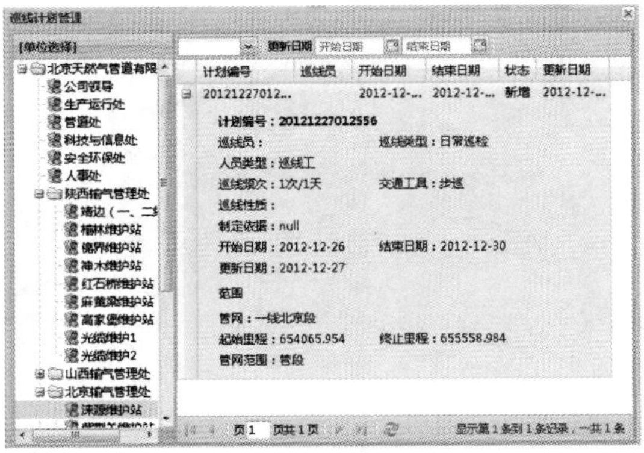

图 9-20 巡线计划展示

9.4.3 巡线管理

对巡线路线、巡线频率、巡线范围、巡线仪、巡线员以及巡线事件进行管理、查询。将原先前台 JS 代码功能复制到新的 Flex 框架上，功能不作修改，如图 9-21 所示。

9.4.4 巡线报表统计

使用 Flex 柱状图插件将原有巡线报表修改为巡线记录统计图表，将原巡线计划报表功能移除修改为巡线考核统计图表，如图 9-22 所示。

图 9-21 巡线范围管理

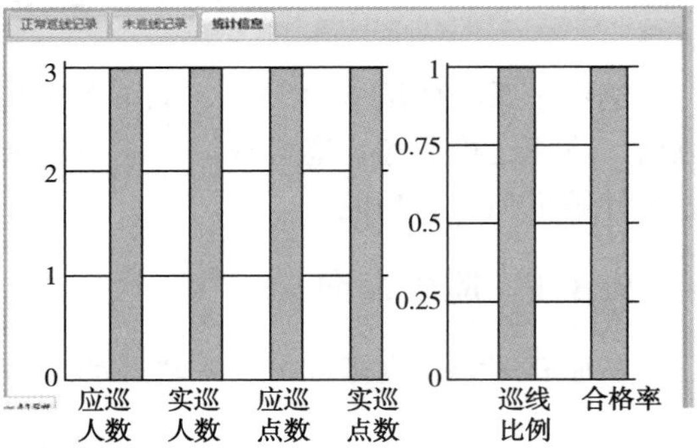

图 9-22 巡线记录统计

9.5 管道竣工数据校核和三桩匹配

陕京管道全长 5420.57km，永唐秦管道全长约 312km。各种数据整理转换工作所需要的资料既有电子版的，又有纸质的，永唐秦管道主要以纸质为主，陕京三线以电子版为主。将纸质资料和电子版数据按照 APDM 数据模型，进行数据的整理、转化，最后成为符合 APDM 模型的数据格式和数据类。

9.5.1　陕京三线基础数据入库

将外业测量各要素的坐标进行参数转换，按照 APDM 模型要求进行数据处理并入库，最终导入公司地理信息系统(GIS)数据库。这些基础数据包含管线中心线、站场、阀室、三桩等数据。因北京 SDE 成果库是 WGS84 坐标系及兰伯特投影，因此需要先对测量数据进行转换，然后根据 APDM 模型，将测量数据最终导入 GIS 数据库中。根据管道中线测量坐标，利用 ArcGIS 进行展点，检查测量数据是否与实际情况相符。

9.5.2　控制点、埋深

利用管道完整性维护系统生成控制点和管道中心线，同时将测量的埋深、地表高程整理到 Excel 标准模板中，利用管道完整性维护系统将该数据录入到数据库中，如图 9-23 所示。因每个管道测量控制点处均测量了管道的埋深值，因此需要检验该位置处的控制点的 Z 值是否等于地表高程值减埋深值。

1. 三桩数据

利用三桩的测量坐标值，将三桩数据展点，利用维护系统将三桩数据导入数据库中，自动生成桩在线位置。但如果桩偏离管线超过 5km，则需要检查是否合理，是否生成桩在线位置。

2. 站场

站场测量数据为各个站场的拐点坐标，需要根据坐标，将各个点先连成线后构成面。同时将收集的站场相关重要属性信息填写完整。利用 ArcGIS 的面生成点的功能，将站场边界生成站场中心点，同时生成站场中心点在线位置。

3. 穿跨越

穿跨越测量数据，利用 ArcGIS 工具，将数据每条穿跨越记录展点，然后沿管道连线，并将采集的相关重要属性数据一并导入数据库。

9.5.3　管道竣工资料校核

1. 钢管信息

该要素的主要属性字段为起始里程、终止里程、弯曲角度、等级、钢管类型、壁厚、管径、材料、制管焊缝类型、管号、防腐层编号、施工单位、监理单位、检测单位以及无损检测类型。可从管道记录表中提取钢管如下信息：起始里程、终止里程、弯曲角度、壁厚、管径、防腐层编号。从相关施工报告中提取实施厂家、是否经过无损检测、无损检测类型、检测结果。从管道竣工资料中可以提取钢管如下信息：施工单位、监理单位、检测单位、压力等级、投入使用时间、起始有效时间。

2. 管段

该要素无法从竣工资料中获取，它是根据钢管的一些相同的关键属性信息合并成一段

A	B	C	D	E	F	G	H	I	J	K
序号	桩号	设计桩号	里程km+m	类型	所在县市	纵坐标	横坐标	转角	高程	埋深
1	S1 0130	C001–3	60+189.3	电流桩	榆林	4223104.68	37327594.82	179.59	1172.98	2.92
2	S1 0132	C001–4	60+983.3	转角桩	榆林	4224254.37	37327989.01	180.00	1171.22	2.11
3	S1 0135	C001–5	62+250.9	转角桩	榆林	4225458.68	37328400.25	179.59	1169.24	2.05
4	S1 0141	C002–1	65+469.6	转角桩	榆林	4226995.25	37330487.66	178.11	1158.79	1.56
5	S1 0146	C002–3	68+157.5	电位桩	榆林	4226992.95	37333174.89	180.00	1149.59	2.01
6	S1 0150	C003–1	70+709.2	电位桩	榆林	4226200.1	3733545.91	179.59	1136.41	1.77
7	S1 0152	C004	71+721.9	标志桩	榆林	4225520.11	37336322	179.19	1137.76	1.62
8	S1 0154	C004–1	72+772.6	标志桩	榆林	4224937.01	37337085.55	180.00	1131.63	1.84
9	S1 0162	C006	76+058.1	转角桩	榆林	4223904.98	37339896.31	173.48	1126.03	1.65
10	S1 0164	C006–1	77+137.6	电位桩	榆林	4224247.95	37340919.92	181.36	1139.2	1.9
11	S1 0166	C006–2	78+389.2	转角桩	榆林	4224638.59	37342203.44	180.31	1203.74	1.94
12	S1 0171	C007–2	80+578.8	转角桩	榆林	4225716.31	37345103.17	169.11	1162.23	2.31
13	S1 0175	C008–1	82+809.5	转角桩	榆林	4226438.11	37346100.01	179.26	1179.58	1.91
14	S1 0177	C008–2	83+856.8	标志桩	榆林	4227060.75	37346942.05	185.24	1208.46	1.83
15	S1 0181	C008–4	85+629.7	转角桩	榆林	4227972.66	37348462.44	178.16	1186.99	1.48
16	S1 0208	C013	99+068.9	转角桩	榆林	4231884.19	37361040.75	178.39	1170.96	1.6
17	S1 0210	C013–1	100+289.8	电位桩	榆林	4232317.33	37362182.21	183.31	1179.29	3.29
18	S1 0230	C016–2	110+750.9	电位桩	榆林	4237876.67	37370952.58	188.42	1194.36	2.02
19	S1 0232	C016–3	111+261.6	转角桩	榆林	4238129.17	37371396.56	170.51	1190.98	1.37
20	S1 0260	AA009	127+848	转角桩	榆林	4247006.112	37385809.8	192.37	1108.969	2.2

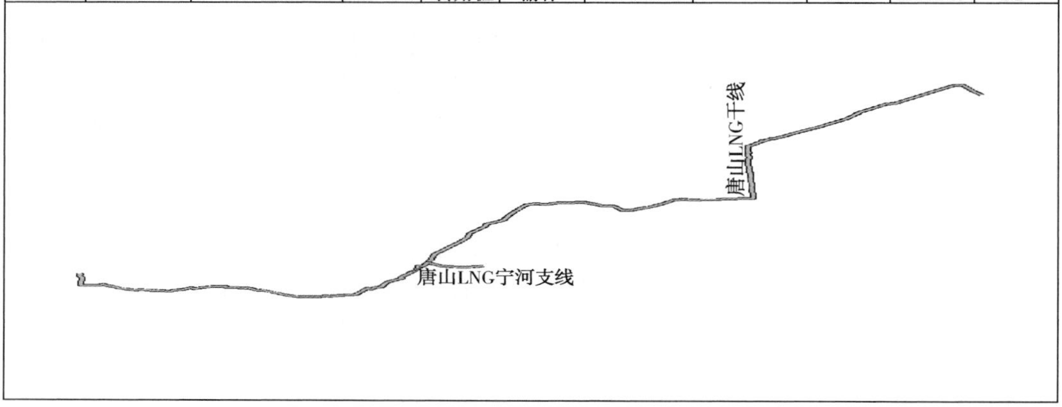

图 9–23　数据入库流程图

钢管，如表 9–2 所示。

表 9–2　管　　段

字　段	字段中文名	资 料 来 源
BEGINSTATION	起始里程(m)	管道施工记录文件
ENDSTATION	结束里程(m)	管道施工记录文件
INSERVICEDATE	投入使用时间	施工总结
MANUFACTUREDATE	出厂日期	
BENDANGLE	弯曲角度	管道施工记录文件
GRADE	等级	工程说明
PIPETYPE	钢管类型	管道施工记录
WALLTHICKNESS	壁厚(mm)	管道施工记录文件
DIAMETER	管径(mm)	管道施工记录文件
MATERIAL	材料	工程说明
MANUPIPESEAMTYPE	制管焊缝类型	工程说明+管道施工记录

续表

字　段	字段中文名	资料来源
STOVESERIALNUM	炉批号	
PIPENUM	管号	
COATINGNUM	防腐层编号	管道施工记录
ONSHOREIND	是否为海底管道	施工总结文档
PRETESTEDIND	是否经过预先压力测试	施工总结
MANUFACTURER	生产厂商	管道施工记录+焊管驻厂监造文件夹
PRESSURERATING	压力等级	工程说明
NTDIND	是否经过无损检测	工程说明
NTDTYPE	无损检测类型	工程说明
NTDVALUE	无损检测结果	工程说明
ASSEMBLYCOMPANY	施工单位	工程说明
INSPECTINGCOMPANY	监理单位	施工总结
TESTINGCOMPANY	检测单位	施工总结
GIRTHWELD	环焊缝类型	管道施工记录+焊管驻厂监造文件夹

3. 套管

套管信息表中的信息主要是从一些大型穿跨越施工记录、隐蔽工程记录中获取，套管和管道穿跨越关系密切，穿跨越处主要用套管减小管道腐蚀或破坏。套管资料主要从管道施工说明、管线施工技术资料汇总表备注以及管道竣工图中获取，如表 9-3 所示。

表 9-3　套　管

字　段	字段中文名	备　注
BEGINSTATION	起始里程(m)	
ENDSTATION	结束里程(m)	
CASINGTYPE	套管类型	
INSERVICEDATE	投入使用时间	
WALLTHICKNESS	套管壁厚(mm)	
DIAMETER	直径(mm)	
SEALTYPE	密封类型	
INSULATORIND	是否绝缘	
SHORTEDIND	是否短接	
VENTEDIND	是否已排空	
FILLMATERIAL	填充材料	
ASSEMBLYCOMPANY	施工单位	
INSPECTINGCOMPANY	监理单位	
TESTINGCOMPANY	检测单位	

4. 穿跨越

穿跨越信息表中的信息主要从穿越施工记录、施工总结、施工记录等表中获取，如表9-4所示。

表 9-4 穿 跨 越

字 段	字段中文名	备 注
BEGINSTATION	起始里程(m)	隐蔽工程检查记录
ENDSTATION	结束里程(m)	结束里程=起始里程+穿越长度
CROSSINGOBJECT	穿跨越对象	隐蔽工程检查记录
CROSSINGMETHOD	穿跨越方式	分为顶管或者大开挖
CROSSINGDESCRIPTION	穿跨越描述信息	隐蔽工程检查记录
OVERPIPELINEIND	是否在管道上方与管道交叉	隐蔽工程检查记录
OVERHEADIND	交叉处管道是否悬空	隐蔽工程检查记录
ABOVEGROUNDIND	交叉处是否是地上管道	隐蔽工程检查记录
TEMPINFULENCEIND	是否受温度影响	隐蔽工程检查记录
SCINTERFERENCEIND	是否有杂散电流干扰	隐蔽工程检查记录
CLEARANCE	净间距(m)	隐蔽工程检查记录
ASSEMBLYCOMPANY	施工单位	施工总结
INSPECTINGCOMPANY	监理单位	施工总结
TESTINGCOMPANY	检测单位	施工总结

5. 防腐层

防腐层是针对每根钢管，既做外防腐，又做内防腐处理。防腐层的主要字段信息从管道施工记录、防腐层检查记录、管道工程隐蔽检查记录、管道竣工资料中提取，如表 9-5 所示。

表 9-5 防 腐 层

字 段	字段中文名	备 注
BEGINSTATION	起始里程(m)	管道施工记录文件
ENDSTATION	结束里程(m)	管道施工记录文件
COATINGCONDITION	防腐层状态	管道施工记录文件
COATINGMATERIAL	防腐层材料	管道工程隐蔽检验记录
COATINGMILL	防腐层制造厂商	
COATINGSOURCE	防腐层安装地点	
INSERVICEDATE	投入使用时间	
INTERNALEXTERNAL	内/外防腐	管道施工记录文件
COATINGTHICKNESS	防腐层厚度(mm)	
TESTVOLTAGE	检漏电压(V)	施工记录
ASSEMBLYCOMPANY	施工单位	施工总结
INSPECTINGCOMPANY	监理单位	施工总结
TESTINGCOMPANY	检测单位	施工总结

6. 焊缝

焊缝的主要字段如表9-6所示，里程位置为两根钢管的连接处，焊缝编号主要从管线施工技术资料汇总表以及一些焊接工艺文件中获取。

表9-6　焊　　缝

字　段	字段中文名	备　注
STATION	里程	管道施工记录文件
BIDINFO	施工标段	管道施工记录文件
WORKTEAM	施工机组	管道施工记录文件
NAME	桩号	管道施工记录文件
RELATIVELOCATION	相对位置信息	
PARENTPIPENUM	前一钢管管号	
CHILDPIPENUM	后一钢管管号	
STRIPBRANDNUM	焊条编号	
STRIPBATCHNUM	焊丝编号	
SILKBRANDNUM	焊丝牌号	设备资料
SILKBATCHNUM	焊丝批号	设备资料
ISCUT	是否有割口	
CUTJOINTNUM	割口补口编号	
TEMPERATURE	气温(度)	
WEATHER	天气情况	
HUMIDITY	湿度(%)	
WINDSPEED	风速(m/s)	
NDTTYPE	无损检测类型	无损检测报告
STRIPMILL	焊条生产厂家	设备资料
SILKMILL	焊丝生产厂家	设备资料
SPECIFICATION	焊接标准	管道施工记录文件
WELDTYPE	焊缝类型	
WELDCONDITION	焊缝状态	施工总结
ASSEMBLYCOMPANY	焊接单位	施工总结
INSPECTIONCOMPANY	监理单位	施工总结
TESTINGCOMPANY	检测单位	施工总结
OPERATORNUM	焊工编号	
OPERATOR	焊工姓名	

7. 补口

补口发生在焊接位置处，主要从施工资料、无损检测等相关资料中获取，如表9-7所示。

表 9-7 补　　口

字　段	字段中文名	备　注
STATION	里程	焊缝位置、盗油处
COATINGTYPE	补口防腐类型	
REPAIRRUSTLEVEL	除锈等级	Sa2. 5
JOINTMATERIAL	补口材料	
PRIMERMATERIAL	底漆材料	
PRETEMPERATURE	管口预热温度	施工总结
FIRINGTEMPERATURE	补口烘烤温度	
ASSEMBLYCOMPANY	施工单位	施工说明文件
WELDNUM	焊缝编号	管道施工记录文件

8. 阀门

阀门位于截断阀室、站场内部，主要从一些施工、竣工资料以及设备资料中获取，如表 9-8 所示。

表 9-8 阀　　门

字　段	字段中文名	备　注
STATION	里程	
VALVETYPE	阀门类型	技术文件工程说明
OPERATORTYPE	驱动类型	技术文件工程说明
AUTOMATED	是否为自动阀	技术文件工程说明
INLETCONNECTIONTYPE	进口连接类型	
INLETDIAMETER	进口直径(mm)	
INLETWALLTHICKNESS	进口壁厚(mm)	
INSERVICEDATE	投入使用时间	
NORMALPOSITION	正常位置	
OUTLETCONNECTIONTYPE	出口连接类型	
OUTLETDIAMETER	出口直径(mm)	
OUTLETWALLTHICKNESS	出口壁厚(mm)	
PRESENTPOSITION	目前的位置	
PRESSURERATING	压力等级	
VALVEFUNCTION	阀门功能	技术文件工程说明
VALVENUMBER	阀门编号	

9. 三通

三通数据主要从一些施工、竣工资料以及设备资料中获取，如相关资料中未涉及该要素，可以从相应内检测成果表中提取该数据，如表 9-9 所示。

表 9-9　三　通

字　段	字段中文名	备　注
STATION	里程	
INSERVICEDATE	投入使用日期	
MANUFACTUREDDATE	生产日期	
PRESSURERATING	压力等级(MPa)	
ASSEMBLYCOMPANY	施工单位	
INSPECTINGCOMPANY	监理单位	
TESTINGCOMPANY	检测单位	
BRANCHDIAMETER	支线直径(mm)	
BRANCHWALLTHICKNESS	支线壁厚(mm)	
OUTLETDIAMETER	出口直径(mm)	
OUTLETWALLTHICKNESS	出口壁厚(mm)	
OUTLETCONNECTIONTYPE	出口连接方式	
MATERIAL	三通材料	
SCRAPERBARIND	是否有隔栅	
TEETYPE	三通类型	
TEESIZE	三通尺寸	

10. 弯头

弯头数据主要从一些施工、竣工资料以及设备资料中获取，也可以从相应内检测成果表中提取该数据，如表 9-10 所示。

表 9-10　弯　头

字　段	字段中文名	备　注
INSERVICEDATE	投入使用日期	
MANUFACTUREDDATE	生产日期	
PRESSURERATING	压力等级(MPa)	工程说明
ASSEMBLYCOMPANY	施工单位	施工总结
INSPECTINGCOMPANY	监理单位	施工总结
TESTINGCOMPANY	检测单位	施工总结
ELBOWANGLE	弯头角度	管道施工记录文件
ELBOWTYPE	弯头类型	
ELBOWRADIUS	弯头半径	
ELBOWRADIUSTYPE	弯头半径类型	
MATERIAL	弯头材料	管道施工记录文件
OUTLETDIAMETER	出口直径(mm)	
OUTLETWALLTHICKNESS	出口壁厚(mm)	

续表

字　段	字段中文名	备　注
STATION	里程	管道施工记录文件
OUTLETCONNECTIONTYPE	出口连接类型	

11. 附属物

附属物指管线上的固定墩、盖板固定桩等，主要从竣工资料施工记录中的隐蔽工程记录中获取，如表 9-11 所示。

表 9-11　附　属　物

字　段	字段中文名	备　注
OPERATIONALSTATUS	运行状态	
STATION	里程	隐蔽工程检查记录
APPURTENANCETYPE	附属物类型	
INSERVICEDATE	投入使用日期	
APPURTNUMBER	附属物编号	
ASSEMBLYCOMPANY	施工单位	施工总结
INSPECTINGCOMPANY	监理单位	施工总结
TESTINGCOMPANY	检测单位	施工总结

12. 封堵物

封堵物是改线处对老管线进行灌浆封堵或者一些不法分子对管线进行破坏而进行的封堵。封堵物的主要字段如表 9-12 所示，该要素的信息主要从相关改线资料中获取。

表 9-12　封　堵　物

字　段	字段中文名	备　注
STATION	里程(m)	
INSERVICEDATE	投入使用日期	
MANUFACTUREDDATE	生产日期	
PRESSURERATING	压力等级	
ASSEMBLYCOMPANY	施工单位	
INSPECTINGCOMPANY	监理单位	
TESTINGCOMPANY	检测单位	
CLOSURETYPE	封堵物类型	
MATERIAL	封堵物材料	

9.5.4　施工桩运行桩匹配

陕京三线、永唐秦管道长约 1130km，平均每公里约有 3.8 个桩，合计约 4300 个桩。分析竣工数据并在 GIS 中展示，为保证数据质量和准确性，开展竣工资料校核和三桩匹配工作。

核对数据包括弯头、穿跨越、测试桩等位置。陕京三线、永唐秦管道整理的数据：陕京三线桩编号与备注信息互换，使桩编号采用当前正式使用的编号；根据提供的《陕京管道三桩统计档案 . xls》清单，对应入库桩的类型信息和高程信息。通过以上工作得到索引 Excel，但由于起止里程没有具体的桩在线位置，在系统展示查询竣工资料时会给系统带来很大工作量。为了优化系统，将查询桩在线位置的工作放到系统外来做，如图 9-24 所示。

C	D	E	F	G	H	I	J
name	link	type	stationserieseventid	startmarker	endmarker	startmarkers	endmarker
线输气管道工程概况	\\192.168.5.101\港	竣工资料	96564f23-8080-462c-aa93-0147	P3Z-0001	P3-0288	0.0	99486.0
线输气管道工程竣工资料	\\192.168.5.101\港	竣工资料	96564f23-8080-462c-aa93-0147	P3Z-0001	P3-0289	0.0	null
线输气管道工程小下一永	\\192.168.5.101\港	竣工资料	96564f23-8080-462c-aa93-0147	P3Z-0001	P3-0290	0.0	null
线输气管道工程大港一小	\\192.168.5.101\港	竣工资料	96564f23-8080-462c-aa93-0147	P3Z-0001	P3-0291	0.0	null
线输气管道工程小卞庄一	\\192.168.5.101\港	竣工资料	96564f23-8080-462c-aa93-0147	P3Z-0001	P3-0292	0.0	null
线初步设计	\\192.168.5.101\港	设计资料	96564f23-8080-462c-aa93-0147	P3Z-0001	P3-0293	0.0	null
线输气管道工程港清复线裂	\\192.168.5.101\港	竣工资料	96564f23-8080-462c-aa93-0147	P3Z-0001	P3-0294	0.0	101106.0
线输气管道工程港清复线	\\192.168.5.101\港	竣工资料	96564f23-8080-462c-aa93-0147	P3Z-0001	P3-0295	0.0	101318.0
线输气管道工程小卞独流	\\192.168.5.101\港	竣工资料	96564f23-8080-462c-aa93-0147	P3Z-0001	P3-0296	0.0	null
线输气管道工程大港独流	\\192.168.5.101\港	竣工资料	96564f23-8080-462c-aa93-0147	P3Z-0001	P3-0297	0.0	null
线输气管道工程中亭河定	\\192.168.5.101\港	竣工资料	96564f23-8080-462c-aa93-0147	P3Z-0001	P3-0298	0.0	102413.0
线输气管道工程一标段文	\\192.168.5.101\港	竣工资料	96564f23-8080-462c-aa93-0147	P3Z-0001	P3-0299	0.0	102701.0
线输气管道工程一标视频资	\\192.168.5.101\港	竣工资料	96564f23-8080-462c-aa93-0147	P3Z-0001	P3-0300	0.0	102926.0
线输气管道工程第三标段	\\192.168.5.101\港	竣工资料	96564f23-8080-462c-aa93-0147	P3Z-0001	P3-0301	0.0	null
线输气管道工程第二标段	\\192.168.5.101\港	竣工资料	96564f23-8080-462c-aa93-0147	P3Z-0001	P3-0302	0.0	103667.0
线输气管道工程港清复线	\\192.168.5.101\港	设计资料	96564f23-8080-462c-aa93-0147	P3Z-0001	P3-0303	0.0	null
线输气管道工程港清复线	\\192.168.5.101\港	设计资料	96564f23-8080-462c-aa93-0147	P3Z-0001	P3-0304	0.0	105000.0
线输气管道工程港清复线	\\192.168.5.101\港	设计资料	96564f23-8080-462c-aa93-0147	P3Z-0001	P3-0305	0.0	null
线输气管道工程港清复线	\\192.168.5.101\港	设计资料	96564f23-8080-462c-aa93-0147	P3Z-0001	P3-0306	0.0	null
线输气管道工程港清复线	\\192.168.5.101\港	设计资料	96564f23-8080-462c-aa93-0147	P3Z-0001	P3-0307	0.0	105752.0
线输气管道工程港清线声	\\192.168.5.101\港	设计资料	96564f23-8080-462c-aa93-0147	P3Z-0001	P3-0308	0.0	105847.0
线输气管道工程港清复线	\\192.168.5.101\港	设计资料	96564f23-8080-462c-aa93-0147	P3Z-0001	P3-0309	0.0	null
线输气管道工程港清复线	\\192.168.5.101\港	设计资料	96564f23-8080-462c-aa93-0147	P3Z-0001	P3-0310	0.0	107166.0
线输气管道工程港清复线	\\192.168.5.101\港	设计资料	96564f23-8080-462c-aa93-0147	P3Z-0001	P3-0311	0.0	null
线输气管道工程港清复线	\\192.168.5.101\港	设计资料	96564f23-8080-462c-aa93-0147	P3Z-0001	P3-0312	0.0	null
线输气管道工程港清复线	\\192.168.5.101\港	设计资料	96564f23-8080-462c-aa93-0147	P3Z-0001	P3-0313	0.0	null
线独流减河管线埋深不足	\\192.168.5.101\港	竣工资料	96564f23-8080-462c-aa93-0147	P3Z-0001	P3-0314	0.0	null

图 9-24　陕京管道三桩统计档案

通过辅助程序查询桩在线位置，更新原有的索引 Excel，增加桩在线位置数据进入 Excel 报表，当桩在线位置为空时，重新核对桩号。依据匹配桩的最终坐标，计算得出就近点弯头、焊缝、穿跨越出入地点等的坐标，然后将运行桩的坐标对比后，进行开挖验证。

9.6　内检测数据入库

将陕京三线、永唐秦管道全长为 1130km 的内检测数据处理入库。内检测是完整性评价的重要环节，内检测数据的统一管理不仅是对管体检测信息的详细记录，同时也是开展以后分析评价工作的基础。在 APDM 中认为现在的内检测技术对于延长管道寿命有重大贡献，但产生大量的数据如果不能进行有效分析，将会大大降低内检测的效率。

9.6.1　作业流程

内检测作业流程如图 9-25 所示。

9.6.2　内检测匹配校正

建立内检测库，包括 3 个部分：下载 APDM 要素数据；导入内检测数据；导入 AGM 数据。通过前面的数据分析，本次作业过程只需进行前两步。

APDM 下载要素清单如表 9-13 所示。

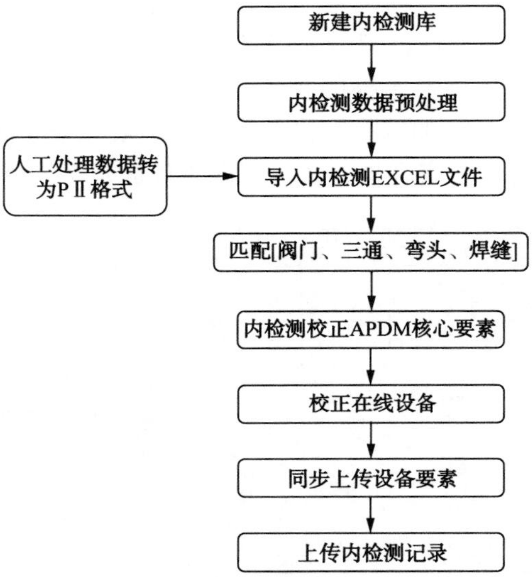

图 9-25 内检测作业流程

表 9-13 APDM 下载要素

No.	要素名称	备注	No.	要素名称	备注
1	站列		4	弯头	
2	控制点		5	三通	
3	阀门		6	金属损失	

注：主要的干线设施要素均需下载，但均没有要素数据，这里没有全部列出。

内检测下载要素清单如表 9-14 所示。

表 9-14 内检测下载要素

No.	检测要素名称	备注	No.	检测要素名称	备注
1	弯头		5	支撑	
2	贴近管壁的金属		6	三通	
3	金属损失		7	阀门	
4	熔焊点		8	环焊缝异常	

打开内检测数据库后，选择需要导入的内检测数据信息，检查数据合法后，将内检测成果导入内检测库中。最开始先运用批量匹配，完成同层要素匹配，检查匹配结果，对个别要素以及批量匹配错误的要素进行单点匹配。匹配有两种：单点匹配，主要是手动指定 APDM 在线点与内检测点之间的匹配关系；批量匹配，是根据里程和容差，实现 APDM 在线点与内检测点之间的批量匹配关系，允许出现空匹配或 1 : M 匹配。

9.6.3 核心要素、在线设备校正

1. 校正 APDM 核心要素

以内检测里程为准，校正 APDM 在线点数据的里程信息。主要步骤如下：

（1）单击内检测校正菜单下的校正内检测点子菜单，弹出校正 APDM 核心要素对话框。

（2）校正采用一定的算法模型：简单校验和组合校验两种方式。

（3）简单校正：主要是对标志桩进行校正，选择简单校验，弹出校正标志桩对话框。

（4）继续点击下一步，将根据内检测数据校正 APDM 核心要素。

（5）操作完成后，可以选择导入日志。

（6）在算法模型中除了简单校验外还有组合校验，主要是针对除了检测桩以外的其他要素。选择组合校验，可以选择需要校验的要素类，继续下一步校正过程，直至完成。

2. 校正在线设备

以内检测里程为准，校正 APDM 在线设备信息。主要步骤如下：

（1）校正 APDM 菜单下的校正在线设备子菜单，弹出校正在线设备对话框。

（2）校正采用一定的算法模型：简单校验和组合校验两种方式。

（3）简单校正：主要是对标志桩进行校正，选择简单校验。

（4）继续点击下一步，将根据内检测数据校正 APDM 在线设备。

（5）完成操作后，可以选择导出日志。

（6）在算法模型中除了简单校验外还有组合校验。主要是针对除了检测桩以外的其他要素。选择组合校验，在该对话框中，可以选择需要校验的要素类，继续下一步校正过程，直至完成。

9.6.4　数据上传

以内检测里程为准，校正 APDM 在线点数据的里程信息后，以校正后的内检测库中的 APDM 数据为基准，对 SDE 数据进行纠正，达到校正所有 SDE 数据的目标。用户选择 APDM 上传校正 SDE 模块，进入内检测数据校正 SDE 数据模块。

9.7　管道周边应急资源采集

管道应急业务需要完成应急资源位置的查找、定位、采集工作。管道应急资源主要工作内容有以下四大类：管线维抢修队伍、社会依托资源、应急抢修协助单位、应急物资存储单位。其中社会依托资源有：单户居民、密集居民区、乡镇村所在地、敏感目标、农场、森林等植被密集区、重大危险源、医疗救护机构、消防救援队伍、公安队伍、社会专业应急救援队伍、河流穿越、铁路公路穿越、第三方管线穿越、电力线路穿越、管道周边饮水源。

9.7.1　采集基准

1. 坐标系统

大地基准：采用 WGS-84 国际通用坐标系；

投影方式：兰渤特投影；

高程基准：采用 1956 黄海高程基准。

2. 分幅和编号

地形图编号执行《国家基本比例尺地形图分幅和编号》（GB/T 13989）规范要求。

9.7.2 应急资源采集方案

RTK(Real Time Kinematics)技术是以载波相位观测值为根据的实时差分GPS采集技术，这是一种将GPS和数据传输技术相结合，实时解算进行数据处理，在极短的时间里(一般不超过5s)得到测站点高精度位置信息的技术。

RTK定位技术的基本思想是在已知点上安置GPS接收机作为基准站，对所有可见的GPS卫星进行连续的跟踪观测，并将观测数据通过无线电传输设备，实时地发送给用户观测站。用户观测站上的GPS接收机接收GPS卫星信号的同时，通过无线电接收设备，接收基准站传输的观测数据，然后根据相对定位的原理，实时计算并显示用户站的坐标、高程及实测精度。

9.7.3 应急资源采集的步骤

首先在GPS基础控制点上安放一台GPS仪器作为参考站，其他数台GPS仪器作为流动站摆放在管线点上进行采集。流动站距参考站的距离一般在平地不超过15km，山地不超过5~10km，观测时间为数秒钟至数分钟不等，主要依据是卫星星历的好坏。RTK采集的步骤如下：

(1) 坐标系统转换参数的求取　在作业中用多台Leica 530 GPS采用快速静态定位的方法联测测区已知点，采用Leica公司随机的GPS后处理软件SKI进行计算，求得1980(或者1854)西安坐标系(或者1954北京坐标系)和WGS-84坐标系间的转换参数。

(2) RTK参考站、流动站接收机的配置　RTK参考站和流动站接收机的配置是为了解决参考站和流动站间的数据传输，即通过无线传输，使流动站能准确无误不受干扰地接收到参考站发送的实时数据。

(3) 参考站的布设　RTK作业半径是指参考站和流动站间的最大有效距离，其大小受参考站电台的发射功率、电台天线架设的高度以及测区周围环境的影响。RTK采集的误差随参考站和流动站间距离的增大而增大，误差的增大使RTK的作业半径受到限制。以Leica 530为例(参考站选用的电台为GSM Pacific Crest RFM96，电台的发射功率为25W)，RTK的作业半径为15km。在生产实践中为保证精度，流动站距参考站的距离一般不宜超过10km。

(4) 实施采集　参考站和流动站设置完毕后，确保通讯成功，即可开机观测，独自一人即可形成一作业组，在野外现场输入点号，当接收机终端显示屏上Quality值(衡量点位观测质量阈值)小于5cm时，按下“OCUPY”键开始采集、接收数据，并实时解算测站点的位置，3~5s后按下“STOP”键停止观测，再按“STORE”键存储观测成果数据。由于采集数据量非常大，采集作业人员又在不同的地点同时工作，所以对每个点位进行编号是必要的。

(5) 数据处理　在采集完所有的应急资源点后对数据进行整理，按照甲方的要求进行整理入库。

9.8 数据安全

9.8.1 数据保密制度

所有工作人员必须严格执行《保密法》，增强保密意识，严格保密纪律，自觉维护国家机密的安全。凡借阅的各类档案材料必须注意妥善保管，不得转借。对违反保密规定的现象，要及时处理。

（1）档案管理人员要坚守岗位，遵守纪律，切实履行《保密法》赋予的职责。对借出的档案材料，应及时催卷，及时归档。

（2）档案内容不得擅自传抄、翻印、翻拍。

（3）故意失泄档案秘密的人员，按《保守国家秘密法》有关规定处理。

9.8.2 数据保密措施

生产管理部门会对业主提供的有关本项目的所有资料、数据进行登记、检查；设立专人负责作业过程中数据的管理、拷盘、刻盘等工作；对作业中的过程数据、最终数据，待全部项目完成，提交合格后，全部删除；不将其任何数据泄露给第三方。

遵照国家的相关保密规定签订相应保密协议；如果出现违反保密协议情况，要承担相应的法律责任。

根据项目的实际情况，有以下建议：

（1）派施工设计中要求的技术人员到现场实施，甲方提供相关人员出入现场的正式文件，根据工作任务量情况，可适当安排加班，力争在最短的时间内高质量完成该项目。

（2）建议制定以下工作制度，让每个参与的员工认真学习，在生产中严格执行规定，并制定相应的奖励处罚措施。

① 所有参与的PC机器只适用局域网，不与外界联网。

② 所有参与的PC机器的USB光驱全部封存，设备由公司派人专门保管，需要使用时提出申请后，由专人负责安装和拆卸。

③ 数据如果需要拷贝，必须由专门指定的管理数据的人员操作完成，任何人不得随意拷贝，一经发现给予严肃处理。

④ 进出工作区间，不得随意携带如U盘、硬盘等工具，如遇到特殊情况，可向相关管理人员作出解释。

⑤ 在向甲方转交最后的数据后，在PC机器上保存的所有与本次作业有关的数据，均应删除。

⑥ 所有文件、资料、图纸、技术数据(光盘及软盘记录的文件)要妥善保管、使用，用后及时交公司资料室存档保管，防止丢失和损坏；若因管理不善或个人原因造成文件、资料、图纸、技术数据的丢失和损坏，公司将根据其价格损坏程度进行经济处罚。

⑦ 作业人员对已经提交成果的项目和任务，要及时把所有原始资料归档上交，相应数据成果及时通知管理人员备份。

⑧ 工作人员在删除相关数据文件时，要事先通知管理人员或相关人员；如未按照管理要求而造成原始资料和成果丢失的，要承担相应的责任。

⑨ 未经主管领导允许，不得擅自将与工作无关的人员带入生产作业场所；未经允许，外单位人员不得操作计算机、仪器设备。下班后、节假日应关好电源、门窗，并注意安全检查。

9.9 质量管理

9.9.1 质量管理的目标和体系

依照 ISO 9001：2000 质量管理体系要求，遵守八项质量管理原则，以十二条质量管理体系基础为指导，建立质量管理体系，规定质量方针、质量目标、质量管理体系要求职责与权限，它是各项质量活动的基本法规和依据。提供按要求且符合法律法规要求的测绘产品，并通过质量管理体系的有效运行和持续改进，增进顾客满意度。

坚持以高新技术为依托，质量第一，信誉至上，以先进、有效、适用的技术及高度负责的态度，提供高质量的数据转换成果。

9.9.2 质量管理内容

1. 质量管理的原则

点数据：数字化时按地形图找准点位；属性输入准确无错别字；类别码按标准要求。如果点在线上，需要点严格捕捉在线上，例如管道点状物要求严格捕捉在管道上。

线数据：线划均按实线数字化，保持其连续性，并与扫描地形图中的地物保持一致；线与线，或者线与面之间如果共边，需要严格捕捉，其中铁路、水系和等高线较直的部分不宜有太多结点，转弯部分则要光滑自然；属性输入准确无错别字；类别码按标准要求。

面数据：线划均按实线数字化，并保持其连续性；面状之间如果共边，需要严格捕捉；水系线划流畅；属性输入准确无错别字；类别码按标准要求。

2. 质量管理的内容

精确性：图形数据的数学精度是否满足规范要求。

正确性：图形各要素的表示方法是否合理及满足规范要求；录入的属性数据是否正确无误。

完整性：相邻图幅间或新旧图幅各要素之间是否接边正确等；基础地图要素与管道特征要素和属性数据的关联是否正确。

拓扑性：经拓扑处理后的数据是否满足 GIS 的数据标准。

9.9.3 质量管理措施

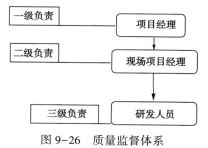

1. 建立质量三级检查和一级验收制度

首先是作业人员自查，其次是质检组对每件测绘产品进行 100% 检查，并评定作业质量，而后是质检部 30%的抽查，最后由甲方组织的专家组进行末级检查验收。各检查员应作好检查记录和产品质量评定报告。整个项目作业的优良品率应达到 95%，合格率为 100%。质量监督体系如图 9-26 所示。

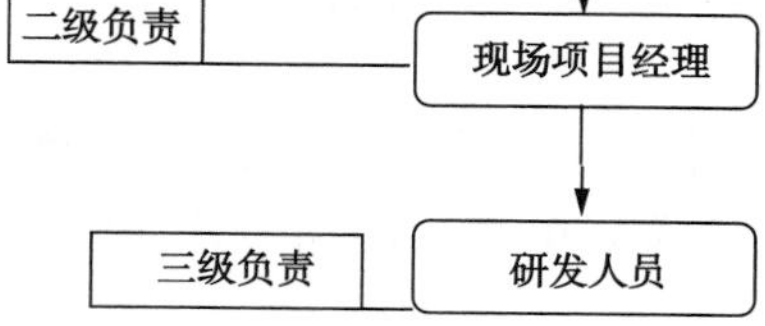

图 9-26 质量监督体系

2. 作业员的经济效益和质量挂钩

质检组对作业员的成果数据进行打分，分为优、良、可。采取相应的处罚、奖励措施提高作业质量。作业员对所生产的成果数据终身负责。

3. 严格执行 ISO 9001 和 ISO 2000 质量保证体系

遵循与执行 ISO 9001 和 ISO 2000 质量保证体系是提高数据成果质量的关键，测绘单位需通过 ISO 9001 国际质量体系认证，将 ISO 9001 和 ISO 2000 运用于各个环节，取得高质量的成果资料。

4. 使用先进的技术、设备提升工程质量

在工程中尽可能采用先进的技术、方法、设备。如编制专门的数据质量检查程序，提高数据检查的速度和准确度，以降低人工错误率。

5. 明确“质量”责任

提高作业员质量意识，促进质量的提高。产品质量主要是靠作业员做出来的，而不是靠检查员查出来的。执行《测绘产品检查验收规定》（CH 1002）和《测绘产品质量评定标准》（CH 1003）。在开工后由质检部对首件产品（半成品）进行抽查，发现作业中的问题及时处理。

6. 建立质量跟踪档案，对成果质量终身负责

对重大技术问题由专人不定期与甲方技术人员交流，不断满足顾客的要求。同时建立档案管理，对成果数据终身负责。

7. 配备专业技术熟练、素质高的作业员到项目作业组

对其进行岗前技术培训，培训合格者方可上岗，以保证整体作业队伍的技术水平，为高标准、高质量地完成整个工程奠定基础。

9.9.4 质量管理的技术手段

1. 生产过程质量控制手段

在生产过程中严格采用 ISO 9001 和 ISO 2000 的质量控制程序，逐个岗位完成质量控制文档的填写，提交数据转换日志、生产日志等内容。质量控制文档示例如表 9-15 所示。

表 9-15 质量控制文档

<table>
<tr><td colspan="2">煤航信息产业有限公司
程序文件：数化生产控制程序</td><td>文件编号：ARSC-B-0.1-04-2009</td></tr>
<tr><td colspan="2">文件评审记录</td><td>版本号：A0</td></tr>
<tr><td colspan="3">文件评审表</td></tr>
<tr><td>部门名称</td><td>审核意见</td><td>审核人/日期</td></tr>
<tr><td></td><td></td><td></td></tr>
<tr><td></td><td></td><td></td></tr>
<tr><td>评审结论：</td><td colspan="2">管理者代表：</td></tr>
</table>

2. 质量控制的技术手段

数据转换的日志文件：本项目中，数据转换采用FME Suite，利用FME的数据转换日志文件，可以按照不同的分类方式记录要素转换前后的数量，这样在进行要素转换的时候，可以分析日志文件控制转换的质量，并且还可以分析数据本身的质量问题，对于控制数据转换质量可以起到很大的作用。质量控制主要的技术手段为：

（1）矢量化软件和数据编辑软件的数据质量检查工具；

（2）属性录入程序的字段格式控制和值域控制。

第 10 章　储气库集注站应急三维系统

10.1　系 统 背 景

10.1.1　应用背景

储气库是调峰的重要设施，分为枯竭油气藏型气库和盐穴型气库，一般利用油气田良好的地质条件，依托完善的地面已建设施，如华北区储气库群通过陕京二线及永清分输站实现了陕京线、陕京二线、大港储气库群及其配套管线的相互联通。华北区储气库群包括三个储气库，建库总容为 $15.35\times10^8 m^3$，有效工作气量为 $7.535\times10^8 m^3$，其中三个地下储气库的有效库容分别为 $8.1\times10^8 m^3$、$7.4\times10^8 m^3$、$1.27\times10^8 m^3$，有效工作气量分别为 $3.9\times10^8 m^3$、$3.0\times10^8 m^3$、$0.635\times10^8 m^3$。储气库地下工程包括新钻 19 口注采井、3 口排液井及封堵处理 49 口老井，地面工程包括集注站、4 座注采井场、井场至集注站的集输管线以及集注站至枢纽分输站的双向输气管线。

10.1.2　面临的挑战

（1）天然气的注采、外输的过程要经过注/采气、进站分离、露点控制、乙二醇再生、丙烷制冷、脱硫、凝析油闪蒸等复杂工序。另外为了满足生产需要，还设有消防、供电、给排水、供热、暖通、放空、甲醇注入、缓蚀剂注入、仪表风和制氮等庞大的辅助系统。

（2）储气库群构成的重大危险源众多，危险级别比较高。

（3）地下储气库先期采气等阶段采出的天然气含有 H_2S。

（4）目前集注站至永清分输站的天然气双向输送管线尚未进行试压，管理存在一定弊端，应急任务较为艰巨，地下储气库群由于某些原因较易发生破坏。

（5）目前现有预案大部分是纸质的文档，非常不便于查询、保存。

（6）基于文本的讲座式培训，使得一些专业应急知识不易为公众所理解和掌握。

（7）应急救援指挥是应急过程中最重要的环节，指挥人员需要对事故进行整体掌控。

（8）通常的纸质文件既不利于保存，也不便于在需要时快速查询。

（9）没有一个有机的整体，导致在同时查询各类信息时需要进入不同的专业系统，从而无法有效地利用现有资源进行应急管理。

10.2　系统设计依据、原则及建设目标

10.2.1　设计依据

根据企业储气库的实际情况以及业务需求，三维安全决策信息系统的设计将遵守以下规范和指南：

(1)《国家安全生产应急平台系统建设指导意见》;
(2)《国家突发公共事件总体应急预案》;
(3)《中国石油信息技术总体规划》;
(4)《中国石油天然气集团公司突发事件应急预案》;
(5)《危险化学品重大危险源辨识》(GB 18218—2018);
(6)《基础地理信息要素分类与代码》(GB/T 13923—2006)。

10.2.2 建设目标

根据企业储气库的应急管理需求和实际情况，建立三维安全决策信息系统，在该系统下实现地理信息及场景全息化管理、全息化安全生产管理、全息化应急预案管理、模拟培训演练、应急响应与辅助决策管理、气象监测、短信平台等功能，并集成短信平台、工业电视监控系统的相关信息。

通过三维安全决策信息系统的建设，在突发事故状态下能够保证应急指挥人员通过可视化平台进行作战部署、资源调配、命令下达等工作，提高应急指挥的效率，同时方便应急人员能够根据事故情况快速匹配查询应急相关信息，为应急救援的科学决策分析和快速响应提供支持。在应对重大突发事故时，可以充分利用该系统实现总部与下属企业之间的应急联动，使上级公司能够实时掌握事故状况，协同开展应急指挥和事故救援工作。通过系统的使用，最大限度地减少突发事故造成的人员伤亡和财产损失，并显著提高储气库的应急管理水平和员工应对突发事故的能力，在平时能够用作企业的日常 HSE 管理，并通过系统进行安全培训与应急演练。

10.2.3 设计原则

(1)“统筹规划，平战结合”;
(2)“技术先进，安全可靠”;
(3)“资源共享，互联互通”;
(4)“立足长远，适应发展”。

10.3 系统整体设计

10.3.1 系统整体架构

作为应急平台，在突发事故情况下需要各种救援信息能够快速、准确、全面地传达给应急相关人员，因此对应急平台的数据实时性要求非常高，采用单一 B/S 模式显然不能满足要求。对于非常态的应急指挥还需要平台有很高的计算能力，这些适合采用 C/S 模式来实现。同时为了能够适应随着企业发展而变化的应急业务需求，还需要平台能够满足各类应用的扩展开发，这就需要发挥 C/S 和 B/S 模式的易扩展性和开发的灵活性。在综合考虑了各种不同系统结构的特点和应急管理特殊需求的情况下，本系统决定采用基于 Internet/Intranet 通信方式的 C/S 嵌 B/S 相结合的架构模式开发。

通过 C/S 嵌 B/S 的方式使系统更加实用、灵活，系统可以独立通过 B/S 门户进行专题页面，也可以通过 C/S 调用直接进入，充分发挥了 C/S 和 B/S 各自的优点。

（1）对于与位置或设备无关联的信息，如 HSE 体系文件、法律法规、员工的职业健康资料等，这些信息对实时性要求不高，系统可采用 B/S 模式实现。

（2）对于与位置或设备有关联的信息，如工艺流程、重大危险源、应急行动方案等信息，数据量大、交互性强，且要求数据处理的实时性高，系统可通过 C/S 嵌 B/S 的方式实现三维全息场景和主题页面的互操作。

集成应用服务器是系统与集成的外系统的接口，用户需访问外系统信息时，通过访问集成应用服务器获取所集成的数据。

10.3.2　系统层次结构

构建三维安全决策信息系统是企业应急管理的现代化管理手段，是企业信息化的发展趋势。如图 10-1 所示，三维 GIS 平台是三维安全决策信息系统的数据来源、逻辑支持、表现平台和实现环境。该层次结构充分考虑到系统的灵活性和未来的扩展性，由于有了三维 GIS 平台这样一个开放环境的支持，无论是扩展更多的地理场景、业务数据、专业模型，还是开发更多的应用系统，都能借助三维 GIS 平台提供的各类服务来方便快速地完成。

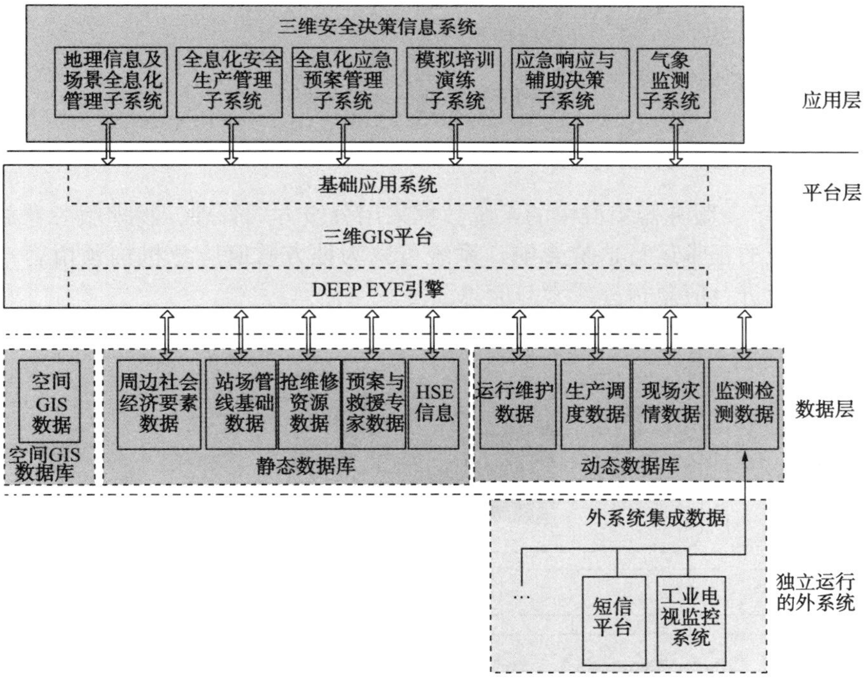

图 10-1　以三维 GIS 平台为核心的系统层次结构图

10.3.3　系统物理拓扑结构

系统设计时在纵向结构上将用户分为两个不同的群体：企业总部、区域储气库；同时在横向结构上预留在企业储气库，分别与各自所在行政区域的政府应急救援指挥部门之间的应急救援指挥信息同步通道，能够在应对大型突发事件时与政府进行协同指挥和应急联动。

如图 10-2 所示，为了便于系统维护和数据采集传输，系统服务器群设计放置在企业储气库和企业总部，客户端分别放置在集注站、井场、分输站。

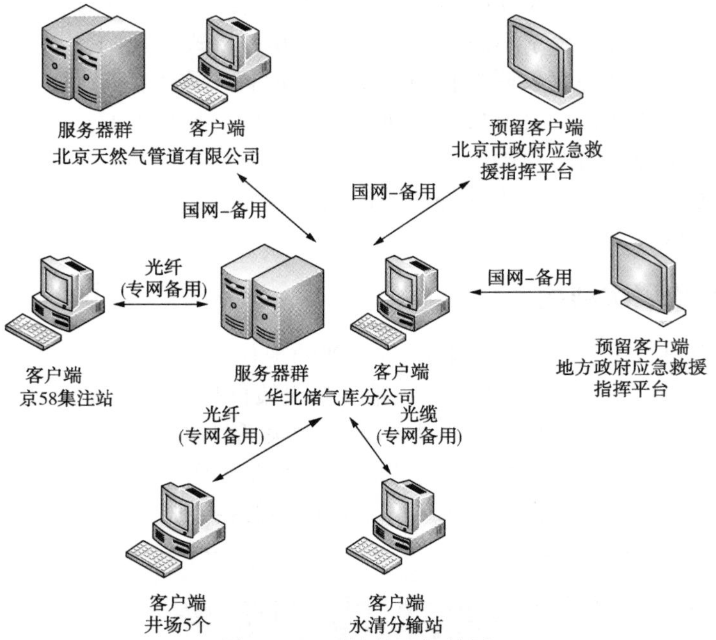

图 10-2　系统物理拓扑图

10.3.4　系统逻辑拓扑结构

如图 10-3 所示，服务器集群中的系统数据采用分级方式管理，物理服务器放置的位置可变动且不对系统的正常运行造成影响。系统可以为地方政府应急机构预留客户端，便于地方政府通过系统进行应急指挥或参与应急演练。

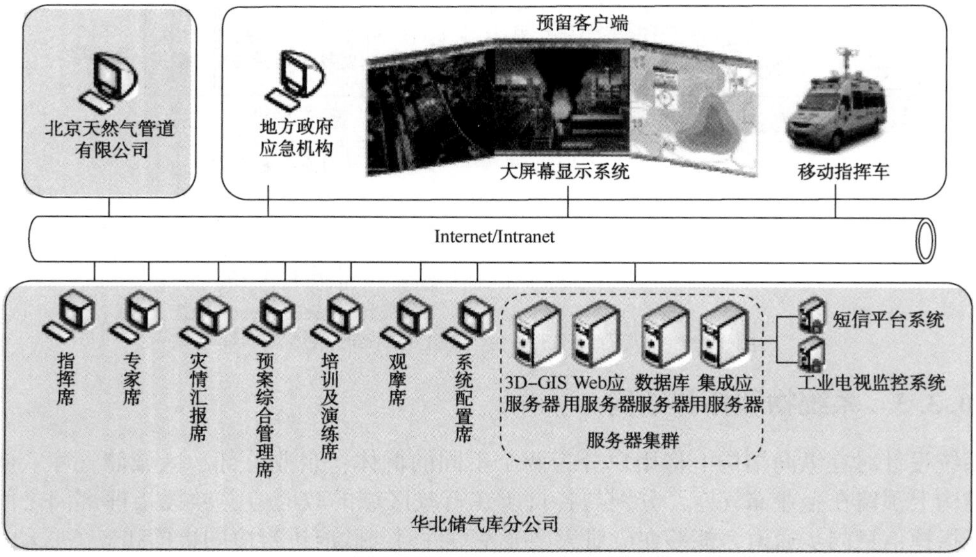

图 10-3　系统逻辑拓扑图

突发事故的应急救援指挥需要多个部门和人员的配合，场外领导或专家可能有多人，由于各人员关注的重点不同，系统应为不同的用户群体灵活地分配相应的权限和功能。同时，指挥中心的运作也需要多个部门协同作业，为总指挥提供多方有效信息并辅助完成指挥工作。系统需要根据不同用户群体的职责配备多种席位以提高工作效率，客户端席位可以根据用户的需求灵活配置，是一个可以人为扩充的逻辑概念。目前系统初步构想的逻辑席位分别是：①指挥席；②专家席；③灾情汇报席；④预案综合管理席；⑤培训演练席；⑥观摩席；⑦系统配置席。

10.4 系统功能

三维安全决策信息系统包括地理信息与场景全息化管理子系统、全息化安全生产管理子系统、全息化应急预案管理子系统、模拟培训演练、应急响应与辅助决策子系统、气象监测子系统、系统工具等部分，下面对各部分功能分别进行介绍。

10.4.1 地理信息与场景全息化管理子系统

1. 地理信息查询与管理

系统可构建和显示三维数字地球，包括星空、地球、地球大气层、多种样式的太阳光晕、水域等，并可通过 DEM、DOM、DLG 数据构建大范围三维彩色地景，可以显示真实的地表地貌，并融合行政区划、交通道路、河流、植被、居民地等矢量线划信息，可为后期规划、设计、维护提供基础地理数据。另外，系统可以实现二维和三维地理信息的无缝融合，并实时共享。

系统支持实时地理信息查询、标绘等功能，用户可以在三维场景下进行道路、建筑物、区域等信息的标绘，并可在二维界面下查看选中或标绘的信息，保证二、三维数据的无缝融合及实时共享。在三维场景中可实现图层控制，并根据用户需要显示或隐藏植被、地表、建筑物、设备等图层。在二维界面下可以显示重大危险源、道路、区域、应急救援力量、植被的位置及分布情况，并可实现图层控制，选择需要显示或隐藏的图层，通过标牌形式查看详细信息。用户也可以在地图上进行点、线、面的标绘，并可在三维场景中实时查看标绘信息。系统支持二、三维信息的切换显示及叠加显示，切换时间小于等于 200ms。系统还支持 Internet/Intranet 方式的地景数据网络分发。

2. 站场(集注站、井场)三维场景查询与管理

站场三维场景查询与管理包括设施设备可视化查询、区域管理、上下游设备查询、因果逻辑关断展示四部分，各部分功能如下。

1）设施设备可视化查询

系统可对站场内设备设施进行分类管理，并可在三维场景中查询设备设施的地理位置、基本属性等信息。通过系统设备编辑器可动态编辑设备属性信息，以及设备设施的材质。此功能为用户提供了有效观察地标以下设施的方法。

系统能够可视化地查看站场内的消防设备、设施的位置，用户不但可以查询消防栓属性信息，还可动态展示其有效作用半径，为突发事故的应急救援提供决策支持。系统还可以立体化展现站场综合楼的内部构造，便于在应急时组织人员疏散。

2）区域管理

系统提供站场内的办公及辅助生产区、变电站区、增压区、京 58 储气库及库群装置区、永 22 先期采气装置区和放空区等区域的查询功能，并以着色、闪烁等方式立体展示区域分布和区域名称，使整个站场的规划、分布在二、三维场景中一目了然，方便人员对现场区域划分情况的了解，并能在灾情发生时为人员疏散等决策的制定提供依据。用户可以根据后期站场的规划，在二、三维场景中添加新区域的范围和名称。

3）上下游设备查询

用户在三维场景中点选一设备时，可通过列表方式查询与所选设备相关联的上下游设备，当在列表中选择某设备时，可在三维场景中定位显示该设备的位置及名称，并能够动态展现所选设备到达上游、下游设备的路径。紧急状态下可通过该功能迅速了解事发设备的上下游设备，为正确下达紧急关断决策提供支持。

4）因果逻辑关断展示

用户可以在原因列表中查看仪表位号、类型、保护对象、关断级别等，当选择某一仪表时，可在结果列表中查看到与该仪表相关的生产设备、阀门等，并可定位显示位置。

3. 管道设施三维场景查询与管理

系统可以直观显示站场内外管线信息，实现按不同条件对管线进行查询，查询结果以表格、图形等方式进行显示，支持打印或导出。系统可以显示不同管线的敷设方式，宏观上可以展现整个管道设施在地理上的分布位置及走向，微观上能够剖切展现具体某管线在地下埋设的状况信息。用户可根据管道沿线的外部条件变化以及管线自身的变化，在三维场景中对管道设施模型进行编辑和拖放，自行更新场景信息，提高系统使用维护效率。

4. 工艺流程管理

在建立的全息化场景中，不仅能够表现在各类零件级设备的外形和位置，还将设备之间的连通逻辑关系置入场景，用户可以根据实际工艺过程在三维场景中制作动态仿真的流程表现，可以动态显示整个工艺流程的路线、流经设备的名称和属性参数，便于对员工进行生产工艺培训，帮助员工了解介质名称、流向等信息。

当突发事故发生时，可以通过工艺流程的动态演示查看与事发设备相关联的设备、管线、阀门等，以便于应急指挥人员根据事故情况及时关断受影响的工艺，避免发生次生灾害。

10.4.2 全息化安全生产管理子系统

1. 库区设施设备信息管理

系统根据设计图纸和竣工图建立了与现实情况高度一致的站场设施、设备模型及全息化场景，并将各类记录植入其中，用户可以对这些属性信息进行编辑更新。为了便于用户快速、直观地使用各类图纸资料，系统可将图纸资料分类保存，支持用户通过列表或检索的方式查找图纸，授权用户还可对图纸进行编辑。

2. 重大危险源动态监管

系统对重大危险源的动态监管主要从重大危险源辨识、信息管理、风险评价、自动巡检四个方面进行，包括以下四部分：

（1）重大危险源信息管理；

（2）重大危险源辨识；

（3）重大危险源风险评价；

（4）重大危险源自动巡检。

3. 隐患风险管理

隐患风险管理考虑了自然灾害风险、储运设施风险、第三方破坏风险等，系统将隐患风险管理分为以下四个方面：

（1）自然灾害风险信息管理；

（2）储运设施风险信息管理；

（3）第三方破坏风险信息管理；

（4）隐患查询、统计分析。

4. 监测检测信息管理

系统可对不同设施的数据进行管理，便于查询、比对分析。在进行检测工作之前，用户可以结合三维安全决策信息系统提供的全息化场景进行检测计划的制定、审核、修订，并在三维场景中进行可视化展示。系统可对各类在线检测和非在线检测信息进行录入、查询管理，通过专题图的方式展现参数的历史变化趋势，通过比对帮助用户了解管道缺陷发展趋势，制定保养、维修计划，确定检测时间间隔，并在到期前提醒用户。

5. 维检修信息管理

系统支持对站场内的维检修物资、维检修设备、维检修人员、维检修预案、维检修计划、维检修记录等维检修信息进行建档、录入、查询检索和分析，便于用户总结导致故障的主要因素，为日常安全生产提供第一手资料。

6. HSE 信息管理

系统的 HSE 信息管理主要可以实现以下四个功能：

（1）HSE 知识及文件管理；

（2）劳保用品信息管理；

（3）生产人员安全培训考试管理；

（4）职业健康信息管理，该功能包括职业健康检查管理、职业健康监护管理两部分功能。

7. 管道安全与寿命评估

系统可对储运介质中含 H_2S 和不含 H_2S 的管道的缺陷分类管理，可在三维场景中定位查询，并直观展示腐蚀、裂纹的状态。通过集成专业模型，可进行管道安全与寿命的评估，并以专题图的方式展现评价数据，便于用户掌握缺陷发展趋势，为制定维检修计划提供依据。

10.4.3 全息化应急预案管理子系统

1. 数字化预案管理

系统对已编定预案进行梳理整合，实现预案分级分类管理；系统通过对预案结构分析，提供预案制作模板，并分类保存，实现预案的机构管理和模板管理；系统还可实现预案的版本管理和快速更新维护。系统可将文本预案按照标准的结构拆分后录入数据库，调用文本预案时可以按不同的检索条件进行检索，便于对不同预案的相同部门进行同步更新，可以极大地方便应急预案的维护。

系统可对储气库总体预案、专项预案和现场处置方案进行体系化管理。利用集团内部网络，上级部门可通过各自的三维应急平台查看公司的预案管理情况，并可通过预案推演验证预案的合理性。

2. 预案三维可视化制作

系统提供专门的数字化预案制作工具，基于真实的场景、真实的周边情况和真实的数据，通过设定灾情，策划救援及抢修的行动方案，将文本预案制作成可视化预案，进行展示、存储，使预案具有可操作性、直观性。在应急救援时，能够快速匹配预案，辅助应急指挥员下达应急指令，快速、有效地应对突发事件。在平时可作为预案培训教材，也可进行推演。

3. 事故案例管理

系统可建立企业事故案例库，方便用户实现事故信息的录入和查询。通过系统可将火灾、高处坠落、触电、机械伤害等各种安全生产事故进行分类保存，并可详细查看事故发生的时间、地点、采取应对措施等。同时借助三维场景用户可将事故信息与设备设施进行关联匹配，便于直观掌握导致事故发生的设备设施信息或场所，实现增删改查询等功能。

10.4.4 模拟培训演练

1. 模拟培训演练

系统能够通过三维场景中直观、生动的表现形式对站场周边群众进行培训，使他们准确理解，保证事故发生时最大限度地减少事故损失。系统能够根据应急演习的需要，灵活设定不同的模拟演习场景和应急演习方案，同时提供两种使用模式：演示模式和互动模式。

2. 演练评估

在模拟演练过程中，系统可以记录现场汇报的事故灾情、应急决策信息、应急资源调配情况、现场应急行动过程、应急决策指令等重要信息和经过，统计伤亡人员数量、财产损失数量、调用应急力量等，系统可将上述数据进行汇总，并可导出生成报表，为演习效果评估或点评提供参考依据。

10.4.5 应急响应与辅助决策子系统

1. 应急资源管理

应急资源管理模块可以实现对应急人员和机构、应急装备物资、救援专家信息进行管理，并能够在三维场景中可视化查询及显示上述信息，以及应急避难场所的位置。通过系统分类列表可以定位查询和显示某一类或某一个应急救援机构及应急物资情况，系统还可实现信息的可视化查询。

2. 应急信息查询

为了保证在突发事故情况下能够快速、直观地查看事故相关信息，系统提供应急信息快速查询功能。在用户指定中心点及查询范围后，系统可自动查询选定范围内的重大危险源、应急救援力量、居民区等信息，通过列表形式按距离远近给出查询结果，并能够可视化地查看关注目标的位置及中心点的距离。通过该功能可以使应急相关人员根据事故情况，对影响范围内的重大危险源采取紧急措施，并通过短信平台子系统发布消息，对受影响居民进行紧急疏散，自动拨号进行短信群发，从而快速通知周边应急救援力量进行救援。

3. 事故模拟推演

系统可模拟气体泄漏扩散、火灾、蒸气云爆炸事故，通过集成专业的事故后果分析数学模型，根据事故情况和实际环境参数进行灾情推演。在系统中输入灾情发生位置、事发物质特性，结合气象信息，分析得到事故的关键数据，并能够通过二维、三维画面结合方式进行可视化展示后果。根据事故状况，为事故救援决策提供依据。

4. 应急救援与辅助决策

系统为管道事故点的快速定位提供辅助功能，自动显示管道事故点周边高后果区、重点穿越区情况；对管段紧急停输、关闭泄漏点上游和下游最近的紧急截断阀等事故处理程序进行三维可视化展示，并自动显示断气影响区域。利用系统的路由分析功能，可以规划出最佳的维抢修、疏散及救援路线，同时三维显示需疏散区域及应急避难场所，对可能受到影响的道路作出警戒提示。系统能够根据用户平时制作或存放的大量预案和处置方案，辅助指挥人员进行救援车辆、抢修设备物资调配，避免因慌张遗漏救援物资。

5. 灾情汇报与协同指挥

系统可实现事故现场与应急救援指挥中心、应急指挥中心与气电集团或海油总公司等同步通信，在三维场景中将现场态势、分析得到的事故影响范围及后果、目前应急资源调配情况和现场部署等借助三维可视化平台展示给各级指挥中心和领导，达到信息直观传递与快速了解的目的，利于各级救援指挥部门的联合行动、实时反馈救援信息。

10.4.6　气象监测子系统

建立专门用于储气库气象信息监测的气象监测子系统，包括移动式自动气象站相关硬件设施。

1. 实时气象数据采集管理

系统能够对环境温度、环境湿度、风向、风速、雨量、辐射、气压进行监测，并将这些瞬时数据实时地以图形和数字等方式动态显示出来。

气象监测子系统可实时获取储气库周边天气状况，为灾害信息预警提供支持，也为灾情模拟推演、应急演练提供实时数据，在突发事故时可借助数学模型准确预测事故发展趋势和影响范围，为事故救援疏散提供准确的数据支持。

2. 气象数据统计分析与预警

通过对气象历史数据的统计分析，可对易受天气影响的区域、设备等进行判断分析，并结合三维场景进行定位显示，供相关人员决策是否进行预警。

10.4.7　系统工具

1. 场景漫游

系统提供多种控制方式的全场景漫游、沿管道漫游以及剖切浏览功能，可以全方位、多视角、立体化地观察集注站、井场、外输管道及其他附属设施的三维场景信息，实现行走、驾车、飞行等多种不同的漫游感受。

2. 场景编辑

系统提供基础模型进行编辑、存储的工具，实现基础模型的录入、组装、存储管理和基础属性编辑，构建基础模型库。系统支持对不同的模型采用不同的材质，并且可以对模型材质进行动态改变。

系统支持场景元素以多种方式导入，提供管线与设备的自动配准和自动关联功能。支持场景元素的整体选择和局部区域选择，并对其进行属性编辑和外观调整。

3. 场景输出

打印输出：系统支持场景和地图打印输出；视频输出：系统支持将界面内容以多种视频格式进行输出。

4. 空间量算

系统可在二、三维场景中进行空间量测，支持沿管线距离、地标距离、直线距离、投影距离测量，地表面积、投影面积测量，高度、坡度、北向夹角测量等。在突发事件应急救援过程中可实时量算维抢修队伍或各应急救援力量到达事发地点的距离，所经过道路坡度，以及需要进行人员疏散的区域面积，节省大量人力物力。

5. 路由分析

系统支持最短、最优以及自定义条件的道路路由分析和查询，并能够提供详细的路径导航信息引导维抢修或救援队伍达到事故现场。

6. 系统维护

配置建立整个系统的网络通信体制；明确上下级关系；确定通讯端口、IP 等参数；选择通信协议格式。根据用户习惯进行定制输入设备的操作方式，提供多种操控方式供用户选择。提供菜单定制功能，实现菜单的简化，从而简化操作。提供用户权限的配置功能，用户分级的，不同权限的用户可编辑和浏览的场景是不同的，具备的操作权限也是不同的。

10.5 系统特点

10.5.1 可扩展性

系统为将来的业务应用和业务拓展提供了充分的自由空间，数据接口及应用接口具备高度开放性和可扩展性。

1. 地理信息数据可扩展

系统从数据量、数据精度、数据地理位置和范围等多方面提供自由扩展，通过空间标绘和数据维护服务，支持设施、设备模型数量和类型的扩展。

2. 功能及应用可扩展

系统提供服务调用的接口标准，以支持 DOT NET、J2EE 两种主流技术架构的 B/S 应用的二次开发。所开发的 B/S 应用系统可通过标准结构访问专业 GIS 数据，调用各专业 GIS 服务，驱动系统为其应用作针对性的显示和呈现。

3. 专业数学模型可扩展

系统提供标准的调用接口形式，可以集成各类专业数学模型。系统能够根据具体应用无缝更换、更新各专业数学模型产品或算法成果。

4. 专业管道数据可扩展

系统支持现有流行和通用的各类管道模型数据，可根据具体情况无损导入以 PODS/APDM 为代表的各类管道属性数据。

10.5.2　健壮性

1. N 层设计

系统基于 N 层结构开发，在开发过程中每一层面开发人员只负责本层面内部实现，在开发的过程中做到分工明确、并行开发，可以有效提高开发效率。层与层之间耦合适中，清晰的架构分层和模块划分，使各对象间高内聚、低耦合，所以在业务逻辑变更、使用平台变更、通信手段变更或实现技术变更发生时，系统可以很快地完成重构，并保证未变动层面对整体系统可靠性贡献不受损失，从而使系统维护的工作量和风险降到最低。

2. 自主知识产权引擎

DEEP EYE 完全由底层自主开发，整合了 GIS 引擎与虚拟现实引擎的优点，实现了空间 GIS 技术、虚拟现实技术与模拟仿真技术的有机结合。且 DEEP EYE 能依据用户需求来不断更新和完善引擎功能，进而满足各种应急管理信息、数据整合显示和特殊业务逻辑实现需求。

3. 灾容备份

为保证服务器之间数据的一致性以及满足系统备份的需要，系统采用两种备份策略：第一，根据系统运行时对数据的要求，需要将其中一部分数据进行实时同步，保证这些数据可以通过不同服务器分发到各个客户端，这部分数据具有数据量少、实时性高的特点；第二，系统会将其余的大部分数据进行定时同步，以保证各个服务器之间最后的数据一致，该部分数据具有数据量较大的特点，所以一般会选择在子夜等网络流量小的情况下同步。上述备份为在线备份，还建议定期进行离线备份。建议每周一次拷贝到服务器外的存储介质上保存。

10.5.3　易维护性

系统的易维护性主要表现在以下方面：

(1) 可伸缩性；

(2) 自我检测修复；

(3) 自升级更新。

10.5.4　安全性

1. 物理层面

系统提供整体部署和物理链路层防护策略方案，能够防止恶意用户入侵系统进行破坏性操作。

2. 应用层面

系统提供安全可靠的登录验证方式并记录访问来源：提供权限分配功能，以便不同层次的用户在使用系统时获得与其权限匹配的服务，同时对被调用的服务操作进行记录。

3. 数据库层面

系统采用具有 C2 级以上安全验证的大型关系数据库系统(Oracle10g)来管理，并提供数据库权限策略管理方案，支持对操作者、操作时间、操作内容跟踪、记录等。

4. 业务数据层面

空间 GIS 数据采用专有格式存储，既安全又高效。此外，系统对于有保密要求的数据，支持两种方式的数据加密、解密机制：一种是通过使用非公开的加密算法进行加密和解密；另一种是通过使用公开的加密算法配合非公开的密钥进行加密和解密。支持异地加密和解密机制，即本地加密、远程解密和远程加密、本地解密。

10.6 实施规划

10.6.1 数据的收集、整合和植入

1. 整体所需整合数据

三维安全决策信息系统所需整合的数据包括设计资料(重要度五星)、GIS 数据(重要度五星)、业务数据(重要度四星半)、动态数据(重要度三星半)等，需现场采集的照片包括厂区全景照片、全景标注平面图、场内各分区级别照片、消防设施照片等，需图标文档类资料包括设备清单列表、厂内应急预案、周边危险区域等。

2. GIS 数据的购置处理

周边场景的建立需要以下 GIS 数据的支持：全要素矢量地图数据(DLG 数据)、数字高程数据(DEM 数据)、各种精度的卫星遥感影像经过一系列处理后得到的数字正射影像数据(DOM 数据)。矢量地图数据主要用于二维模式地理信息查询和显示、三维模式下道路、水系、地标等信息的显示叠加以及逃生路径/救援路线的计算；DEM 和 DOM 数据用于构建三维地理信息系统查询和显示及叠加矢量地图数据、外业调绘数据、企业全息化模型的显示背景。

3. 应急业务信息的外业调绘

应急业务信息包括站场、管道周边社会经济要素、救援力量的分布等，进行外业调绘，采集相关属性信息并作定位测量(GPS 定位设备量测)，主要调绘对象及调绘内容包括单户居民、密集居民区、村委会和乡镇所在地、重大危险源(申报为重大危险源的)、环境监测单位、消防救援队伍、电力线路穿越、库区周边饮水源等。

10.6.2 全息化生产

基于自主知识产权的 DEEP EYE 引擎产品，实现对储气库的管线、装置、设备进行快速、准确、生动逼真的三维建模基础属性数据捆绑。主要工作包括数据整理、数据转化及录入、实体模型构建、数字化场景构建、属性资料整理录入工作。整个全息化建模的生产

流程如图 10-4 所示。

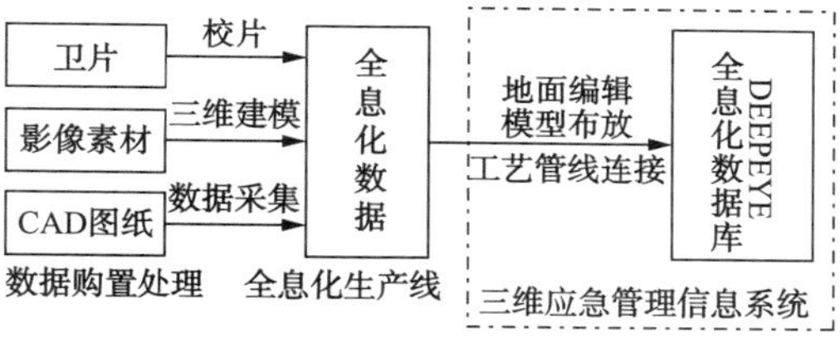

图 10-4 全息化建模生产流程

10.6.3 外系统集成

1. 短信平台系统集成

1）功能设计

企业级短信平台主要分为四大功能模块，分别是短信信息管理、手机号码管理、事件管理、历史纪录查询。

2）实施方案

由于短信平台子系统主要用于在突发事故中迅速发布事故信息和救援情况，并通知相关人员快速撤离危险区域，因此应急管理中的短信平台应符合高实时性、高可靠性的要求。目前常用的短信群发方式有两种，分别是短信网关接入和短信接入。根据企业实际情况，充分利用企业现有的短信平台，需要业主配合提供接口，因此设计对短信平台类型和功能进行集成。

2. 工业电视监控系统集成

1）功能设计

用户在三维场景中打开某一视频设备时，不仅可以弹出窗口实时显示现场工业电视监控系统的视频画面，还可以根据该视频设备的云台参数，模拟显示与视频监控相应范围和内容的三维全息画面，并将视频画面与三维全息场景进行比对。

2）实施方案

工业电视监控系统可通过 OCX 控件的方式进行集成，嵌入用户控件 OCX 是一种具有特殊用途的程序，它由在微软 Windows 系统中运行的应用软件所创建。OCX 提供操作滚动条移动和视窗恢复尺寸的功能。

系统集成实施的前提条件是项目必须提前添加所有摄像头的信息，这些信息需要和工业电视监控系统的数据一致，并且保证 OCX 空间接口统一，数据格式正确。

3. 软件系统建设

软件系统建设工作包括对用户需求的整理、需求分析、系统设计、总体设计、详细设计、软件开发和调试、系统测试、试运行和过程控制等。

4. 硬件系统建设

该部分工作包括系统必要的计算机等硬件设备的购置、安装、调试和试运行，配套操作系统、数据库系统的安装、调试和初始化等。

根据系统总体设计，一个服务器集群包含两台物理服务器，数据库服务器、WEB 应用服务器部署在一台物理服务器上，集成应用服务器和 3D-GIS 服务器部署在另一台物理服务器上。随着系统数据量增加，可进行服务器扩展，四种逻辑服务器可分别部署在一台或多台物理服务器上。

10.6.4 安装实施与服务

1. 技术服务

项目硬件环境建设及软件工程实施，包括服务器及客户端搭建、网络联调、软件系统开发、厂区数据收集、实体模型构建、属性资料录入、外业数据调绘等。由储气库提供场景数字化的资料，并保证资料的正确性和完整性，这是系统建设按期高质量完成的保障。

项目中产品的调试，例如华北储气库，包括华北储气库分公司和北京天然气管道有限公司之间的系统测试。系统实施期间，项目工作人员将积极参与有关的安装、测试、诊断及解决问题等工作，以保证在项目完成后甲方的相关人员经过乙方培训，由双方共同考核合格后，能够独立使用、运行和维护系统。

2. 系统培训

系统实施完毕后，项目负责提供系统培训资料，进行系统操作及维护培训，例如对华北储气库分公司和北京天然气管道有限公司的相关人员进行系统培训，根据不同的关注点进行不同层级的专题培训，以使公司相关人员全面掌握三维安全决策信息系统的维护、场景配置及功能操作。系统培训完毕后，积极配合公司共同制定培训考核计划及考核案例。

培训方式包括实施过程中的传帮带、实施完毕后的集中培训、系统正式交付使用后的在线学习和远程培训等。平时，系统应用人员可通过邮件、即时通信软件和电话等方式与技术人员随时进行交流。

第 11 章 智能感知物联网

无处不在的感知末梢和传感网络间的互联互通，是管道智能化建设的基础。通过感知、通信、计算、远程控制等设施，实现人、产品、设备、网络之间新的互动关系，可以极大地提高工业互联网的智能化水平。

管道企业智能化设备设施的设计以管道安全运营需求为主导，秉着“保障管道本体安全、确保管道周边环境安全”两条主线进行设计，构建天空、地面、地下一体化的立体防护网，力求实现全方位无死角的防护体系，进而有效保障管道本质安全。

引起管道安全的主要因素有外部因素和内部因素。外部因素主要表现为工程施工过程中挖掘机械、钻孔机器在不明情况下破坏管道、违章施工和重车碾压等第三方的破坏；违章作业、违章指挥等操作失误引起的安全隐患；地震、洪水及地质灾害等自然灾害；施工质量不合格、设备故障及本身使用材料的缺陷等施工及制造缺陷等都有可能导致燃气泄漏。内部因素主要是指管道自然老化、管道材料自然脱落等可能引起的管道部分阻塞或破损，误操作也可能引起管道压力的波动。针对这些因素，采用了相应的智能化设施控制手段。

按照生产运行、安全保障、故障诊断三个维度将企业管道智能感知设施进行全面的梳理，主要情况如表 11-1 所示。

表 11-1 企业管道智能感知设施梳理表

序　　号	分　　类	智能感知设施	管线智能化	站场智能化
1	生产运行	SCADA 系统		√
2		智能巡线终端	√	
3		阴极保护智能在线监控	√	
4		安全防范系统	√	√
5		智能变电站		√
6		电力调度管理中心		√
7	安全保障	次声波泄漏检测系统	√	
8		隧道可燃气体泄漏监测系统	√	
9		管道应力应变监测系统	√	
10		10/0.38kV 低压电能管理和监控系统		√
11	故障诊断	压缩机远程故障诊断		√
12		仪表设备故障诊断		√
…	…	…		

11.1 生产运行

11.1.1 SCADA 系统

1. 系统功能

以某管道系统自动化配置为例，其自动控制系统采用了 SCADA 系统，由 1 座调度控制中心（北京）、1 座后备控制中心（郑州）、6 套输气管理处监视终端、64 套站控系统（SCS）、348 套远程终端单元（RTU）构成。

正常情况下调度控制中心负责全线自动化控制和调度管理，后备控制中心与调控中心实时保持数据同步，在调度控制中心故障或发生战争、自然灾害等情况下后备控制中心接管全线 SCADA 系统监控。

每个输气管理处设置 2 台监视终端、1 台压缩机诊断操作站。管理处监视终端是 SCADA 的远程操作站，监视所管辖输气管道的运行状况，便于管道的运行和管理。监视终端只能监视，不能控制。

管道控制方式分为调度中心控制级、站场控制级和就地控制级的三级控制方式。

管道线路按照无人值守、远程控制的控制水平开展相关设施设计。所有的正常操作流程、检修操作流程、事故操作流程均可通过控制系统实现。

2. SIL 系统的等级

IEC 61508 将过程安全所需要的安全度等级划分为 4 级（SIL1～SIL4），ISA S84.01 根据系统不响应安全联锁要求的概率将安全度等级划分为 3 级（SIL1～SIL3）。

参考同类工程的经验，管道系统的 SIS 系统暂按 SIL 2 考虑。在基础设计阶段，将组织 HAZOP 分析和 SIL 等级确定工作，届时再根据 SIL 等级确定结果调整设计。

11.1.2 智能巡线终端

管道的巡线方法有传统人工巡线法、车辆巡线、直升机巡线、无人机巡线等。

管道途径地域复杂，长度从西北到东南距离跨度较大，巡线工作也应是多种组合。应根据管道途径地形地貌及气候情况，采用以基于地理信息系统的智能化车辆巡线为主、人工巡线为辅的巡线模式，配备相应车辆及巡线辅助设备。后续可根据实际运营管理需要开展无人机巡线、直升机巡线等的设备购置。

在沿线各工艺站场分别配备 2 部智能巡线终端，在主、备用调控中心、各输气管理处及维抢修中心（队）分别配备 5 部智能巡线终端，满足工作人员野外作业时的通信需求和巡线、抢修时的应急通信需求。

11.1.3 阴极保护智能在线监控

阴极保护智能在线监测系统以 GIS 为管理平台，以 SQL Server 数据库作为数据库，以智能恒电位仪和智能测试桩实时采集相关数据，通过 GPRS、以太网和光纤等数据通信方式实现数据传输，实现了对管道阴极保护状况的在线检测。同时，配合阴极保护在线监控专家系统进行辅助分析、故障判断，可使阴极保护系统处于最佳的工作状态，最大限度地起到保护作用。

阴极保护监控方法主要有传统的巡线人员现场测试和阴极保护智能在线监控。长输管道距离长，沿线的腐蚀环境复杂多变，山区、戈壁、沙漠及丘陵较多，且部分地段为无人区，社会依托条件差。为监测全线的阴极保护效果，便于进行日常管理和检测，了解阴极保护设施的运行状况，提升阴极保护管理的及时性、准确性、科学性，为管道阴极保护管理水平的提高提供有效手段，提高管道运行和科学管理的水平，设置阴极保护智能在线监控系统。

综合考虑管道周边环境及建设成本，工程智能测试桩的设置遵循以下原则：

（1）电流测试桩处设置智能测试桩(支/10km)；

（2）山区、交通不便地区设置智能测试桩；

（3）戈壁、沙漠地区、无人区等社会依托条件较差地区设置智能测试桩；

（4）杂散电流影响地区设置智能测试桩，以准确、及时检测杂散电流的影响。

阴极保护智能在线监测系统数据流如图 11-1 所示。

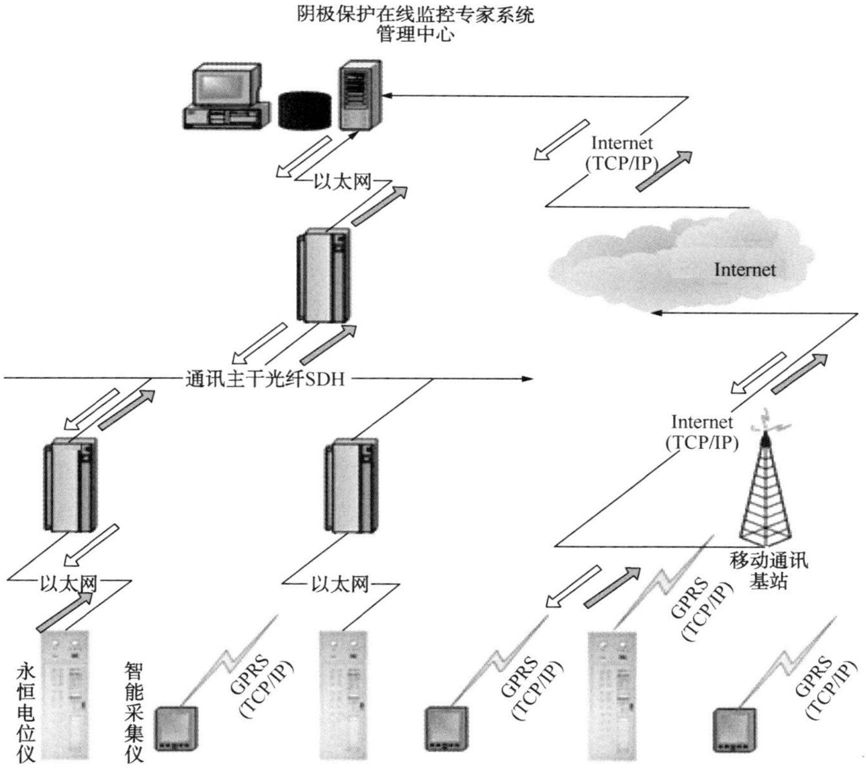

图 11-1　阴极保护智能在线监测系统数据流示意图

11.1.4　安全防范系统

安防系统主要用于对管道沿线各工艺站场、阀室的工艺设备区、大门口、围墙、室内重要岗位的生产情况进行视频监控和周界探测，以便预防意外闯入和及时发现险情并给予报警及火灾确认等。

安防系统主要包括视频监控系统、周界防越系统、出入口控制系统及电子巡查系统。

1. 视频监控系统

视频监控系统主要用于对工艺站场、阀室内工艺设备、控制室和室内重要岗位等的生产情况进行监视，以及预防意外闯入和及时发现险情并给予报警及火灾确认等。其本地监控设备设在各工艺站场站控室，各工艺站场站控室监控设备实现本地级显示、存储和控制，同时要求实现各管理处及调控中心的远程监控。所有监视设备的控制优先级别以最贴近现场为优先，调控中心具有系统最高管理权限。

视频监控系统为三级结构：站场级监视、管理处级监视和调控中心级监视。监控图像采用基于 TCP/IP 的全数字传输、存储方式。阀室的监控图像通过工业以太网传输设备上传至附近所属站场，与站场本地监控统一管理。

智能视频分析系统能够对视频区域内出现的运动目标自动识别出目标类型并跟踪，对目标进行标记并画出目标运动轨迹，能够同时监测同一场景里多个目标，可以根据防范目标的特点进行灵活设置；主动对视频信息进行智能分析，识别和区分物体，可自定义事件类型，一旦发现异常情况或者突发事件能及时地发出警报。

智能视频分析系统能实现以下功能：移动图像检测、区域监控报警、视频移动报警。阀室作为无人值守场所，可通过安装的一体化红外球形摄像机、一体化防爆球形摄像机实现移动图像检测、区域监控报警、视频移动报警。站场可根据区域设置重点区域实现移动图像检测、区域监控报警、视频移动报警。

2. 周界防越系统

为保障站场区域安全、重点区域不被不法分子进入、区域内设施不被不法分子窥视等，通过安装周界入侵报警系统，可有效地加强对重点区域的监控，增强安全保障措施。当某一防区发生报警时，报警信号传输至周界报警主机，报警主机联动视频监控系统，控制对应区域的摄像机自动旋转到相应的预置位进行监控录像，同时联动该区域的声光报警器发出声光报警，对现场进行警示。报警主机控制对防区的布防及撤防。

振动光缆安全性较好，误报率较低，不受天气等因素影响，安装方式可以根据站场实际情况进行调整，同时输气站场多为防爆场所，对设备的防爆性能要求较高，振动光纤技术利用光缆构成分布式微振动传感器，属于本安型防爆媒介，因此工艺站场入侵报警系统推荐采用振动光纤技术。

3. 出入口控制系统

出入口控制系统（门禁系统）是安全防范系统的重要组成部分。该系统利用自定义符识别技术或模式识别技术对出入口目标进行识别，并控制出入口执行机构启闭的电子网络系统，采用信息技术，在出入口对人和物等目标的进、出进行放行、拒绝、记录和报警等操作控制。

出入口控制系统（门禁系统）主要由识别卡、前端设备（读卡器、门状态探测设备、锁具、门禁控制器等）、传输设备、管理控制工作站及相关应用软件组成。门禁系统能保证授权人自由出入、限制未授权人进入未获授权区域（生产区、变电站等）、对强行闯入的行为进行报警，从而保证门禁控制区域的安全。门禁系统应与监控系统、报警系统联动，当门禁系统正常开门时，报警系统撤防，工作人员可以自由工作；当门禁系统非正常开门时，报警系统布防，将报警图像在监控中心的工作站上显示出来，并进行录像。

出入口控制系统应有效地将人员的出入事件、操作事件、报警事件等记录于存储系统的相关载体，存储时间应大于等于 180 天。

4. 电子巡查系统

对于跨越或隧道穿越长江、黄河的管段，在大中型河流跨越或隧道地方，设置智能电子巡查系统，实现对管线电子化监控和巡检人员巡检轨迹的跟踪显示，提高对事故隐患的预测水平和控制工作的效率。

主干线首(末)站、枢纽站、压气站、输气站及其他管道系统的首(末)站、输气站等设置离线式电子巡查系统，在站控室可以看到巡检人员所在巡逻路线及到达巡检点的时间。

电子巡查系统设计应符合 GA/T 644 的规定。电子巡查日志应完整，不可删改，存储时间应大于等于 180 天。

11.1.5　智能变电站

智能变电站是先进、可靠、集成、低碳、环保的智能设备，以全站信息数字化、通信平台网络化、信息共享标准化为基本要求，自动完成信息采集、测量、控制、保护、计量和监测等基本功能，并可根据需要支持电网实时自动控制、智能调节、在线分析决策、协同互动等高级功能的变电站。

1. 系统结构

系统结构如图 11-2 所示。

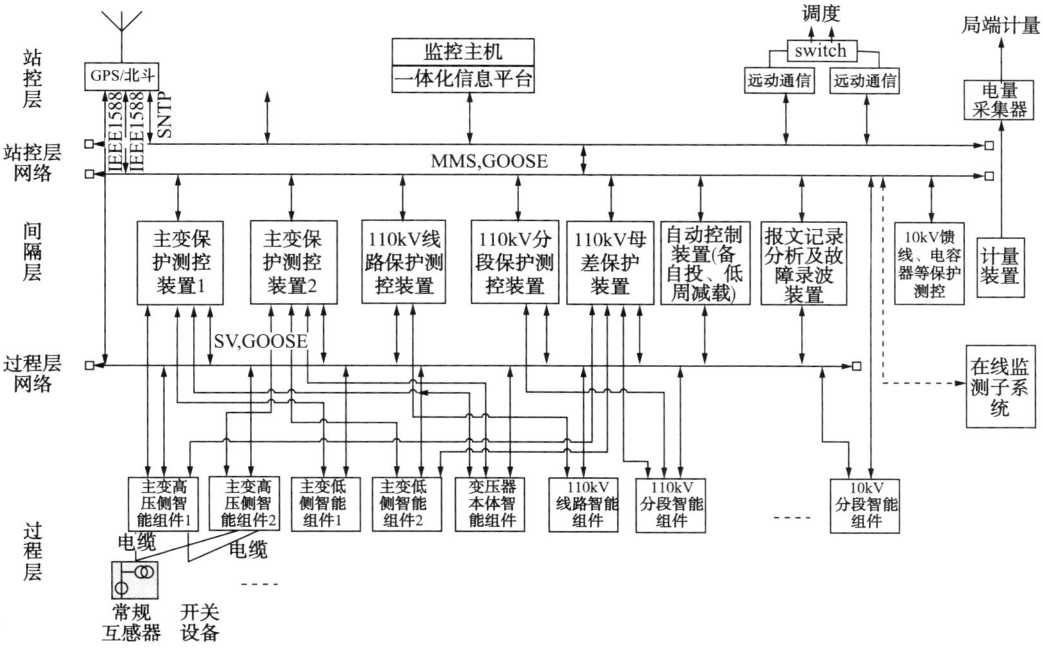

图 11-2　智能变电站单母分段接线系统组网结构示意图

2. 变电站一次设计

设置 2 台 40~63MVA 双卷有载调压变压器；单母分段接线；采用 GIS 设备，采用电动操作的开关柜，目的是支持顺序控制，提高变电站操作的自动化程度。

3. 互感器选型

电子式互感器随着使用范围的扩大，暴露出越来越多的工程问题：小信号抗干扰问题、光学器件的环境适应性问题、寿命问题、数据输出规约问题、计量认证问题等。推荐继续使用常规电磁型互感器。

4. 状态监测配置

一次设备状态监测对实时把握设备运行状况、实现状态可视化、设备检修具有重要的意义。主要配置主变油色谱系统、GIS 气体检测系统。二次系统状态监测范围包括：各 IED 运行和告警情况的集中展示、输入回路的自检、输出回路(包括跳合闸接点和压板)的自检、网络通信状况的监测等。

一次状态监测与二次状态监测一起构成了完整的变电站状态监测系统。

5. 合并单元和智能终端配置

合并单元和智能终端按继电保护配置情况对应配置。合并单元和智能终端均就地安装于智能控制柜(或 GIS 汇控柜)，两者可以一体化设计，提高设备集成度。常规互感器模拟信号通过电缆接入合并单元，合并单元按 IEC 61850-9-2 对外输出采样值数据。智能终端采用 GOOSE 机制和其他 IED 交换信息。

6. 保护和测控功能实现

110kV 变电站采用保护测控一体化装置。主变配置主后一体、保测一体的装置，双重化配置。110kV 进线配置单套光纤差动保护。对户内 GIS 变电站，保护测控功能下放，与合并单元智能终端集成一体化设计，实现一次设备和智能组件集成，推动智能设备的应用。

7. 变电站自动化系统功能

110kV 变电站站控层设备配置应提高集成度，监控主机、操作员站、工程师站、保信子站等功能一体化设计，配置一体化信息平台，为未来利用变电站“全景信息”开发新的高级应用功能预留数据接口。

8. 辅助系统智能化

110kV 变电站按无人值班站设计，因此变电站的辅助系统需要考虑一些智能化设计，包括视频监控信号的远传、灯光照明的远方控制、采暖通风、环境监测、火灾报警等系统的联动。

9. 全站对时

全站配置一套 GPS 和北斗双时钟系统。站控层采用 SNTP 对时，间隔层和过程层设备建议推广 IEC 61588 对时。对 110kV 变电站，也可采用 IRIG-B(DC)对时。

11.1.6 电力调度管理中心

各站电力设施，实现在本站内控制室(和自控合用)独立设置操作台，实行就地集中监视和监控。另外通过光缆在管理处实现远程监视。在输气管理处设电力调度管理中心。

在管理处建立电力调度管理中心，实现对管辖范围内的压气站 110kV 变电所、低压配电室及分输站、清管站、末站等的低压配电室、发电机的远程监视与调度管理。调控中心通过自控及通信系统将全线各站及阀室的重要电力设备的主要供电参数上传至调控中心，可以监视电源及主要设备供电情况，做到能监视不能控制，如图 11-3 所示。

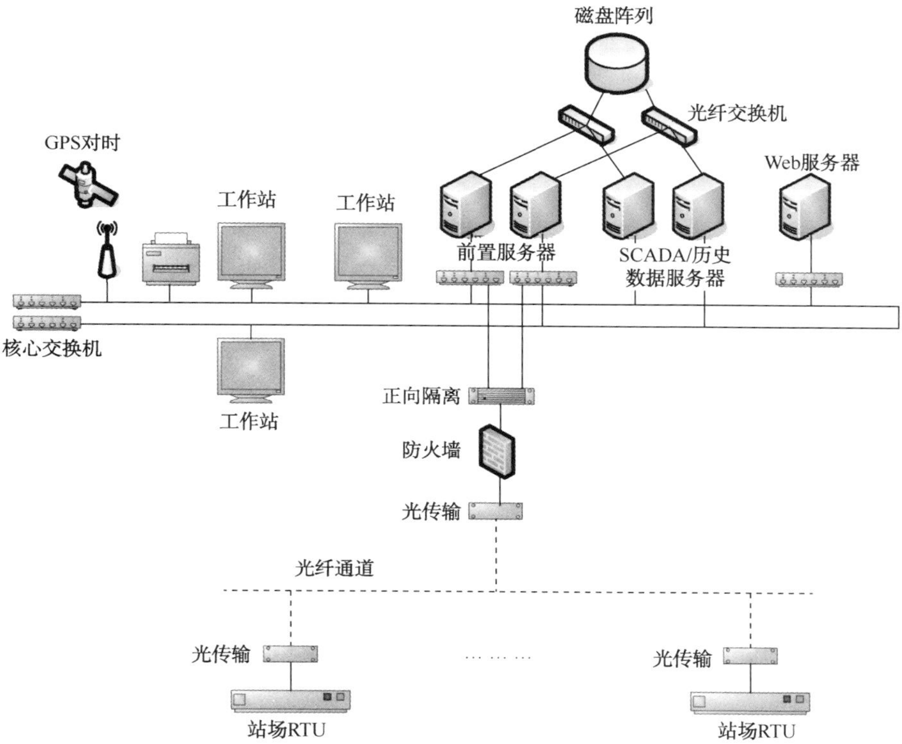

图 11-3　电力调度管理中心系统框图

11.2　安全保障

11.2.1　次声波泄漏检测系统

输气管道泄漏检测系统（LDS）是在管道出现老化、腐蚀、人为破坏和自然破坏等问题而产生气体泄漏时，及时发现并作出报警反应的检测技术。输气管道的泄漏不仅会带来巨大的经济损失，还会产生严重的安全隐患，如不及时发现容易造成火灾、爆炸等重大事故。长输管道距离长，管道周边的地质环境、自然环境、社会环境复杂，设置泄漏检测系统是必要的。长输管道的泄漏检测方法有人工巡线法、负压波法、基于流量平衡法与建模结合的实时模型法、次声波法、光纤法等。结合项目情况和应用现状，推荐采用次声波法。

综合考虑泄漏检测技术的发展现状、管道周边环境及建设成本，选取在人口密集、经济发展较好、管道泄漏后影响较大的分输压气站附近设置次声波泄漏检测系统。同时全线预留接口。

系统由一个负责数据处理的主站和若干个负责数据采集的分站组成，系统结构如图 11-4 所示。

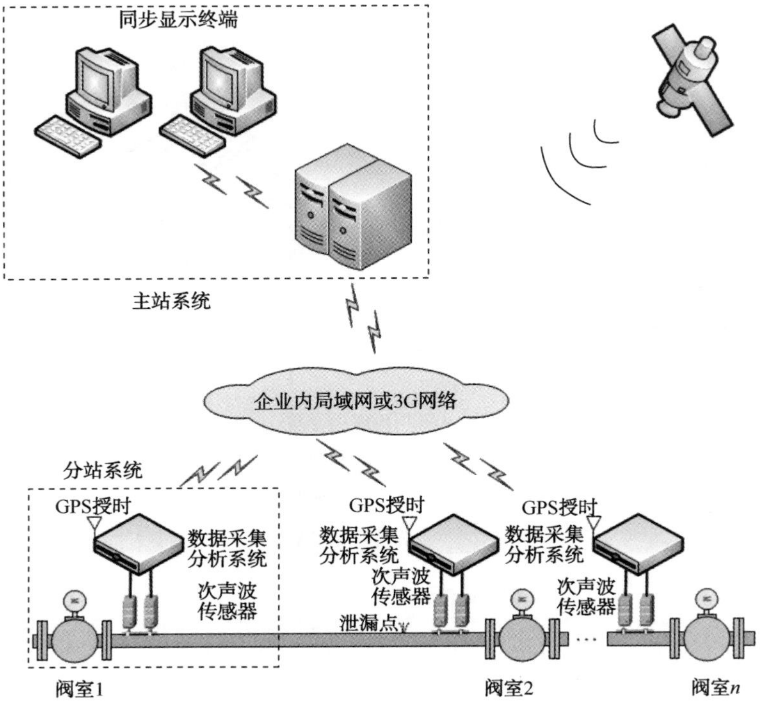

图 11-4　次声波泄漏检测系统结构示意图

11.2.2　隧道可燃气体泄漏激光在线检测系统

隧道可燃气体泄漏激光在线检测仪是一种非接触式在线自动检测天然气泄漏的激光光谱检测分析系统，具有实时在线检测天然气泄漏及自动报警功能，整套系统采用可调谐半导体激光吸收光谱(TDLAS)技术实现 CH_4 气体高灵敏度实时监测。可调谐半导体激光光谱法(TDLAS)利用分布反馈 DFB 半导体激光器的可调谐和窄线宽特性，通过扫描分子的一条独立的吸收线实现对气体浓度及泄漏情况的检测。仪器采用模块化设计，易于现场安装和维护。与其他传统气体监测技术相比，具有高选择性、高灵敏度、响应快速、运行稳定可靠等特点。仪器采用模块化设计，易于现场安装和维护。

隧道可燃气体泄漏激光在线检测仪用于自动在线检测隧道管线天然气泄漏，实现天然气中 CH_4 实时在线监测及泄漏预警。其主要功能如下：

(1) 光强自检测量；

(2) 激光器波长自检测量；

(3) 自动识别弱光强信号，提高报警准确率；

(4) 将监测气体开始检测、停止检测、光强信息、报警信息等自动存档；

(5) 检测数据长期自动保存。

可燃气体探测器的激光在线检测系统，可探测距离最远达 1.5km，适用于隧道内的可燃气体检测，可全面监测隧道内的可燃气体泄漏情况。

长输管道的隧道距离长，大多数地处偏远，巡检困难，如果在相对密闭的隧道内出现可燃气体泄漏，容易造成严重后果，设置激光在线检测系统是必要的。考虑到应用业绩、建设投资等因素，长输管道选择了高后果区内隧道、敏感区(风景名胜区、生态保护区等)内隧道和与其他隧道距离较近(<200m)的隧道设置可燃气体检测，对天然气的浓度进行准确实时检测与报警，确保这些重点隧道的检维修人员、附近居民的安全，保护生态环境。

根据以上设置原则，隧道内设置可燃气体泄漏激光在线检测仪，信号传至隧道口的控制机柜，并将数据通过 GPRS/北斗卫星上传调控中心。

11.2.3　应力应变检测系统

应力应变检测系统由主控器、数据采集模块、传感器、通信网络、监控中心服务器以及相应软件组成，如图 11-5 所示。

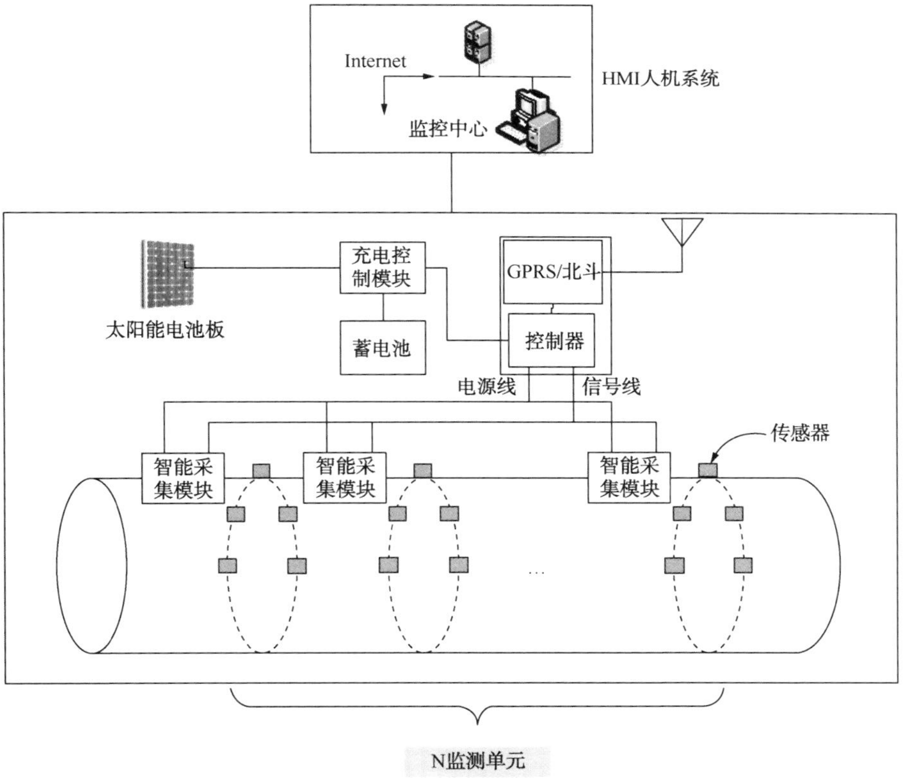

图 11-5　应力应变检测系统结构示意图

其中传感器、数据采集模块为现场采集系统，负责管道应力应变的检测和采集；主控制器、通信网络构成数据处理传输系统，负责从现场采集系统获取数据，并上传至远程监控中心；远程监控中心负责对现场采集系统传回的数据进行分析、响应、处理。通过以上三部分，可实现对长输油气管道应力应变的检测，实现灾害的预测和报警。

管道沿线地质地貌错综复杂，自然条件恶劣，对于管线灾害段，使用基于应力应变监测的分析评价技术，建立完善的应力应变在线监测系统，在管道失效前对管道受损情况作出预报预警，同时在有效监测系统的指导下，开展管道抢维修，可以减轻或延缓各种地质灾害所可能带来的严重后果，有效保障管道系统的安全运营。

管道采用振弦式应力应变检测原理实现管道应力情况实时监测。

11.2.4 10/0.38kV 低压电能管理和监控系统

10/0.38kV 低压变配电电能管理和监控系统采用分层分布式结构，由主控层、通讯管理层和现场控制层构成。系统通过多功能的电力监控装置、通信网络和计算机软件，实现数据中心供配电系统在运行过程中的数据采集、运行监视、事故预警、事故记录和分析、电能质量监测、三相不平衡监视、谐波分析、继电保护、电力系统分析及实时在线监测、负荷监视、发电机管理与测试功能，完成数据中心的安全供电、电能计量、能耗管理、设备管理和运行管理。使用监控系统可以提高变配电室的安全、可靠运行水平，提高管理效率，提高供电质量，提高电压合格率，减少维护工作量，减少值班员劳动。该系统包括 10/0.38kV 高压配电变电所及低压配电柜、UPS 等设备。

变配电电能管理和监控系统采用分层分布式网络结构。系统构成如图 11-6 所示。

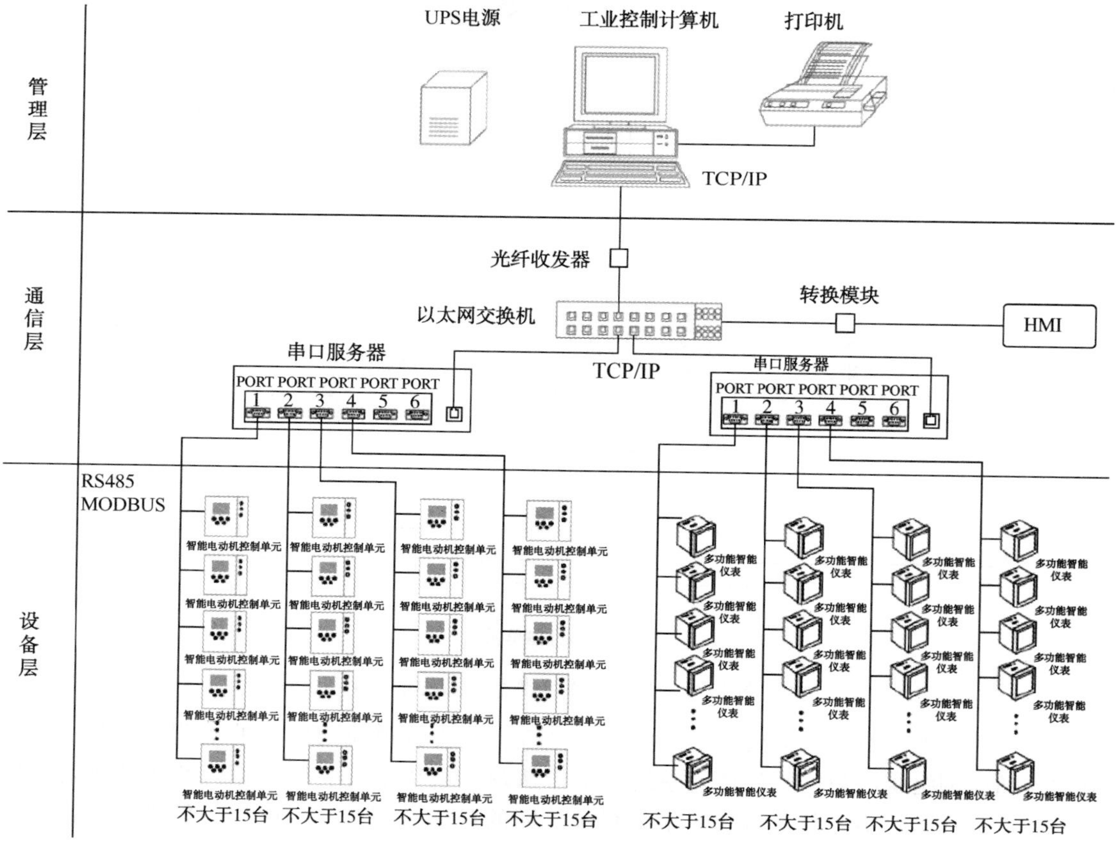

图 11-6 系统构成示意图

11.3　故障诊断

11.3.1　离心式压缩机组远程采集、故障诊断

离心式压缩机是输气管道关键的动力设备，该类机组的运行稳定性和健康状态会在轴振动、轴位移、键相位、轴温等信号中得到直接反映和体现，因此，故障诊断系统对于了解机组运行状况和故障原因具有重要意义。机械故障诊断系统由数据采集器、服务器、网络设备等硬件组成。

数据采集器负责从离心压缩机组的二次仪表采集原始轴系振动信号(包括轴振动、轴位移以及键相)及温度信号，并进行数据的调试、滤波等工作，将处理后的信号传输给现场服务器和调控中心服务器。故障诊断系统主要对振动信号在时域、频域和时-频域进行处理，以数字、棒图或示波器的方式直观实时显示机组振动的峰值、时域波形、轴心轨迹等。常规图谱有振动趋势图、轴心轨迹图、转速时间图、相位趋势图、全频谱图等。

11.3.2　智能化仪表设备故障诊断

智能仪表设备管理系统(简称IAMS)包括仪表设备信息管理、仪表设备状态管理、仪表设备维修管理、统计报表管理、综合查询五大功能模块。智能仪表设备管理系统在石化、化工行业已有较多的应用，但在国内输气管道行业还没有应用，仅在兰郑长、呼包鄂成品油管线有较少的应用。兰郑长全长2000多公里，有16个干线站场和12个油库分输计量站，智能仪表设备管理系统对全线站场的部分仪表诊断数据进行采集，全线采集数据点为500点，采集的数据主要有温度、压力和流量。兰郑长成品油管线存在以下问题：

(1) 输气管道站场主要有压力、温度、液位、流量等仪表及分析仪、电动执行机构、气液联动执行机构、火气设备等。压力、温度、液位等仪表可以将诊断信息接入智能仪表设备管理系统，但全线数量众多的执行机构、火气设备很难实现诊断信息与IAMS系统的对接。分析仪、流量计诊断信息已通过SCADA系统进行采集和上传。

(2) 监视、普通监控阀室无温控设备，仪表、设备应适应所处的环境条件，但用于将压力变送器、温度变送器诊断信息接入IAMS系统的HART多路转换器无法满足苛刻的环境要求，故1000块仪表的诊断信息无法接入IAMS系统。

(3) IAMS系统的使用对人员技术水平要求较高，操作员/技术员需要看懂诊断数据，才能判断出设备的健康状况及故障点的位置。

鉴于以上IAMS系统在天然气管道中存在的问题，本工程未设置IAMS系统，而是通过以下方式实现控制系统、部分仪表、设备的故障诊断，已达到国内领先水平。

(1) 控制系统的故障诊断　SCADA系统能对控制系统设备、通信及网络进行诊断，给出故障信息并判断发生故障设备的位置，并能给出系统资源的使用情况及各设备负荷，便于系统管理和负荷调整。站控系统SCS具备完整的自诊断功能，能定时自动或人工启动进行系统诊断，在操作站和工程师站上可显示自诊断状态和详细结果。对PLC的诊断延伸到每个模板的每个通道或点，同时PLC系统、电源、网络故障都可以在SCS系统诊断并报警。

SCS 系统可诊断各种通信接口(包括第三方接口)的通信状态，故障时报警，如果有冗余通道可自动切换到冗余通道，以免影响正常通信。SCS 系统具备一定程度的容错能力，即当某些模板或通道发生故障时，不影响系统或模板其他通道的有效工作。

（2）压缩机故障诊断　管道企业设有压缩机组机械故障诊断和分析系统，对压缩机组提供在线状态检测与故障诊断，同时对压缩机组在瞬态和稳态的运行状况进行分析，提供故障趋势预测和故障分析数据及曲线，为压缩机组的维护维修和事故处理等提供参考。

（3）分析仪、超声波流量计故障诊断　分析仪、流量计均配备专用的自诊断软件，分析仪诊断软件可以记录分析数据、图谱、分析和标定的结果，进行监控和故障诊断排除。超声波流量计诊断软件可显示流量计受脏污影响的情况，动态反映流量计运行状况，提示需要再标定的时间，有效延长再标定周期从而节约运行成本。

（4）仪表阀门故障诊断　通过系统回路诊断可检测接线回路的开路和短路故障，通过信号异常判断仪表、阀门可能出现的故障，如超量程、阀门开关故障等。

参　考　文　献

[1] 王瑞萍，谭志强，刘虎．“数字管道”技术研究与发展概述[J]．测绘与空间地理信息，2011，34(1)：1-2.

[2] 王伟涛，王海，钟鸣．数字管道技术应用现状分析与发展前景探讨[J]．中国石油和化工标准与质量，2012，7(4)：18.

[3] 李超．数字化管道技术及其在西部管道工程中的应用研究[D]．重庆大学，2008.

[4] 孙晓利，文斌，妥贯民．天然气长输管道数字化建设的相关问题[J]．油气储运，2010，8(29)：579-581.

[5] 周利剑，李振宇．管道完整性数据技术发展与展望．油气储运，2016，35(7)：691-697.

[6] 董绍华．管道完整性管理技术与实践．北京：中国石化出版社，2015.

[7] 周永涛，董绍华，董秦龙，王东营．基于完整性管理的应急决策支持系统．油气储运，2015，34(12)：1280-1283.

[8] 刘欣，田长林，张亮亮．数字化管道技术在榆林-济南长输管道中的应用[J]．石油工程建设，2010，36(1)：62-65.

[9] 薛光，袁献忠，张继亮．基于完整性管理的川气东送数字化管道系统[J]．油气储运，2011，30(4)：266-268.

[10] 黄玲，吴明，王卫强，等．基于 ArcGIS Engine 的三维长输管道信息系统构建[J]．油气储运，2014(6)：615-618.

[11] 王金柱，王泽根，段林林，等．在役管道数字化建设的数据与模型[J]．油气储运，2010，29(8)：571-574.

[12] 段玉平．施工数据采集在管道数字化建设中的作用[J]．内蒙古石油化工，2013(16)：70-71.

[13] 唐建刚．建设期数字化管道竣工测量数据的采集[J]．油气储运，2013，32(2)：226-228.

[14] 李长俊，刘恩斌，邬云龙，张百灵．数字化管理技术在气田集输中的应用探讨[J]．重庆建筑大学学报，2007，6(29)：94-96.

[15] 冷建成，周国强，吴泽民，石永．光纤传感技术及其在管道监测中的应用[J]．无损检测，2012，34(1)：61-65.

[16] 王良军，李强，梁菁嫣．长输管道内检测数据比对国内外现状及发展趋势[J]．油气储运，2015，34(3)：233-236.

[17] 关中原，高辉，贾秋菊．油气管道安全管理及相关技术现状[J]．油气储运，2015，34(5)：457-463.

[18] 董绍华，王东营，费凡，等．管道地区等级升级与公共安全风险控[J]．油气储运，2014，33(11)：1164-1170.

[19] 董绍华．管道完整性评估理论与应用[M]．北京：石油工业出版社，2014：516-519.

[20] 董绍华，安宇．基于大数据的管道系统数据分析模型及应用[J]．油气储运，2015，34(10)：1027-1032.

[21] 蒋中印，李泽亮，张永虎，等．管道焊缝数字射线 DR 检测技术研究[J]．辽宁化工，2014，4(43)：427-429.

[22] 宫敬，董旭．陈向新，王冰怀．数字管道中的工艺与自动化系统设计[J]．油气储运，2008，27(4)：1-4.

[23] 田中山，等．成品油管道运行管理技术[M]．北京：中国石化出版社，2019.

参考文献